“十三五”江苏省高等学校重点教材
重点教材编号：2018-2-135

飞行器动力工程专业系列教材

航空燃气涡轮发动机原理

主 编 葛 宁

江苏高校品牌专业建设工程资助项目

科 学 出 版 社
北 京

内 容 简 介

本书共分 11 章。第 1 章介绍航空发动机发展历程以及发动机总体性能参数；第 2 章介绍发动机进、排气装置；从第 3 章开始，以涡轮喷气发动机为核心，分析热力循环特点，最佳参数及其选择原则，各部件之间的共同工作以及设计参数，各种调节规律下的高度、速度特性和节流特性，发动机过渡态、加力以及双转子结构对发动机性能的影响；最后对涡轮风扇发动机、涡轮螺旋桨发动机、涡轮轴发动机作了较为详细的分析。本书编写着重阐明基本概念、基本知识和基本理论，力求联系发动机设计、制造及使用实践，反映国内外先进科学技术。

本书可作为航空高等院校发动机专业的教材，也可供其他有关燃气轮机专业的大学教师和学生以及从事航空燃气轮机专业方面的科研人员和工程技术人员参考。

图书在版编目（CIP）数据

航空燃气涡轮发动机原理/葛宁主编. —北京：科学出版社, 2019. 10

飞行器动力工程专业系列教材

ISBN 978-7-03-062516-8

Ⅰ.①航… Ⅱ.①葛… Ⅲ.①航空发动机–燃气轮机–教材 Ⅳ. ①V235.1

中国版本图书馆 CIP 数据核字 (2019) 第 221214 号

责任编辑：李涪汁 曾佳佳 / 责任校对：杨聪敏

责任印制：赵 博 / 封面设计：许 瑞

科 学 出 版 社 出版

北京东黄城根北街 16 号

邮政编码：100717

http://www.sciencep.com

北京科印技术咨询服务有限公司数码印刷分部印刷

科学出版社发行 各地新华书店经销

*

2019 年 10 月第 一 版 开本: 787 × 1092 1/16

2024 年 1 月第五次印刷 印张: 18 3/4

字数: 440 000

定价：79. 00 元

(如有印装质量问题，我社负责调换)

《飞行器动力工程专业系列教材》编委会

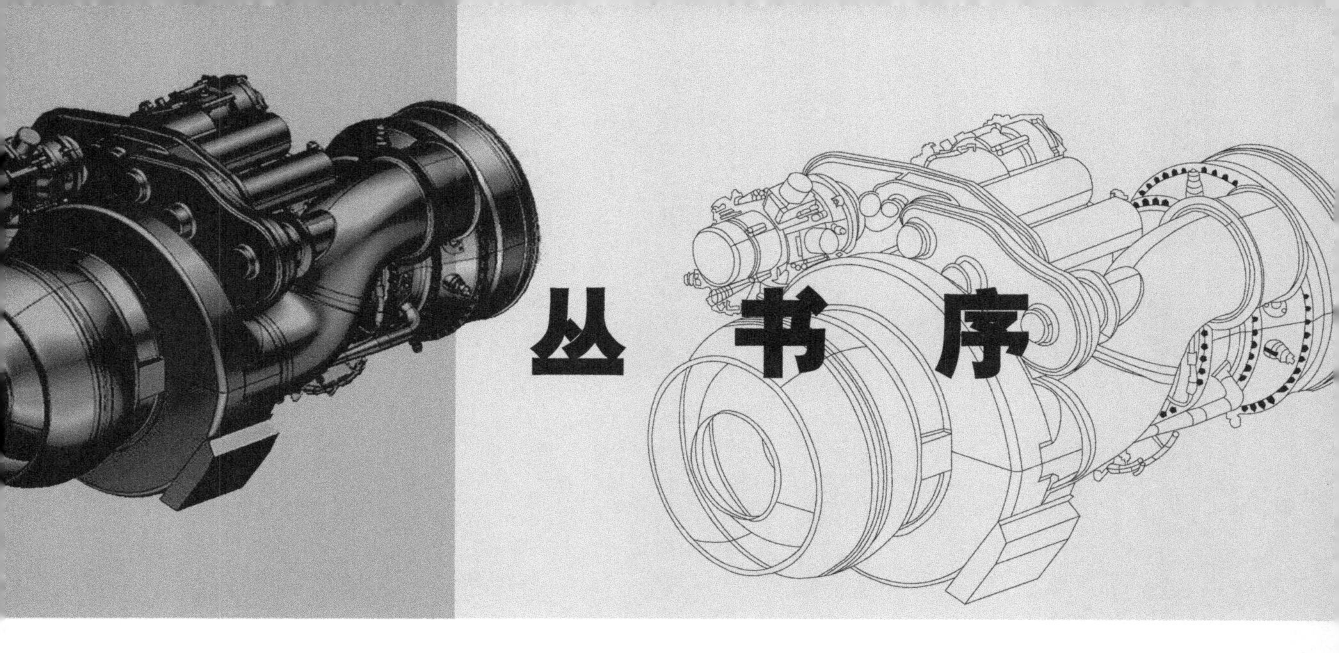

丛书序

作为飞行器的“心脏”，航空发动机是技术高度集成和高附加值的科技产品，集中体现了一个国家的工业技术水平，被誉为现代工业皇冠上的明珠。经过几代航空人艰苦卓绝的奋斗，我国航空发动机工业取得了一系列令人瞩目的成就，为我国国防事业发展和国民经济建设做出了重要的贡献。2015 年，李克强总理在《政府工作报告》中明确提出了要实施航空发动机和燃气轮机国家重大专项，自主研制和发展高水平的航空发动机已成为国家战略。2016 年，国家《第十三个五年规划纲要》中也明确指出：中国计划实施 100 个重大工程及项目，其中“航空发动机及燃气轮机”位列首位。可以预计，未来相当长的一段时间内，航空发动机技术领域高素质创新人才的培养将是服务国家重大战略需求和国防建设的核心工作之一。

南京航空航天大学是我国航空发动机高层次人才培养和科学研究的重要基地，为国家培养了近万名航空发动机专门人才。在江苏高校品牌专业一期建设工程的资助下，南京航空航天大学于 2016 年启动了飞行器动力工程专业系列教材的建设工作，旨在使教材内容能够更好地反映当前科学技术水平和适应现代教育教学理念。教材内容涉及航空发动机的学科基础、部件/系统工作原理与设计、整机工作原理与设计、航空发动机工程研制与测试等方面，汇聚了高等院校和航空发动机厂所的理论基础及研发经验，注重设计方法和体系介绍，突出工程应用及能力培养。

希望本系列教材的出版能够起到服务国家重大需求、服务国防、服务行业的积极作用，为我国航空发动机领域的创新性人才培养和技术进步贡献力量。

南京航空航天大学

2017 年 5 月

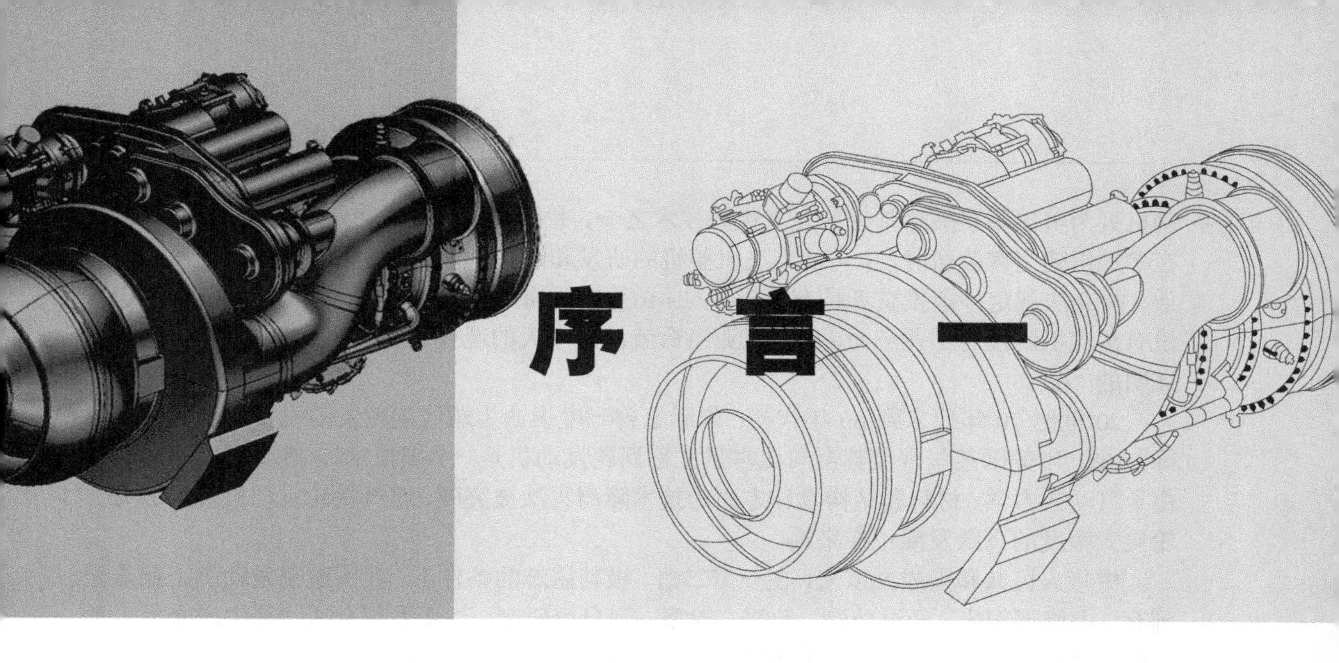

序言一

国际上公认，航空涡轮喷气发动机是两位年仅 22 岁的年轻人发明的。一位是英国皇家空军学院的毕业生，飞行员弗朗克・惠特尔 (Frank Whittle)，其于 1930 年注册了世界上第一个涡轮喷气发动机专利；另一位是德国哥丁根大学的博士生汉斯・冯・奥海因 (Hans von Ohain)，在与前者彼此不认识的情况下，于 1934 年注册了不同方案的涡轮喷气发动机专利。几年后，两者先后都研制成功，并分别实现装飞机应用。这两位青年的发明，开创了涡轮喷气技术的新纪元。此后 80 多年来，航空涡轮发动机技术日新月异地发展，并形成年营业额高达数百亿美元的技术、知识和资金密集型高技术产业，推动了航空工业的蓬勃发展。

航空发动机是推动飞机高速飞行的动力，许多人形象地比喻发动机是“飞机的心脏”。航空发动机的每次技术突破，都给航空领域带来革命性进展。例如，活塞式发动机与螺旋桨技术的应用，使世界上第一架有动力飞机成功上天；加力式涡轮喷气发动机的研制成功，使人类首次突破声障，实现了超声速飞行；小涵道比加力式涡轮风扇发动机的应用，使空中优势战斗机和超声速轰炸机获得了长足的发展；大涵道比涡轮风扇发动机的出现，使大型喷气客机能够中途不着陆完成跨洋和洲际飞行；吸气式的航空涡轮发动机，不像火箭发动机那样必须携带氧化剂，从而能使巡航导弹的射程得到大幅度的增加。

航空发动机的零部件承受着高温、高压、高转速和复杂多变的各种载荷，在范围宽广、条件恶劣的大气环境下，能多次重复使用，保持稳定、高效的运转，并满足推力 (功率) 大、油耗低、质量轻、可靠性高、安全性好、寿命长、维护性好、噪声小、排放少、全寿命成本低等众多互相矛盾而又十分苛刻的要求。其工作过程非常复杂，涉及数学、物理、化学、气体动力学、工程热力学、燃烧学、传热学、固体力学、自动控制、计量与测试、材料与工艺等多学科知识。航空发动机是知识密集、军民两用的高科技产品。航空发动机工业是关系到国家安全、经济建设和科技发展的战略性产业，是一个国家科技工业水平和综合国力的重要标志，被誉为现代工业“王冠上的明珠”。

航空发动机技术是各强国大力发展、高度垄断、严密封锁的关键技术。美国国家关键技术说明文件中把航空发动机定义为：“是一个技术精深得使新手难以进入的领域，它需要国家的大量投资和充分保护”。美国国防部在发展战略报告《2020 年联合设想》中，把喷气发动机列为美国军事战略基础的九大优势技术之一，并排序在核武器之前，位居第二位。英国在参加组建空客公司时，宁可放弃飞机整机的研发和制造，也要始终牢牢把握航空发动机不放，并立法规定外国投资者持有英国 Rolls-Royce 公司的股权不能超过 15%。英国人认为：没有蒸汽机就没有工业革命，没有工业革命就没有今天的现代文明。所以，动力工业是现代文明的"根"。

20 世纪 70 年代末到 80 年代初，国际上曾一度误认为燃气涡轮发动机技术已发展到顶峰。1981 年美国某些官员甚至向白宫呈文称涡轮发动机是"夕阳技术"。然而到了 90 年代，由于气动热力学、材料和结构设计方面的技术障碍再次被突破，燃气涡轮发动机技术的另一轮更大幅度的飞跃发展正在来临。

中华人民共和国成立以来，在一穷二白、极其困难的条件下，我国航空发动机工业从无到有，由修理起步，经过仿制、改进、改型，到自行研制，逐步发展壮大，共生产交付了数千台各种类型的航空发动机，为国防和经济建设做出了巨大贡献。但是，我国航空发动机的综合技术水平与发达国家相比，仍然十分落后。进入 21 世纪以来，世界航空涡轮发动机技术呈现加速发展的趋势。我国若不制定对策，急起直追，我国航空发动机技术与发达国家的差距还将进一步拉大。令人振奋的是，2016 年航空发动机被列为国家重大专项，并已正式启动。国家将集中优势人力、物力，组织产、学、研密切协作攻关，统筹规划，大力发展。相信在不远的将来，我国航空发动机定能尽快摆脱落后局面，实现跨越式发展，跻身于世界先进行列。这为大批有志青年攀登航空发动机技术高峰，提供了一个施展才能的良好机遇和广阔天地。

"航空燃气涡轮发动机原理"是工程师们及工程技术人员从事航空发动机性能设计、试验和分析工作必须牢牢掌握的专业基础知识之一。该书作者理论功底深厚，学术造诣高，多年从事航空发动机教学与科研工作，实践经验丰富，熟悉国内外发展动态，从而在编写中形成了该书的特色：不仅从理论上清晰地阐明了涡轮喷气、涡轮风扇、涡轮螺旋桨、涡轮轴四种主要类型航空涡轮喷气发动机的工作原理及其稳/瞬态工作特性，而且力求联系航空发动机的设计、试验和使用实践，并着重添加了世界航空涡轮发动机近年来的最新发展动态和趋势。期望该书在培养航空发动机专业技术人才方面能发挥积极的作用，成为航空发动机专业本科大学生、研究生、科技人员喜欢的教科书和参考书。

严成忠

2019 年 3 月

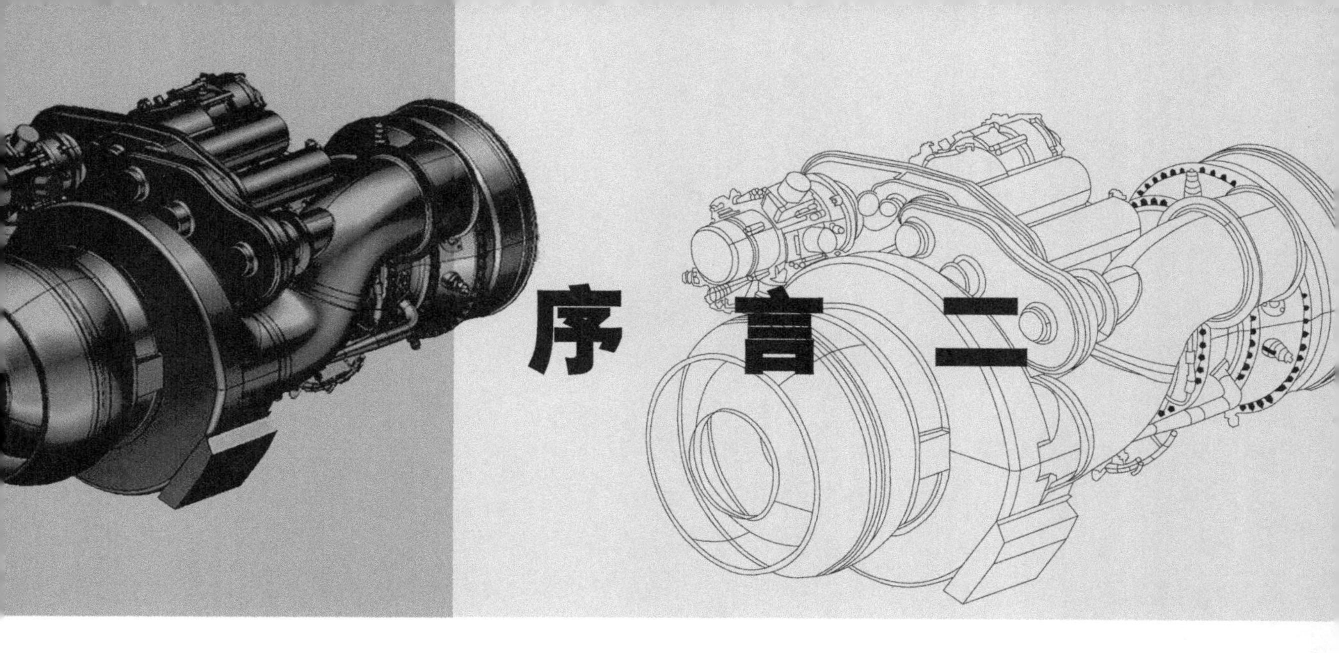

序　言　二

《航空燃气涡轮发动机原理》一书是航空发动机专业大学本科用的主要专业教材之一。编写该书的目的是为了培养航空动力装置的设计工程师，使他们能正确地理解航空动力装置的工作原理、明确其性能设计的指导思想及基本思路、了解动力装置在使用上主要限制的实质、能预见并及时防止由于动力装置工作过程的破坏而引起的飞行事故，并能进一步提出改善动力装置工作性能的措施。全书共 11 章，除第 2 章讨论进、排气装置部件的工作原理外，其他章节分别阐述了各种类型航空燃气涡轮发动机的工作原理与特性，包括加力与不加力的涡轮喷气发动机、双轴涡轮喷气发动机、涡轮风扇发动机、涡轮螺旋桨发动机和涡轮轴发动机等。

该教材以涡轮喷气发动机为重点，分析了热力循环的特点，最佳参数及其选择原则，各部件之间的协调工作以及各种调节规律下的高度、速度特性和节流特性。对其他类型发动机相应部分的特点也作了较为详细的分析。

该教材着重阐明基本概念、基本知识和基本理论，并力求联系发动机的设计、制造及使用实践，力求反映国内外的先进科学技术。

该书可作为航空高等院校发动机专业的教材，也可供其他有关燃气轮机专业的大学教师和学生以及从事航空燃气轮机专业方面的科研人员和工程技术人员参考。

王琴芳

2019 年 3 月

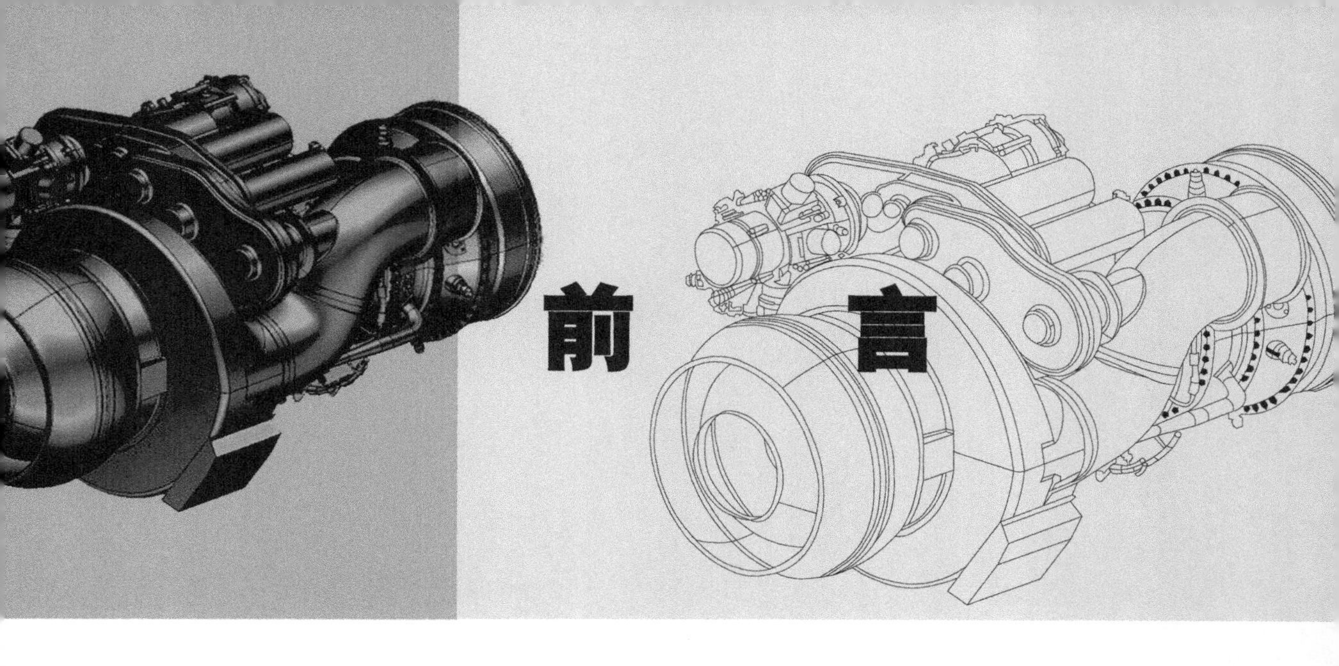

前　言

1996 年，南京航空航天大学王琴芳老师编写了《航空燃气涡轮发动机原理》讲义，该讲义一直被用于航空发动机专业本科教学，培养了大批老师和学生。本教材是在王琴芳老师原来讲义的基础上新编，基本保持了原有结构，以涡轮喷气发动机为核心内容，逐步展开介绍各类发动机工作原理。第 1 章补充了一些现代航空发动机发展部分，书最后增加了第 11 章，介绍了一些经典涡轴发动机研究内容。

本教材能让读者进一步了解现代航空发动机发展历程，认识航空发动机热力循环过程，分析发动机各种工作状态以及预估发动机总体性能。当然，从 1996 年至今，航空发动机行业发生了翻天覆地的变化，我们国家正在迅速赶超世界先进水平。在这个节点编写这本书，一方面希望能与老读者继续交流、合作，另一方面也希望能与新读者打交道，希望有更多的人喜欢航空发动机，更多的人参与航空发动机事业。

南京航空航天大学能源与动力学院对编写这本教材给予了很多支持，很多老师参与了本教材编写，本人负责第 1 章、第 10 章、第 11 章的编写，谢旅荣负责第 2 章的编写，杨荣菲负责第 3 章、第 4 章、第 7 章的编写，屠宝峰负责第 5 章、第 6 章的编写，李传鹏负责第 8 章、第 9 章的编写。本人在此表示衷心的感谢。

限于作者水平，书中难免有疏漏和不足，恳请读者批评指正!

葛　宁

2019 年 3 月

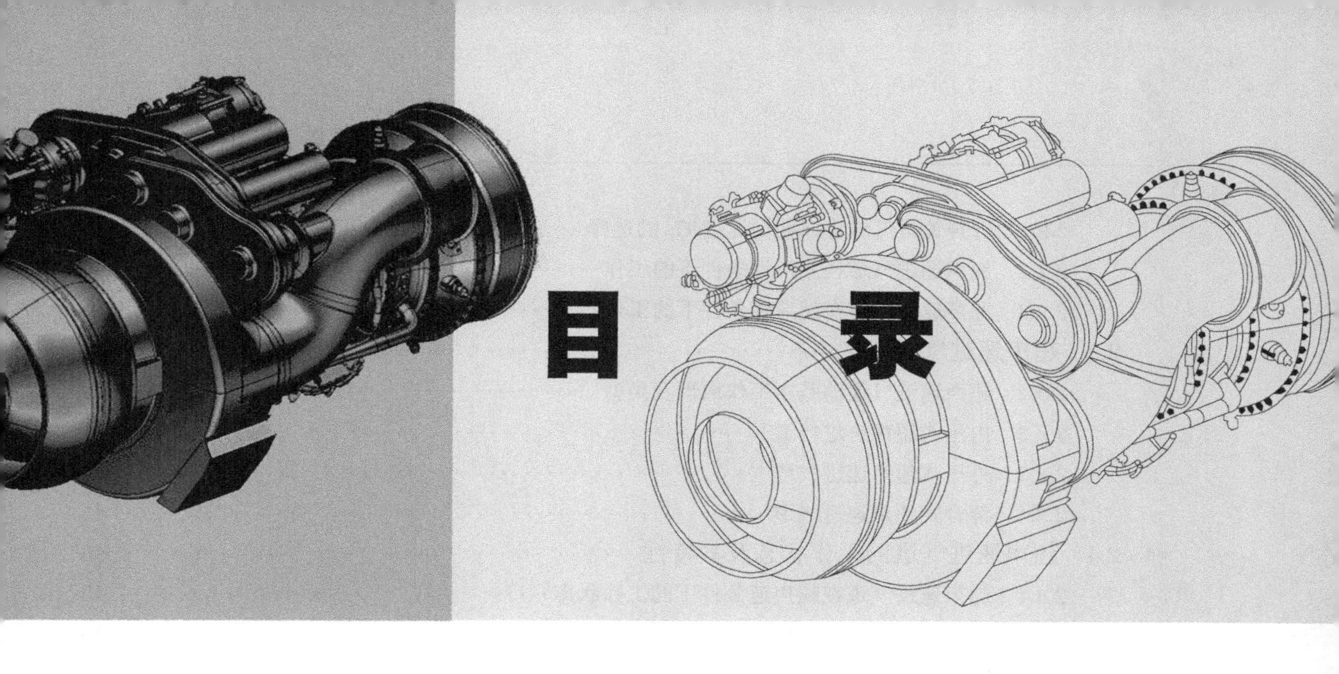

目 录

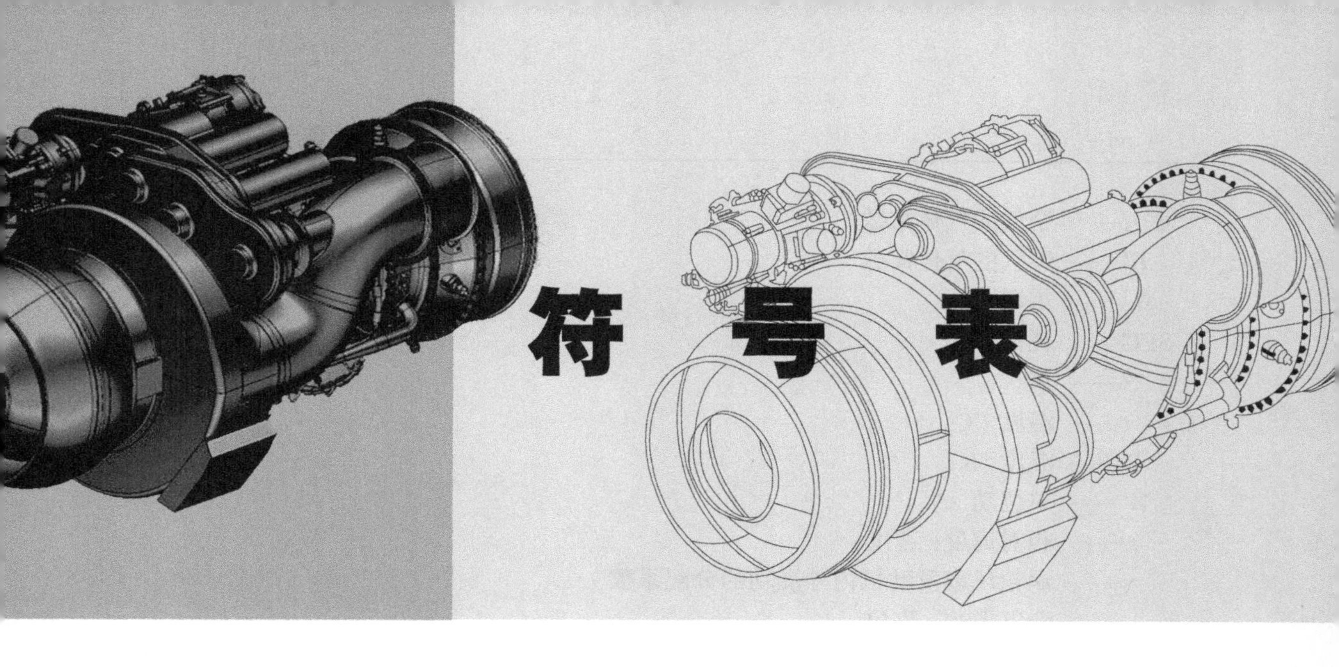

符 号 表

主 要 符 号

A—— 面积

a—— 声速；实际循环中考虑空气燃气物理性质不同的系数

B—— 涡轮风扇发动机的涵道比

C—— 气流速度；比热

D—— 阻力

d—— 湿度

F—— 推力；力

f—— 油气比；加给每千克空气的燃油量

H—— 飞行高度

h—— 焓

I—— 转子惯性矩

k—— 空气的绝热指数；常数

k'—— 燃气的绝热指数

K_{m}—— 与流量有关的常数

M—— 扭矩

Ma—— 马赫数

n—— 转速；多变指数

P—— 功率；压力

q_{o}—— 加入 1kg/s 质量流量空气中的燃料完全燃烧时的放热量

q—— 动压头；加入 1kg/s 质量流量空气的热量

q_{m}—— 流量

$q(\lambda)$—— 流量气动函数

R—— 空气的气体常数
R'—— 燃气的气体常数
Re—— 雷诺数
SFC—— 耗油率
S—— 熵
t—— 温度 (℃)
T—— 温度 (K)
W—— 单位功
w—— 相对速度；速度
χ—— 涡轮风扇发动机内外涵功的分配系数
α—— 余气系数；攻角
β—— 空气螺旋桨的功率系数
β_e—— 涡轮螺旋桨发动机在地面静止条件下工作时螺旋桨的轴功率与喷射气流的反作用推力之比
Δ—— 加热比
σ—— 总压恢复系数
η—— 效率
ρ—— 密度
θ—— 加热比
λ—— 速度系数
ξ—— 燃烧室完全燃烧系数
π—— 增压比；膨胀比
φ—— 流量系数；速度系数；螺旋桨的桨叶角；直升机旋翼的安装角
υ—— 相对空气量
ψ—— 熵函数
ω—— 角速度

上　角　标

$*$—— 气流的滞止参数
$'$—— 燃气的

下　角　标

a—— 空气
ac—— 加速
ad—— 等熵
af—— 加力
b—— 主燃烧室

cor—— 换算
cr—— 临界
d—— 附加；设计
dm—— 地面试车台
e—— 喷管；当量的
ec—— 最经济的
ef—— 有效的
f—— 燃油；摩擦
g—— 燃气
i—— 理想的；进气道；慢车
k—— 压气机；压缩的
l—— 低压的
m—— 质量；测量；混合；机械的；中间的
max—— 最大
min—— 最小
opt—— 最佳的
out—— 出口；发动机外壁面
p—— 定压的；推进的；膨胀的
pr—— 螺旋桨的
s—— 单位的；激波的
t—— 热的；涡轮的
v—— 定容的
x—— 轴向的
0—— 外界大气

主要流通截面

0—— 未受扰动气流截面
1—— 压气机进口截面
12—— 低压压气机出口截面
11—— 高压压气机进口截面
2—— 高压压气机出口截面；压气机出口截面
2 II —— 风扇出口截面
3—— 主燃烧室出口截面
34—— 高压涡轮出口截面
33—— 低压涡轮进口截面
4—— 涡轮出口截面
5—— 涡轮风扇发动机混合器进口截面

6—— 涡轮风扇发动机混合器出口截面
7—— 加力燃烧室出口截面
9—— 尾喷管出口截面
I —— 涡轮风扇发动机的内涵
II —— 涡轮风扇发动机的外涵

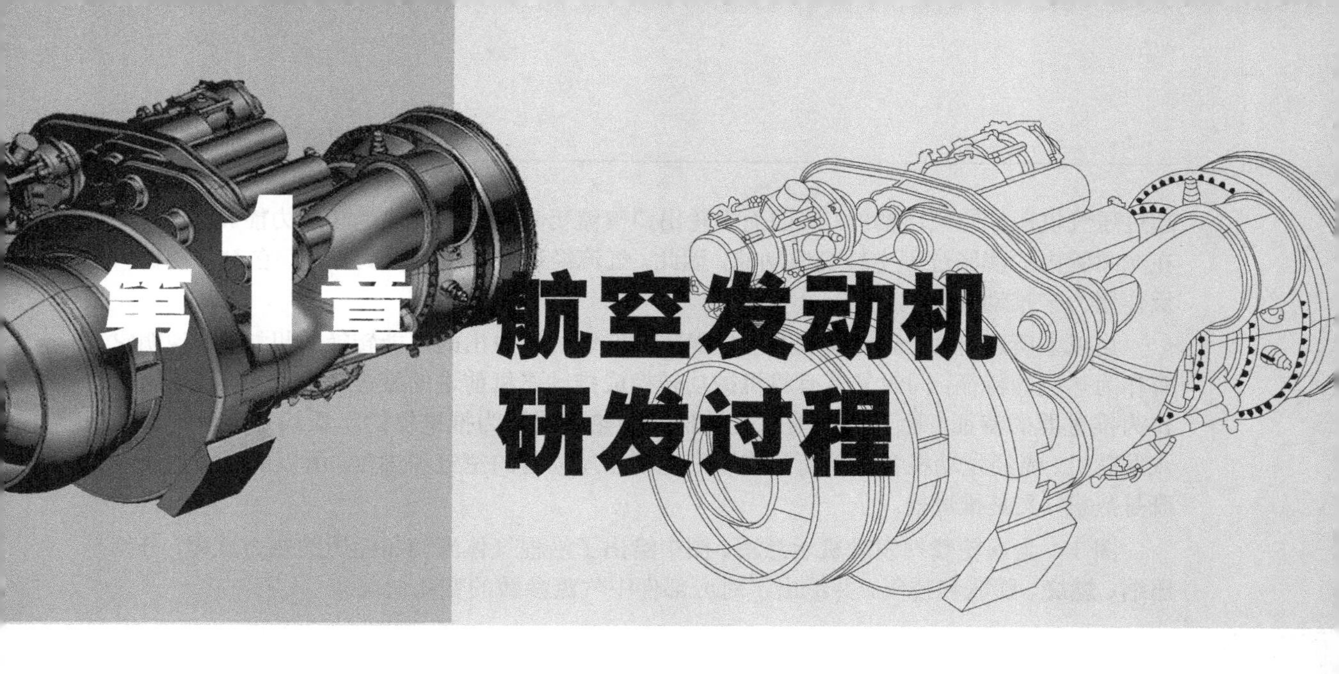

第1章 航空发动机研发过程

1.1　涡轮喷气发动机的工作原理及类型

20 世纪以来，特别是第二次世界大战以后，航空和空间技术有了飞跃的发展。现在，飞机已成为一种重要的、不可缺少的作战武器和运输工具。飞机的飞行速度、高度、航程、载重量和机动作战能力都已经达到了相当高的水平。这些成就的取得，在很大程度上取决于动力装置的发展。

随着现代航空技术的发展，飞行器本身的多样性及各种类型飞行器对其动力装置提出的特殊要求，促进了不同类型发动机的产生和发展。从结构上来看，涡轮喷气发动机是发展的源头，其核心机技术是各类发动机发展的关键。本章以字母 J 代表涡喷系列，F 代表涡扇系列，A 代表自适应系列，通过典型航空发动机介绍，梳理航空发动机发展历程。

1.1.1　涡轮喷气发动机、类型与核心机技术 (J 系列)

喷气发动机利用周围大气中的空气作为工质，在燃烧室里空气作为氧化剂把加入发动机的燃料化学能转换成热能。在利用热能的喷气发动机中，空气是进行热力循环的工质。利用空气作为工质，这样在飞行器上所限制的只是燃料的携带量，而燃料本身在工质的总量中仅占 2%～6%。由此可见，喷气发动机比火箭发动机具有更高的经济性。

涡轮喷气发动机发展到今天，布雷敦 (Brayton) 循环工作原理没有改变，即由压缩、加热、膨胀和放热四个热力过程构成一个开式循环。典型涡轮喷气发动机由进气道、压气机、燃烧室、涡轮、尾喷管组成，还包括一些附件如燃油系统、滑油系统、起动系统、空气系统、防冰系统等。在进气道里面，空气的压力依靠动压头初步得到提高，而后压气机将空气的压力进一步提升。空气压力的提高对燃烧过程及有效地利用热能提供了有利的条件。燃烧过程几乎是在等压状态下进行，而涡轮进口允许的燃气温度是由涡轮材料的耐热强度和涡轮的冷却效果决定的。高温高压的燃气在涡轮膨胀过程中将其中一部分能量转换成机械功，通过转动轴带动压气机和飞机发动机的全部附件。由于气流被加热，燃烧室后燃气的膨胀功大大超过压气机压缩空气所需的功，因而涡轮出口气流仍具有很大的热能和压力能。这部分能量在尾喷管内的膨胀过程中转变成动能。因此，气流经过发动机而得到加速，它对发动机产生反作用力来推动飞机前进。

由以上所述可知，涡轮喷气发动机能将燃料燃烧所放出的热能转换成机械能，说明它具有作为热机的特征；同时又具有将机械功转换成推动飞机前进的推进功的能力，说明它具有作为推进器的特征。而且涡轮喷气发动机作为热机或作为推进器的工质均是连续不断地吸入发动机、流经发动机各部件而最终以高速喷出尾喷管的空气和燃气。所以涡轮喷气发动机既是热机，又是推进器。

图 1-1 为涡轮喷气发动机示意图。图中给出了沿程气体流动和经历的热力过程，分别是压缩、燃烧、膨胀和排气，并给出了对应部件中气流参数的变化情况。

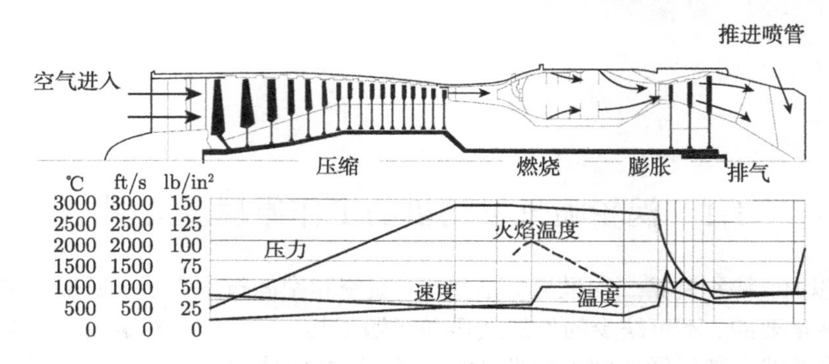

图 1-1　涡轮喷气发动机示意图

喷气发动机作为热机按其对热能的利用分四类。若热能用来增大全部参加发动机工作的空气的动能，称之为喷气发动机。喷气发动机主要用于高速飞行器的动力装置，强调飞得快但续航时间短。如果一部分热能用于排气动能增加，另一部分用于外涵道风扇增加流量，则称涡轮风扇发动机 (简称涡扇发动机)，可用于大推力、长航时的飞行器的动力装置。如果热能有一部分用来增大通过发动机空气的动能，而另一部分热能用在轴上带动螺旋桨，则称涡轮螺旋桨发动机 (简称涡桨发动机)，主要用于低速飞行器的动力装置。如果所有的热能都用在轴上发出机械功，则称涡轮轴发动机 (简称涡轴发动机)，主要用于直升机动力装置。

通常，喷气发动机产生热能的热机部分称为燃气发生器，由压气机、燃烧室、涡轮三大核心部件组成，又称为核心机。无论哪种类型的喷气发动机，核心机的研制占据重要地位。因高温工作环境和高叶尖切线速度带来的叶片高应力水平，核心机是发动机研制过程中问题最多、发展周期最长、成本最高、风险最大的核心部件，需要一二十年的发展才能掌握成熟的核心机技术。核心机一旦研制成功，可用来匹配不同的低压系统，形成不同的发动机。该技术称为通用核心机技术，可显著降低新型号发动机研制风险和成本。制造商既可以将已研制成功的核心机发展成为一台民用大涵道比涡扇发动机，也可将其发展成一台军用小涵道比涡扇发动机。美国通用电气 (GE) 公司研制的小涵道比涡扇发动机 F101 应用于 B–1B 轰炸机，法国斯奈克玛 (SNECMA) 公司将其核心机匹配一大涵道比风扇并重新设计了低压涡轮，制造出了 CFM56 涡扇发动机，应用于 A320、A340 以及 B737 客机。近些年来，CFM56 发动机已经是销售最广的民用发动机，这充分说明了利用通用核心机发展的正确性。英国罗尔斯·罗伊斯 (Rolls–Royce) Allsion 公司利用 AE2100 涡桨发动机核心机，用动力涡轮来驱动风扇，取代了螺旋桨，生产出了新型 AE3007 涡扇发动机，应用于 Embraer 支线客机系列。另一个利用核心机技术的是加拿大 PW530 和 PW545 涡扇发动机，两发动机有相同的核心机但推力等级不一样，覆盖了不同领域商用发动机市场。PW530 起飞推力为 13 900N 而 PW545 为 19 600N。PW530 采用了最简单的结构设计，而 PW545 则加了一级增压级并加大了风扇尺寸用以增大流量。

以核心机为基础的燃气涡轮发动机可发展为涡喷、涡扇、涡桨、涡轴发动机以及辅助动力装置。

在航空发动机发展史上，最早的喷气发动机是单轴结构，由进气道、压气机、燃烧室、涡轮及尾喷管构成。结构虽简单，但后来发展的发动机都是在涡喷发动机基础上逐渐搭建起来的。随着压气机压比的提高，喷气发动机采用了双轴结构，其中高压涡轮带动高压压气机，低压涡轮带动低压压气机。高、低压轴通过轴承联系在一起，可以有不同的旋转速度，但通常靠气动力耦合在一起。双轴结构压气机具有非设计点气动性能好、工作范围宽、起动快、动态响应高等方面优势。

英国 Rolls–Royce 公司 Olympus 喷气发动机在历史上首次使用双轴结构，如图 1-2 所示。该发动机具有里程碑的代表水平。最后的型号 Olympus593 用于协和超声速客机动力装置，是该类型发动机中推力最大的发动机，最大和加力状态推力分别为 139 500N 和 169 200N，发动机质量为 3000kg，空气流量为 189kg/s，燃油消耗率最大和加力分别为 0.70kg/(10N·h) 和 1.20kg/(10N·h)。同类型发动机中另一个例子是 Pratt & Whitney J58 发动机。该发动机加力推力可达 151 000N，用在 SR–71 黑鸟飞机 Mach 3 飞行。

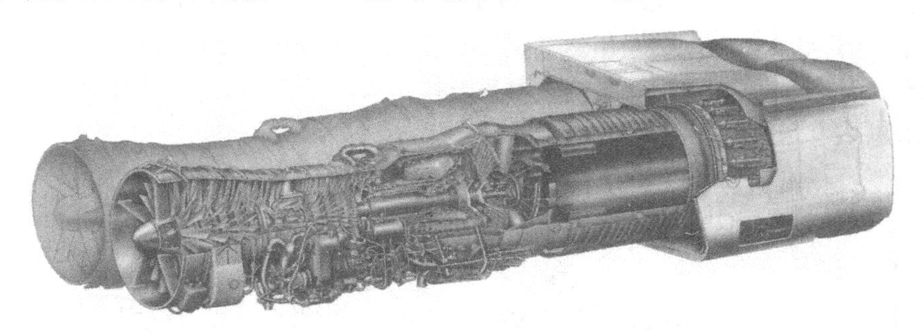

图 1-2　Rolls-Royce Olympus 双转子涡轮喷气发动机

加力可以用于单轴和双轴涡轮喷气发动机上。加力式涡轮喷气发动机的不同点是在涡轮和尾喷管之间设有加力燃烧室，用来提高尾喷管前燃气的温度，进而增大燃气的排气速度以增大发动机的推力。加力能有效提高发动机推重比，在地面起飞、加速以及大机动飞行时可以短时间使用。在亚声速飞行时，接通加力虽然能增大推力，但发动机的经济性也大为恶化。随着飞行速度的提高，由于燃气在加力燃烧室内相对压力的提高，有利于热能利用的改善，因而加力式涡轮喷气发动机适用于超声速飞行的飞机。

但加力也有问题，即使不开加力燃烧室也会因火焰稳定器的存在而产生压力损失。加力的另一个缺点是在增加排气速度的同时也增大了排气噪声。协和号飞机 Olympus 发动机在起飞时加力燃烧室可使推力增加 15%～20%，排气温度达到了 1400K，噪声是一个严重的问题。对军用飞机来讲，加力燃烧室带来的性能提升更为重要。然而，未来超声速运输机采用加力燃烧室起飞的可能性不大，主要问题在于噪声。相比最新亚声速飞机起飞噪声水平，发展可变循环的发动机将很有必要。

1.1.1.1　涡桨发动机

涡轮螺旋桨发动机和涡轮轴发动机的工作过程与涡轮喷气发动机是相似的，不同的是在这两种发动机中，燃气在涡轮内膨胀力度非常大，除带动压气机外还输出轴功率。带动压气机的称燃气涡轮，输出功率的称动力涡轮。涡桨动力涡轮出口压力几乎接近外界大气压力，而涡轴通常是过膨胀状态，动力涡轮出口压力低于外界。

涡桨发动机设计者需要在输出功率和喷气推力之间选择适当的比例。从喷管设计角度来看，最简单的设计方法是让涡轮出口压力与压气机进口压力相等。这样，当量功率对涡轮出口压力不敏感，同时涡桨发动机工作时喷管不会处于堵塞状态。因此喷管设计可采用简单的直桶型结构而不是收缩型喷管。

动力涡轮功率经发动机轴输出带动飞机螺旋桨旋转。为了满足螺旋桨转速要求，功率输出轴一般都装有减速器。这样一来发动机结构重量增加了，并且在使用及维护上也复杂了。与此同时，螺旋桨、动力涡轮以及齿轮在能量传输与转换过程中都会有一定损失，因此涡桨发动机的热效率远低于同参数的涡喷发动机。

因螺旋桨叶片超声速时气动效率急剧下降，涡桨飞行速度一般不超过马赫数 (Ma) 0.6。由于在低亚声速飞行时经济性好，涡桨主要用于中短程商务、支线运输。早期涡桨发动机功率在 500~2000kW，近些年来高功率的发动机如 Canada PW150 (3800kW，见图 1-3) 和 Rolls–Royce 公司的 AE2100 (4500kW) 相继被设计出来。PW150 用于庞巴迪 Q–400 涡桨飞机，AE2100 用于 C–138、C–27 军用运输机。最新研制的涡桨发动机是 TP400，用于 A400M 军用运输机。该发动机功率达 8000kW，由多国共同承担开发，螺旋桨叶片 8 片，A400M 最高飞行速度可达 $0.72Ma$。

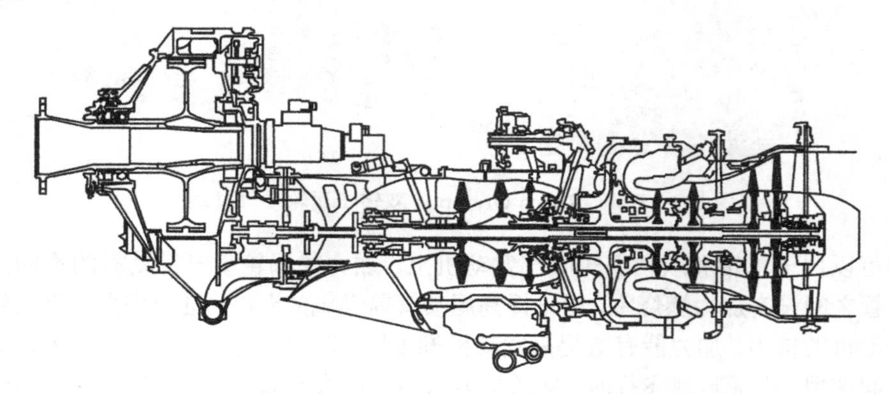

图 1-3　Canada PW150 涡桨发动机

20 世纪 80 年代，人们曾大力研究过飞行速度 $0.8Ma$、螺旋桨效率达 0.8 的涡桨推进系统。8~10 片超声速后掠叶型，称之为桨扇。这种螺旋桨可大大节省燃油消耗，能获得更大的功率。但是当功率超过 8000kW，减速器设计以及噪声成为问题。与此同时，GE 公司提出了无涵道风扇发动机 (UDF) 概念，两对转可变桨距风扇直接由无导叶对转涡轮带动，不需要减速器，结构与早期后风扇类似。飞行试验表明 UDF 可大幅度降低燃油消耗。但这种新发动机同样带来了噪声与机舱振动问题。美国民用航空不愿意使用 UDF 这种新技术，发动机制造商也不相信 UDF 能省去减速器。尽管如此，对于远距离巡航导弹来讲，UDF 这种概念还是被认为很有发展前途的，因为其有极好的燃油利用率，对于燃油量固定的导弹来说，这将能够大大提高其航程。

1.1.1.2　涡轴发动机

涡轴发动机输出功率用于驱动直升机旋翼。其由于质量轻、功率高而得到广泛应用。在直升机当中，经常采用自由涡轮结构。理想情况下，通过改变桨距角来保持直升机旋翼转速不变，而功率的变化可以通过改变燃气发生器转速来实现。事实上，在发动机过渡状态下，直升机旋翼转速会发生轻微的变化，此时须小心翼翼地关注发动机动态响应，通过控制系统使得转速的变化达到最小，否则直升机空中悬停会很困难。涡桨发动机和涡轴发动机设计原理相同，然而前者巡航高度在 6000~8000m 时工作状态最佳，而后者更适宜在低海拔下工作。由于直升机旋翼叶片气动性能限制，飞行速度限制在约 300km/h。因此，喷气推力不再重要，故涡轴发动机设计能使它产生最大的可用轴功率，通常动力涡轮处于过膨胀工作状态。

20 世纪 70 年代，美国空军开展了关于小型先进涡轴燃气发生器 (small turbine advanced gas generator，STAGG) 设计、制造以及测试研究计划。STAGG 计划下的涡轴发动机空气流量约为 1~5lb/s，功率为 1500 轴马力①。取该功率作为 STAGG 背景指标主要考虑到当时美国 80%的涡轴发动机功率都在 1500 轴马力以下，而且当时的观点认为先进技术应用于中小功率下的涡轴发动机更为有效。该计划的目的是提供未来小型涡轴发动机核心机关键技术，用先进的部件设计技术融入现役发动机中，解决早期发动机性能匹配和结构完整性问题，缩短发动机研发时间和降低研制费用。STAGG 计划的整体目标是演示验证美国下一代三军通用的小型先进燃气发生器。GE12 1500 轴马力级涡轴发动机方案进行了成功论证。论证的结果导致美国全面发展和生产了 T700–GE–700/–701/–701C/–401/ – 401C 等系列涡轴发动机，如图 1-4 所示。这些发动机为 8 种在生产中的直升机提供动力，包括西斯科基的 UH–60A (黑鹰)、麦道的 AH–64 (阿帕奇)、贝尔的超级眼镜蛇和卡曼的超级海妖。T700 涡轴发动机现已成为小型涡轴发动机发展的基准坐标，此后研发的涡轴发动机都以 T700 为标准来评定。

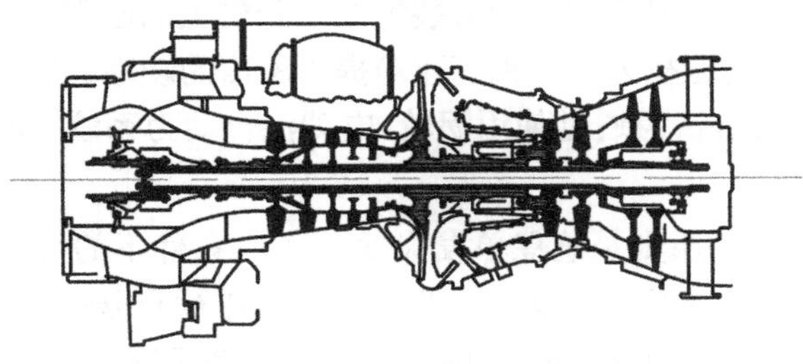

图 1-4　美国 GE 公司 T700 系列涡轴发动机

在 20 世纪 80 年代，美国开展了大功率 5000 轴马力级的现代发动机演示验证技术 (modern technology demonstrator engine，MTDE)。GE27 涡轮轴发动机论证项目成功实施，

① 1b 非法定，磅，1lb=0.453 592kg。

并取得了一系列显著成绩，发展出 GE38 系列涡轴发动机。从 GE38 家族派生的 T407 发动机，作为美国海军远距离空中反潜能力飞机计划中 Lockhead P–7A 飞机的发动机, T407 发动机有了全面发展。

从 STAGG 到 MTDE，持续不断的发展与技术进步使涡轴发动机性能得到了很大提高。20 世纪 90 年代，美国推出了极具雄心的综合高性能涡轮发动机技术 (integrated high-performance turbine engine technology, IHPTET) 开发计划，希望在空气动力学、材料、结构和涡轮前温度等基础研究方面取得突破，引导基础研究成果向部件应用方向全面发展，一直到最后全尺寸发动机技术验证阶段，使得新技术的发展与应用得到全面的评价。21 世纪初，美国开始实施后续先进经济可承受涡轮发动机 (advanced affordable turbine engine，AATE) 计划。该计划瞄准阿帕奇 AH–64 和黑鹰 UH–60 十年后的动力需求，在充分利用前期相关计划技术研究成果的基础上，将涡轴/涡桨关键技术合并在一起，开发一台 3000 马力级共用型涡轴发动机。GE3000 和 HPW3000 两验证机正在领跑美国下一代涡轴发动机的发展。GE3000 以 T700–CT7–8 为平台参与新计划，希望由该计划牵引出来的技术能应用于现役涡轴发动机，大功率可用于 CT7–8C+，同等功率可用于 CT7–8C，小功率可用于 CT7–8A/B/E/F 系列及 T700 系列，技术应用覆盖面相当广。HPW3000 则是全新一代涡轴发动机，采用双转子组合压气机结构，性能更好。

涡轴发动机最新的一个应用是倾转式旋翼飞机如 V22。它结合了直升机垂直起降能力与涡桨高速飞机的优点。当发动机旋转到垂直位置时，两个大直径旋翼便处于水平位置工作，实现垂直起飞和降落。当成功起飞后，发动机逐渐转向水平位置，此时，旋翼便像螺旋桨一样在垂直状态下工作，其飞行速度可达 300kn。为了防止发动机出现故障引发事故，需提供特别安全措施。显而易见，如果 V22 一台发动机停止工作将导致灾难性的后果。为此发动机结构设计异常复杂，采用了交叉驱动系统，安装在整个机翼里，每个发动机同时带动两个旋翼工作。这样即使一台发动机出现故障，另一台也能让旋翼正常工作。Rolls–Royce 公司生产的 AE1007 发动机选择 V22 动力装置，其功率为 4600kW。该型发动机与 Rolls–Royce 公司 AE2100 涡桨发动机很相似。为了使其能在垂直状态下工作，需对发动机做相当大的改进工作，尤其是滑油系统。美国 Bell 计划将这一技术应用于 Bell609 民用倾转式旋翼飞机，选择 PT–6 涡轴发动机作为动力装置。

法国 SNECMA 公司正在研究混合动力装置在直升机上的应用。主要针对一台发动机失效的情况下，如何通过不同途径为直升机变速箱提供所需的功率，并将其作为降低耗油量的一种手段。该公司研究人员认为通过使用涡轮–电动混合动力系统，可优化发动机尺寸，降低 10%～15%耗油率。

双发直升机的主要设计原则是确保单发失效 (OEI) 条件下的飞行安全。然而现代直升机上很少发生引擎故障，导致发动机没有按照飞机尺寸进行充分优化。为了满足 OEI 操作，发动机的设计功率要比实际工作需要高 20%。这意味着像空客直升机公司的“超级美洲狮”直升机目前装配的是赛峰集团生产的 Makila 1A1 涡轴发动机，功率为 1877 轴马力。如果换用混合动力系统，可以使用质量较轻的 1400 轴马力 Ardiden–3 型发动机，在 OEI 情况下由混合动力系统提供额外所需的功率。这样的系统需要先进的电池和电动机来为变速箱提供动力，但目前电池容量无法满足持续飞行的要求。法国空中客车直升机公司在 2011 年试飞了一台单发直升机。该机安装了一台电动机，它能够在发动机失灵时为旋翼提供动力，但额外质量的增加抵消了安全裕度带来的优势。

电动尾桨也进行了测试。这项技术可减少主发动机的动力输出，但同样存在设备复杂和增重的问题。然而，SNECMA 公司认为混合涡轮–电动推进系统可以使整个动力系统得到优化，可以减少质量和燃油消耗，关键是需要让飞行员相信这项技术是安全的。此外，该公司还研究了睡眠发动机系统，可以在直升机巡航过程中关闭其中一台发动机以节省燃料，而在飞机开始进入悬停状态或关键飞行阶段时，再次迅速启动。这是一项非常有发展前景的技术。

军方需求一直是直升机设计与生产的主要动力来源。民用直升机仅占很小一部分市场，主要用于海上运送试验装置、执行搜寻和营救工作、伐木搬运、空中作业以及警察办案。在大部分直升机应用中，航程不是最重要的，因此发动机质量轻比单位燃油消耗量低更加重要。但如果直升机在海上运输，航程和耗油率就显得特别重要了。涡轴发动机功率一般在 400~2000kW。尺寸相对较小需要结构设计更简单一些。新技术将使涡轴发动机变得更小、更轻和更经济，未来的优势是非常明显的。而且对飞行器来说好处甚至比对发动机本身还要多，单是发动机和燃料质量的下降就会使飞行器空重减小，有效载荷更多。发动机技术上的优势不仅能刺激发动机行业自身的发展，同时商业开发也能为发动机用户减少燃料消耗量。飞行成本下降使民用运输有更大的活动范围和更多的有效载荷；同样，军事行动会充分利用燃料节省的优势，达到更远的距离，在战争中有更多取胜的机会。先进的实验室研究水平不仅能为现役发动机的发展提供动力，也为未来发动机的发展奠定了基础。

1.1.1.3　辅助动力装置 APU

从电源、液压动力到压缩空气，所有的飞机对能量供应都有相当多的要求。在正常飞行情况下，这些可以通过附件传动机匣从发动机内提取能量来满足要求，然而，飞机维护、行李、货物装运以及乘客等都必须在发动机起动前完成，因此民航飞机要求发动机在停车相当长的一段时间内仍能提供一定能量。同时要求当大气温度在 $-40\sim40$℃范围内变化时，客舱必须维持在舒适的温度和湿度水平。在地面时，飞机系统所需能量可由地面移动电源来提供，也可以从安装在飞机上的辅助动力装置获得。APU 是一小型燃气轮机，专为满足飞机在地面能量需要而设计，主要用于飞机在地面起飞前以及着陆后的能量供给。对于取得双发跨海飞行资格的飞机，APU 的首要任务是飞机在高空飞行数小时后能在冷冻状态下重新点火。另外，从安全角度来看，飞行中若一台发动机因故停车，另一台发动机需要提供更多的电力和液压以满足飞机紧急状态使用。为了保证有充足的能量供应，APU 是很有必要的。

第一代商用发动机如 Comet707 和 DC–8 都没有安装辅助动力装置。这些飞机执行运输任务时仅能停在一些大型机场，靠地面装置向飞机供应能量。当 DC–9、727 和 BAC1–11 等一些小型喷气飞机出现后，飞机便会停在一些小型机场，但这些机场地面能量供应不一定可靠。从此，APU 开始得到应用。第二代大型飞机 (747、DC–10、L–101、A300) 均使用了 APU。现在，采用 APU 已成为了民航运输的一种标准。绝大多数涡桨发动机和支线客机都已采用，因为它们经常要求在没有合适地面设备的小型机场实现快速转场。军用飞机采用 APU 能适应各种空军基地的条件，并且在战斗中能迅速地起飞。

早期 APU 只是一个简单的单轴装置，压气机尺寸比涡轮大，允许 30%流经压气机压缩后的流体分流给飞机使用。通过送气活门按比例分配所需要的压缩空气和电源。结构简单，压气机压比最高达到 4，循环效率非常低。现在 APU 的标准形式是通过燃气涡轮带动一个单独的负载压气机。负载压气机与燃气涡轮压气机共用一个进气道。负载压气机压比达到 4，而此时燃气涡轮压气机压比会达到更高，通常在 8~10。图 1-5 为一个用在 MD80 系列飞机上的 Honeywell131 发动机 APU 简图。可以看出，负载压气机为一离心式压气机，装有可调进口导向叶片。这样可在流量变化时保持匀速旋转，从而保证电源输出频率稳定。

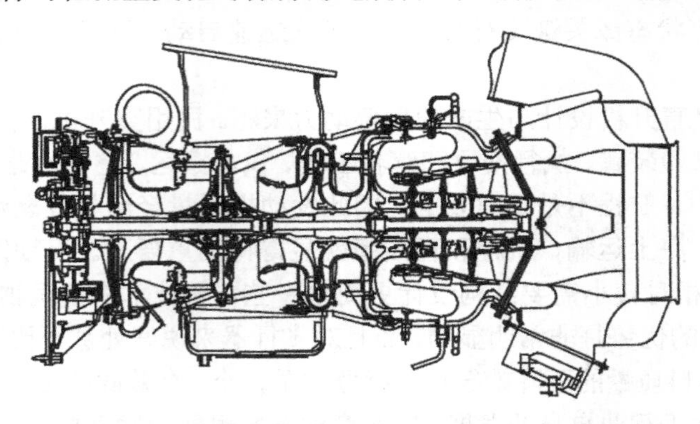

图 1-5　美国 Honeywell 131 APU 辅助动力装置

追求高效率固然重要，但 APU 其他方面的品质也同样重要，例如，体积小、噪声低、质量轻，同时也需要考虑可靠性、维修性以及产品成本等要求。

1.1.2　涡扇发动机 (F 系列)

1.1.2.1　军用小涵道涡扇

涡轮风扇发动机的特点是将通过发动机的空气分成两路，一路是通过涡轮压气机的内涵，另一路是通过由内涵涡轮所带动的外涵风扇。在这种发动机中，气流可以通过两个独立的尾喷管流动，也可以在涡轮后混合，通过一个共同的尾喷管排到大气中去。涡轮风扇发动机内外涵之间有机械能的交换，由于只是内涵发出的循环功转换成内外两个涵道内全部空气的动能，所以，从发动机流出的气体速度就降低了。这样一来，使这种发动机在亚声速飞行时的经济性得到改善，适合于飞行器远距离巡航。

涡轮风扇发动机排气速度的降低减小了噪声，而且用在垂直起落发动机上时还减少了飞机起飞和降落时热气流对地面的侵蚀。

加力式涡轮风扇发动机在亚声速飞行时与加力式涡轮喷气发动机相比具有更好的经济性，而在超声速飞行时，如果涵道比适当也能得到几乎与加力式涡喷发动机相同的经济性。所以，加力式涡轮风扇发动机适合应用在多种工作状态的军用机上，如美国 P&W 公司生产的 F100–PW–229，用于 F–15 和 F–16 战斗机。该发动机吸入空气流量 115kg/s，最大状态和加力分别产生 79 200N 和 129 000N 推力，涵道比为 0.4，质量为 1660kg，最大和加力状态燃油消耗率分别是 0.75kg/(10N·h)、2.25kg/(10N·h)。F100 系列不同型号的性能参数会有所不同。与之对应的另一款带加力涡轮风扇发动机是美国 GE 公司生产的 F110–GE–129。该发动机同样用在 F–15 和 F–16 上，最大状态和加力推力分别是 75 600N 和 142 000N，涵道比为 0.76，发动机质量为 1805kg，加力燃油消耗率为 1.9kg/(10N·h)。同类型中还有一款推力较小的涡轮风扇发动机 F404–GE–400 (图 1-6)，是美国通用电气飞机发动机 (GEAE) 集团在 F101、F110 和 F120 技术基础上，吸取民用发动机 CF6 和 CFM56 的经验发展而成的，用于马赫数 Ma 1.8F/A–18 大黄蜂战斗机上，最大和加力状态推力分别是 47 100N 和 71 200N，涵道比为 0.32，发动机质量为 995kg，加力燃油消耗率 1.89kg/(10N·h)。另一款推力更小的发动机是英国 Rolls–Royce Adour MK815，该发动机最大和加力状态推力分别是 24 500N 和 37 400N，涵道比为 0.75，发动机质量为 739kg。

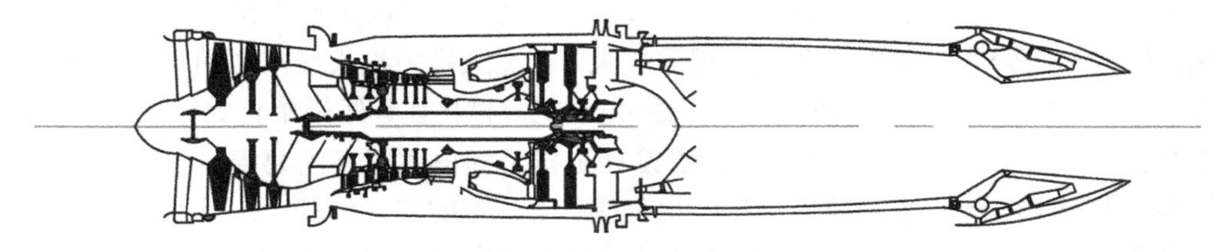

图 1-6　美国 GE 公司 F404-GE-400 涡轮风扇发动机

1.1.2.2　现代军用涡扇

当今先进水平的四代机，除具有超声速巡航、高机动性外，对飞行器的隐身性能同样提出要求。红外隐身是其中重要一环，而发动机则是飞行器红外辐射的重要来源。过去航空发动机的总体设计多将耗油率、推力、推重比等作为设计指标，并没有把红外隐身考虑进来。与此同时，普遍研究的发动机红外隐身技术主要是针对喷管设计、冷却手段等。实际上，从总体参数选择可以控制发动机喷管出口排气温度以及二氧化碳排放浓度，降低红外辐射，达到隐身目的，据此可提出红外隐身发动机设计概念。

F119 是用于 F–22 飞机的发动机。该飞机是美国空军为适应 21 世纪环境作战而开发的新一代空中优势战斗机。F119 代表了当前世界上军用涡扇发动机一流水平。它的特点有：① 三级大流量风扇。为了提高级载荷和扩大喘振边界，第一级风扇采用小展弦比无凸台叶片。② 涡轮叶片是用第三代单晶材料制造的。涡轮的一项改革是轮盘的双性能热处理，性能因半径而变化。轮缘部位呈粗晶粒状，有利于提高强度和循环疲劳能力。③ 采用二维矢量推力喷管，改善飞机气动和隐身性能。F119 与装 F–16 和 F–16 的发动机 F100 相比，气动性能大幅提升，同时结构设计具有零部件数显著减少、维修费用大幅降低的优势。数据对比如表 1-1 所示。

表 1-1　F119 与 F100 发动机比较

项目	F119	F100
部件数/%	60	100
压气机级数	$3f/6$	$3f/10$
涡轮级数	1/1	2/2
维修费用/%	20~30	100

F135 是 P&W 公司继 F119 之后开发的最新一代涡轮风扇发动机，用于联合战斗机 JSF，是当前推力最大的军用涡轮风扇发动机，加力接近 20t。海军型的可实现垂直起降和超声速

飞行。F135 与 F119 两者核心机设计有一定的继承性，但发动机设计背景不一样，总体思路有所不同。F119 在设计时强调高性能，对超声速巡航能力和飞行器的机动性提出了非常高的要求，造价昂贵，而 F135 是将性能与成本作为综合设计指标，更期望提高发动机经济可承受能力。从总体设计来看，F119 几乎所有热端部件都应用了气冷结构，大幅度降低了热端部件表面温度，并且采用了圆转方二元矢量喷管结构。F135 则是为了带动更高压比的风扇，比 F119 增加了一级低压涡轮。F119 在总体设计时的参数选择更注重为飞行器提供更大的单位推力。在高涡轮前温度和小涵道比的情况下，红外隐身主要通过喷管及冷却结构设计来实现。二元喷管在红外隐身上能起到非常好的效果，可以大大减弱尾喷流和热端部件产生的红外辐射。但二元喷管的底部阻力和气动损失较大，会造成推力损失或需要消耗更多燃油。不过，用于双发飞行器的 F119 可以利用飞行器–发动机一体化设计等措施有效控制气动损失。

相比之下，用于单发飞行器的 F135 对发动机推力提出了很高的要求，且 2 级低压涡轮增大了发动机质量，因而喷管放弃了推力损失高、质量重的二元结构，选择了结构相对简单的轴对称形式。因此 F135 红外隐身任务从喷管转移到发动机内部气动布局上，增加了外涵压比、流量，外涵承担了红外隐身主要任务。总体分析表明 F135 对涡轮前温度留了很大裕度。这样做一方面保留了未来推力发展的空间；另一方面若涡轮前温度过高，则尾喷管出口温度难以控制且没有足够的遮挡效果，红外辐射特征将会增大，不利于隐身。此外，更高的风扇增压比能够降低耗油率，从而减少发动机 CO_2 的生成量。而且，较大的涵道比设计能提供更多外涵冷气流量，从而起到降低排气温度和稀释 CO_2 浓度的作用。可以看出为实现红外隐身，F119 主要靠喷管二元结构和筒壁冷却手段，而 F135 则在总体循环参数上作了选择，依靠外涵来实现。

1.1.2.3 民用大涵道涡扇

涡轮风扇发动机的上述优点决定了它在亚声速旅客飞机上会得到更广泛的应用。在这种飞机上，它迅速地取代了涡轮喷气发动机和涡轮螺旋桨发动机。20 世纪 70 年代初，连续不断的发展终于迎来了大涵道比涡轮风扇发动机时代。低耗油率使得宽体客机成为可能，大流量人员乘坐飞机使得航空市场迅速成长起来，带动了航空发动机的发展。

GE90 发动机是将过去与未来结合起来的一款新型发动机。开发的型号有 GE90–94B、GE90–115B、GEnx 以及最新研制的 GE9X。该系列发动机最典型的特征是大尺寸复合材料风扇叶片。其中 GE90–115B 风扇直径 3.25m，叶高 1.1m，宽叶弦 0.61m，叶片数 22。叶片采用小增压比 (1.5) 和低叶尖切线速度 (335m/s) 设计，以得到较好的抗鸟撞击能力和低噪声值。该型发动机创造并保持了世界最大推力记录。表 1-2 给出了 GE90 系列发动机风扇直径和叶片数发展历程。用 GE 公司一段话来描述，称 “A evolution of a revolution”，创新永远在路上。

表 1-2 GE90 风扇叶片发展历程

项目	GE90–94B	GE90–115B	GEnx	GE9X
年份	1995	2004	2011	2020
直径/m	3.12	3.25	2.81	3.4
叶片数	22	22	18	16

GE90、PW4000 和 Trent800 分别是 GEAE、P&W 和 Rolls–Royce 这三家大公司为 B777 开发的大推力涡扇发动机。PW4000 系列是在其通用核心机基础上研制的大推力涡扇发动机。Trent800 系列是在 RB211 发动机基础上衍生发展的。

现代涡扇发动机朝着更大涵道比方向发展，更省油、更静音、更环保。美国 GE 公司设计的 Leap–X 涡扇发动机涵道比达到 11，在继承传统双转子结构和高可靠性基础上，GE 部件设计技术支撑了 Leap–X 发动机达到高性能水平，如图 1-7 所示。P&W 公司 GTF 涡扇发动机采用减速器方法降低了风扇转速，得到了更大的涵道比，号称静音发动机，但减速器也额外增加了发动机质量以及维护等方面的工作。相比之下，英国 Rolls–Royce 公司则在发动机转子上做文章，采用三转子结构形成 Trent 系列涡扇发动机。三转子使得中压压气机转速得到提高，减少了级数，非设计点性能好，轴向长度短，结构紧凑。

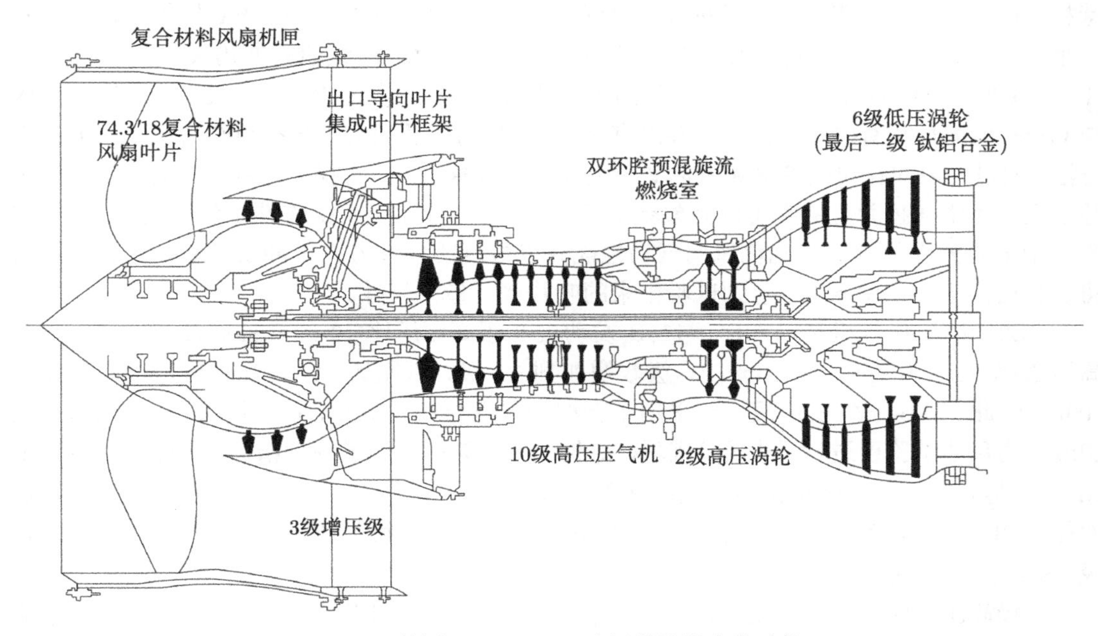

图 1-7　美国 GE Leap-X 大涵道比涡扇发动机

1.1.2.4　现代风扇 GE9X

过去，航空发动机的发展总是能跟着飞机需求保持着步调一致的发展模式。现在作为发动机制造商面对下一代 Boeing 双发动力大幅度增长的性能需求时，即使公司过去有过很多成功的设计经验，也会感到压力非常大。

GE 正在开发的 GE9X 发动机是目前 Boeing 777X 长航程飞机唯一可选的动力装置。在达到 105 100lb 起飞推力要求下，发动机燃油消耗要求比现役 GE90–115B 低 10%，以满足新飞机高性能要求。为达到这些指标，GE 开展了新设计和新技术开发。当 GE 确定开发新技术重新设计以满足发动机推力需求时，有许多外部协调工作需要认真研究，以便能固化一些总体设计参数。飞机机翼采用了大展弦比翼型设计以及新型先进合成技术，能让飞机飞得更远，效率更高。相对新一代飞机，GE90–115B 推力显得过大了，需要减小 10 000lb 推力。

如果按照最新发动机 GEnx 尺寸放大来看，即使推力满足需求，燃油消耗只能降低 5%。而另外 5%需要从风扇、高压压气机以及高压涡轮新材料当中通过技术进步来获得。

从外部形状来看，GE9X 最大的特点是风扇直径达 133.5in。在 2013 年设计初期，GE 风扇直径一直在 132in 附近徘徊。但最后还是决定设计直径更大的风扇，大风扇是提高发动机推进效率的关键因素。GE9X 风扇是 GE 有史以来设计的最大风扇。虽然该发动机推力比 GE90–115B 少 10 000lb 推力，但要比 777 发动机风扇弦长宽 5.5in，而且仅用 16 个叶片，而不是当前使用的 22 个叶片。

尽管 GE9X 风扇叶片同 GE90 类似，但前者采用了新型复合材料，气动性能有所提高。叶片更掠，弦长更宽，气动效率更高。同时，GE 开发了一个新叶片设计体系，能使叶片前缘更薄，前缘金属壳体更耐冲击。实验室进行了气动声学试验研究。试验件同全尺寸发动机保持相同的叶尖切向速度，试验器包含了风扇出口导向叶片 OGV，一个核心机模拟器并带有一个 1.5 级增压级，允许调节涵道流量，产生准确的声学流场。试验初期仍采用 18 叶片，同 GEnx 类似，以便研究人员核对一些已知的特性曲线，下一步过渡到 GEnx 16 叶片。GE9X 与 GE90 风扇形状有些相同但气动性能有差异，这样可以让研究人员有机会考核不同的计算方法，通过两者对比可研究风扇/OGV 相互干扰、流量特性、可操作性和侧风影响。声学试验录取了声学数据并且从中可以完整获得风扇气动声学特性，可操作性得到了检验。在此试验基础上研究人员进一步优化风扇气动性能并以最终的设计方案做冲击试验。之后 GE 还将进行更先进的试验研究，直到试验出来的叶片接近最终尺寸。

GE9X 高压压气机是以 GE90–115B 发动机 9 级高压压比 19:1、GEnx–1B 发动机 10 级高压压比 23:1 为基础设计出来的，级数增加到 11 级，压比达 27:1，涡轮进口温度提高了 100F。因此，高压压气机最后一级采用了新型金属盘材料。GE9X 发动机 11 级高压压气机 80%缩比尺寸试验已进行。从试验来看，持久性和性能都达到了预期指标，试验表明设计压比 27:1 是有把握的。试验包括全状态和部分状态、进入和退出喘振，以便充分检验压气机性能，同时完成了级间负荷测量试验。下阶段将进行一些细微的改进工作，主要针对前面几级，重新优化以提高效率。

两级高压涡轮第一级采用了新型金属盘材料，采用气冷叶片设计，第二级叶片采用了新设计方法。第一级导叶、外机匣以及第二级导叶均采用了陶瓷基复合材料 CMC。这些先进部件将首先在 GEnx 发动机上进行试验验证。2015 年全尺寸 GE9X 部件先在两台 GEnx–1B 进行了串装试验验证，2016 年进行了全尺寸 GE9X 发动机运转和试验验证。2017 年在 747 上进行了飞行测试，接下来将在 777–9X 进行试飞。

1.1.2.5 Rolls–Royce 超级风扇

针对 GE9X 发动机的发展，英国 Rolls-Royce 立即瞄准波音 787，于 2012 年启动了 Trent 1000 TEN 项目。该发动机融合了 Trent XWB 发动机和 Advance 项目中的一些技术成果。8 级中压压气机，流量更大。6 级高压压气机来自 XWB 发动机，该发动机原型机是在 New Engine Core Conception 项目中进行开发的，包含了 Blisks 整体叶盘技术，应用于高压压气机前面 3 级。一级高压涡轮带动高压压气机，效率更高。涡轮高温部件采用自适应冷却方式进行。来自高压压气机的冷却气体经过一涡流放大器阀门控制冷却流量，按发动机工作状态需要调节所需冷却气体流量，达到提高发动机效率的目的。

在 2014 年初，Rolls–Royce 公布了未来 10 年甚至更长时间涡扇发动机发展规划。该计划可谓雄心勃勃，撼动了多国大公司大涵道比涡轮风扇发动机研究项目。Rolls–Royce 正在为远景规划迈出实质性的步骤，将计划落到实际。发展规划分两个阶段进行，第一阶段主要针对 Trent XWB 发动机，命名为 Advance 计划，如图 1-8 所示，首台发动机预计在 2020 年投入使用，涵道比 11:1，总压比超过 60:1，燃油消耗比现役发动机 Trent700 低 20%。第二阶段称超级风扇发动机 UltraFan 计划，如图 1-9 所示。该发动机方案是在 2012 年提出的，预计 2025 年投入使用，燃油消耗将比 Trent700 低 25%。超级扇工作通过一套齿轮系统带动风扇而且叶片可以变矩，涵道比达 11:1~13:1，总压比超过 70:1。

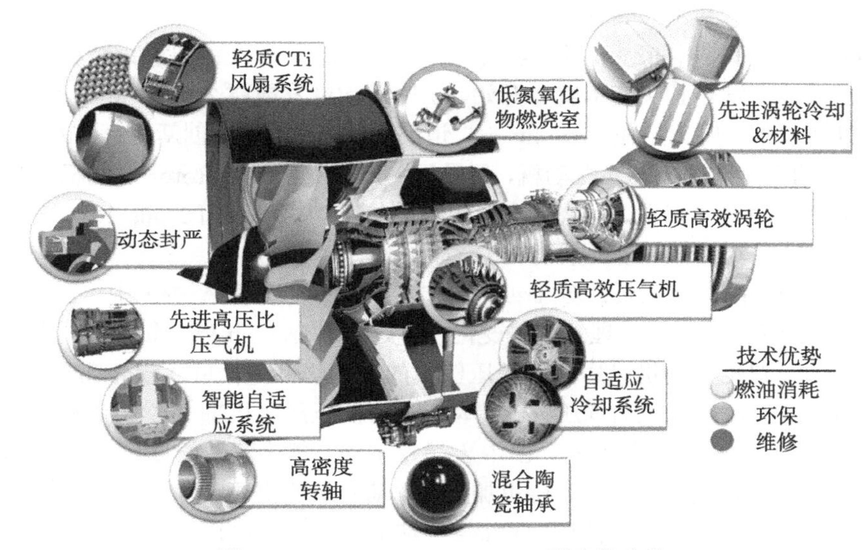

图 1-8　Rolls–Royce Advance 涡扇发动机

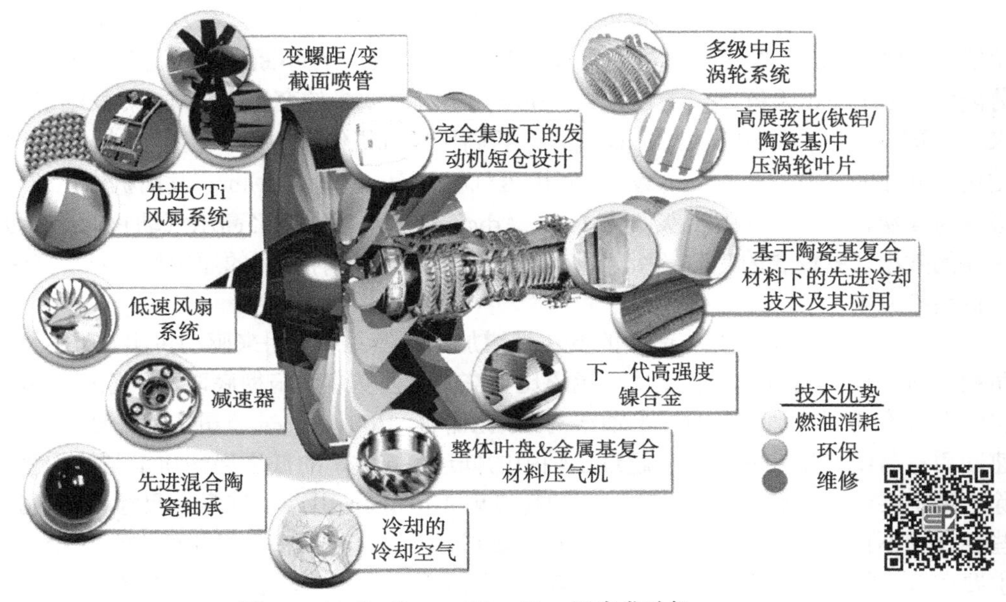

图 1-9　Rolls–Royce UltraFan 涡扇发动机

图 1-8 和图 1-9 中围着发动机排列分布着许多小圈，代表着不同的技术开发项目。小圈外围有不同颜色提示。其中，浅灰色代表该项技术能降低燃油消耗，深灰色代表能改善环保，黑色代表能提高维护水平。下一代大涵道涡扇发动机首先是高循环参数。从颜色分布来看，浅灰色居多且多与深灰色在一起，显然，降低油耗、降低排放是未来民用航空发动机主要发展方向；黑色跟材料有关，轻质、耐久性好的材料不仅能降低维修费用，而且低质量对降低油耗也有很大贡献。为进一步提高涵道比，Rolls–Royce 超级扇采用了涡桨变矩技术，同时用上了减速器。为抵消减速器带来的质量增加，超级扇将传统三轴结构改为两轴半，取消了原来的低压涡轮。这是 Rolls–Royce 技术发展史上又一次重大变革。在谈到这次变化时，Rolls–Royce 公司技术发展总裁 R. Parker 说，“Where evolution gives up and revolution takes up”。两个主语 (evolution 和 revolution) 仅差一个字母 “r”，结果令人感到意味深长。技术总有过时的时候，一旦技术发展到头变革就要开始。航空发动机发展要么走在 “evolution” 道路上，强调继承、渐进发展；要么走在 “revolution” 道路上，突出变革、创新生存。Rolls–Royce 从 Trent XWB 发动机，到 Advance 发动机，到最后 UltraFan/Open Rotor 发动机，走了一条不寻常的路。但从气动布局来看，三款结构形式不同的发动机沿袭着 Rolls–Royce 传统的平行涵道气动设计方法，流路短，结构紧凑，过渡段好设计。

Advance 第一阶段工作主要针对 Trent 传统核心机进行改变，减少了中压压气机负荷，提高了高压压气机做功的能力。为理解这些变化，需要了解 Trent 传统三轴发动机与 GE、Pratt 双轴之间的差别。双轴发动机风扇和低压压气机的增压级都是由低压涡轮带动，而在 Trent 三轴结构发动机中，风扇单独由低压涡轮带动，没有低压压气机部分。为代替双轴中的低压压气机，Trent 采用中压压气机结构，由中压涡轮带动。相比双轴的低压转子，三轴中压可以有更高的转速，因而结构可以设计得更加紧凑，轴向长度更短。这是三轴发动机最大的优势，也是 Rolls–Royce 公司的传家宝。双轴与三轴都有相同的高压转子系统，只是 Trent 三轴中的高压压气机和高压涡轮级数要比双轴少得多。

在 Trent 三轴系列发动机发展过程中，Rolls–Royce 公司一直着力发展中压压气机和涡轮能力。然而，随着中压压气机的发展，级数增加，压比在不断提高，逐渐超过了发动机负荷能力。而在中压系统发展的过程中，高压几乎没有太多的变化。Advance 发动机正好反过来，高压压气机做更多的功。Rolls–Royce 新高压压气机级数更多，达到 10 级，总压比更高，结构尺寸相对更长。而 Trent WXB 高压压气机仅有 6 级，Advance 发动机中压压气机由 8 级改为 4 级，中压涡轮由 2 级改为 1 级。Advance 新结构能减轻高压气动负荷，从而使其有更高的效率。更重要的是与超级扇发动机 UltraFan 之间有更好的通用性，未来将使用新发动机结构方案。

在 Advance 计划之后，最大的变化是增加减速器系统，用来驱动风扇。Rolls–Royce 公司相信新一代风扇可以做得更大，涵道比更高，而且变矩风扇彻底取消了原先的低压涡轮，实际上就不需要三轴而是两根半轴结构。相比而言，Rolls-Royce 公司认为二轴半结构中的减速器质量与结构复杂程度不会超过三轴中的低速、低效率的低压部件质量与结构复杂程度。除上述主要结构变化之外，Advance 和超级扇 UltraFan 引入了许多全尺寸下的新技术。这些新技术不仅关系到新结构发动机设计能否成功，而且是提高发动机性能的关键。Advance 主要在核心机方面取得了一些成果，其低压系统采用了一些轻质材料，提高了推进效率和循环热效率。轻质风扇、机匣及其附带的埋入式管路结构均采用了复合材料。Advance 有一些其他新技术包括低排放燃烧室、轻质压气机和涡轮叶片设计技术，改进的叶片冷却技术、动态封严技术以及自适应冷却系统优化引气技术，还有一些技术包括陶瓷轴承，可用来支撑轻量级核心机，或在温度更低的轴承位置上使用。

超级扇 UltraFan 是在 Advance 基础上发展起来的。减速器、变矩风扇叶片以及可变面积喷管全是新技术。超级扇同样有一套完全集成的薄型发动机短舱设计技术。风扇系统在飞行的不同阶段改变叶矩，包括着陆过程，反推力可以不需要了。超级扇有一个多级中压涡轮，叶片比先前的长。为减轻中压涡轮质量，转动部件采用钛铝合金，导叶采用陶瓷基复合材料 (CMC)。Rolls–Royce 新技术发展有些是长期的，不一定在超级扇投入市场时使用，如冷却 "冷却气体" 技术与整体叶环 "blings" (bladed and rings) 技术。主动控制下的冷却 "冷却气体" 可以让发动机有更高的循环压比和涡轮进口温度。该技术不仅能去掉压气机后面一级引气，而且通过热交换再次注入的冷气温度更低，可用于涡轮叶片、导叶、转子轮盘甚至燃烧室内外环或火焰筒套上，效果更好。这套系统从压气机出口引气，通过外涵热交换器冷却后，通过一些管路结构进入涡轮部件。该项目目前仍在欧洲进行实验研究。整体叶环技术 Bling 是继整体叶盘之后发展起来的下一代新产品，Bling 取消了原先厚重的缘板结构，通过采用一种高强度、增强型金属基在其缘板向外同叶片合成在一起实现整体叶环。

Advance 风扇采用复合材料，质量预计能减轻 750lb。显然这是非常值得的，尽管 GE 公司自 1990 年以来在大风扇设计中就开始使用复合材料，Rolls–Royce 公司应用风扇空心叶片技术以保持竞争能力，但随着叶片直径增大，采用复合材料制造的叶片工艺可以做得更薄，大尺寸风扇叶片复合材料在质量方面优势明显。Advance 全尺寸核心机中压压气机 4 级，高压压气机 10 级。但这不一定是最后的气动布局，新发动机不完全是气动问题，而是整个新系统需要得到检验。

Advance 和超级扇 UltraFan 发动机有更高的压比和更高的涡轮前温度，燃烧室会带来更多的排放物氮氧化物。需要开发一些关键技术来克服这些困难，降低燃油消耗和排放水平。该技术将在 Environmentally Friend Engine (EFE) 项目发展中持续得到检验。在 EFE 基础上，第四台 Trent1000 发动机进行了一系列高温先进涡轮材料和干净燃烧室设计试验，2013 年 EFE 燃烧室用来检验 CMC 高压涡轮叶片。

EFE 燃烧室试验项目进行顺利，已经做了燃烧室部件与核心机试验，将在一台 Trent1000 上进行串装试验研究。地面已经做了很多化学反应试验，了解了燃烧室的工作机理。但这是将燃烧室放入发动机系统环境下看看是如何工作的。在整机环境下，可以研究包括吞水、高原环境等影响因素。如同 ALPS 低压系统一样，先进的干净燃烧室和环境友好发动机 (EFE) 需要在全尺寸发动机上做试验验证。同早期欧洲开发项目 "Clean Sky" (干净空间) 一起，共同研究将使新燃烧室达到 CAEP 排放标准 6 和 8。采用更高的循环参数同时能改善排放水平，意义非凡，因为燃烧室排放与循环参数在性能指标上是互相矛盾的。在地面试车结束后，Rolls–Royce 公司准备进行飞行试验以验证新燃烧室。

1.1.3 未来航空动力 (A 系列)

航空发动机通常只有一个设计点但可以多工况工作，能满足战斗机起飞、爬升、巡航、加速等任务需求。然而，未来战斗机不仅需要比今天的飞机飞得更远，而且需要在对手防区内有更大的动力以保证飞得足够快，有更高的生存能力。这就要求未来战斗机具备隐身能力，可以长距离奔袭敌后，攻击对方要害部位。超声速巡航可提高飞机战区生存能力，长时间续航可改善武器投放效果。超声速巡航与亚声速巡航两种不同的飞行模式需要未来发动机既具备大推力，又可以低油耗工作。简单循环只有一个设计点，很难协调大推力与低油耗之间的矛盾，两者不可兼顾。据此美国 GE 研究人员提出变循环发动机思路，一台发动机中有两个设计点：一个对应大推力；另一个对应低油耗，双巡航点。如此设计要求发动机具备涵道变化的能力。

但到现在为止，从推进技术角度来看，飞得更远和飞得更快在设计上是相互矛盾、相互排斥的。亚声速巡航需要发动机低燃油消耗和更高的巡航效率；超声速作战需要更大的推力、更强的核心机能力以及更高的工作温度。而且后者无论对燃油的经济性还是行动的秘密性都是非常不利的因素。为解决这对矛盾，将这两种能力合并到一台发动机中，美国发动机制造商在美国空军实验室 (AFRL) 自适应发动机发展部门 (AETD) 领导下，对下一代发动机进行了一系列的技术测试，以检验未来飞行的可行性。尽管 AETD 在 2016 年结束了轻型核心机项目演示验证工作，空军下一步计划安排在 AETP 项目中进行。目标是第六代战斗机 45 000lb 推力级自适应发动机定型以及换装 F–35 飞机发动机动力装置。

AETP (adaptive engine transition program) 是美国空军提出并主导变循环概念朝着下一代战斗机发动机性能发展的最后一个阶段。自 2006 年以来，随着空军 AFRL 推进 Advent (adaptive versatile engine technology) 五年计划，GE 和 Rolls–Royce 各自发展了高压比核心机、自适应风扇以及可变涵道低压系统技术。该计划以 2000 年战斗机发动机为参考基础，要使发动机单位燃油消耗率 (SFC) 下降 25%。Advent 计划抓住一些关键技术进行开发，如保持发动机流量不变的条件下风扇变压比技术、更高的热端部件技术、冷却的冷却空气流量调节技术，以及更新、结构更简单的喷管排气技术。

自适应发动机内部采用一套变几何装置，能改变风扇压比和涵道比。而这两个参数是影响发动机单位燃油消耗率和推力的关键参数。压比采用自适应多级风扇来改变。在起飞和加速阶段，风扇压比增加，达到战斗机发动机性能水平；而在巡航阶段，风扇压比降低达到商业飞行发动机水平，利于改善效率。为有效改变涵道比，变循环发动机需要增加第三个涵道。在标准双外涵基础上，第三涵道提供了一个附加空气来源，其流量大小可根据飞行任务不同阶段自行调整。第三涵道附加流量可以提高发动机推进效率，降低耗油率；或用来增加核心机流量，提供更大的推力。此外，还可充当冷却空气冷却发动机热端部件，降低热源辐射水平，提高飞机战斗性能。在巡航阶段，第三涵道可以吞下形成进气道附加阻力的流体，提高进气道流量捕获能力，减少溢流。

GE 在 2013 年进行了 Advent 核心机运转试验，超过 AFRL 温度目标 130 °F，完成了空军有史以来压气机、涡轮共同工作最高温度记录。从试验结果来看，核心机能高效产生动力，满足发动机第三涵道需求，能达到 AFRL 提出的 25%单位燃油消耗率下降要求，换算到航程可以增加 30%。核心机试验是成功的，但也存在一些意想不到且又非常重要的问题。其中之一是发现自适应发动机模拟技术与试验结果非常合拍，但三涵道自适应模型与试验有差异，还需要重新检验。GE 认为自适应风扇发动机是一个非常有价值的研发平台，Advent 开创了 AETD 后时代。该项目瞄准新一代发动机单位燃油消耗率下降 25%，比 P&W 现在的

F135 发动机输出功率多 5%，推力大 10%。AETD 初期的目标是轻型核心机，主要用于 B–2 轰炸机动力改装。Advent 核心机则建立在更大的目标基础之上，在效率和功率两方面已经超越 AETD 目标。

尽管 GE 瞄准的目标是未来海军以及空军第六代战斗机动力装置，但现阶段仍以 F–35 动力需求作为背景研发下一代发动机。从发展角度来看，GE 认为如果技术足够超前，其中很大一部分有机会应用于五代机，而 F–35 在未来一段时间仍将生产。发动机尺寸可能比现在 F–35 使用的 F135 要大。所以，必须考虑如何设计出更大推力的发动机，在飞行包线内有更好的燃油效率，而发动机主要尺寸不能有大变化，否则安装有问题。AETP 下的发动机能让 F–35 战斗机更具进攻性，但仍不具备定向能量武器发射能力。对于下一代战斗机，三涵道发动机可以用来支持多种先进武器平台、各类航电系统以及改善飞行品质。未来定向武器发挥作用几乎是一件可以肯定的事，预计需要 1MW 功率，美国研究人员正在定义设计空间。然而，目前三涵道主要好处在于 F–35 打开了低空高速角区飞行包线范围。在 500ft 高度上，F–35 可以飞行马赫数 Ma 0.8/0.9。而因飞机热管理问题，今天 F–35 在飞行高度上仍受限制，不能飞得更低。

GE 仍希望在未来战斗机上采用通用核心机技术。尽管未来发动机会有一些变化，理想的方案是先把核心机尺寸确定下来，未来仅改变低压系统。核心机基本尺寸是根据飞机超声速和加速度需求来设计的，这两方面能力都在持续增长。当进入下一代战斗机时，核心机尺寸可能需要做一些调整。GE 三级风扇包含了自适应变几何过程，叶片最外面部分位于第三涵道，高压采用 GE–Leap 商用发动机压气机，10 级压比 22:1，而涡轮和燃烧室相比 F136 都有很大改进。第三涵道有两个热交换器。研究发现随着风扇和压气机压比提高，进入涡轮热端部件的冷却空气变热了，需要冷却 “冷却气体”。热交换器尺寸在发动机总体初始设计阶段已经确定下来。GE 相信在下一代发动机中最先进、最重要的王牌是轻质、热阻高的陶瓷基复合材料 (CMC)。F136 已在第三级涡轮导向器上做了一些应用，在 F414 发动机上已成功使用。同以往的区别在于这次是在更复杂的部件中采用复合材料。现在 CMC 在热端部件上从燃烧室到低压涡轮，包括旋转部件都可以使用。随着 CMC 的应用，GE 将大幅度减轻发动机质量。

GE 在 2014 年完成了核心机详细设计报告。一些部件试验采用了轻质导向器 PMC 聚合物。在 2015 年完成全尺寸 PMC 部件评估后，分别进行了高压压气机试验以及带加力器的风扇试验。尽管加力器技术不是自适应循环研究项目，带着加力器可以看看这三股气流是如何在发动机尾部掺混在一起的。GE 公司 AETD 项目最后阶段的工作进展顺利。压气机、核心机和自适应风扇分别进行了各自地面台架试验，完成了部件性能评估和数据分析。压气机测试工作已完成，试验数据已转交给了 AETP 项目组。在同一实验室还进行了自适应风扇台架试验研究。最后一项台架试车是核心机试验。这是一项非常具有挑战性的工作。核心机包括自适应变循环、三涵道以及换热器。当核心机运行时，必须模拟出核心机在整机发动机环境下的工作状况。实际上，这比进行完整的发动机测试还要复杂，因为必须改造一些设备以模拟来自发动机其余部件的边界条件。在研究人员对进、排气系统进行了适应性改造后，核心机累计进行了 30h 测试。尽管测试工作整体进度比预期要慢，但还是取得了许多重大进展。

2016 年 6 月，AETP 整机演示验证合同分别给予了美国 GE 公司和 P&W 集团，由其共同完成。该项目是通往新一代发动机的关键一步，为未来美国海军 F/A–XX 以及空军 F–X 第六代战斗机提供更成熟的三涵道发动机设计技术。按计划确定的 45 000lb 推力目标，在现有 F–35A 发动机安装条件下，AETP 三涵道发动机有望从 21 世纪 20 年代中期开始具备替代美国现有 PWF–135 发动机的能力。

2017 年，随着美国空军 AETP 自适应发动机转化计划继续推进，第一台三涵道演示验证发动机进入了详细设计阶段，自适应变循环作为战斗机推进系统离现实越来越近了。引人注意的是新发动机命名方式，A 代表了美国空军自适应发动机时代的到来。美国空军经过一番激烈讨论，决定打破传统，将 AETP 两台演示验证机分别命名为 XA100 和 XA101。该发动机命名不再延续传统 “F” 代表 “风扇” 或 “涡轮风扇” 系列发动机的惯例。后者最近见证了为 F–35 飞机配备 F135/136S 发动机的研发。新命名 “A” 代表 “自适应性”。这是一个里程碑事件，与 20 世纪 40 年代出现的 “喷气涡轮” 采用 “J” 命名方式同等重要。GE 负责开发 XA100 验证机，而普惠公司负责 XA101 验证机。发动机获得新命名宣示着前期开展的研究工作卓有成效。自适应发动机技术更加真实可信。但它目前仍然是一台 “X” 型发动机，因此仍在研究开发中。在选择 “A” 字母之前，美国空军曾争论是否将其命名为另一 “F” 系列发动机。新命名证实了这种新结构、新一代发动机的出现，证实了研究人员长久以来一直所相信的变循环发动机设计理念。技术发展正在改变发动机设计规则，自适应发动机将成为几乎所有未来作战飞机的关键推动力。

为提高 XA100 发动机的可操作性，GE 压气机和风扇提供了前期气动、结构、强度、材料等试验数据，为后续部件改进设计提供了重要支撑。性能方面获得了预期的压气机特性和级负荷分配。在操作性方面，核心机能够处理喘振问题。同时，核心机试验还提供了压气机其他方面测试数据，研究人员已经开始根据这些数据分析燃烧室和涡轮相互作用带来的影响。GE 预计从 2019 年开始建造三台发动机用于测试。第一台发动机将用于机械方面测试，第二台用于性能和操作性测试，第三台用于耐久性测试。GE 目前还没有决定三涵道变循环发动机技术最终走向何方。不过现阶段它是为 F–35 设计的，而且同洛克希德 · 马丁公司已有了合作。就目前水平来看，GE 还需要继续开发更成熟的技术，以便更容易做出决策。

变循环发动机通过涵道变化将大推力和低油耗两种不同设计方式的发动机组合在一起，但进气道涵道不一定需要变几何。如果飞行马赫数不超过 1.5，进气道型面不用调整，可以做成固定几何。亚声速飞行时进气道流量系数一般小于 1.0，所以有附加阻力，但一般可以和唇口吸力大致抵消，溢流还是存在的。进气道中流管不同，涵道速度不一样，可通过加大涡扇发动机涵道流量方法减少溢流。这样变循环发动机可以配固定几何进气道在超巡和亚巡两个不同设计点下工作。

1.1.4　并行研制方法

在航空发动机发展中，传统的设计是采用串型序列发展法，如图 1-10 所示。从这个流程来看，首先是新技术开发，然后是工程应用，最后是生产和使用阶段。早期，发动机研究基础薄弱，新技术开发周期长，从概念提出到工程应用需要一个漫长的成熟过程。技术发展时间长导致发动机设计总是处在等米下锅的状态。实际上，这样设计出来的发动机后期使用阶段还会存在一些问题。某空军研究单位到学校调研提出一些问题或合作意向，如发动机装机后推力、功率如何评定，性能衰减问题，长期使用后进气畸变与稳定性问题，如何快速评定喘振问题，空气加热、燃油加热后发动机性能评定问题，关键部件寿命如何评定，结构失效故障、功能失效故障如何预测，未来电调与传感器如何设计，健康诊断模型如何建立等。发动机后期使用存在的问题在一定程度上增加了维护使用费用。然而，这里的大部分问题应该由发动机设计单位来解决。

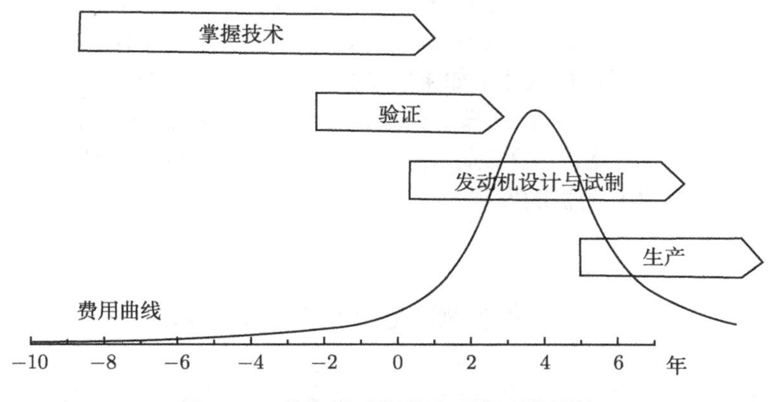

图 1-10　航空发动机的串型序列发展法

现在科研局面有所不同了。技术飞快进步，发动机更新换代速度加快。设计手段越来越先进，水平越来越高。新的设计方法产生了，这就是并行设计，如图 1-11 所示。GE 风扇叶片设计涉及气动力、材料、结构、质量、应力、振动、耐久性、机加工性、制造成本、多学科一体化，多达 10 个方面的设计人员共同工作完成叶片设计。这是典型的并行设计方法。

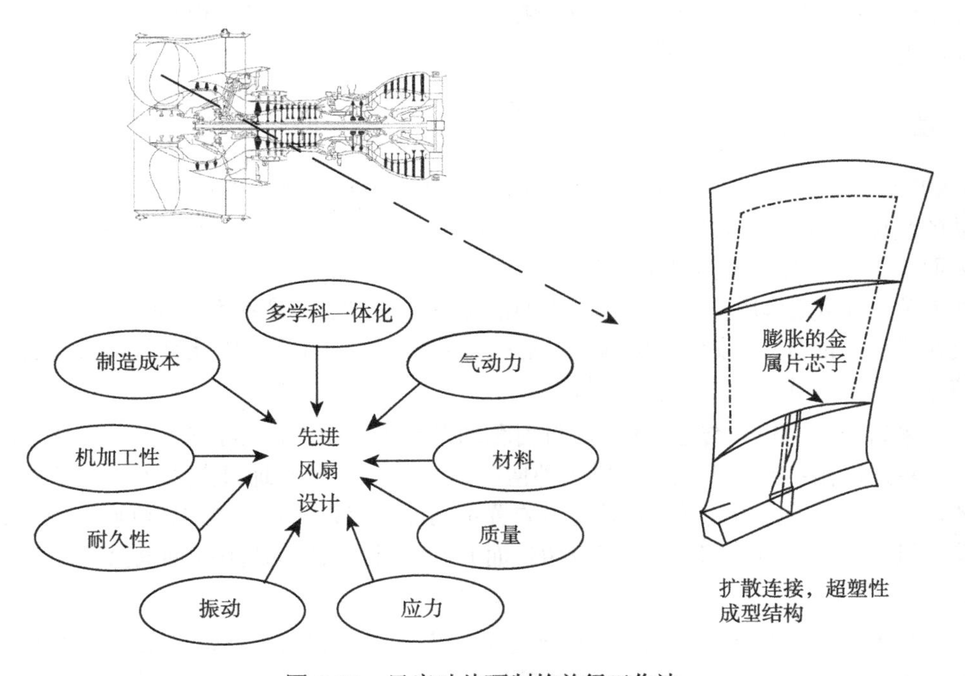

图 1-11　风扇叶片研制的并行工作法

并行设计有多种提法，如并行工程 (concourrent engineering，CE)，又称同期工程 (simultaneous engineering，SE) 或称制造与发展一体化 (integrated product development，IPD)，都是航空发动机新设计方法。CE 项目由美国国防先进研究计划管理局 (DAPRA) 主持，由通用电气公司飞机发动机集团组织研究组 (GE–CRD) 进行研究，部分概念与方法已体现在 GE90 涡扇发动机设计方案、产品可靠性保证中。SE 已在 Rolls–Royce 公司的 Trent 发动机风扇叶片等零部件的研制中得到应用。IPD 概念是由美国空军于 1990 年提出的，P&W 公司已将它用在 F119–PW–100 发动机研制中。无论是 CE、SE 还是 IPD，版本虽不同，但并行工程无一例外的都是军方提出的要求。如果航空发动机后期使用的问题都由使用单位来管，这个"婆婆"肯定不好当。并行设计的核心是把发动机后期存在的问题尽可能地放在前期产品设计中考虑，找到解决方案。这样设计出来的发动机好用，不仅可以降低维护费用，军方也有更多的时间考虑未来发动机的发展。

1.2 涡轮喷气发动机的推力

推力是喷气动力装置的基本参数之一。一般来说，推力不可能完全地被用来做有效功。推力的某些部分被消耗在克服外部阻力上，这些外阻力是由动力装置的一些部件如进气装置、排气装置、发动机短舱、节气活门、冷却空气进气口等造成的。

同一台发动机，由于在飞机上的安装方式不同，因而所表现出来的外阻力和所产生的推力也各不相同。为了正确评定单独发动机的性能以及考虑外阻力对动力装置推力的影响，需建立发动机内推力和动力装置有效推力两个概念。发动机内推力 F_{in}，通常的理解是在发动机内部工作过程中所产生的推力，而动力装置的有效推力 F_{ef} 则是指用来在空中推动飞机和加速飞机的那部分推力 (即净推力)。

1.2.1 动力装置有效推力

从物理意义上来看，动力装置的有效推力是所有流过发动机的以及在外部围绕动力装置流动的气流作用在动力装置工作表面上的压力与摩擦力的轴向分力的合力。作用在发动机内表面上的压力及摩擦力是由发动机的内部工作过程所确定的，并且实际上与外部的流动条件无关。而确定作用在动力装置外表面的那些力的方法则是各不相同的，这取决于发动机安装在飞机上的方式 (安装在单独的发动机短舱内、机身内等)。因此有效推力的表达式因动力装置的安装方式不同而有所差别。

下面来研究发动机安装在单独的、轴对称的发动机短舱内，流过它的是未受扰动的超声速气流，并且是在零迎角下工作这样一种情况。图 1-12 是气流通过发动机及短舱外部流动的简图，可用于推导推力公式。假设动力装置不动而气流以飞行速度 C_0 流向动力装置，来流在发动机进口前分为两部分：一部分由流面 0′i′ 限制流入发动机中，而其余的则从外部流过短舱。

取包括整个发动机短舱在内，并向前延伸到发动机进口前未扰动流截面 0-0 的控制表面，且假设：流动是稳定的，控制体外表面未受发动机干扰，即都是大气压 P_0；并假设发动

机出口截面 9-9 上气流参数均匀分布。根据定义，动力装置的有效推力可表示为

$$F_{\mathrm{ef}}=F_{\mathrm{in}}+F_{\mathrm{out}} \tag{1-1}$$

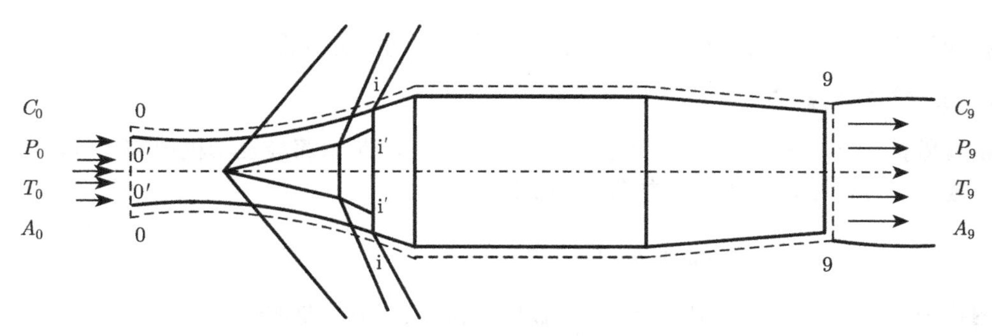

图 1-12　气流通过发动机及短舱外部流动

式中，F_{in} 为作用在发动机内表面上的压力与摩擦力的轴向分力的合力；F_{out} 为作用在短舱(包括尾喷口) 外表面上的压力与摩擦力的轴向分力的合力。计算中规定，气流的作用力与飞行方向相同的为正。外表面作用力 F_{out} 可表示为下列形式：

$$F_{\mathrm{out}}=-\int_{\mathrm{i}}^{9} P\mathrm{d}A-D_{\mathrm{f}} \tag{1-2}$$

式中，$\int_{\mathrm{i}}^{9} P\mathrm{d}A$ 为作用在短舱外表面上的压力的轴向分力的合力；D_{f} 为外部气流对短舱表面的摩擦力；$\mathrm{d}A$ 为短舱表面积在垂直于飞行方向平面上的微元投影。

作用在发动机内表面上的力 F_{in}，因发动机通道部分形状复杂，不可能像 F_{out} 那样用压力积分来求得，但它可以通过将动量定理应用到控制体内部气流上来求得。取由流经发动机的气流的外表面、并向前延伸到发动机进口前未扰动流截面 0-0 及气流参数均匀分布的发动机出口截面 9-9 所包围的容积作为控制体。对控制体内部的气流写动量方程

$$q_{\mathrm{mg}}C_9-q_{\mathrm{ma}}C_0=P_0A_0+\int_{0}^{\mathrm{i}} P\mathrm{d}A+F_{\mathrm{in}}-P_9A_9 \tag{1-3}$$

式中，q_{mg} 为发动机出口燃气的质量流量；q_{ma} 为发动机进口空气的质量流量；积分 $\int_{0}^{\mathrm{i}} P\mathrm{d}A$ 为在 0-i 这一段流管上，外部气流对它的作用力在发动机轴线方向的投影。要注意的是，式 (1-3) 是以气流为受力对象写出的。发动机给气流的作用力和气流对发动机的反作用力在数值上相等而方向相反。作用力正负号的规定也相反。将式 (1-3) 的 F_{in} 及式 (1-2) 的 F_{out} 代入式 (1-1)，得

$$F_{\mathrm{ef}}=q_{\mathrm{mg}}C_9-q_{\mathrm{ma}}C_0-P_0A_0-\int_{0}^{\mathrm{i}} P\mathrm{d}A-\int_{\mathrm{i}}^{9} P\mathrm{d}A+P_9A_9-D_{\mathrm{f}}$$

根据假设条件，控制体外的气流没有受到发动机的干扰，都是大气压力，则沿这一封闭曲线的积分为零。

$$\oint P_0\mathrm{d}A=P_0A_0+\int_{0}^{9} P_0\mathrm{d}A-P_0A_9\equiv 0$$

将它加入有效推力 F_{ef} 的表达式，即可得

$$F_{\mathrm{ef}}=q_{\mathrm{mg}}C_9-q_{\mathrm{ma}}C_0+(P_9-P_0)A_9-\int_0^{\mathrm{i}}(P-P_0)\mathrm{d}A-\int_{\mathrm{i}}^9(P-P_0)\mathrm{d}A-D_{\mathrm{f}} \tag{1-4}$$

此方程即为安装在单独的发动机短舱内的涡轮喷气发动机有效推力的一般表达式。

1.2.2　发动机的内推力

由有效推力 F_{ef} 表达式 (1-4) 可见，等号右边前三项是由流经发动机内部的气流参数确定的。这三项之和称为发动机的内推力。记作

$$F_{\mathrm{in}}=q_{\mathrm{mg}}C_9-q_{\mathrm{ma}}C_0+(P_9-P_0)A_9 \tag{1-5}$$

内推力 F_{in} 由两个分力组成，一个是流过发动机的气流质量的每秒动量变化量 $(q_{\mathrm{mg}}C_9-q_{\mathrm{ma}}C_0)$，称为推力的动态分力，它是由气流速度的变化引起的；另一个分量是 $(P_9-P_0)A_9$，称为静态分力，是由于喷管出口存在剩余压力产生的。喷管出口截面的压力可能大于外界大气压力，也可能等于或小于外界大气压力。因此，静态分力可正可负，也可能为零。

内推力公式 (1-5) 对任何类型的空气喷气发动机都是正确的。对一些具体情况，此公式可作某些简化。例如，当燃气在喷管出口是完全膨胀的情况下 (即在 $P_9=P_0$ 的情况下)，内推力公式可写成

$$F_{\mathrm{in}}=q_{\mathrm{mg}}C_9-q_{\mathrm{ma}}C_0 \tag{1-6}$$

若再忽略燃气流量与空气流量的差别，内推力公式具有更简单形式：

$$F_{\mathrm{in}}=q_{\mathrm{ma}}(C_9-C_0) \tag{1-7}$$

计算满足上述假设的发动机在地面静止条件下的推力时，则

$$F_{\mathrm{in}}=q_{\mathrm{ma}}C_9 \tag{1-8}$$

发动机的推力也可以用气动函数来表示。由于冲量函数 $f(\lambda)$ 为

$$f(\lambda)=\frac{P+\rho C^2}{P^*} \tag{1-9}$$

又 $q_{\mathrm{ma}}=A\rho C$，则可得

$$q_{\mathrm{ma}}C+AP=P^*Af(\lambda) \tag{1-10}$$

将式 (1-10) 代入式 (1-5)，得

$$F_{\mathrm{in}}=P_9^*A_9f(\lambda_9)-P_0A_9-q_{\mathrm{ma}}C_0$$

或

$$F_{\mathrm{in}}=A_9P_0\left[f(\lambda_9)\frac{P_9^*}{P_0}-1\right]-q_{\mathrm{ma}}C_0 \tag{1-11}$$

当发动机在地面静止状态工作时

$$F_{\mathrm{in}}=A_9P_0\left[f(\lambda_9)\frac{P_9^*}{P_0}-1\right] \tag{1-12}$$

利用式 (1-12)，可以很方便地计算出台架试车时发动机的推力。

例：装有收敛形喷管的某涡轮喷气发动机，其尾喷管出口面积 $A_9 = 1520\text{cm}^2$，在地面台架工作时，测得周围大气压力 $P_0 = 1.01322 \times 10^5\text{Pa}$，尾喷管出口总压 $P_9^* = 2.50418 \times 10^5\text{Pa}$，求发动机的推力。

解　由题意：已知 P_0、P_9^* 及 A_9，只要再知道 $f(\lambda_9)$，就可利用式 (1-12) 求出台架工作状态的发动机推力。为此必须求出 λ_9。

由气体动力学知识，收敛形尾喷管出口截面上的速度系数 λ_9，最大不能超过 1.0。

当 $\dfrac{P_9^*}{P_0} \geqslant 1.85$ 时，$\lambda_9 = 1.0$；当 $\dfrac{P_9^*}{P_0} < 1.85$ 时，λ_9 的数值可由气动函数表查出。

现在 $\dfrac{P_9^*}{P_0} = \dfrac{2.50418 \times 10^5}{1.01322 \times 10^5} = 2.47(> 1.85)$。因此，可以确定 $\lambda_9 = 1.0$，查气动函数表得到 $f(\lambda_9) = 1.2591$。将 A_9、P_0、P_9^*、$f(\lambda_9)$ 代入推力公式 (1-12) 就可以求出发动机的推力：

$$\begin{aligned} F &= A_9 \left[P_9^* f(\lambda_9) - P_0\right] \\ &= 0.152 \times \left(2.50418 \times 10^5 \times 1.2591 - 1.01322 \times 10^5\right) \\ &= 32524.8(\text{N}) \end{aligned}$$

1.2.3　动力装置的外部阻力及其分力

动力装置的外部阻力 D 可表示为

$$D = F_{\text{in}} - F_{\text{ef}}$$

当发动机安装在单独的短舱内，且流过短舱的超声速气流是未受发动机干扰的，在这种情况下，根据式 (1-4) 可写成

$$D = \int_0^{\text{i}} (P - P_0)\text{d}A + \int_{\text{i}}^{9} (P - P_0)\text{d}A + D_{\text{f}} \tag{1-13}$$

式中，等号右边前两项是由于流入发动机的气流表面上的以及发动机短舱外表面上的压力与大气压力不同而引起的阻力，分别称为附加阻力 (沿气流流线的阻力)

$$D_{\text{a}} = \int_0^{\text{i}} (P - P_0)\text{d}A \tag{1-14}$$

及发动机短舱的压差阻力

$$D_{\text{s}} = \int_{\text{i}}^{9} (P - P_0)\text{d}A \tag{1-15}$$

由式 (1-14) 可知，附加阻力等于外部气流作用在流面上的剩余压力在发动机轴线上的投影之和。在这个流面上，由于压力在激波中的提高，所以 $P > P_0$。因此附加阻力的方向与飞行方向相反。

从物理意义上来说，附加阻力是由于超声速进气道处于亚临界状态工作时，通过激波的气流没有全部进入进气道，而有部分气流向发动机的外表面流去。外流的这部分气流，由于

激波的损失，使得动量减小了，因而对运动就产生了阻碍。激波强度越大，受到压缩的气流和溢流到进气道壳体周围的气流量就越大，因此附加阻力也就越大。

压差阻力 D_{s} 是作用在发动机短舱所有外表面上剩余压力在发动机轴线方向的投影之和，压差阻力的数值取决于短舱的形状和压力沿着短舱母线分布的特点。在超声速飞行时，气流经激波压力提高，一般情况下，作用在短舱上的压差的合力是运动的阻力，这个阻力有时也称为短舱波阻。摩擦阻力 D_{f} 是由于黏性力的作用而产生的空气对短舱外表面的摩擦阻力。由此发动机安装在单独短舱内时的动力装置外部阻力为

$$D = D_{\mathrm{a}} + D_{\mathrm{s}} + D_{\mathrm{f}} \tag{1-16}$$

在亚声速飞机上，应当采用具有平滑整流外形的发动机短舱，这时进气道也应做成前缘圆滑而沿纵向剖面是空气动力叶型的形状。图 1-13 是亚声速飞机的发动机短舱简图。在亚声速飞行时，发动机短舱对气流的扰动，其综合影响可看作是出口截面的压力几乎恢复到大气压力，即 $\int_0^9 (P - P_0)\mathrm{d}A = 0$，因此可近似认为 $D_{\mathrm{a}} + D_{\mathrm{s}} \approx 0$。也就是说，亚声速飞行时，动力装置的外阻力可近似认为就是摩擦阻力 D_{f}。如果短舱表面很光滑，那么发动机的有效推力就等于发动机的内推力。

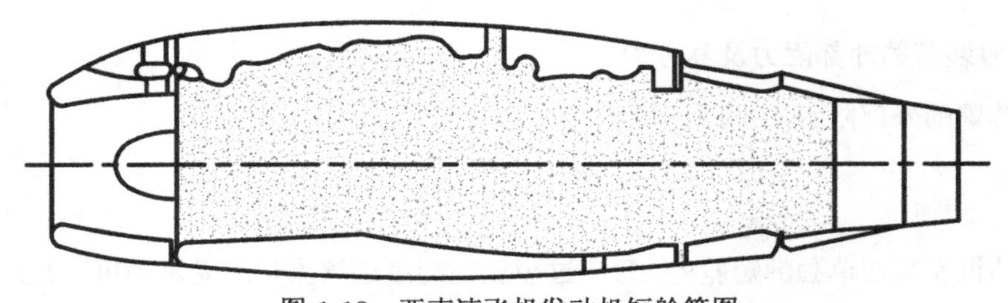

图 1-13　亚声速飞机发动机短舱简图

1.3　涡轮喷气发动机的单位参数及效率

为了便于比较和评定涡轮喷气发动机的完善程度，通常规定出一些能表示发动机最重要性能的相对量。这些相对量就是涡轮喷气发动机的单位参数及效率。

1.3.1　基本单位参数

涡轮喷气发动机的基本单位参数有：单位推力、耗油率、发动机的推重比及单位迎面推力。上述这些相对量都是根据发动机所产生的推力 (内推力或有效推力) 来定义的。从将发动机作为飞机动力装置使用的观点来说，应当根据有效推力来定义单位参数才更正确。但是有效推力在很大程度上是由发动机在飞机上的安装方式所决定的，加上要评定的是发动机本身的性能，所以通常都是根据推力来定义单位参数。在下面的章节中，发动机的内推力都简称为发动机的推力，采用符号 F 代表。

1.3.1.1　单位推力

发动机的推力与每秒通过发动机的空气质量流量之比值，称为发动机的单位推力。

$$F_s = \frac{F}{q_{ma}} \tag{1-17}$$

若气流在喷管中完全膨胀，且忽略燃气流量与空气流量的区别，则可表示为

$$F_s = C_9 - C_0 \tag{1-18}$$

式中，单位推力的单位是 N·s/kg 或 10N·s/kg。

在同一类型的发动机中，单位推力能说明发动机迎面尺寸大小及发动机质量大小。在给定推力的条件下，F_s 越大，则需要通过发动机的空气质量流量就越小，因而发动机的直径越小，质量越轻。涡轮喷气发动机发展后期，其在地面最大状态工作时的单位推力为 600~800N·s/kg。

1.3.1.2　推重比

发动机的推力与发动机质量之比值称为发动机的推重比 F_w。

$$F_w = \frac{F}{q_{mw}} \tag{1-19}$$

式中，q_{mw} 为发动机的质量。在给定推力时，发动机的推重比越大，则整个动力装置的质量就越小，而动力装置的质量对诸如飞机的航程、升限、最大平飞速度以及载重量等一些重要的飞行性能都有很大影响，特别是对军用歼击机，要求有尽可能高的推重比。对于垂直起落/短距起飞的飞机发动机，这一指标更为重要。

目前，涡轮喷气发动机在地面工作状态时的推重比为 $4 \sim 5$，加力式涡轮喷气发动机为 5~6，加力式涡轮风扇发动机的推重比在 8 以上，而用于垂直起落飞机的升力发动机已达 16 以上。

1.3.1.3　单位迎面推力

发动机的最大推力与发动机的最大横截面积的比值称为单位迎面推力 F_A。

$$F_A = \frac{F}{A_{max}} \tag{1-20}$$

式中，单位迎面推力的单位是 N/m^2 或 $10N/m^2$。单位迎面推力能评定发动机最大横截面尺寸的大小，并且在某种程度上还能说明动力装置在空气动力上的完善程度。这是因为给定推力时，增大 F_A 就能减小发动机机舱的直径，从而也就会减小发动机机舱侧表面积的尺寸。一般来说，这必然会使气动阻力降低。目前，涡轮喷气发动机的单位迎面推力为 80 000~100 000N/m^2。

1.3.1.4　耗油率

每小时的燃油量与发动机发出的推力的比值称为耗油率 (SFC)。

$$\mathrm{SFC} = \frac{3600 q_{mf}}{F} \tag{1-21}$$

式中，耗油率的单位是 kg/(N·h) 或 kg/(10N·h)。耗油率可说明发动机的经济性。在给定飞行速度下，耗油率越低，则飞机的航程及续航时间就越长。

目前，涡轮喷气发动机在地面静止状态的耗油率为 0.8~1.0kg/(10N·h)。涡轮风扇发动机的耗油率已降到 0.5~0.6kg/(10N·h)，甚至更低。

即使是同一台发动机，当飞行马赫数、飞行高度以及发动机的工作状态等改变时，其单位参数也是变化的。因此，最常采用的作为代表性的数值是取海平面静止条件下 ($H=0, C_0=0$) 所对应的单位参数。对各种不同类型的发动机，其单位参数有很大的区别。

1.3.2 总效率及其耗油率的关系

现代涡轮喷气发动机的主要能源是燃油的化学能。这种燃油在燃烧室中燃烧时释放出来而又以热的形式传递给空气的热量最终要转化为推动飞机前进的推进功率。但由于气体流经发动机时有不可避免的损失存在，因而这种能量转换并不是百分之百的。采用效率这个概念的目的，就是为了评定燃油的化学能转变成为有效功率这个过程的完善程度。

燃油的化学能用燃油的低热值 H_u 来表示。假如每秒发动机的燃油量为 q_{mf}，则它的理论放热量 $q_{mf}H_u$ 应等于每秒通过发动机的空气理论吸热量 $q_{ma}q_0$，即

$$q_{mf}H_u = q_{ma}q_0 \tag{1-22}$$

由此可得，每秒加入 1kg 空气中的燃油完全燃烧所放出的热量 q_0 为

$$q_0 = \frac{q_{mf}H_u}{q_{ma}} \tag{1-23}$$

取推力与飞行速度的乘积作为单位有效功 (推进功率)，那么，当量于单位有效功的热量与加入发动机的燃油完全燃烧所放出的热量之比值，称为涡轮喷气发动机的总效率。

$$\eta_0 = \frac{FC_0}{q_{ma}q_0} \tag{1-24}$$

如果所研究的是 1kg/s 空气的有效功率，则总效率可表示为

$$\eta_0 = \frac{F_sC_0}{q_0} \tag{1-25}$$

总效率表示燃油的化学能转变为有效功率的百分数，可见它考虑了热转为有效功率过程中的全部损失。所以总效率能较全面地表明发动机在飞行中的经济性。

前面曾经指出，评定涡轮喷气发动机的经济性，在实际中还广泛采用另外一个量——耗油率 (SFC)。总效率 η_0 与耗油率 SFC 之间有如下关系。

由式 (1-22) 求出 q_{mf} 并将其代入耗油率表达式 (1-21)，即可得

$$\text{SFC} = \frac{3600q_{ma}q_0}{H_uF} = \frac{3600q_0}{H_sF_s} \tag{1-26}$$

又由式 (1-25)，$q_0 = F_sC_0/\eta_0$，代入上式得

$$\text{SFC} = \frac{3600C_0}{H_u\eta_0} \tag{1-27}$$

式 (1-27) 表明，在一定的飞行速度下，耗油率与总效率成反比。由此可知，只有在相同的飞行速度下，才可以通过比较发动机的耗油率来评定不同的发动机的经济性。因此，用 SFC 这个参数来评定涡轮喷气发动机的经济性不如用总效率的通用性大。然而从另一个方面看，SFC 能在试车条件下，即能在 $C_0=0$ 的条件来评定发动机的经济性，而在这种条件下由式 (1-25) 可知 η_0 是等于零的。

1.3.3　热效率、推进效率及能量平衡

涡轮喷气发动机既是热机又是推进器。作为热机，将燃油的化学能转变为通过发动机的气流的动能增量；作为推进器则是将获得的动量转变为有效功率，即推进功率。

涡轮喷气发动机作为热机，由于在实际的放热过程中存在着因为燃烧不完全、离解以及通过壁面的散热量等所造成的损失，以致燃烧时释放出来的热量 q 比加入 1kg 气流中的燃油完全燃烧所放出的热量 q_0 要小 (大发动机设计点 $\eta_b > 0.995$、慢车 $\eta_b > 0.95$；涡轴发动机设计点同大发动机相同，慢车略高一点，$\eta_b > 0.96$)。上述损失用燃烧效率 $\eta_b = q/q_0$ 来表示，根据发动机进出口截面的能量守恒方程 (若忽略燃气流量与空气流量的差别，而且燃气在尾喷管中是完全膨胀的条件下)，有

$$q = \frac{C_9^2 - C_0^2}{2} + C_p(T_9 - T_0) \tag{1-28}$$

此方程式表明，释放出来的热量被用来增加发动机的气流的动能及焓。动能的增量 $(C_9^2 - C_0^2)/2 = W$ 是作为热机的喷气发动机的可用能量，而焓的变化量 $C_p(T_9 - T_0)$ 则是用来加热通过发动机的气流的一种热能损失。根据热力学第二定律，后者是由不可避免的热量损失而造成的。在实际过程中，用于克服发动机中流动阻力而消耗的机械能所引起的能量损失也包括在后面这项损失中。

当量于气流动能增量的热量与燃油完全燃烧所放出的热量之比值，称为喷气发动机的热效率 η_e：

$$\eta_e = \frac{C_9^2 - C_0^2}{2 \times q_0} = \frac{W}{q_0} \tag{1-29}$$

热效率表明，加入 1kg 气流中的燃油完全燃烧所放出的热量有多大一部分用来增大通过发动机的气流的动能。可见，热效率考虑了热量转变为气流动能增量的过程中的全部损失。这些损失是用来增大发动机排出的气流的焓，即用来加热发动机排出的气流所造成的损失。所以热效率能说明作为喷气发动机热机的完善程度。

应当指出，在热力学中所研究的热效率 η_t 在理想循环中所起的作用，就像热效率在实际循环中所起的作用一样。在等压条件下，当有热量输入和输出时，喷气发动机理想循环的热效率为

$$\eta_t = 1 - \frac{1}{\pi^{\frac{k-1}{k}}}$$

式中，π 是工质的增压比，也是燃烧室中的压力与大气压力的比值。

由 η_t 的表达式可以得出结论，增压比以及与其相提并论的燃气膨胀比越高，则理想循环的热效率就越高，因为在这种情况下，膨胀比的增大能降低发动机出口的燃气温度，从而也就减少了燃烧产物所带走的热量。可以证明，喷气发动机的热效率不仅取决于增压比，还取决于燃烧过程结束时的燃气温度。此外，前已指出喷气发动机的热效率还取决于发动机各部件的流动损失以及燃烧室的燃烧效率。

下面来研究气流经发动机获得的动能增量如何转变成为有用的推进功率的。能量在这个阶段上转变的完善程度用推进效率来评定。发动机所做的有效功率 (推进功率) 与气流动能的增量的比值称为涡轮喷气发动机的推进效率，即

$$\eta_p = \frac{FC_0}{q_{ma}W} = \frac{2F_sC_0}{C_9^2 - C_0^2} \tag{1-30}$$

发动机的推进功率是利用气流的动能增量的直接结果，气流的动能增量是在发动机中获得的。然而并不是全部的气流动能增量都转变为推进功率。实际上离开发动机的燃气流所具有的绝对速度 (对固定不动的大气的速度) 等于速度差 $C_9 - C_0$，在这种情况下，很容易就能证明，对 1kg 的燃气有

$$\frac{C_9^2 - C_0^2}{2} = F_s C_0 + \frac{(C_9 - C_0)^2}{2} \tag{1-31}$$

由此可知，推进效率考虑了离开发动机的燃气的动能中没有转变为推进功率的那部分动能，即余速损失。

用单位推力的表达式 (1-18) 代替式 (1-30) 中的单位推力 F_s，经过简单的变换后，就能得到下列表达式：

$$\eta_p = \frac{2}{1 + \dfrac{C_9}{C_0}} \tag{1-32}$$

由式 (1-32) 可知，推进效率仅取决于燃气由发动机排出的速度与飞行速度的比值。随着这个比值的减小，推进效率是增大的。这是因为排气速度 C_9 越接近飞行速度 C_0，则燃气流离开发动机时所具有的绝对速度就越小，因而剩下没有被利用的燃气流的动能部分就越小。

当发动机在原地工作时，因 $C_9 = 0$，因而 $\eta_p = 0$，这是很明显的，因为这时有效功率为零，可见这时发动机出口燃气的全部动能都没有被利用。当 $C_9 = C_0$ 时，推进效率等于 1，因为这时的发动机出口燃气的绝对速度 $C_9 - C_0$ 等于零，而且没有余速损失。但是这时的推力及有效推进功率也为 0。

综上所述可知，推进效率能说明喷气发动机作为推进器的完善程度。假如涡轮喷气发动机与螺旋桨发动机进行比较，则推进效率应当与螺旋桨的效率比较，而热效率则应与螺旋桨发动机的有效效率相比较。现有的涡轮喷气发动机的推进效率，根据发动机的种类及飞行状态的不同，其变化范围是宽广的，但通常在 $0.6 \sim 0.7$，而热效率可以达到 $0.3 \sim 0.4$。

根据对式 (1-25)、式 (1-29) 和式 (1-30) 的比较，可以得出下式：

$$\eta_0 = \eta_e \cdot \eta_p \tag{1-33}$$

可见，总效率等于热效率与推进效率的乘积，它考虑到了燃油的化学能转变为有效功率 (推进功率) 过程中的全部损失。当发动机在原地工作时 $\eta_0 = 0$，因为这时 $\eta_p = 0$。在飞行中，现有的涡轮喷气发动机的 η_0 可能达到 $0.20 \sim 0.35$ 或者更高。

图 1-14 所示为涡轮喷气发动机的能量平衡图。图中 $(1 - \eta_b)q_0$ 是燃油燃烧不完全等所造成的损失；作为热机的涡轮喷气发动机的可用功率，用数值 $(C_9^2 - C_0^2)/2$ 来表示。假如取 q_0 为 100%，则 $(C_9^2 - C_0^2)/2$ 所表示的就是实际循环的热效率的百分数。

图 1-14 中划线的阴影部分表示作为推进器的涡轮喷气发动机的能量平衡，这时涡轮喷气发动机将气流经发动机获得的动能增量转变为有效功率 (推进功)。图中 $(C_9 - C_0)^2/2$ 是以从发动机排出的燃气流的动能的形式所表示的损失 (涡轮喷气发动机的这类损失是 q_0 的 8%～10%)，而 $F_s C_0$ 所表示的则是有效功率。假如取 $(C_9^2 - C_0^2)/2$ 为 100%，则 $F_s C_0$ 所表示的是发动机推进效率的百分数值。

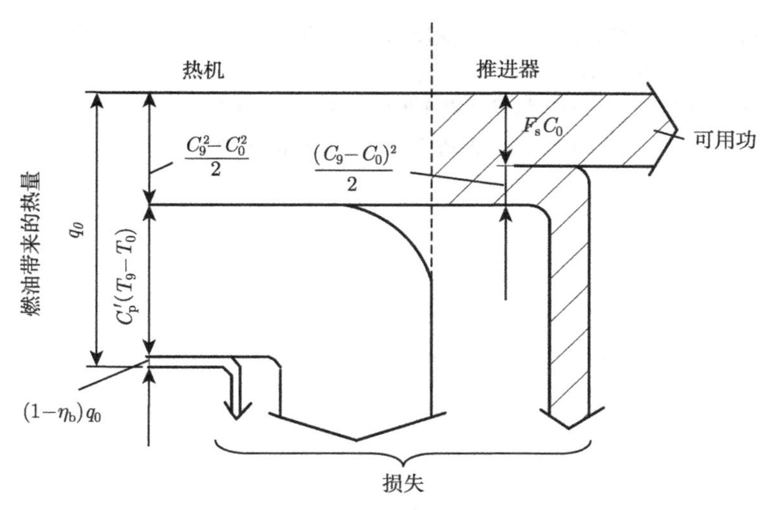

图 1-14　涡轮喷气发动机能量平衡图

复习思考题

1. 发动机的压缩比和膨胀比相同时，压缩功与膨胀功也相同吗？为什么？

2. 一般涡轮喷气发动机尾喷管出口速度有多大？是超声速流动还是亚声速流动？

3. 涡轮喷气发动机中，通常哪些部件受向前的轴向力，哪些部件受向后的轴向力？气流在尾喷管中加速流动，为什么尾喷管所受的气动力却是向后的？

4. 涡轮喷气发动机的推力是怎样产生的？是否可以说“推力的产生是由于强大的气流喷入大气而空气给发动机的反作用力所致”？为什么？

5. 试说明推力、有效推力及外部阻力的意义。当飞行状态变化时，外部阻力将发生什么变化，如果发动机装在具有正前面进气道的机身内，其外部阻力与装在单独的发动机短舱内时有什么不同？

6. 说明在使用下列推力公式时，做了哪些假设。

$$F_s = q_{ma}(C_9 - C_0)$$

7. 用气动函数计算发动机推力，有何方便之处？又有何局限性？

8. 如何衡量发动机性能的好坏？这些单位参数的定义及目前水平如何？

9. 在计算和评定发动机性能时使用推力还是有效推力？为什么？

10. 试说明发动机的热效率、推进效率和总效率的概念及它们相互之间的关系。这三个效率分别体现了什么损失？为什么？

11. 涡轮喷气发动机能否直接用作地面交通工具的动力装置？为什么？

12. 耗油率与发动机总效率有什么关系？

13. 某涡轮喷气发动机台架试车时测得排气速度为 600m/s，推力为 50 000N。试问：发动机作为热机产生了多大功率？又若在高空，飞机以 900km/h 的速度飞行，发动机的排气速度仍为 600m/s，而流量比台架状态增加 15%，试问：发动机作为推进器所产生的推进功率为多少？推进效率又为多少？(假设 $q_{mg} = q_{ma}, P_9 = P_0$)

14. 试画出涡轮喷气发动机的热平衡框图。

15. 已知尾喷管出口处的气流速度为飞行速度的 2 倍，而加入发动机的总热量中的 25%用来变成气流动能的增量，试求发动机的总效率。

16. 具有收敛形尾喷管的某涡轮喷气发动机在地面试车时，测得 $P_9^* = 2.5\times10^5\text{Pa}$，$T_9^* = 887\text{K}$，$q_{\text{mg}} = 50.7\text{kg/s}$。周围大气压力 $P_0 = 1.013\ 22 \times 10^5\text{Pa}$。试求发动机的推力。

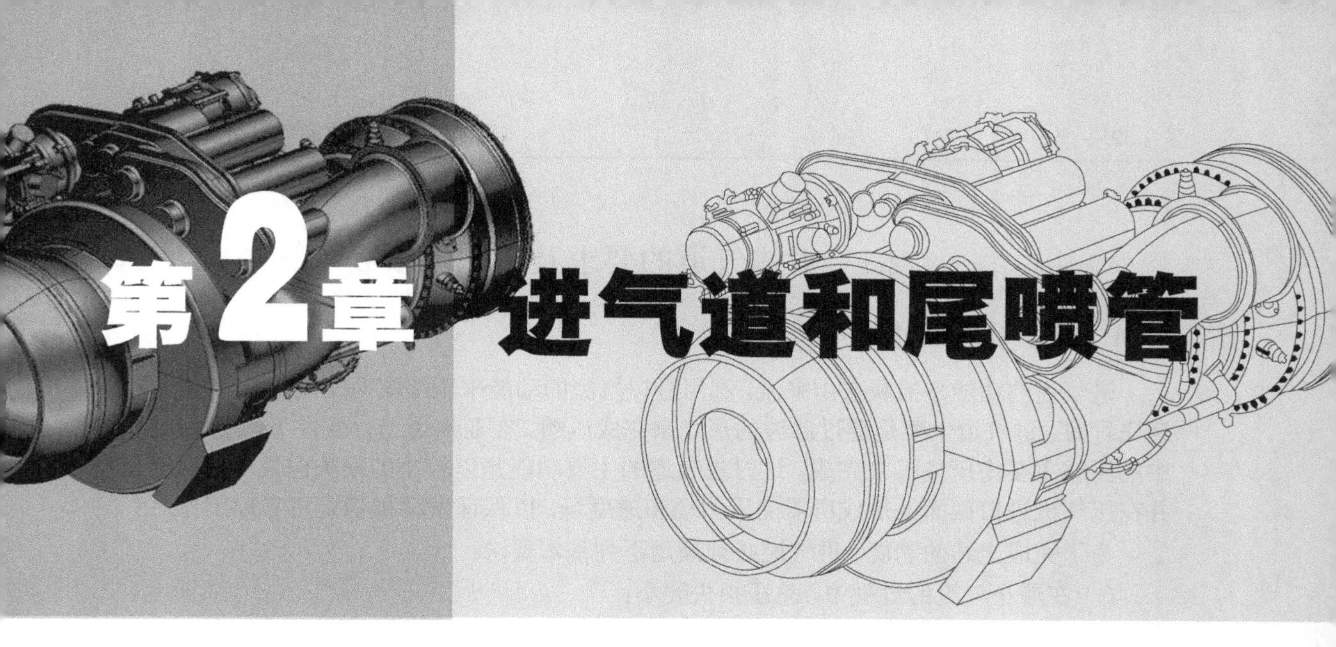

第2章 进气道和尾喷管

进气道和尾喷管是进排气装置的主要构件，也是喷气发动机不可缺少的首尾两大部件。它们既要保证发动机工质 —— 空气的进入和排出，又要起到促进能量转换、增加推力的作用。特别是在高速飞行的动力装置中，进气道和尾喷管的影响作用就更为明显。以美国 YF-12A 型歼击机的动力装置 J58–P–4 为例 (图 2-1)，当设计飞行马赫数 (Ma) 为 3.0 时，进气道 $\mathrm{i}-1$ 段产生净推力的 70%，锥体 $0-\mathrm{i}$ 段产生的阻力约占 14%，喷管 $4-9$ 段产生净推力的 27%，而压气机—燃烧室—涡轮段仅产生净推力的 17%，从推力分配的百分比充分说明了进气道和尾喷管这两个部件在高速飞行飞机的动力装置中的重要地位。但这两个部件长期以来未被充分深入研究，只是在实际型号的研究中遇到了一连串问题，如净推力不足、进气畸变导致压气机喘振及燃烧室熄火等，才引起足够的重视。

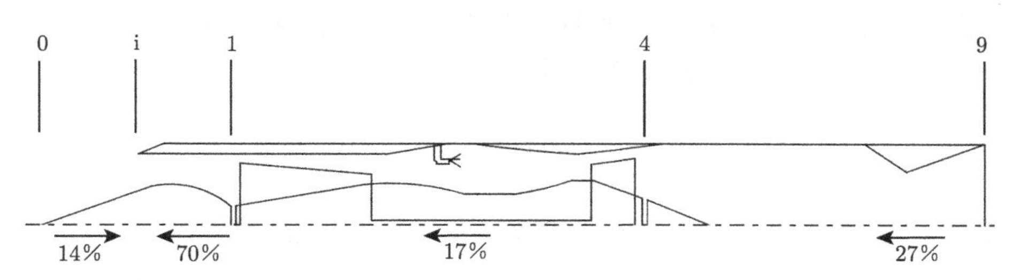

图 2-1　J58–P–4 发动机推力分布示意图

同时，进气道和尾喷管对增强飞机的战斗力、生存力等也有重要的影响。如“隐身”飞机，通过改进进气道的形状，可提高飞机对雷达的隐身特性；而二元旋流喷管则可使发动机出口燃气温度迅速降低，从而减少红外辐射。此外，带转向或反推力装置的喷管，可提供转向或反向推力，以满足飞机水平飞行、垂直起落、倒退飞行及缩短起飞降落滑跑距离等要求。

2.1 对进气道的要求及其基本参数

2.1.1 对进气道的要求

进气道的功能是捕获自由来流，利用进口气流的动能来压缩流向发动机的空气。在超声速飞行时，进气道主要是通过激波的形式来完成压缩。在亚声速飞行条件下，气流在发动机中的压缩主要由压气机来完成，这时进气道的主要功能是以较小的损失向发动机输送空气，并在压气机进口截面处形成所需的压力场和速度场，以保证发动机稳定可靠地工作。

为了完成上述的功能，进气道必须满足下列基本要求：

(1) 在滞止气流的过程中，总压损失要小；

(2) 具有最小的外阻力；

(3) 所有飞行状态及所有发动机工作状态下，空气的流动过程是稳定的；

(4) 进气道出口气流的速度场和压力场应尽可能是均匀的，而且没有大的脉动；

(5) 具有高的流通能力，能按照发动机的需要调节空气流量；

(6) 质量轻，外部尺寸小，且结构简单。

使用维护方面要求所有系统工作可靠、维护简单、具有良好的防护装置以防止飞机在滑行和起飞时有异物吸入或落入发动机中以及出现其他后果等。进气道根据工作马赫数可分为亚声速进气道和超声速进气道两大类。

2.1.2 进气道的基本参数

描述进气道性能的主要参数有如下几种。

2.1.2.1 总压恢复系数 σ_{i}

总压恢复系数是评定气流在滞止过程中的气体动力损失，它是进气道出口气流的总压 P_1^* 与自由流未扰动截面的气流总压 P_0^* 之比值。即

$$\sigma_{\mathrm{i}} = \frac{P_1^*}{P_0^*} \tag{2-1}$$

系数 σ_{i} 越大，则在给定的飞行状态下，空气经进气道的增压比就越高，亦即

$$\pi_{\mathrm{i}} = P_1^*/P_0 = \sigma_{\mathrm{i}} P_0^*/P_0 = \sigma_{\mathrm{i}}/\pi(\lambda_0) \tag{2-2}$$

π_{i} 的减小 (σ_{i} 减小所致) 会导致发动机进口气流的压力减小，因而会引起通过发动机的空气流量成比例地减少。此外，π_{i} 的减小也会因燃气在发动机中的膨胀比的减小而使燃气的排出速度减小，使单位推力减小，导致耗油率提高。由此可知，正确地组织气流在进气道内的滞止 (特别对超声速进气道) 是非常重要的。

飞行中的亚声速进气道的总压恢复系数通常为 0.94 ~ 0.98。但在地面起飞时若不采取适当的措施，σ_{i} 可能低于 0.9。而超声速进气道的总压恢复系数大小则随进气道的结构形式、飞机的飞行状态及发动机的工作状态不同而变化较大。

2.1.2.2　进气道的阻力系数 $C_{x\mathrm{i}}$

进气道的阻力系数是进气道最大截面上的平均阻力与未扰动流的动压之比值，即

$$C_{x\mathrm{i}} = \frac{X_\mathrm{i}}{(\rho_0 C_0^2/2)A_\mathrm{max}} \tag{2-3}$$

式中，X_i 是进气道的总外阻力；A_max 是进气道的最大截面积。

进气道的总外阻力 X_i 是由摩擦阻力、进气道外壳上气流的压差阻力、附加阻力及放气装置的阻力等叠加而成。在超声速飞行时，非设计状态下进气道的总外阻力约为发动机内推力的 20%～30%。因此采取一切可能的措施来降低这些阻力尤为重要。

2.1.2.3　流量系数 φ

流量系数 φ 表示的是进气道的流通能力。它定义为给定的飞行马赫数下，实际进入进气道的空气质量流量与同一马赫数下可能进入进气道的空气质量流量之比值。根据这个定义，则有

$$\varphi = \frac{\rho_0 C_0 A_0}{\rho_0 C_0 A_\mathrm{i}} = \frac{A_0}{A_\mathrm{i}} \tag{2-4}$$

由此可见，流量系数 φ 表示了唇口前流管的变化，在超声速飞行时，$\varphi \leqslant 1.0$。当 $\varphi < 1.0$ 时，有附加阻力 D_a 存在，它将使发动机的有效推力减小。

为了提高进气道在超声速飞行条件下的流通能力，需要对流量系数 φ 进行调节。

2.1.2.4　进气道的稳定裕度 $\Delta K_{y\mathrm{i}}$

进气道的稳定裕度 $\Delta K_{y\mathrm{i}}$ 概念的建立与评定压气机的稳定裕度时所建立的概念相类似。它的定义表达式将在进气道特性一节给出。需指出的是，保证进气道工作的稳定是由保证动力装置工作的可靠性及飞行的安全性等要求所决定的。

2.1.2.5　进气道出口气流的脉动及不均匀性

与评定压气机进口气流的脉动及不均匀性所用参数相同，进气道出口气流的脉动及不均匀性是用流场畸变指数来表示的。

进气道出口流场不均匀对发动机的稳定工作有很大的影响，甚至会导致压气机喘振及燃烧室熄火。机动性高的军用飞机，进气道出口流场畸变的问题更重要，设计时要加以控制。一般不宜超过发动机稳定工作条件所允许的数值。

进气道的畸变指数通常用进气道出口截面气流总压的最大差值与按出口总面积平均的总压比 $\overline{D}$ 来表示 (即 $\overline{D} = \dfrac{P_{1\,\mathrm{max}}^* - P_{1\,\mathrm{min}}^*}{\overline{P_1^*}}$) 或用畸变指数 $D_{\mathrm{c}60}$ 来表示。所谓 $D_{\mathrm{c}60}$ 是指进气道出口截面上、最低压力区 60° 扇形范围内按面积平均的总压 $P_{1\,\mathrm{min}\,60}^*$ 与按进气道出口截面面积平均的总压 $\overline{P_1^*}$ 之差，除以截面上平均动压 $\frac{1}{2}\overline{P_1 C_1^2}$ 所得的商 (即 $D_{\mathrm{c}60} = \dfrac{P_{1\,\mathrm{min}\,60}^* - \overline{P_1^*}}{\frac{1}{2}\overline{P_1 C_1^2}}$)。

必须指出，要求获得高的 σ_i 值、低的 $C_{x\mathrm{i}}$ 值，并且考虑到其余的各种条件而又能获得足够的稳定裕度之间是矛盾的。为此选择进气道的类型及选择进气道的基本参数，都应当服

从动力装置在给定的飞行状态下具有最大可能的有效推力这一要求，同时还应当最大地满足保证飞行安全的要求。

2.2　亚声速进气道

亚声速进气道主要用于飞行马赫数小于 1 的旅客机、运输机及某些军用机和教练机上。图 2-2 所表示的是典型的亚声速进气道示意图。它具有光滑的进气前缘 (也常被称为进气道唇口)，亚声速进气道有一个相对较厚的进气前缘。通道开始部分通常为扩张形，亚声速气流经扩张形通道速度降低而压力提高。亚声速进气道为保证气流在扩张通道内不分离，通道的半扩张角不应超过 $4° \sim 6°$。在接近出口段流道稍微收敛，以获得较为均匀的出口气流流场。

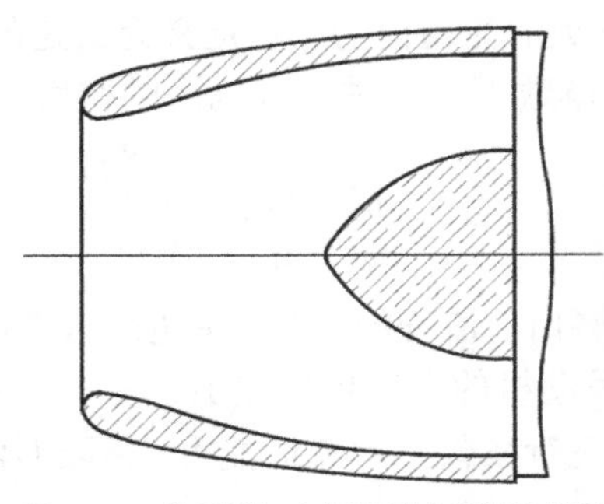

图 2-2　典型的亚声速进气道示意图

亚声速进气道通常是固定几何的，虽然一些高涵道比的涡扇发动机设计有辅助进气门，这些进气门通过弹簧安装在进口周围，当飞行器处于起飞和爬升段需要最大推力而此时飞行器飞行速度仍很低时，辅助进气门可以提供额外的空气增大推力。最常见的亚声速进气道是皮托式进气道，图 2-3 给出了三种主要的皮托式进气道类型。吊舱式进气道 (图 2-3(a)) 常用于运输机 (民用或军用)，如民用飞机的波音 707、767、777、787 和空客的 A330、A340、A350、A380 等；军用飞机如 B–52。一体化的亚声速进气道 (图 2-3(b)) 常用于军用格斗飞机和无人机上，如英国的 Harrier 飞机，以及目前研究热点的飞翼布局无人战斗机 (UCAV)。对于一体化的进气道，由于通道变长、通道弯曲、通道横截面沿程改变以及机身表面附面层可能进入内通道等，对通道的内部流场影响较大。埋入式进气道 (图 2-3(c)) 目前用于导弹上，如不采取任何措施，进口前弹身发展的边界层全部被卷入内通道，导致进气道的总压损失大和流场畸变大，但该类进气道的阻力小且隐身性能好。

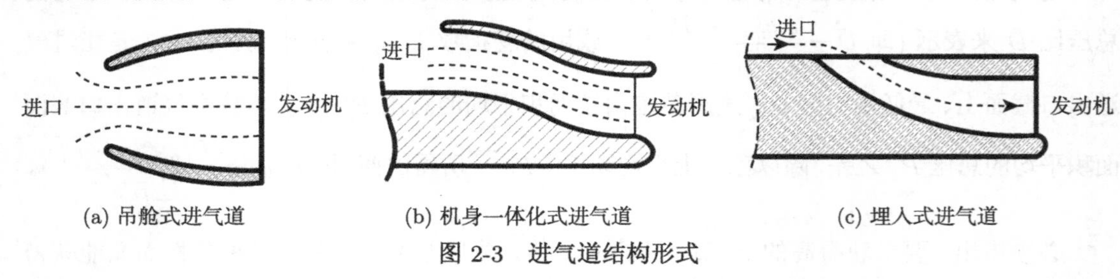

(a) 吊舱式进气道　(b) 机身一体化式进气道　(c) 埋入式进气道

图 2-3　进气道结构形式

2.2.1　亚声速进气道进口截面速度 C_{i} 的选择

前面已指出，进气道在亚声速飞行条件下的主要任务是供应发动机所需要的空气流量。当飞机的飞行状态及发动机的工作状态一定时，对几何一定的发动机，压气机进口截面上的流量系数 $q(\lambda_1)$ 为一定值，即进气道出口截面上气流速度 C_1 为一定值。若进气道几何不变，则进气道进口截面上的气流速度 C_{i} 也就唯一确定。由此可知，进气道进口截面上气流速度 C_{i} 的选择，必须与进气结构设计相协调，以满足压气机进口截面 $q(\lambda_1)$ 的要求，即 C_{i} 的选择取决于飞机的飞行状态及发动机的工作状态。

亚声速进气道的设计，通常选某一飞行高度、飞行速度作为设计状态。根据这一状态下所需要通过的空气流量，确定进气道的进口面积 A_{i}，考虑到气流在进气道前减速增压没有损失，而且低速进入内通道损失较小，可选较小的 C_{i} 值。但是 C_{i} 太小，将使 A_0/A_{i} 过小，气流在壳体外表面加速过大易引起气流分离或局部超声速，致使外阻增大，因此 C_{i} 也不能太小。通常取 $C_{\mathrm{i}} \approx 0.5C_0$。这时空气被动压头压缩的主要压缩量 (约为 75%) 是在进气道进口前完成的，内部流动损失较小。

2.2.2　亚声速进气道在亚声速条件下的工作

进气道必须在宽广的进气流动情况下工作。图 2-4 表示了两种典型的亚声速飞行条件下的进气道流动图谱及热力参数的变化。0 截面是进气道前气流未受扰动的截面，i 和 1 分别为进气道进口和出口截面处。进气道进出口截面处气流的 Ma 数随飞行状态、发动机工况变化而变化。在这里，我们先不考虑 Ma_1 和 Ma_{i} 的变化，仅考虑 Ma_0 (即 C_0) 变化时对进气道流场图谱的影响。假设进口截面 Ma 数为某一定值 Ma_{i}，由 $0-0$ 截面与 $\mathrm{i}-\mathrm{i}$ 截面的流量连续条件，则有

$$K_{\mathrm{m}}\frac{P_0^*A_0q(\lambda_0)}{\sqrt{T_0^*}} = K_{\mathrm{m}}\frac{P_{\mathrm{i}}^*A_{\mathrm{i}}q(\lambda_{\mathrm{i}})}{\sqrt{T_{\mathrm{i}}^*}}$$

式中，$q(\lambda)$ 为流量气动参数；K_{m} 为用流量气动函数计算流量时的常数，

$$K_{\mathrm{m}} = \sqrt{\frac{k}{R}\left(\frac{2}{k+1}\right)^{\frac{k-1}{k+1}}}$$

空气的 $K_{\mathrm{m}} = 0.040\,42$。由于气流在进气道前速度的变化是在没有固体壁面的情况下进行的，没有流动损失，所以是等熵过程，有

$$T_0^* = T_{\mathrm{i}}^*;\quad P_0^* = P_{\mathrm{i}}^*$$

因此，

$$\frac{A_0}{A_{\mathrm{i}}} = \frac{q(\lambda_{\mathrm{i}})}{q(\lambda_0)} \tag{2-5}$$

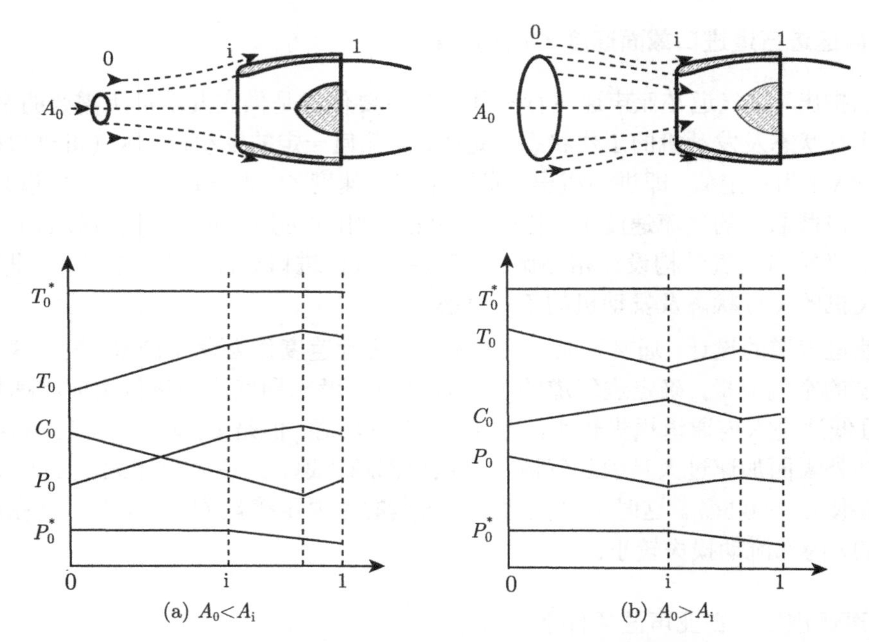

(a) $A_0<A_i$ (b) $A_0>A_i$

图 2-4 亚声速进气道在亚声速条件下的典型流场

当 $Ma_0 > Ma_i$ 时，$A_0/A_i < 1$，即 $A_0 < A_i$。当 $Ma_0 \leqslant Ma_i$ 时，$A_0/A_i > 1$，即 $A_0 > A_i$。这两种情况分别对应于图 2-4 中 (a)、(b) 两种不同的情况。图 2-4(a) 中 $A_0 < A_i$，气流在进气道前 $0-i$ 是减速的，压力升高。在图 2-4(b) 中，$A_0 > A_i$，气流在进气道前 $0-i$ 是加速的，压力降低。当气流进入进气道后，在扩张段均是减速增压，随后在收敛段中稍有加速，压力相应有所下降。

由此可见，即使不考虑 Ma_i 的变化，当飞行 Ma 数改变时，进气道的流谱就变化很大。如果考虑 Ma_1 和 Ma_i 的变化，流谱的变化将更大。因此一定几何形状的进气道，只能在某一飞行条件和发动机的工作状态下才最为适合，在其他条件下，就可能是气流损失增大或外部阻力增大。

2.2.3 亚声速进气道在超声速条件下的工作

在目前的低超声速 ($Ma_{0,\max} \leqslant 1.5$) 飞机上，几乎都仍采用亚声速进气道。这是由于它基本上能适应各种不同的飞行速度和发动机的工作状态，而且总压恢复系数比较高，不需要调节，结构简单。

亚声速进气道在飞行速度由亚声速增大至接近声速时，其外部气流可能局部超过声速，而在外壳上产生激波，使阻力增大。当飞行速度超过声速以后，就可能在进口前出现一道曲线形激波，如图 2-5(a) 所示。这道激波的位置主要取决于飞机的飞行条件及发动机的工作状态这两个方面。

当飞机以一定的马赫数 ($Ma_0 > 1$) 飞行时，最大的可能流入进气道的流量为进气道进口面积 A_i 所正对的流管的流量，因为在扰动气流中传播的速度是声速，它小于进气道前气流的来流速度 (即飞行速度)，扰动不可能传递至 A_i 所正对的流管之外。当发动机需要的流量小于 $\rho_0 C_0 A_i$ 时，就会出现图 2-5(a) 所示的流动情况。通过弓形激波，一部分气流转折一个角度，从进气道外流过，这时实际进入进气道的流量为 $\rho_0 C_0 A_0$，$A_0 < A_\mathrm{i}$。当发动机需要的流量正好等于 $\rho_0 C_0 A_\mathrm{i}$ 时，正激波正好位于进口唇部，如图 2-5(b) 所示，这时 $A_0 = A_\mathrm{i}$。当发动机需要的流量大于 $\rho_0 C_0 A_\mathrm{i}$ 时，进气道进口的流量已达最大值，不可能再增加。这时正激波进入进气道的扩张通道内，在进口处产生一系列膨胀波，气流的马赫数进一步增大，通过一道更强的正激波，气流的总压下降更多。在进气道进口质量流量达最大值且不变的情况下，由于激波后总压的更多下降而使进气道出口流量系数 $q(\lambda_1)$ 增加，在这种情况下，从相似流量观点来说，正激波的后移满足了发动机流量增加的需要；而从质量流量的观点来说，正激波的后移使发动机需要的流量减少，以达到进气道和发动机工作的平衡。这种状态时的进气道工作情况如图 2-5(c) 所示。这时虽然满足了相似流量的要求，但没有满足发动机质量流量的要求，而且激波入内将会影响发动机工作的稳定性及发动机的性能，所以在进气道设计时应尽量避免这种工作状态的出现。

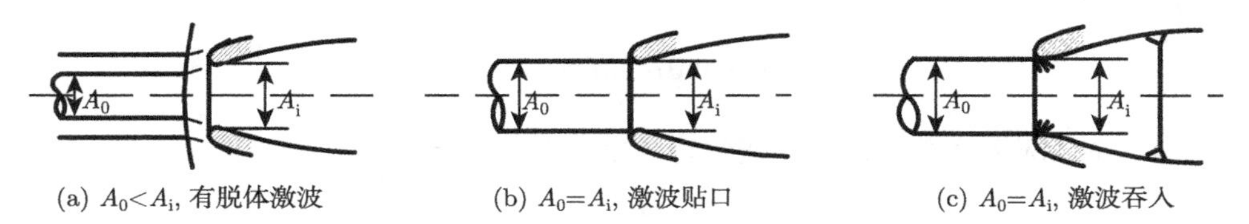

(a) $A_0<A_\mathrm{i}$, 有脱体激波　(b) $A_0=A_\mathrm{i}$, 激波贴口　(c) $A_0=A_\mathrm{i}$, 激波吞入

图 2-5　亚声速进气道在超声速飞行时的工作情况

综上分析可知，亚声速进气道在超声速飞行条件下工作时具有下列特点：

(1) 唇口前或通道中有正激波，可能使总压恢复系数急剧下降，必须要考虑激波的损失。用 σ_sw 表示气流经过激波系的总压恢复系数。正激波的总压恢复系数为

$$\sigma_\mathrm{sw} = \lambda_0^2 \left\{ \frac{1-[(k-1)/(k+1)]\lambda_0^2}{1-[(k-1)/(k+1)]/\lambda_0^2} \right\}^{1/(k-1)} = q(\lambda_0) \Big/ q\left(\frac{1}{\lambda_0}\right) \tag{2-6}$$

式中，λ_0 为正激波波前气流的 λ 数 (若正激波在进气道唇口前，则 λ_0 为飞行 Ma_0 数所对应的 λ 数)。表 2-1 列出了正激波的总压恢复系数随马赫数的变化关系。

表 2-1　正激波的总压恢复系数随马赫数的变化关系

Ma_0	1.0	1.5	2.0	2.5	3.0	3.5
σ_sw	1.0	0.931	0.721	0.499	0.328	0.213

由表 2-1 可见，当 $Ma_0 < 1.5$ 时，$\sigma_\mathrm{sw} > 0.931$，总压恢复系数下降不多，还可以采用亚声速进气道。当飞行马赫数进一步增大时，σ_sw 下降得很厉害，仍采用亚声速进气道形式就不合适了。

(2) 进入进气道的流管截面积 $A_0 \leqslant A_\mathrm{i}$。用流量系数 $\varphi = A_0/A_\mathrm{i}$ 来表示唇口前流管的变化。在超声速飞行时，$\varphi \leqslant 1.0$。当 $\varphi < 1.0$ 时，有附加阻力 D_a 存在。

$$D_\mathrm{a} = \int_{A_0}^{A_\mathrm{i}} (P_0 - P_\mathrm{i})\mathrm{d}A$$

它将使发动机的有效推力减小。

(3) 进气道外壳有激波产生，气流经过激波压力升高，产生激波阻力 D_s

$$D_s = \int_{A_i}^{A_1} (P - P_0) \mathrm{d}A$$

它将使发动机的有效推力减小。

为了减小唇口的激波强度并避免出现气流的分离，进气道的唇口要做得比较尖。但这又会导致地面和低速飞行及大迎角飞行时，气流容易出现分离而使损失增大。

目前民航机要求进气道总压恢复系数在 $Ma_0 > 1$ 时应达到

$$\sigma_i = 1.0 - 0.1(Ma_0 - 1.0)^{1.5} \tag{2-7}$$

而军用机的要求是

$$\sigma_i = 1.0 - 0.075(Ma_0 - 1.0)^{1.35} \tag{2-8}$$

当 $Ma_0 > 1.5$ 时，应采用其他形式的进气道才能满足这一要求。

2.3 超声速进气道

为超声速飞行器设计超声速进气道系统是一件很复杂的事情，设计过程中需要权衡考虑效率、复杂性、质量和成本等。一个典型的超声速进气道由超声速扩压段和亚声速扩压段组成。超声速扩压段是包含一系列激波系将超声速气流减速，而亚声速扩压段是将最后一道激波后的高亚声速气流进一步减速至发动机所能接受的马赫数。

2.3.1 超声速进气道的基本工作原理及类型

由前述，飞行马赫数越大，进气道的增压作用就越显著。超声速进气道就是利用高速飞行时，气流受到阻滞而产生激波，通过激波增压来达到有效地滞止气流完成冲压压缩的任务。要达到有效地滞止气流，需精心地组织激波系。

由气动力学知，用几个斜激波和一个较弱的结尾正激波组成的激波系代替正激波，可以大大降低超声速气流滞止时的损失，图 2-6 表示具有不同激波数的进气道的激波系总压恢复系数随飞行马赫数变化的关系。当 $Ma_0 = 3.0$ 时，激波系的总压恢复系数分别为

激波系结构
- 1 正激波　$\sigma_m = 0.328$
- 1 斜激波 +1 正激波　$\sigma_m = 0.600$
- 2 斜激波 +1 正激波　$\sigma_m = 0.760$
- 3 斜激波 +1 正激波　$\sigma_m = 0.870$

当激波系数目增加到无限多时，总压恢复系数等于 1.0。实际上激波数目不可能无限多，所以 σ_m 的值总是小于 1.0。

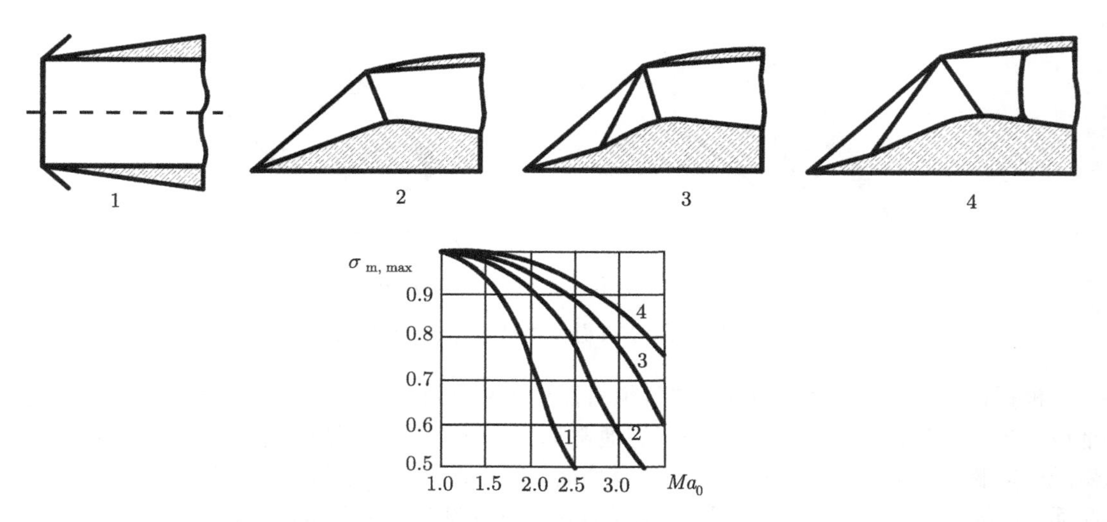

图 2-6　具有不同激波数的进气道激波系总压恢复系数和飞行马赫数的关系

根据超声速自由来流的减速方法不同，超声速进气道可以划分为内压式、外压式和混合式三种类型。这三种类型的差别在于激波相对于进气平面所在的位置不同。内压式进气道 (图 2-7(a)) 全部的激波都位于通道内；外压式进气道 (图 2-7(b)) 斜激波 (压缩波) 位于进气平面前而正激波位于进气平面内；混合式进气道 (图 2-7(c)) 一部分激波位于通道外，而另一部分激波则位于通道内。

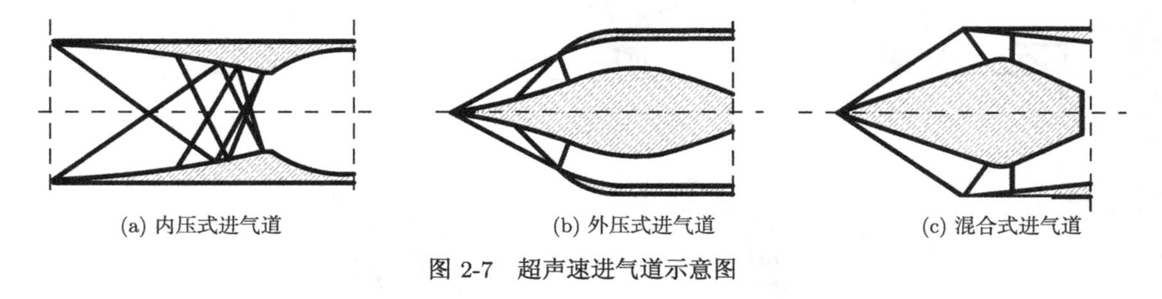

图 2-7　超声速进气道示意图

根据使超声速气流减速滞止型面的形状，超声速进气道可划分为二元进气道和三元进气道 (通常是轴对称的)。超声速气流在二元进气道中的滞止型面是由一系列平板组成，这些平板相互之间成一定角度安装在一起，构成一个阶梯形的楔板 (图 2-8(a))。二元进气道的横截面通常是矩形的，从矩形的横截面转变成为圆形的横截面是在将进气道与发动机连接起来的亚声速段内进行的。

轴对称进气道的滞止型面通常是由几个圆锥型面连接而成，这些圆锥型面合在一起构成一个阶梯形圆锥 (图 2-8(b))。在这种场合下，激波出现在阶梯形圆锥母线的转折处。在轴对称的进气道中，超声速段中的内通道是环形的。从设计角度来看，这种形式的进气道不仅质量轻，而且结构强度也较好。二元进气道的主要优点是其结构调节比较简单，并且被调参数可以在比较宽的范围内进行变化。

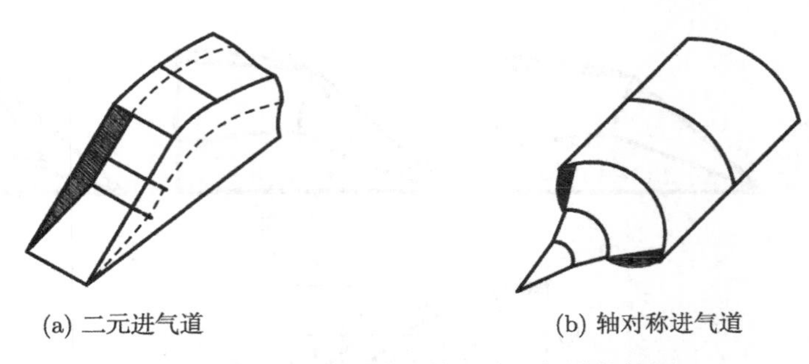
(a) 二元进气道　　(b) 轴对称进气道

图 2-8　二元进气道及轴对称进气道的简图

根据进气道在飞机上的布局，进气道可以分为头部进气道和侧面进气道。安装在机身头部或者安装在发动机短舱头部的进气道通常称为头部进气道。这样的进气道最为常见的是做成轴对称的形式。当发动机安装在机身内时，广泛地采用侧面进气道 (进气道安装在机身侧面、背部、腹下或者机翼下)。这种布局为安装特种设备提供了必需的地方。

图 2-9 所示的是能说明现代化超声速飞机特点的头部进气道和侧面进气道的布局简图。图 2-9(a) 表示的是位于机身头部的头部进气道；图 2-9(b) 和图 2-9(c) 分别表示的是半圆形进气道和楔板垂直地位于机身侧面的二元进气道；图 2-9(d) 表示的是具有水平楔板的二元侧面进气道；图 2-9(e) 表示的是位于机翼和机身连接处的扇形进气道。

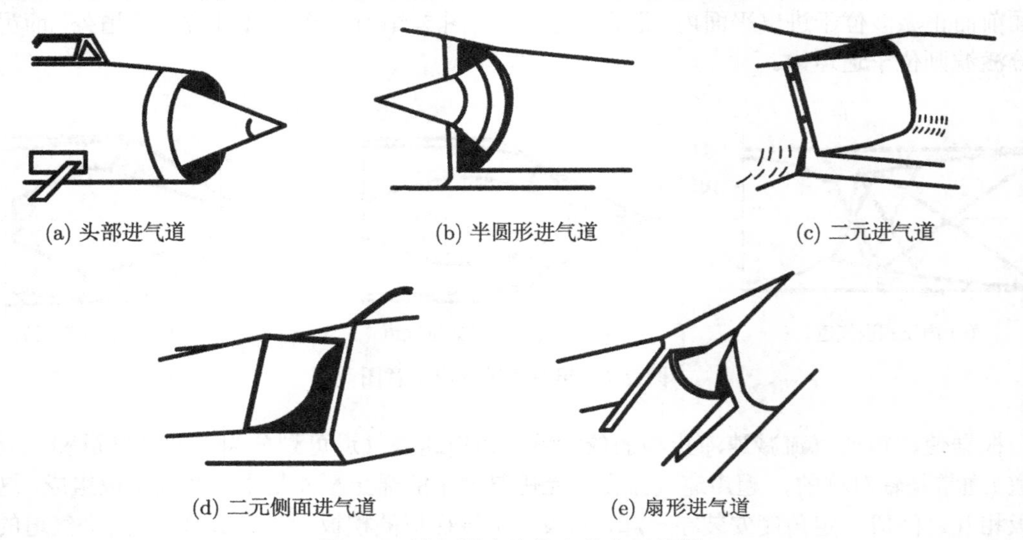
(a) 头部进气道　　(b) 半圆形进气道　　(c) 二元进气道

(d) 二元侧面进气道　　(e) 扇形进气道

图 2-9　进气道在飞机上的布局简图

在侧面布局的情况下，进气道进口处于受机身或机翼干扰的气流中，这对进气道的性能将产生不利的影响。在这种安装形式中，如何消除进口前在飞机侧表面形成的附面层的有害影响则成为一个重要的课题。为此，如图 2-9 所示，在飞机的侧表面与进气道通道之间设有吸除附面层的缝隙，称作附面层隔道。

目前在飞机上，实际采用最多的是多激波的外压式超声速进气道，既有轴对称的，也有二元的。混合式进气道用得还不多，而内压式进气道因起动问题较突出，目前在实际中也没有得到广泛采用。

2.3.2　内压式超声速进气道

内压式进气道是一个开始收敛然后又扩散的犹如拉瓦尔喷管那样的一种特殊造型的通道 (图 2-10(a))。在理想情况下，亦即在超声速气流等熵滞止和没有附面层的情况下，在通道的收敛段 (超声速段)，超声速气流经无限小强度的压缩波进行滞止，在通道的最小截面 t − t 处，即进气道的“喉道”处速度达到声速。然后在通道的扩张段 (亚声速段) 亚声速气流继续滞止。可见，理想的内压式进气道的工作情形像一个逆向的拉瓦尔喷管。在这种进气道中，气流的参数是连续变化的，因而不存在总压损失。

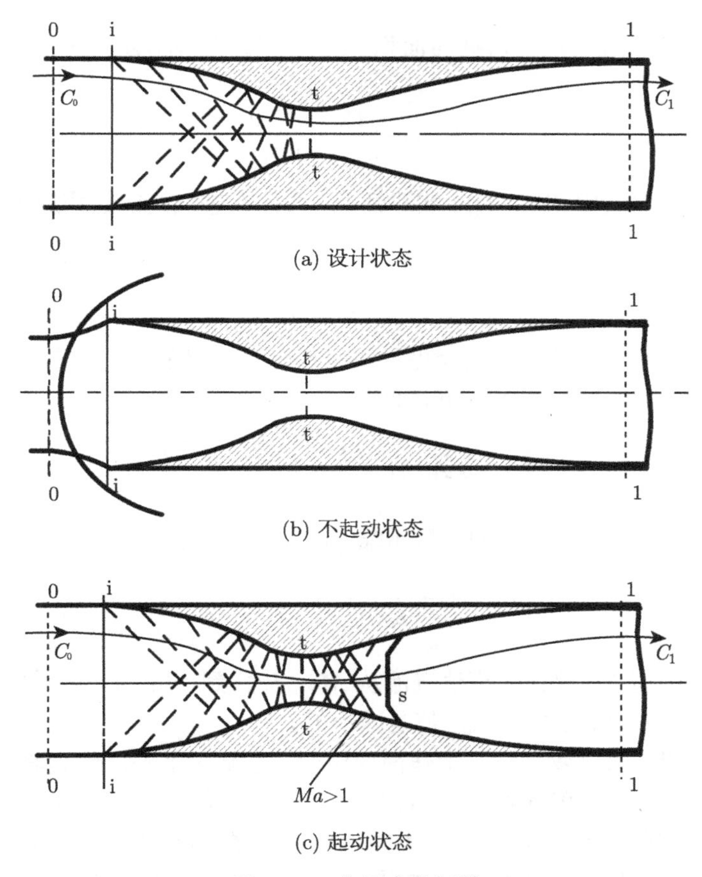

图 2-10　内压式进气道

实际的内压式进气道壁面上有附面层存在，而且附面层沿着通道迅速地扩展。假若在超声速段的型面上有用以形成斜激波的转折，则当这些斜激波与附面层相互作用时，气流可能会从通道壁面上分离，因而就破坏了设计的流动图。为保证设计的流动状态，内压式进气道不仅应具有光滑的型面 (保证超声速气流等熵地滞止)，而且还应当具有带孔的壁面，以吸除附面层。

除了上述由于附面层的显著作用引起的困难外，内压式进气道在实际使用中遇到的主要障碍是将这种进气道的工作状态从低马赫数引入设计马赫数状态过程的复杂性，这就是所谓内压式进气道的起动问题。

为了弄清楚内压式进气道的起动特点，现在来求出这种进气道工作时所必需的喉道的相对面积：

$$\overline{A}_{\mathrm{t}} = A_{\mathrm{t}}/A_{\mathrm{i}} \tag{2-9}$$

为此，建立未受干扰截面 0 − 0 和喉道截面 t − t 的流量连续方程 (图 2-10(a))

$$K_{\mathrm{m}}\frac{P_0^* A_0 q(\lambda_0)}{\sqrt{T_0^*}} = K_{\mathrm{m}}\frac{P_{\mathrm{t}}^* A_{\mathrm{t}} q(\lambda_{\mathrm{t}})}{\sqrt{T_{\mathrm{t}}^*}}$$

方程等式两端除以进气道进口截面面积 A_{i}，并考虑到 $A_0/A_{\mathrm{i}} = \varphi$，及 $T_0^* = T_{\mathrm{t}}^*$，于是得到

$$\overline{A}_{\mathrm{t}} = \varphi \cdot \frac{P_0^*}{P_{\mathrm{t}}^*} \cdot \frac{q(\lambda_0)}{q(\lambda_{\mathrm{t}})} \tag{2-10}$$

在等熵流动的进气道中 $P_{\mathrm{t}}^* = P_0^*$。实际情况，假如在进气道的超声速段具有 $P_{\mathrm{t}}^*/P_0^* = \sigma$ 的激波系，则有

$$\overline{A}_{\mathrm{t}} = \frac{\varphi q(\lambda_0)}{\sigma q(\lambda_{\mathrm{t}})} \tag{2-11}$$

这个确定喉道相对面积的公式对任何类型的进气道都是正确的。

当 $\lambda_{\mathrm{t}} = 1.0$ 时，则有最佳的喉道相对面积

$$\overline{A}_{\mathrm{t,opt}} = \frac{\varphi}{\sigma} q(\lambda_0) \tag{2-12}$$

对在设计状态 ($\varphi = 1$) 下工作的等熵压缩 ($\sigma = 1.0$) 的进气道，有

$$\overline{A}_{\mathrm{t,opt}} = q(\lambda_0) \tag{2-13}$$

由此可知，Ma_0 越大，要使超声速气流从 Ma_0 滞止到 $Ma_{\mathrm{t}} = 1.0$ 所必需的喉道最佳面积就越小。因为当 Ma_0 增大时，$q(\lambda_0)$ 值是减小的。

对上面所得结果也可从物理意义上作简要说明：随着飞行 Ma 数的增大，π_{i} 提高，因而提高了喉道的空气密度，这就使喉道的面积必须减小。也就是说，随着飞行 Ma 数的变化，必须对进气道的 $\overline{A}_{\mathrm{t}}$ 进行调节，以保证在不同飞行 Ma 数下喉道具有必需的流通能力。现在假想喉道是预定在某一给定的飞行 Ma 数上。当飞行 Ma 数小于给定值时，即使两者的差别很微小，但要通过 $A_0 = A_{\mathrm{i}}$ 面积所具有的全部气流，喉道面积就不够了。这时在进气平面前就出现了脱体波 (图 2-10(b))。脱体波后面的流动是亚声速流动，面积 A_0 发生变化以便与喉道新的流通能力相适应。

假如现在将飞行 Ma 数增大到其设计值，那么虽然脱体波接近进气平面，但是没有消失，总压在脱体波中的巨大损失使得喉道的流通能力不可能达到其设计值。所以设计的流动图并没有恢复，亦即进气道没有起动起来。“没有被起动起来的” 进气道的总压恢复系数 σ_{i} 是正激波的总压恢复系数 σ_{sw}，流量系数则小于 1.0。具有这样进气道的发动机的推力与空气在进气道中的流动为设计状态的流动图时所对应的推力相比则减小了很多。

为了实现内压式进气道的起动，喉道面积应当是可调节的。起初喉道的尺寸应当增大到能使进口处的脱体波消失，即面积 A_{i} 所具有的全部气流都能通过喉道。在这种情况下，喉道中空气的速度是超声速的，要使气流滞止到声速，这时通道超声速段新形成的比较小的收缩是不够的，只有在喉道后面出现强激波才能实现向亚声速的过渡。起动起来以后还需要重新将喉道的面积减小到设计值，这样才能在进气道内消除强激波，以获得设计的流动图形。为此，要求进气道具有在起动时能高速自动改变喉道面积的系统，但这也将使进气道的构造大为复杂。

起动内压式进气道所必需的最小相对喉道面积是在 $A_0 = A_{\mathrm{i}}(\varphi = 1)$、$P_{\mathrm{t}}^*/P_0^* = \sigma$ 和 $q(\lambda_{\mathrm{t}}) = 1.0$ 的条件下，根据流量连续方程式 (2-10) 来确定的。在这种条件下有

$$\overline{A_{\mathrm{t,min}}} = q(\lambda_0) \tag{2-14}$$

飞行马赫数越大，总压恢复系数就越小。因此在大的飞行马赫数下起动内压式进气道所需要增大的喉道面积就更大。例如，在 $Ma_0 = 2.5$ 时，$\sigma = 0.5$。为了起动内压式进气道，则要求将喉道的面积增大一倍。

假如飞行马赫数大于设计马赫数，这时喉道面积就大于此飞行马赫数所需的面积值。若要在喉道达到 $Ma_{\mathrm{t}} = 1.0$，通道的收敛度就不够了。这时喉道处的速度仍然是超声速的，气流过渡到亚声速是在喉道后面的接近于正激波的激波 (图 2-10(c) 中的激波 s) 中进行的。激波 s 中的损失造成了进气道后总压的下降，其下降值与此激波的总压恢复系数 σ 成正比。如果是在设计飞行马赫数下喉道面积大于最佳的喉道面积，虽然这在一定程度上能防止脱体波的前移，但也会因喉道后面出现超声速区及激波而造成总压恢复系数 σ_{i} 的减小。

在喉道后面出现超声速区和激波，这样的进气道工作状态称为超临界工作状态；激波位于喉道处的工作状态称为临界工作状态；在进口处存在脱体波，并且收敛通道中的流动是亚声速的工作状态，称为亚临界工作状态。对内压式进气道而言，实际上感兴趣的是超临界状态，因为只有在这种状态下，进气道才能稳定地工作，并且具有较高的总压恢复系数 σ_{i} 值。

内压式进气道的外部压差阻力在进气道的设计状态下，理论上可以等于零，因为这时 $\varphi = 1.0$，$D_{\mathrm{a}} = 0$。至于进气道外壳的阻力，在原则上讲并没有任何东西妨碍将其做成圆柱形表面，因而外壳阻力也可以等于零。喉道面积调节系统结构的复杂性在相当大程度上限制了内压式进气道在超声速飞机上的广泛应用。

2.3.3　外压式超声速进气道

外压式进气道由外罩及一个台阶式中心 (或斜板) 组成，如图 2-11 所示。它可以是二元的，也可以是轴对称的。超声速气流经过中心锥体的楔角或锥角产生一道或多道斜激波后，气流的速度逐渐减小，最后通过进口截面处的一道正激波使气流转为亚声速，然后在扩张形通道中继续减速。图 2-11 是“三斜一正”波系的外压式进气道示意图。在设计状态下，根据进气道的设计马赫数，恰当地选择波系的数目及转折角 β_1，β_2，β_3 等数值，以获得较高的总压恢复系数。从理论上讲，如果使中心体的角度逐渐连续变化，用一系列的压缩波来代替斜激波，那么就可以得到实现等熵压缩过程的外压式进气道，如图 2-12 所示。

外压式进气道的主要优点是具有自动起动的性质，即当反压比设计值大时不会导致进气道前面流动的显著破坏。进气道适当地处于亚临界状态不会导致 σ_{i} 显著减小和 $C_{x\mathrm{i}}$ 的显

著增大。当反压恢复时，设计的流动状态也就恢复了。这是由于在激波系所在的范围内不存在限制气流流通的固体壁面。脱体波借助于气流在进气道壳体周围的溢流而有可能自由地靠近进气截面，而当脱体波达到进气口以后，就变成封闭的激波。所以在外压式进气道中，为恢复设计的流动状态，没有必要对进气道进行专门的调节。

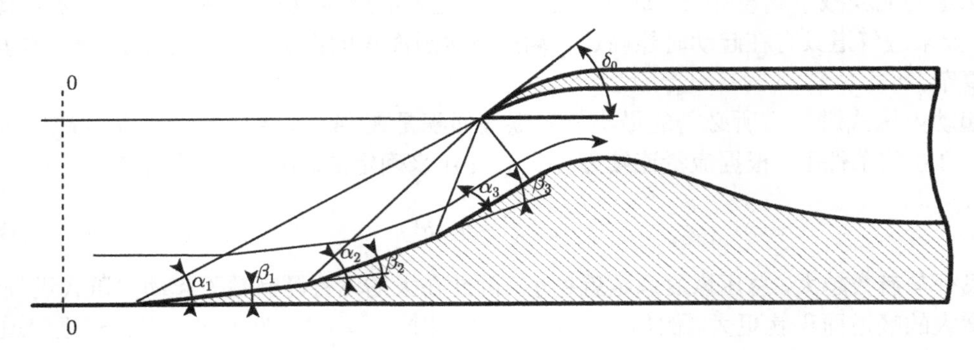

图 2-11　外压式超声速进气道示意图

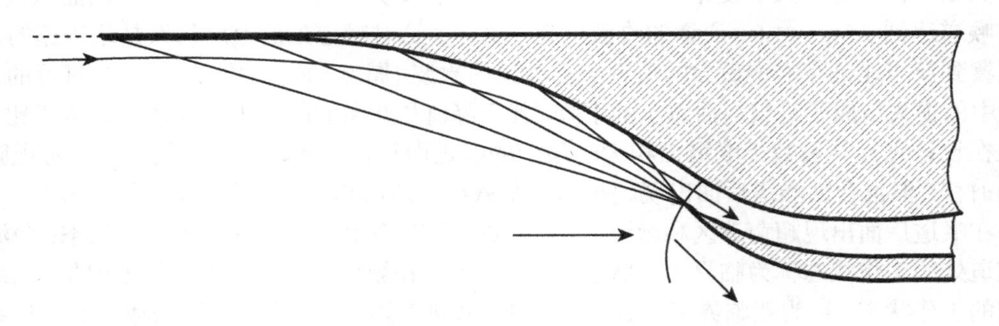

图 2-12　等熵压缩外压式进气道

但是对多波系特别是等熵压缩外压式进气道，气流的转折角很大，如马赫数 $Ma = 4$ 时，最后一道斜激波后面的超声速气流方向与进气道轴线所成的角度可达 68°，而超声速气流降低到接近声速时又要转向轴向，使外罩唇口的转折角较大，形成较强的激波，使外罩激波阻力增加。同时，空气沿滞止型面流动的特点是存在很高的正压力梯度，因而会导致中心体上附面层分离、喉道后面气流分离区尺寸增大及加重气流在通道中和在进气道出口的不均匀和不稳定等。因此在选定激波系数目时必须综合考虑 σ_{i} 和 $C_{x\mathrm{i}}$ 的影响。实际应用中，激波系的数目不能太多，当设计 Ma 数为 $1.5 \sim 2.0$ 时，通常可采用“一正一斜”中心锥式外压式进气道。当设计 Ma 数大于 2.0 时，往往采用三波系或四波系外压式进气道。

2.3.4　混合式超声速进气道

混合式进气道是介于内压式与外压式两种类型进气道之间的一种进气道，由图 2-7(c) 可见。在这种进气道中，气流经过外部滞止的斜激波后的 Ma 数仍为超声速，因此所需的气流转折角是比较小的，这有利于减小进气道外罩唇口的转折角。与纯外压式进气道相比，进气道壳体的外阻力就减小了。超声速气流进入内通道后在反射的激波系中继续滞止，最后在扩张段经过一道正激波转为亚声速 (图 2-13)。

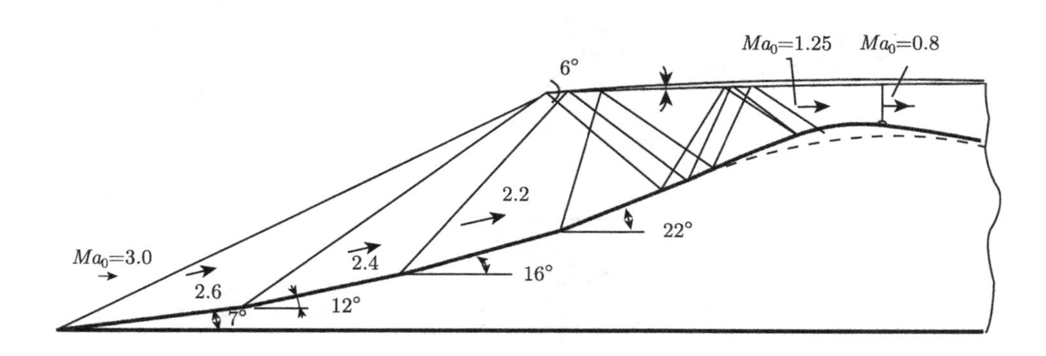

图 2-13　$Ma_0 = 3$ 时混压式进气道中的流动简图

在这种情况下，内通道的工作情况就像是一个在进口处具有较小超声速气流的内压式进气道。因此对内通道而言，内压式进气道在起动方面的那些限制依然是存在的。但是由于在内通道之前气流已经预先有过滞止，进口的马赫数较低，因此要求对喉道面积的调节范围相对来说较小。

由上述可见，混合式进气道在构造上比较简单，而且在没有起动起来时的性能下降程度不像内压式那么严重。因此保证了在使用条件下采用这种进气道具有大的安全性。这种进气道适合于应用在具有大的设计飞行马赫数 ($Ma_0 = 2.7 \sim 3.0$ 甚至更大) 而机动飞行动作小的飞机上。

混合式进气道内通道中气流的压缩是在大量的激波中和在气流对轴向方向的偏离很小的情况下进行的，而且在外部压缩中气流转折角较小，因此当 $Ma_0 > 2.0 \sim 2.5$ 时，总压恢复系数比外压式进气道要高。

2.4　超声速进气道的工作状态及其特性

前面讨论的是在设计状态下超声速进气道的工作。设计状态对应的是最大的 (或接近最大的) 飞行马赫数。进气道和发动机在这种状态下的工作是完全匹配的：进气道工作稳定，并且具有较小的损失和最大的供气量，因而对应有 $\varphi = 1.0$ 且没有附加阻力。

在实际使用中，进气道是在广泛的非设计状态范围内工作的。飞行马赫数、飞行高度、发动机的工作状态以及迎面气流的方向等均是变化的，这导致流动气流的动力状态也发生变化，最终对表示进气道工作性能和稳定裕度的参数产生影响。

2.4.1　超声速进气道在超声速条件下的工作状态

下面以不可调节外压式超声速进气道为例来讨论飞行 Ma 数及发动机工作状态变化对进气道工作的影响。图 2-14 给出了飞行 Ma 数及发动机工作状态变化时，不可调节外压式进气道可能的工作状态。

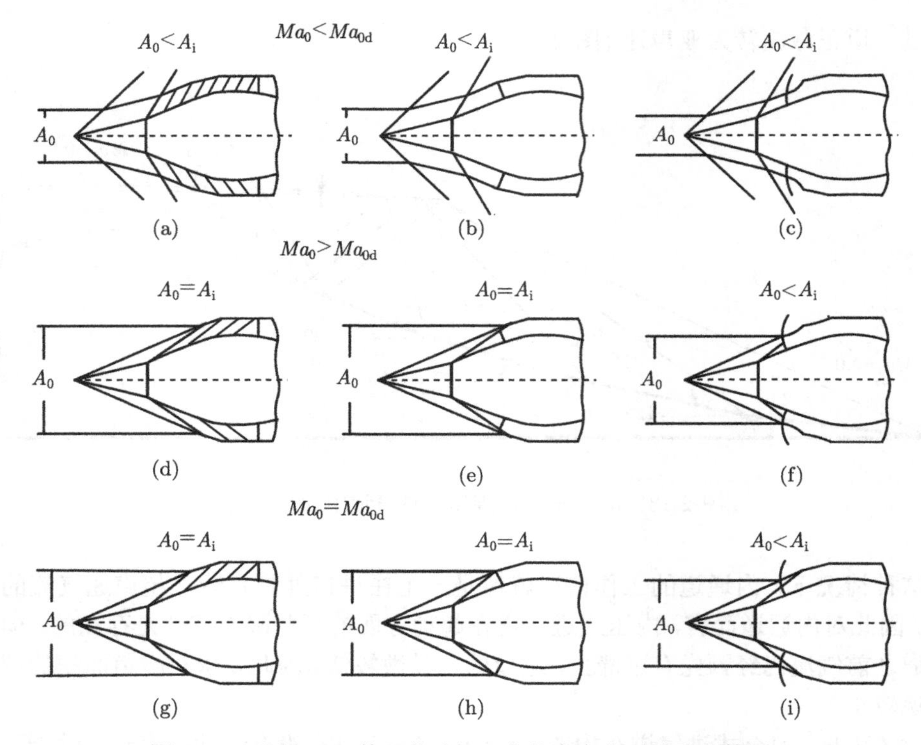

图 2-14　飞行 Ma 数及发动机工作状态变化时的流动简图

进气道能否适应各种工作状态，这就需要研究进气道的特性。

2.4.2　超声速进气道的特性

超声速进气道的特性通常有节流特性和速度特性。

进气道的节流特性是在一定的飞行 Ma 数下，进气道的性能参数 (总压恢复系数 σ_i、阻力系数 C_{xi} 及流量系数 φ) 与流过发动机的空气流量之间的关系，如图 2-15 所示。

下面我们以不可调节外压式进气道在设计 Ma 数下的节流特性为例进行讨论。

在一定的 Ma_0 下，流过发动机的空气流量的变化即意味着发动机工作状态的变化，这类似于进气道单独工作时节气门位置的变化，并且发动机要求的流量可简化为由进气道出口的相对密流 $q(\lambda_1)$ 来表示。

图 2-15(b) 工作点 b 是进气道的设计状态，激波系正好交于唇口，正激波也位于唇口。进气道的迎面气流流管的流量 $\rho_0 C_0 A_0$ 正好等于发动机所要求的流量，在进气道出口截面处气流的相似流量 $q(\lambda_1)$ 也正好等于压气机进口截面所要求的流量，这时的总压恢复系数 σ_i、阻力系数 C_{xi} 都有一定的数值。而且由于 $A_0=A_i$，所以进气道的流量系数 $\varphi=1.0$。正激波恰好位于唇口的这一状态，称为进气道的临界工作状态。

如果发动机要求的流量大于临界状态的流量，相当于打开节气门，$q(\lambda_1)$ 相应增大。这时进气道进口的流量不可能增大。由于进气道出口反压降低，斜激波后的超声速气流在扩张形通道中继续加速，通过一道较强的正激波转为亚声速气流。由于正激波的强度增大，进气道的总压恢复系数下降，流过发动机的物理流量不变，但相似流量 $q(\lambda_1)$ 增大了，满足了发动机的要求。正激波向下游移动，这种工作状态称为超临界状态。这时流量系数 φ 和阻力系数 C_{xi} 都是不变的，而 $q(\lambda_1)$ 增大时总压恢复系数是降低的，位于图 2-15 工作点 b 右边的工作状态，其流动图形如图 2-15(a) 所示。当超临界程度较严重时，正激波后的气流会分离而导致进气道“嗡鸣”。

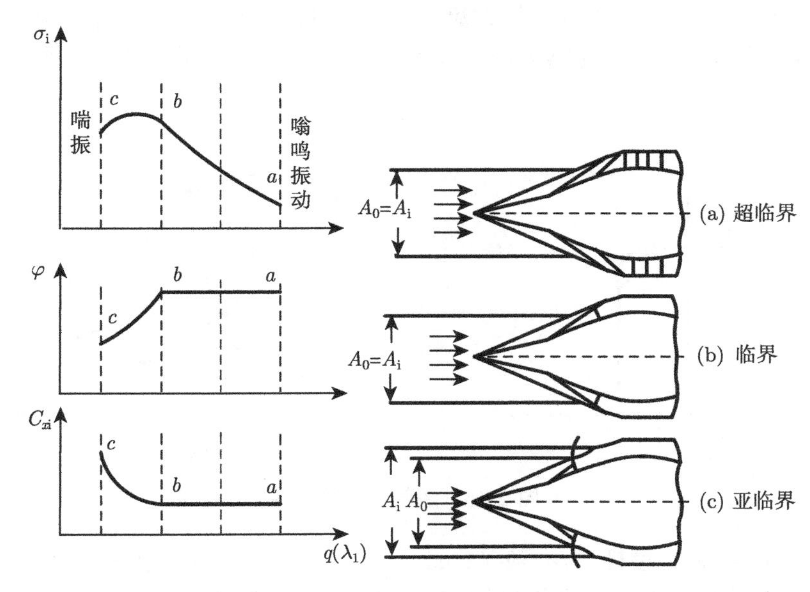

图 2-15　进气道节流特性及流动图

如果发动机要求的流量小于进气道临界状态的流量 (相当于逐渐关小节气门)，相应的 $q(\lambda_1)$ 减小，使进气道出口的反压增加，正激波前移被推出唇口外，破坏了原来的激波系。正激波被推出唇口外和斜激波相交形成一曲线形的激波。曲线激波后的部分亚声速气流从唇口外溢出，使流入进气道的流量 $\rho_0 C_0 A_0$ 减小。因为 $A_0 < A_i$，所以 $\varphi < 1.0$。而且曲线激波后的气流压力增高，使外罩波阻增大，C_{xi} 增大。这时的总压恢复系数可能因正激波前的平均 Ma 数的变小而略有增高 (也可能近似不变或下降)，这种状态称为亚临界状态，位于图 2-15 工作点 b 左边的工作状态，其流动图形如图 2-15(c) 所示。当 $q(\lambda_1)$ 下降较多时，亚临界程度较严重，这时 C_{xi} 增大较多，σ_i 一般也总是下降的，严重时将出现进气道喘振。

进气道的性能参数 (σ_i、C_{xi} 及 φ) 随飞行 Ma 数的变化关系即为进气道的速度特性。仍以不可调节外压式超声速进气道的速度特性为例来进行讨论。

当飞行 Ma 数等于设计 Ma 数 ($Ma_0 = Ma_{0d}$) 时，斜激波聚集在进气道外罩的前缘上。其流动图形如图 2-14(g)、(h)、(i) 所示。

当飞行 Ma 数小于设计 Ma 数 ($Ma_0 < Ma_{0d}$)，斜激波的倾斜角变大，不再交于唇口，其流动图形如图 2-14(a)、(b)、(c) 所示。仍规定正激波在唇口时为临界状态，当 $Ma_0 < Ma_{0d}$ 时，由于一部分气流经斜激波后转折一个角度从进气道外流过，因此即使在临界状态时 (图 2-14(b))，A_0 仍小于 A_i，$\varphi < 1.0$。其总压恢复系数将因 Ma 数小于设计 Ma 数 (激波强度减小) 而有所提高，但又因 $\varphi < 1.0$ 时有附加阻力，故阻力系数 C_{xi} 增大。同时正激波在唇口处的波前 Ma 数减小将使波后 Ma 数大于设计临界状态的 Ma 数，在几何不变的扩张

通道中，它所对应的进气道出口的 Ma 数将增大。进气道的这一工作状态表示在进气道特性图 2-14(b) 上。在这一飞行 Ma 数下，当发动机需要的流量大于进气道所能通过的最大流量时，正激波将从唇口向下游移动 (图 2-14(a)) 进入超临界的工作状态。和节流特性中设计 Ma 数时的分析一样，φ 将保持不变而 σ_i 将下降，如图 2-16(b) 的工作点 a。当发动机需要的流量小于进气道能通过的最大流量时，正激波被推出唇口，进入亚临界工作状态 (图 2-14(c))，φ 将减小，σ_i 可能略为增大或不变，如图 2-16(b) 的工作点 c 所示。

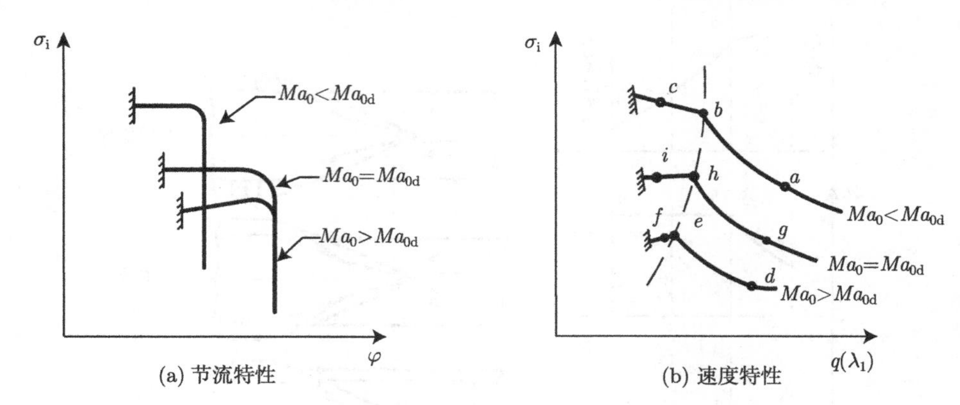

图 2-16　进气道的特性图

当飞行 Ma 数大于设计 Ma 数 ($Ma_0 > Ma_{0\mathrm{d}}$) 时，斜激波的角度将减小而进入唇口内。仍规定正激波在进口时为临界状态，这时流量系数 φ 仍为 1.0。所以在图 2-16(a) 中，它和设计 Ma 数时的特性有一段重合。总压恢复系数比设计 Ma 数时小。它所对应的进气道出口的气流 Ma 数将因正激波的增强和波后 Ma 数的减小而减小。图 2-16(b) 的 e、d、f 工作点分别表示了 $Ma_0 > Ma_{0\mathrm{d}}$ 时的临界、超临界和亚临界工作状态。其流动图形见图 2-14(e)、(d)、(f)。

图 2-16 是几何不可调节外压式超声速进气道的特性图，它包括了节流特性和速度特性在内的所有进气道的可能工作状态。特性图上的工作状态点与图 2-14 中各流动图形相对应，如特性图上的 h、g、i 点分别为 $Ma_0 = Ma_{0\mathrm{d}}$ 时进气道的临界、超临界和亚临界工作状态的对应点。需要指出的是，进气道究竟在特性图上的哪一点工作，这不是由进气道本身决定，而是取决于飞行状态及发动机的工作状态。

2.4.3　超声速进气道的不稳定工作

超声速进气道的不稳定工作通常表现为喘振及颤振 (亦称 “嗡鸣”) 两类。喘振通常发生在 $Ma_0 > Ma_{0\mathrm{d}}$ 的亚临界状态，而颤振则通常发生在超临界状态。

进气道喘振是在进气道内产生的气流沿纵向、低频、大振幅的压力脉动，使空气流量忽大忽小，正激波在进气道内外迅速地前后移动，气流剧烈地振动，甚至引起压气机喘振、燃烧室熄火和发动机结构破坏。

进气道喘振的机理还在继续研究中，通常有两种解释。一种认为进气道喘振的主要原因是正激波被推出唇口外，形成曲线形激波，在台阶式中心体表面引起附面层分离。当气流分离后，分离区中的漩涡沿流动方向逐渐扩展，压缩了主气流的通道，减小了它的有效流通面

积 (图 2-17(a))，使流过发动机的空气流量进一步降低，正激波更向前移 (图 2-17(b))，使附面层的厚度变薄，中心体表面分离的程度减小，这样又使主气流的通道面积增大，通过进气道的空气流量增加，正激波又向唇口移动，中心体表面附面层再增厚和分离，从而又重复以上的过程。

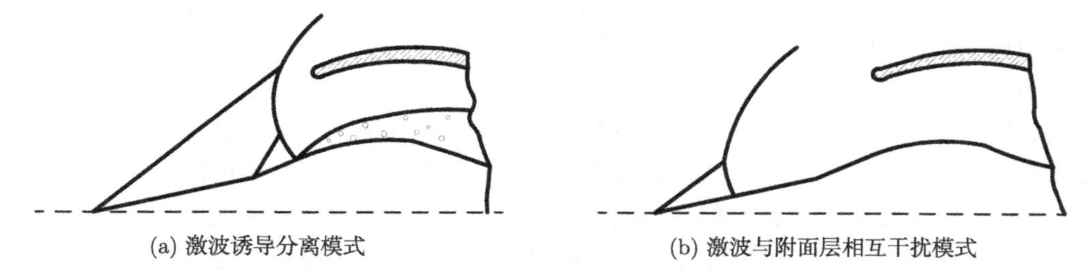

(a) 激波诱导分离模式　(b) 激波与附面层相互干扰模式

图 2-17　进气道喘振机理示意图

另一种解释是认为进气道喘振的主要原因是正激波推出唇口外和斜激波相交，如图 2-18 所示。在交点处，因迎面气流经过不同的激波系时总压损失不同而形成了 “滑流层”。进入进气道内的滑流层将气流分为两股，靠近中心体的一股是通过激波系后的气流，总压损失较小，总压较高；靠近外罩的一股是通过一道脱体激波后的气流，总压损失较大，总压较低。总压不等的两股气流在通道内流动时，其分界面上的静压是相等的，因而两股气流的 Ma 数不等。这两股 Ma 数不同的亚声速气流，在静压变化相同时，Ma 数较低的气流横截面积的变化较大。因此，靠近外罩的气流横截面积在通道内迅速扩张，限制了靠近中心体的气流通过，激波后的反压增加，使正激波向中心体前端部移动，引起进气道进口前的溢流量增大，进气流量减小。但在这一瞬间，发动机流出的流量不变，进气道能提供的流量小于发动机所需的流量，因而进气道出口的压力降低。又使正激波从中心体前端部向下游移动，重复上述过程。

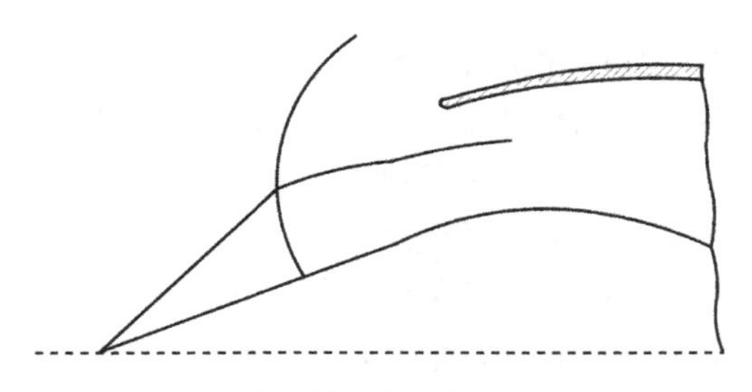

图 2-18　进气道喘振时滑流层示意图

两种解释都用以说明正激波在唇口内外不断地来回移动，流过进气道的流量忽大忽小地变化，气流剧烈地振荡，进气道进入喘振，如图 2-15 工作点 c 所示。

进气道的颤振与喘振不同，这是一种沿纵向微弱的高频气流振荡现象。通常发生在超临界工作状态。当发动机需要的流量大于进气道所能供给的最大流量时，进气道出口反压降低，正激波后移，激波强度增加，增强的正激波与沿流程通道长度而增加的附面层相互作用，使气流在通道壁面上从激波根部附近出现周期性的分离，从而激起气流的高频脉动。这种脉动频率范围广 (从数十到数百赫兹)、振幅小，脉动强度与 Ma_0 关系不大，主要由发动机工况决定。颤振时，高频振荡对人体生理上有不良作用，且会损伤进气道附近构件，压气机的喘振裕度及发动机推力也会有所减小。但一般来说，其危害比喘振要小些。

2.4.4 超声速进气道在亚声速条件下的工作状态

具有厚唇口的亚声速进气道不适合用于超声速流动，因为会在唇口前产生一道正激波导致大的总压损失，因此超声速进气道的唇口一般是较尖的。当超声速进气道在亚声速飞行时，进口截面处的气流速度小于超声速进气道设计状态时进口截面处的气流速度，使进口截面面积显得太小，为满足发动机的流量要求，气流必须加速进入。这不仅导致唇口处气流严重分离 (图 2-19)，而且分离的气流使管内流动的横截面积减小，使气流可能在某一截面达到声速，而后在扩张通道中加速为超声速流，最后以一道正激波转为亚声速气流。正激波的出现，使压力损失增加，而临界截面的形成则限制了进入发动机的空气流量。在起飞或地面状态工作时情况更为严重。

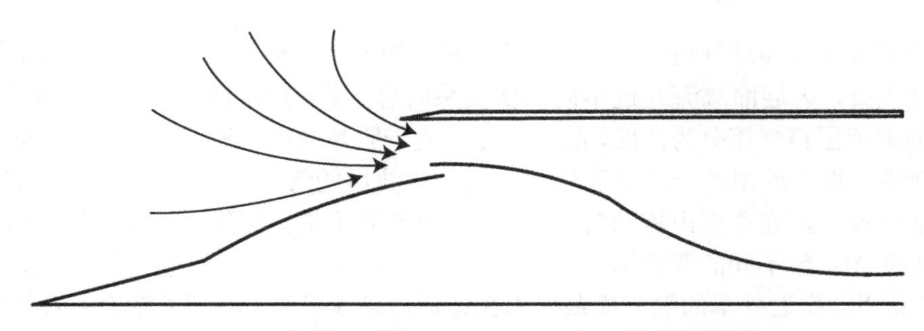

图 2-19 超声速进气道在亚声速条件下的工作简图

2.5 超声速进气道的调节

前面，以几何面积不变的外压式进气道为例，讨论了进气道的特性。可以看出，当飞行 Ma 数大于或小于进气道的设计 Ma 数时，进气道能通过的流量与发动机所需要的流量不一致，会使进气道在临界、超临界或亚临界状态下工作，甚至会发生进气道的工作不稳定。进气道的调节就是协调进气道和发动机的流通能力，改善它们的工作特性，保证稳定可靠地工作。另外为改善超声速进气道在亚声速条件下的工作，也必须采取必要的调节措施。

超声速进气道的调节是多种多样的，可以沿轴向前后移动进气道的中心体；改变外罩前缘的倾角或中心锥体的楔角 (或锥角)；吸走或吹去 (放气) 中心体和通道壁面的附面层，从进气道通道内借助于活门、鱼鳞板、开孔等向外界放气以及增设辅助节气门等。

以“协和号”飞机的进气道为例，来说明进气道的调节方法。图 2-20 是“协和号”飞机采用的“Olympus 593”发动机的进气道示意图。该进气道具有几何形状可变的矩形截面通道，由两块可调节的斜板、辅助气门、防火活门、发动机冷却空气门等组成。斜板和活门都是由调节系统自动调节的。在起飞时，斜板向上完全打开，增大通道内的最小截面，辅助气门上的平挡板向里打开，以增大进入发动机的空气流量。四个同步的防火活门关闭，防止排气流倒流入进气道。防火活门后的冷却空气门打开，引入冷却发动机的冷却空气 (图 2-20(a))。

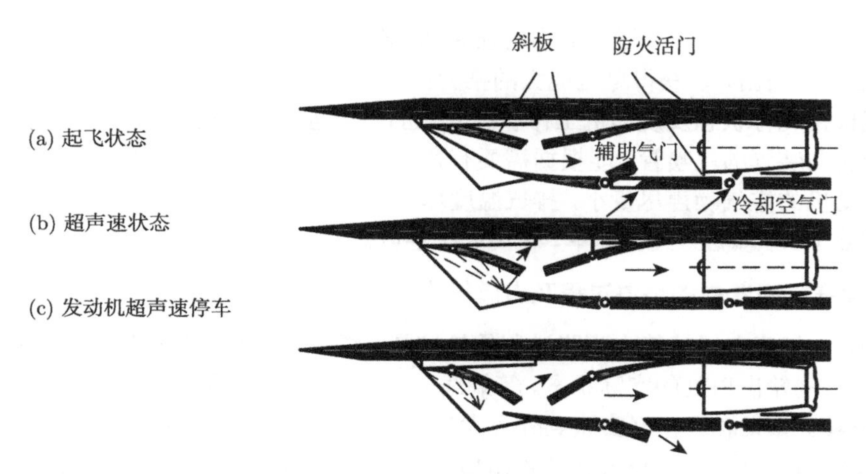

图 2-20 “Olympus 593” 发动机进气道示意图

在飞行速度达到 370km/h 左右时，防火活门打开，给发动机舱通风。飞机爬高时，发动机需要的空气流量逐渐减小，辅助气门上的平挡板逐渐关小，在 $Ma_0 = 0.7$ 时完全关死。

超声速飞行时，当飞行 Ma 数超过 1.3 时，两块斜板逐渐下降，前面斜板控制斜激波的位置。在飞行 Ma 数 ($Ma_{0\mathrm{d}} = 2.2$)，建立起由两个斜激波和一组压缩波及一个正激波组成的激波系。由进气道最小截面处引入一股气流，通过防火活门，用于发动机舱的通风 (图 2-20(b))。

如果在超声速飞行中关闭发动机，进气道斜板进一步下降，减少进入通道的空气，并打开辅助放气门放气。这样可以降低发动机空转时消耗的功率，还可以防止进气道与发动机之间的气动力相互干扰，保持进气道唇口激波系形状，防止因激波脱体使外阻力增大而影响巡航速度 (图 2-20(c))。

2.6 尾 喷 管

涡轮喷气发动机涡轮 (或加力燃烧室) 后的所有部件，包括扩压段、延伸管、尾喷管及其调节机构、冷却系统、消声器、红外抑制元件和反推力装置等的总称叫排气系统。而尾喷管是排气系统的主要部件。

2.6.1 尾喷管的功能及其基本要求

在涡轮喷气发动机中，尾喷管的主要功能是使涡轮 (或加力燃烧室) 出口的燃气在尾喷管中继续膨胀，将燃气的部分热焓转变为动能，增大发动机出口气流的动量，也就增大了发动机的推力。尾喷管的另一功能是可以用它来改变发动机的工作状态，需要用专门的尾喷管调节装置来实现。带反推力装置和转向装置的尾喷管，还可以改变推力的大小和方向，以缩短飞机着陆或起飞的滑行距离。带消声装置的尾喷管，可使发动机的噪声衰减；带红外抑制元件的尾喷管，使发动机出口气流的热迹淡化，不仅保护了环境，而且增强了自身的生存力。

对尾喷管的基本要求如下：

(1) 在各种飞行条件下，能以最小的损失把燃气的部分热焓转变为动能，并能使燃气比较均匀地沿轴向喷出，以获得尽可能大的推力；

(2) 能根据飞行状态及发动机工作状态变化的需要进行有效的调节；

(3) 带转向装置的尾喷管，能根据需要有效地调节推力的大小和方向；

(4) 发动机的排气噪声尽量小，排气温度尽量低；

(5) 尺寸小、质量轻、结构简单，使用维护性好。

2.6.2 气流在尾喷管中的热力过程及出口气流参数的计算

图 2-21 是气流在尾喷管中膨胀过程的焓熵图。图中 4^*、4 点分别是以总参数和静参数表示的燃气在涡轮出口处的实际状态。等熵线 $4^*-9_{\rm i}$ 表示气流等熵膨胀到喷管出口压力 P_9 时的排气过程。如果燃气正好膨胀到外界大气压 P_0，则称为完全膨胀，$P_9=P_0$。等熵过程的焓降就是没有流动损失时燃气在喷管出口的动能。可表示为

$$h_4^*-h_{9\rm i}=C_{9\rm i}^2/2=C_{\rm p}'(T_4^*-T_{9\rm i}) \tag{2-15}$$

式中，$C_{9\rm i}$ 为燃气在喷管中等熵膨胀时喷管出口的气流速度。

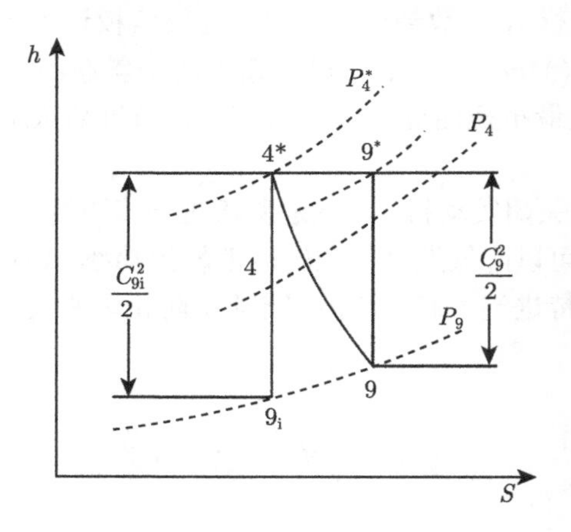

图 2-21 尾喷管排气过程的焓熵图

4^*-9 是喷管在有流动损失膨胀到喷管出口压力 P_9 时的实际过程。实际过程的焓降就是燃气在喷管出口的动能，可表示为

$$h_4^*-h_9=C_9^2/2=C_{\rm p}'(T_4^*-T_9) \tag{2-16}$$

式中，C_9 为燃气在喷管中多变膨胀时喷管出口的气流速度。

显然有 $h_4^*-h_{9\rm i}>h_4^*-h_9$，所以 $C_{9\rm i}>C_9$, $T_{9\rm i}<T_9$。

我们在以上的讨论中，认为燃气在喷管中的流动是绝热流动，即与外界没有热交换。

燃气在喷管中可以膨胀到大气压，也可大于或小于大气压，我们把喷管进口截面的气流总压 P_4^* 和喷管出口截面的气流静压 P_9 之比称为尾喷管的实际压降或实际膨胀比 $\pi_{\rm e}$。

$$\pi_{\rm e}=P_4^*/P_9 \tag{2-17}$$

而喷管进口截面的气流总压 P_4^* 和喷管出口处的外界大气压 P_0 之比称为尾喷管中的可用压力降或可用膨胀比 π_{ep}。

$$\pi_{\mathrm{ep}} = P_4^*/P_0 \tag{2-18}$$

喷管的可用膨胀比表示气流在喷管中可能膨胀的能力，它的大小仅与飞行条件和发动机工作状态有关。而喷管的实际膨胀比 π_{e}，不仅与飞行条件、发动机工作状态有关，而且与喷管的形式、尺寸有关。

涡轮后的气流速度是亚声速的，要使亚声速气流加速，只要采用收敛形管道就可以了。目前涡轮喷气发动机最常用的就是收敛形尾喷管，如图 2-22 所示。气流在收敛形喷管中加速时，出口气流速度最大为声速。排气速度为声速时的压力称为临界压力 P_{cr}。如果不考虑气流在喷管中的流动损失，则气流在收敛喷管中能实现的最大压力降为

$$P_4^*/P_9 = P_4^*/P_{\mathrm{cr}}$$

我们称这个压力降为临界压力降 $\pi_{\mathrm{e,cr}}$。根据气动力学中的推导得

$$\pi_{\mathrm{e,cr}} = P_4^*/P_{9\mathrm{cr}} = [(k'+1)/2]^{k'/(k'-1)} \tag{2-19}$$

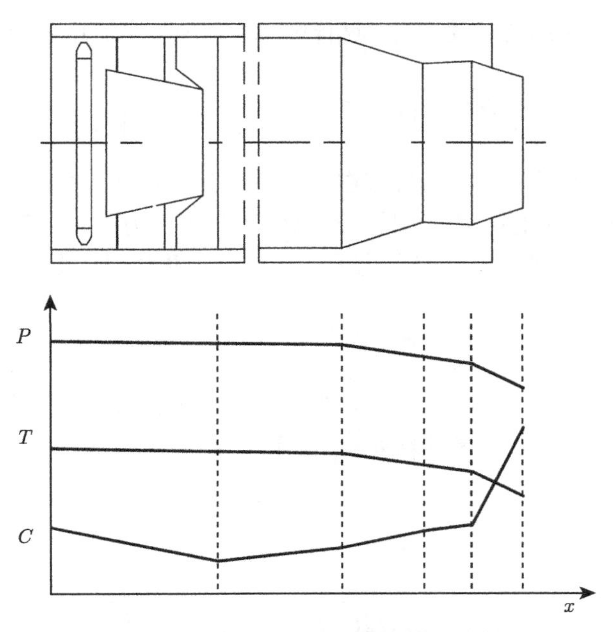

图 2-22　收敛形尾喷管及其流动示意图

当喷管中的可用压力降 π_{ep} 小于或等于临界压力降或者比临界压力降大得不多时，采用收敛喷管是合适的。如用于亚声速或低超声速飞机的涡轮喷气发动机都采用收敛喷管。但在高超声速飞行时，喷管中的可用压力降可达 $15 \sim 20$ 以上，比临界压力降大得多。如果仍然采用收敛喷管，则将因 P_9 大于 P_0 很多，燃气在喷管中不能充分膨胀而产生较大的推力损失。这时应该采用超声速喷管。

图 2-23 所示的收敛–扩张形喷管 (拉瓦尔喷管) 就是一种可以把气流加速到超声速的超声速喷管。图中收敛部分的锥角 $2\beta = 90^\circ \sim 120^\circ$，扩张部分的扩张角 $2\alpha = 25^\circ \sim 30^\circ$，喉部 (最小截面处) 用圆弧来转接。圆弧的半径应不小于喉部直径，以保证喷管出口流场均匀及避免产生激波。同时从出口流场均匀及减小径向分速的角度，扩张段的扩张角也不能太大。

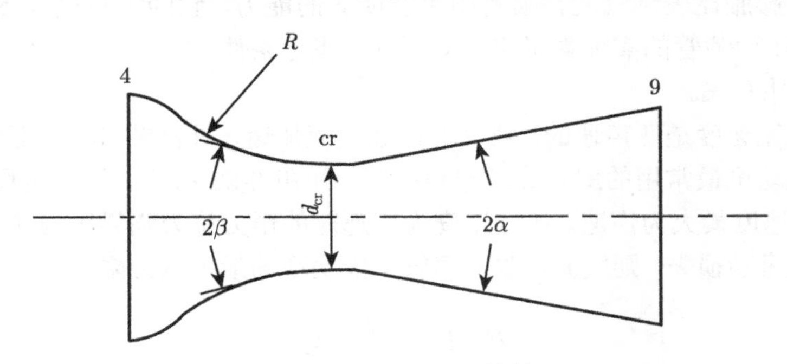

图 2-23　超声速尾喷管简图

喷管出口的气流参数 C_9、P_9 及 T_9 可以用能量方程根据喷管进口的总温 T_4^* 和总压 P_4^* 来求出，通常近似认为气流在喷管中的流动为一元绝热流动，在这一假设条件下计算可以有足够的准确度。

不考虑气流在喷管中的流动损失时，喷管出口气流速度 C_{9i} 由式 (2-15) 可得

$$C_{9i} = \sqrt{2C'_p\left(T_4^* - T_{9i}\right)} = \sqrt{2C'_pT_4^*\left(1 - T_{9i}/T_4^*\right)} = \sqrt{2C'_pT_4^*\left[1 - \left(P_9/P_4^*\right)^{(k'-1)/k'}\right]} \tag{2-20}$$

式中，P_9 由喷管的工作状态确定，当气流在喷管中完全膨胀时，$P_9 = P_0$。

对于收敛喷管，当气流的可用压力降大于或等于临界压力降时，喷管出口的气流速度为声速，上式的 P_9/P_4^* 用临界压力降的表达式 (2-19) 代入并整理后得

$$C_{9i} = a_{cr} = \sqrt{\left[2k'/(k'+1)\right]RT_4^*} \tag{2-21}$$

实际上，气流在尾喷管中有流动损失，通常用喷管速度系数 φ_e 或总压恢复系数 σ_e 来表示喷管中的流动损失的大小。速度系数 φ_e 的定义为

$$\varphi_e = C_9/C_{9i}$$

所以

$$C_9 = C_{9i}\varphi_e = \varphi_e\sqrt{2C'_pT_4^*\left[1 - \left(P_9/P_4^*\right)^{(k'-1)/k'}\right]} \tag{2-22}$$

或

$$C_9 = C_{9i}\varphi_e = \varphi_e\sqrt{\left[2k'/(k'+1)\right]RT_4^*} \tag{2-23}$$

对收敛形喷管，气流在喷管中的流动损失，主要是摩擦损失和气流在喷管出口不是轴向流动时的径向分速损失。对于收敛–扩张形喷管，除了上述两种损失外，还可能有激波损失。而且扩张段的扩张角较大，气流出口速度也大，因而径向分速损失较大，通常 $\varphi_e = 0.97 \sim 0.99$。

喷管总压恢复系数的定义是

$$\sigma_{\mathrm{e}} = P_9^*/P_4^*$$

如果用喷管的总压恢复系数来表示气流在喷管中的损失，喷管出口气流速度的计算公式为

$$C_9 = \sqrt{2C_{\mathrm{p}}'T_4^*\left[1-(P_9/P_4^*\sigma_{\mathrm{e}})^{(k'-1)/k'}\right]} \tag{2-24}$$

用式 (2-22)、式 (2-24) 可推导出喷管速度系数 φ_{e} 和总压恢复系数 σ_{e} 之间有如下关系：

$$\sigma_{\mathrm{e}} = \frac{\dfrac{P_9}{P_4^*}}{\left(1-\dfrac{k'-1}{k'+1}\lambda_{\mathrm{e}}^2\varphi_{\mathrm{e}}^2\right)^{\frac{k'}{k'-1}}} \tag{2-25}$$

当 $k' = 1.33$ 时，σ_{e} 和 φ_{e} 在不同的喷管压力降 P_4^*/P_9 的关系如图 2-24 所示。φ_{e} 基本上不随喷管中的压力降而改变，而 σ_{e} 将随压力降变化有较大的变化。

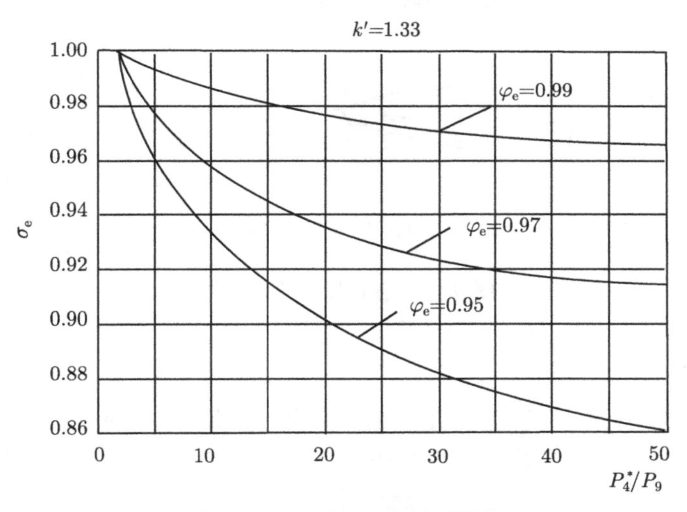

图 2-24　φ_{e} 和 σ_{e} 的关系曲线

φ_{e} 和 σ_{e} 这两个表示喷管流动损失的参数都是单独定义的，相互之间有一定的关系。可以使用其中的任意一个，但不能同时使用。

喷管出口气流的静温为

$$T_9 = T_4^* - C_9^2/2C_{\mathrm{p}}' \tag{2-26}$$

喷管出口处燃气的密度是

$$\rho_9 = P_9/RT_9 \tag{2-27}$$

在求得 C_9、ρ_9 以后，即可根据已知的流过喷管的燃气质量，计算喷管的出口面积 A_9，或者根据已知的喷管出口面积来计算燃气流量。

$$A_9 = q_{\mathrm{mg}}/(\rho_9 C_9) \tag{2-28}$$

或

$$q_{\mathrm{mg}} = K'_{\mathrm{m}} P_9^* (\lambda_9) / \sqrt{T_9^*} \tag{2-29}$$

式中，$K'_{\mathrm{m}} = 0.039\ 65$。

2.6.3　尾喷管的主要类型及其特点

图 2-25 给出了各种尾喷管的示意图。图 2-25(a)、(b) 分别为固定的和可调的收敛喷管，又称为亚声速喷管。图 2-25(c)、(d) 分别为固定的和可调的收敛–扩张形喷管。图 2-25(e) 为带中心体的喷管。图 2-25(f) 为气动引射喷管。图 2-25(c)、(d)、(e)、(f) 又可称为超声速尾喷管。

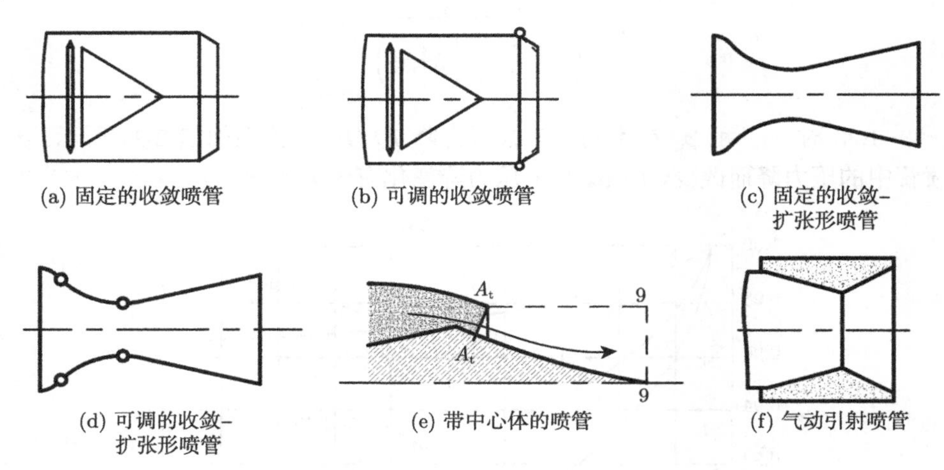

图 2-25　各种尾喷管示意图

2.6.3.1　收敛喷管

最大飞行马赫数小于 1.5 的发动机，通常采用收敛喷管，它的结构简单，喷口面积的改变也比较容易 (图 2-22)。收敛喷管由锥体和外套管组成的环形通道及收敛的喷口所组成。锥体用整流支板固定在外套管上，整流支板要将涡轮后被扭转很大 (有时达 $10° \sim 15°$) 的气流转为轴向。

喷管的长度越短，损失越小。但在很多情况下，发动机在飞机上的布置要求采用长的管道，有时超过 4~7m。在这种情况下，往往把喷管分为几段，环形通道做成扩张形的，使气流减速，以减小气流在管道中的摩擦损失。在环形通道和收敛喷口之间有一段延伸管，最后燃气在很短的收敛喷管中加速流出。

收敛喷管有三种工作状态。当喷管中的可用压力降小于临界压力降时，即

$$P_9^*/P_0 < P_9^*/P_{\mathrm{cr}}$$

称为亚临界状态。这时喷管出口气流速度小于声速，喷管出口燃气的压力等于外界大气压 $P_9 = P_0$；当喷管中的可用压力降 P_9^*/P_0 等于临界压力降时，即

$$P_9^*/P_0 = P_9^*/P_{\mathrm{cr}}$$

称为临界工作状态。喷管出口处的气流速度正好等于声速，燃气压力也正好等于大气压。当喷管中的可用压力降 P_9^*/P_0 大于临界压力降时，即

$$P_9^*/P_0 > P_9^*/P_{\mathrm{cr}}$$

称为超临界状态。这种情况下，虽然燃气具有较大的膨胀能力，但是由于受到收敛喷管管道形状的限制，其喷气速度只能增大到声速，燃气在喷管出口处的压力只能降低到 P_9，显然 $P_9 > P_0$。当喷气速度达到声速时，喷管后大气压力的扰动的传播速度也是声速，不能逆流传播到喷管出口截面以前，喷管出口截面的压力 P_9 不受外界压力大气压的影响。当 P_9^* 增大时，P_9 也随着增大，即

$$P_9 = P_{9\mathrm{cr}} = P_9^*/\pi_{\mathrm{e,cr}}$$

气流在喷管中为临界或超临界工作状态时，出口气流速度的计算有两种处理方法。一种是用 φ_{e} 来估计气流在喷管中的流动损失，用 P_4^*/P_0 来表示喷管中的可用压力降，并依次来判断其工作状态，用式 (2-23) 计算气流出口速度，实际上这个速度略小于声速。另一种处理方法是用 σ_{e} 来估计气流在喷管中的流动损失，这时应该用 $P_9^*/P_0 = \sigma_{\mathrm{e}}P_4^*/P_0$ 来表示喷管中的压力降，并依此来判断其工作状态，而出口气流速度的计算则采用式 (2-22)。

综上所述，喷管在亚临界或临界工作状态时，燃气在收敛喷管中完全膨胀，$P_9 = P_0$。燃气在流出喷管后不再膨胀，气流呈圆柱形。喷管在超临界状态工作时，燃气在收敛喷管中不能完全膨胀，$P_9 > P_0$。燃气流出喷管后继续膨胀或压缩，气流呈扩张及收敛形。

收敛喷管在超临界状态下工作时，气流不能完全膨胀，可能产生很大的推力损失。计算表明，当飞行 Ma 数为 2.5 时，推力损失可达 20%～40%。

2.6.3.2　收敛–扩张形喷管

气流在收敛–扩张形喷管中的可用压力降大于临界压力降时，在喉部达到声速，然后在扩张通道中继续加速，在喷管出口截面，气流速度为超声速 (图 2-26)。

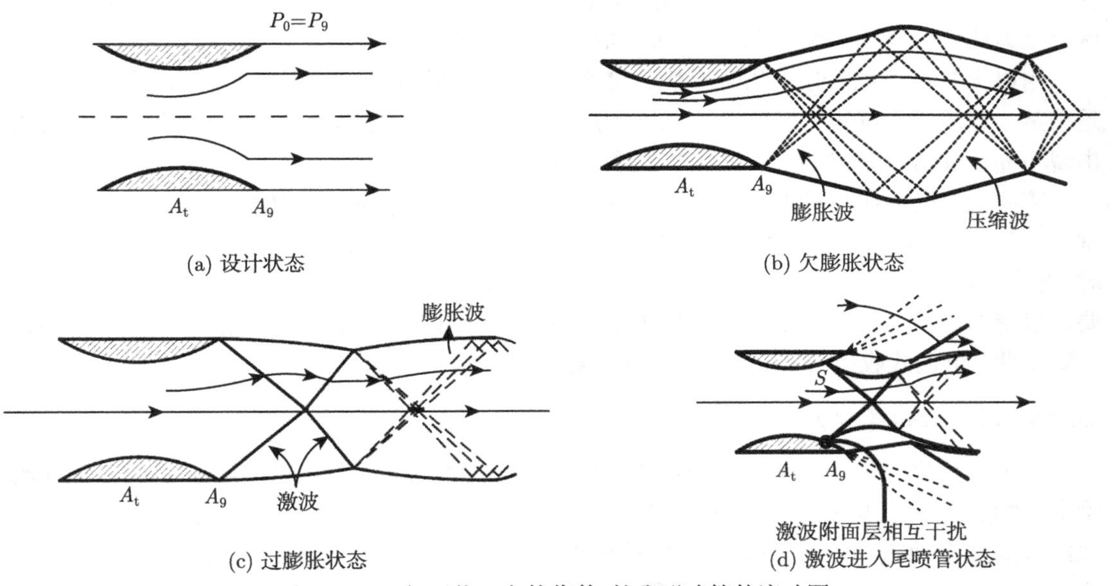

图 2-26　几何形状一定的收敛–扩张形喷管的流动图

几何形状一定的收敛–扩张形喷管，它的各个截面的气流 Ma 数取决于它的截面面积与喉道面积的比值，假设气流在流动中没有损失，由气流在喷管中各截面的流量连续可得

$$Aq(\lambda) = A_{\rm t}q(\lambda_{\rm t})$$

式中，下角标 t 是喉道的参数。

喷管出口截面的气流 Ma 数可由下式求出：

$$A_{\rm t}/A_9 = q(\lambda_9) \tag{2-30}$$

如果喷管进口的 P_4^*、T_4^* 为已知，则喷管出口的气流参数都可以求出。由式 (2-30) 可以看出，喷管出口处的气流 Ma 数仅取决于喷管的几何面积，而与外界大气压无关。喷管几何形状一定，喷管中气流的实际压力降 $\pi_{\rm e} = P_9^*/P_9$ 也就决定了。但是，喷管中气流的可用压力降 $\pi_{\rm ep} = P_9^*/P_0$ 是随飞行条件及发动机的工作状态而改变的，因此只有在某一情况下当 $\pi_{\rm ep} = \pi_{\rm e}$，则 $P_9 = P_0$ 时，气流正好完全膨胀，在喷管出口后不再膨胀，其流动图形如图 2-26(a) 所示。

如果 $\pi_{\rm ep} > \pi_{\rm e}$，则气流在喷管出口处的静压 $P_9 > P_0$，气流在喷管中没有完全膨胀，在喷管出口后将继续膨胀或压缩，流动图形如图 2-26(b) 所示。

如果 $\pi_{\rm ep} < \pi_{\rm e}$，则气流在喷管出口处的静压 $P_9 < P_0$，气流在喷管中过度膨胀，在喷管的出口后气流将受到压缩，产生激波，流动图形如图 2-26(c) 所示。

当喷管中的可用压力降 $\pi_{\rm ep}$ 比实际压力降 $\pi_{\rm e}$ 小得多时，激波进入喷管且与喷管壁面分离的附面层相互干扰，使损失增加，流动图形如图 2-26(d) 所示。

根据喷管几何面积确定 P_9 后，就可以用式 (2-22) 来求出喷管出口处的气流速度，从而计算出推力。对于图 2-26(d) 这种流动情况，在计算推力时，用分离点 S 处的面积和压力代替 A_9 和 P_9。A_S 处的压力由激波和附面层相互干扰的静压升高来决定，对于紊流附面层，这个压力比约为 2。作为经验方法，可以取 $P_S = P_9 = P_0/2$。

由以上分析可以看出，几何形状一定的收敛–扩张形喷管，如果它的出口面积比 $A_9/A_{\rm t}$ 是按某一可用压力降正好能完全膨胀来确定，那么当可用压力降变化时，气流在喷管中可能出现不完全膨胀或过度膨胀，以致产生推力损失。

事实上，很少在飞机上采用几何形状一定的收敛–扩张形喷管，因为飞机的飞行范围较宽，喷管中可用压力降的变化很大。为了减小推力损失，要求 $A_9/A_{\rm t}$ 可变。在喉部面积一定时，喷管的出口面积 A_9 要可调节。而且当发动机带加力燃烧室时，喷管的喉部面积也一定要可以调节。但是在高温条件下要使喉部及喷管出口面积都可调节，在结构上有一定困难。尽管如此，可调式收敛–扩张形喷管仍得到采用。

2.6.3.3　带中心体尾喷管

带中心体尾喷管由一特殊型面的中心体和外壳所组成，如图 2-27 所示。由于气流在喷管中是膨胀而不是压缩的，因而对中心体形状的要求不是很严格，气流经过外壳和中心体表面组成的喉部面积 $A_{\rm t}$，绕外壳唇口向外转折，经过从这一点发出的膨胀波，使气流膨胀加速，其最大的膨胀比是排气的横截面积 A_9 和喉部面积 $A_{\rm t}$ 之比。在某一可用压力降下，气流

正好完全膨胀，相当于收敛–扩张形喷管。喷管后为平行于轴线的圆柱形喷气流，没有激波损失。喷管的喉部面积可以由轴向移动中心体或打开 (闭上) 外壳出口的活瓣来实现。喷管的出口面积也可以由调节外壳出口的活瓣来改变。因此，当喷管中的可用压力降大于或小于设计值时，较容易通过调节 A_9/A_t 来使气流完全膨胀。而且这种喷管在可用压力降小于设计值时，即使不改变 A_9/A_t，也有一定程度的自动调节能力。因为，在这种情况下，外界压力将高于燃气流完全膨胀时的压力，因而减小了喷管出口燃气流的流柱面积，使流柱面积小于 A_9，这相当于减小了气流在喷管中的实际压力降，使作用在尾锥表面上的压力增加，增大了发动机的推力，避免了不可调节式收敛–扩张形喷管过度膨胀时的推力损失。但是在超声速飞行中气流绕外壳外壁流动时，将使气流膨胀加速，因而减低了喷管出口截面上的压力，减弱了压缩出口燃气流的作用。

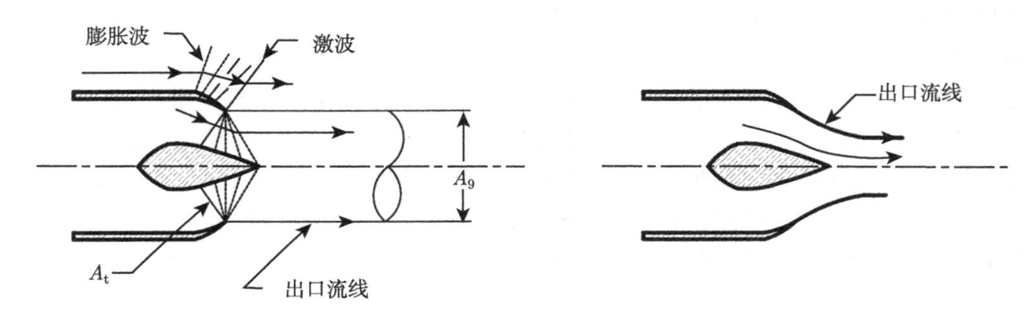

图 2-27　带中心体尾喷管

这种喷管的主要优点是长度短 (与收敛–扩张形喷管相比)，气流膨胀比易于调节。但中心体处于高温条件下工作且不易可靠地冷却，特别是在采用加力温度很高的加力燃烧室时尤为突出。另外，发动机内外气流的相互影响也比较大，往往会引起喷管内部和外部流动的分离，从而使飞机阻力增大或发动机推力减小。

2.6.3.4　引射喷管

引射喷管是由一个一般的收敛喷管 (可以做成可调) 和一个同心的套在它外面的圆筒形或收敛–扩张形外罩所组成 (图 2-28)。它利用在外套管中流过的空气来调节主喷管 (收敛喷管) 射流的膨胀程度，使主气流有效地膨胀到超声速。

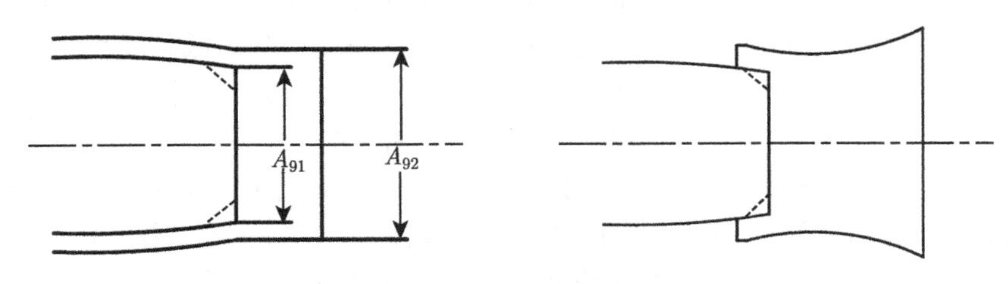

图 2-28　引射喷管简图

从主喷管喷出的高压燃气 (主流)，当其可用压力降大于临界压力降时，以声速向外流出，在喷口后继续膨胀。外套管中引入另一股压力较低的气流 (次流)，次流可以从进气道或压气机中引出，也可以从辅助进气门引入。在主流周围形成了 “流体壁面” 的收敛–扩张形喷管的扩张段。改变主次流的流量比和压力比，就可以改变主流的膨胀程度。

下面以圆筒形外套管的引射喷管为例来说明引射喷管的工作原理。在设计引射喷管时，取定某一主流流量 $q_{\mathrm{mg,I}}$ 和主流的可用压力降 P_9^*/P_0 及 $T_{9,\mathrm{I}}^*$ 和次流的流量 $q_{\mathrm{ma,II}}$、总压 $P_{9\mathrm{II}}^*$ 及总温 $T_{9\mathrm{II}}^*$ 作为原始参数。主流在主喷口后继续膨胀，横截面积逐渐增大，而次流的横截面积则逐渐减小。在引射喷管的出口，主、次流的静压相等并等于外界大气压时，两股气流都完全膨胀。显然，由于主流能完全膨胀，推力将大于采用收敛喷管时的推力。但是次流是需要从外界引入的，如果次流引自进气道，并考虑流动过程的损失，则当次流在出口处的压力为大气压时，次流的出口速度必小于进气道前未扰动气流的速度 (即飞行速度)，故次流产生的推力为负推力。由此可见，引射喷管的推力将小于理想的收敛–扩张形喷管。但由于次流流量比较小 (例如 5%)，所以它使推力减少得不多。

引射喷管在非设计状态工作时的流动图形如图 2-29 所示，当主喷管的可用压力降 $P_{9\mathrm{I}}^*/P_0$ 减小时，主流在扩张段所占的截面积减小，次流所占的截面积增大，与外界大气压相等的等压截面 2 移到外套管内 (图 2-29(b))；当主流的可用压力降下降到临界压力降时，这个等压截面和主喷管出口截面重合，主流呈圆柱形 (图 2-29(a))，不再在外套管中膨胀；当喷管中的可用压力降大于设计值时，主流在外套管出口所占截面积将比设计状态大，而且主流的可用压力降 $P_{9\mathrm{I}}^*/P_0$ 越大，次流将趋向堵塞状态 (图 2-29(c))；当次流流量比较小而 $P_{9\mathrm{I}}^*/P_0$ 较大时，主流将膨胀到外套管的内表面 (图 2-29(d))。

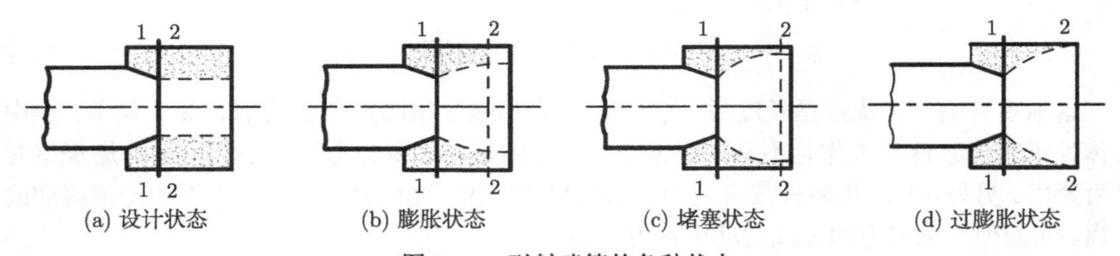

(a) 设计状态　(b) 膨胀状态　(c) 堵塞状态　(d) 过膨胀状态

图 2-29　引射喷管的各种状态

由此可见，主流的可用压力降 $P_{9\mathrm{I}}^*/P_0$ 因飞行条件和发动机工作状态的不同而改变时，引射喷管中扩张形的 “流通壁面” 能自动得到调节，所以引射喷管又可以叫做气动调节的收敛–扩张形喷管，或简称为气动喷管。

引射喷管的另一作用是从发动机前部引进了一股温度较低的气流 (次流) 到尾部，降低了飞机尾部的温度，这对于带加力燃烧室的发动机尤其重要。有的低速飞行飞机的发动机，尽管喷管中的可用压力降并不高，采用引射喷管反而有推力损失，还不如采用收敛喷管，但为了要冷却发动机的热部件和飞机后机身，也采用了引射喷管。

外套管为收敛–扩张形的引射喷管，其次流的出口速度也可以加速到超声速，以便得到更高的性能。气流在这种引射喷管中主要有两种流动状态，一种称为高次流流动状态 (图 2-30)。次流的流量和主流流量的比值较大。在主喷管出口截面以后，主流在主次流交界面与外套管内壁面形成的扩张通道中继续膨胀加速为超声速气流。次流起初在收敛通道内加速，在最小截面处达到声速，然后在主次流交界面和扩张形外套管内壁面之间的扩张形通道中继续加速到超声速。由于气体有黏性，在外套管内壁面有附面层，主次流之间有混合层；另一种流动状态称为低次流流动状态 (图 2-31)。次流流量很小，甚至接近于零。主喷管出口以自由射流的形式膨胀，与外套管相撞形成激波，把次流通道封住，在上游形成一个“死区”。如果不考虑黏性，次流流量为零。考虑到黏性的作用，则主次流边界也有一个混合层，进行质量和能量的交换。主流通过黏性效应，不断从“死区”拖出少量次流，被拖走的次流流量，不断由次流的供气系统补充。

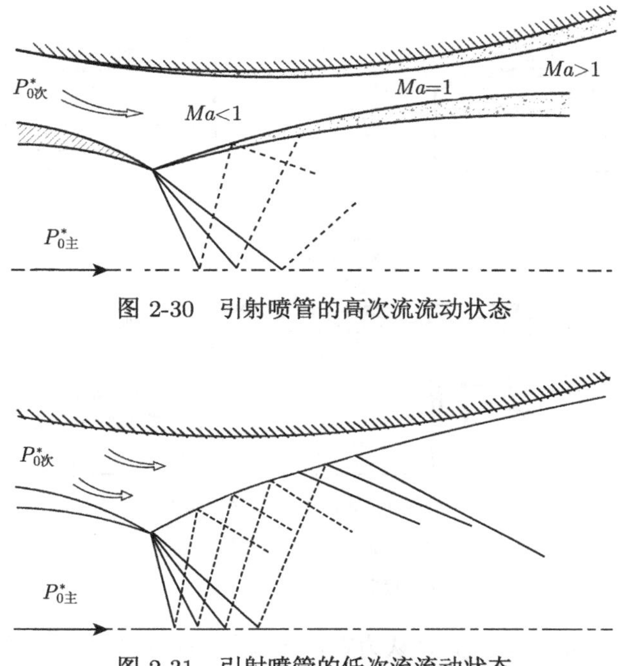

图 2-30　引射喷管的高次流流动状态

图 2-31　引射喷管的低次流流动状态

这种引射喷管已经有相当准确的设计计算方法。主流超声速流动用特性线法计算，次流仍用一元流动计算，设计方法中还包括了混合层和附面层的影响，与试验的结果很一致。

2.6.4　反推力与消除噪声的概念

推力的作用方向向逆方向的改变称为反推力，推力向逆方向改变的结果是产生了与飞机飞行方向相反的负推力，从而阻滞飞机使其减速。反推力是飞机在着陆时缩短滑跑距离的一种有效手段。反推力还可以用在飞行中迅速地减小飞机的飞行速度。

反推力是借助于专门的装置将从发动机中排出的燃气流方向进行改变而得到的。这种装置可以根据各种不同的方案来设计，这种方案可以划分为格栅式及盾式两大类 (图 2-32)。格栅式装置中，采用专门的叶栅 1 作为偏转气流的构件，而活门 2 则是用来截断燃气在直通方向上的通路。活门 2 在尾喷管正常工作时用于关闭叶栅，并在通道中能形成光滑的圆环形轮廓，而在反推力状态时，此活门截断燃气通往主尾喷管的通路并将燃气导向偏转气流的叶栅。在盾式反推力装置中，气流的偏转是由专门的盾门 3 来完成的。在正常工作状态时，盾门 3 位于排气装置的外表面，以构成排气装的外壁。而反推力状态时，这些盾门就位于尾喷管的后面，于是就能截断燃气的直线方向通路，而将燃气偏转到大于 90° 的角度。

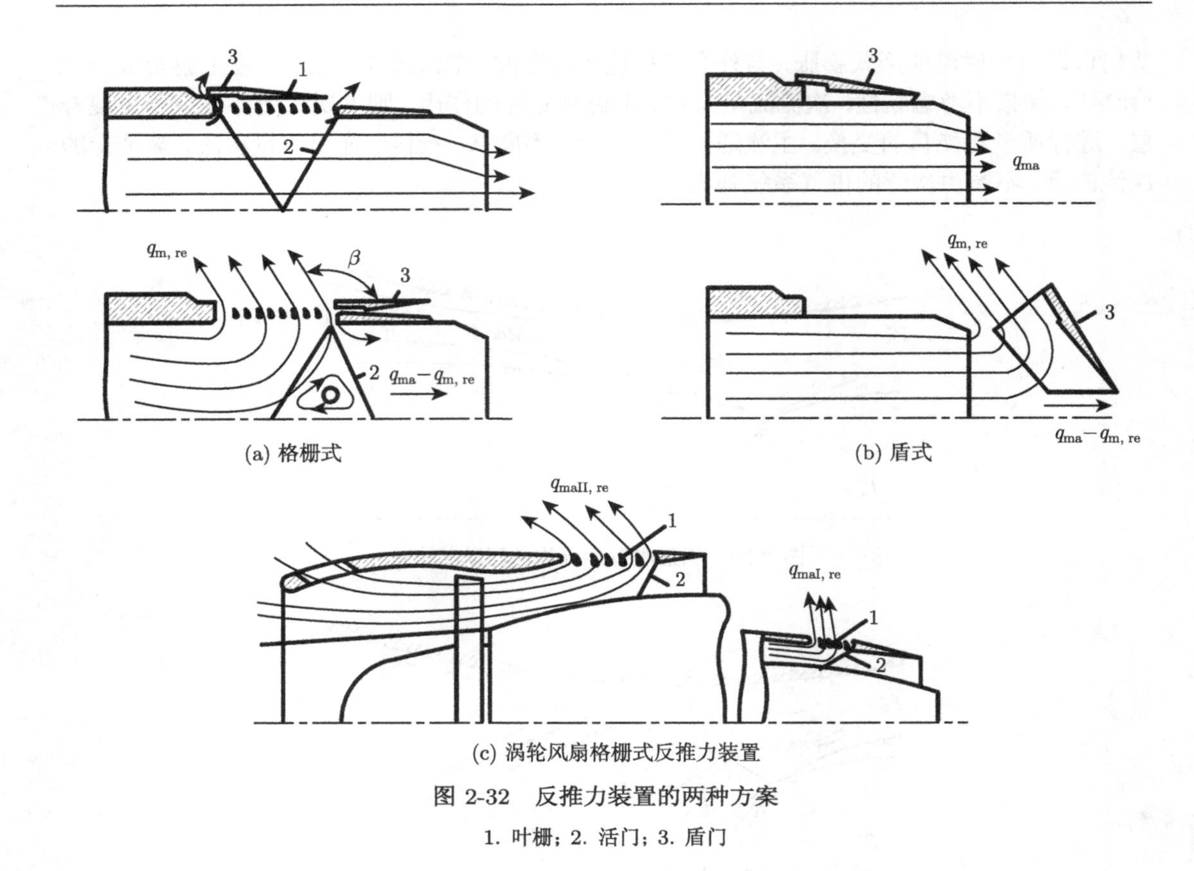

(a) 格栅式　(b) 盾式

(c) 涡轮风扇格栅式反推力装置

图 2-32　反推力装置的两种方案

1. 叶栅；2. 活门；3. 盾门

若近似地取 $q_{mg}=q_{ma}=q_{m}$，且认为在产生反推力过程中只有一部分燃气 $q_{m,re}<q_{m}$ 参加，气流偏转到 β 角时所产生的损失由速度系数 $\varphi_{re}=C_{9re}/C_9<1$ 来考虑，则可得估算反推力系数 $\overline{F}_{re}$ 的近似公式。若在没有反推力 $F=q_m(C_9-C_0)$ 的完全膨胀条件下，则在接通反推力时所产生的负推力为

$$F_{re}=q_{m,re}C_{9re}\cos\beta-(q_m-q_{m,re})C_9+q_mC_0$$

在这种情况下的反推力系数为

$$\overline{F}_{re}=F_{re}/F=\frac{q_{m,re}(1+\varphi_{re}\cos\beta)}{q_m\left(1-\dfrac{C_0}{C_9}\right)}-1 \tag{2-31}$$

可见，反推力系数取决于被偏转燃气的质量流量 $q_{m,re}/q_m$、气流的偏转角 β 及反推力装置的排气速度损失。通常 $q_{m,re}/q_m=0.8\sim1.0$，$\beta=120°\sim150°$，$\varphi_{re}=0.90\sim0.95$。在上述条件下则有 $\overline{F}_{re}=0.4\sim0.6$。

计算表明，在 $\overline{F}_{re}=0.5\sim0.6$ 的条件下，重型飞机的着陆滑跑距离比只采用轮闸刹车时的着陆滑跑距离缩短了 3/5 ~ 4/5。再继续增大 $\overline{F}_{re}$，使其超过 0.6 以后，对提高飞机的刹车效应已经不再有很大作用了。

对民用航空而言，降低噪声是现代航空发动机的一个重大课题。产生噪声的主要根源是排出的是喷射气流，当喷射气流排到周围大气空间时会产生强烈的紊流脉动。其次，比较弱的噪声根源是压气机或风扇，它们所发出的噪声通过进气道的进口传播到周围的空间。

抑制噪声的主要措施如下：

(1) 降低发动机燃气流的排气速度，其较有效的方法是改用涡轮风扇发动机。

(2) 采用消声尾喷管，这种喷管可将排出的气流分割成若干股直径比较小的气流，由于这些气流长度的缩短 (这是因为排出的燃气与空气迅速混合的缘故所致) 以及声干扰的作用结果，从而使总的噪声强度得以降低。

(3) 在风扇、压气机、涡轮以及空气和燃气的进排气通道等所在的区域内，采用特制的消声及声反射的覆盖层。

(4) 在设计风扇、压气机以至于整台发动机时，在结构上要采取适当的措施，诸如降低转子叶片的圆周速度，增大叶片环之间的轴向间隙，在涡轮风扇发动机中不采用进气导向器，在整流器的叶片环上安装具有不同叶距、不同倾角的叶片以及其他措施等。

(5) 在起飞及着陆状态时对发动机进行特别的调节。例如在涡轮风扇发动机中，用改变转子叶片安装角及改变喷管出口截面积的方法来调节风扇，以求在尽可能小的圆周速度下得到规定的推力。

复习思考题

1. 发动机的工作对进气道有什么要求？

2. 亚声速进气道的 Ma_0、Ma_{i} 及 Ma_1 各表示什么？这三个 Ma 数对亚声速进气道的流动模型和性能有什么影响？

3. 气流流经亚声速进气道时，其 P^*、P、T^*T 及 c 是如何变化的？

4. 亚声速进气道在超声速飞行时的工作有什么特点？(分别当发动机工况及飞行 Ma 数变化时)

5. 某飞机采用带亚声速进气道的涡轮喷气发动机作为动力装置，进气道进口截面直径 $D_{\mathrm{i}} = 0.8\mathrm{m}$，在 11km 高空以 $Ma = 1.355$ 飞行时，发动机的实际需流量为 $q_{\mathrm{ma}} = 33.4\mathrm{kg/s}$。试计算进气道的流量系数 φ，并判断弓形激波是否贴于唇口。

6. 进气道的性能参数有哪些？各有什么意义？

7. 超声速进气道的工作原理是什么？有哪些基本类型？

8. 内压式超声速进气道未起动的实质是什么？如何解决起动问题？

9. 超声速进气道在非设计状态下工作时，可能出现哪些问题？造成这些问题的原因是什么？

10. 以混合式超声速进气道为例，分析当飞行 Ma 数及发动机工况分别变化时可能会出现什么现象？

11. 超声速进气道为什么要进行调节？通常采用哪些调节方法？这些方法分别能解决什么问题？

12. 尾喷管的功能是什么？设计时要符合哪些基本要求？

13. 当前涡轮喷气发动机的尾喷管有哪些基本形式？它们各有哪些优缺点？

14. 如何判断喷管的工作状态？收敛形喷管出口气流参数如何计算？

15. 试说明喷管的非设计状态对喷管推力的影响 (以不可调节式收敛–扩张形喷管为例)。

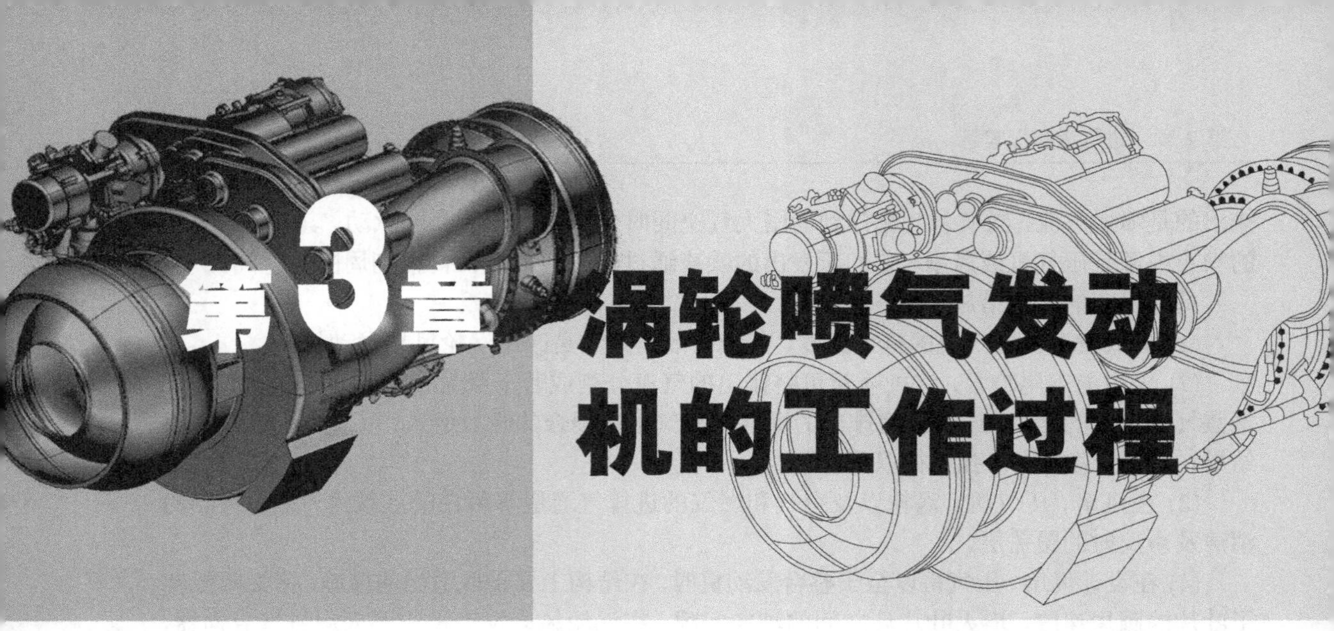

第3章 涡轮喷气发动机的工作过程

在进行发动机的总体性能设计时，首先要根据飞机的机种、用途及飞机对发动机的要求，恰当地选择设计点及有关参数，进行设计点的性能计算。航空发动机的设计点可以选择为高空巡航状态，也可选择某个大功率状态，例如海平面起飞状态。设计点的性能取决于设计状态的热力过程，而热力过程是由工作过程参数确定的。工作过程参数选择得好不好，将直接影响发动机的性能。本章将定性分析主要工作过程参数的选取以及其对发动机单位性能参数的影响，并介绍发动机性能的热力学计算过程。

3.1 涡轮喷气发动机的工作过程参数对单位性能的影响

3.1.1 涡轮喷气发动机的热力学循环

就单纯的热力学而言，每一种燃气涡轮发动机都是经典布雷敦循环的实际体现。下面将以涡轮喷气发动机为例，推导和分析发动机单位循环功与发动机单位推力之间的关系。

空气流经航空发动机时，在进气道、压气机中被压缩，在燃烧室中进行燃烧，在涡轮、尾喷管中开始膨胀，最后高温气体进入大气后放热。为了获得航空发动机的这种热力学循环过程所产生的循环功，首先需要对发动机各个部件的特征截面进行标识，图 3-1 为典型单轴不带加力涡喷发动机的特征截面示意图，并且假设尾喷管为简单收缩管道。

单位质量气体的理想热力学循环如图 3-2 所示，图中数字对应部件特征截面处，对应绝热压缩、加热、绝热膨胀、放热过程。理想情况下，压缩、膨胀过程为等熵流动，加热与放热过程为等压过程，实际情况下，各个热力学过程中都存在流动损失。

定义每千克空气完成一个循环 “$0-1-2-3-4-9-0$” 净得到的热量为循环功或可用能量 W，则有

$$W = q_0 - q_1 \tag{3-1}$$

式中，q_0 为燃烧室对每千克气体加热量；q_1 为每千克燃气在大气环境下放热量。燃烧室对每千克气体加热量 q_0 可写为

$$q_0 = C_{\mathrm{p}}' T_3^* - C_{\mathrm{p}} T_2^*$$

式中，C'_p 为燃气平均定压比热；C_p 为空气平均定压比热。

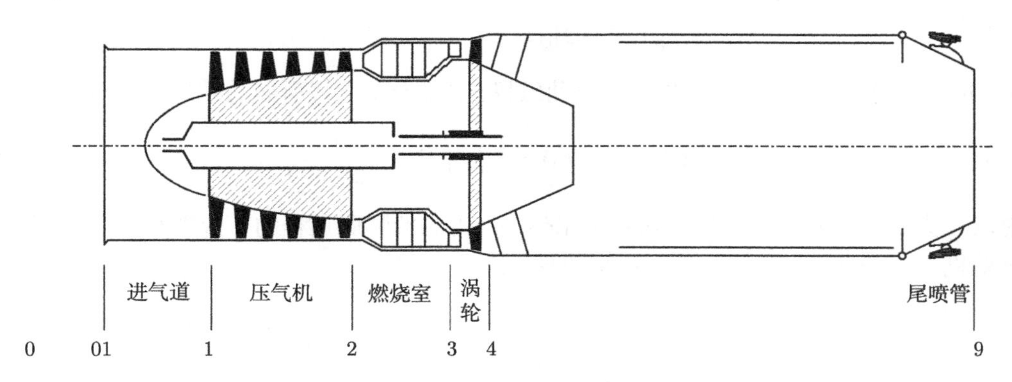

图 3-1　航空涡喷发动机特征截面示意图

"0" 表示发动机远前方无扰动的均匀来流进口截面；"01" 为进气道几何进口截面；"1" 为压气机几何进口截面；"2" 为压气机出口/燃烧室进口截面；"3" 为涡轮进口/燃烧室出口截面；"4" 为涡轮出口截面；"9" 为尾喷管出口截面

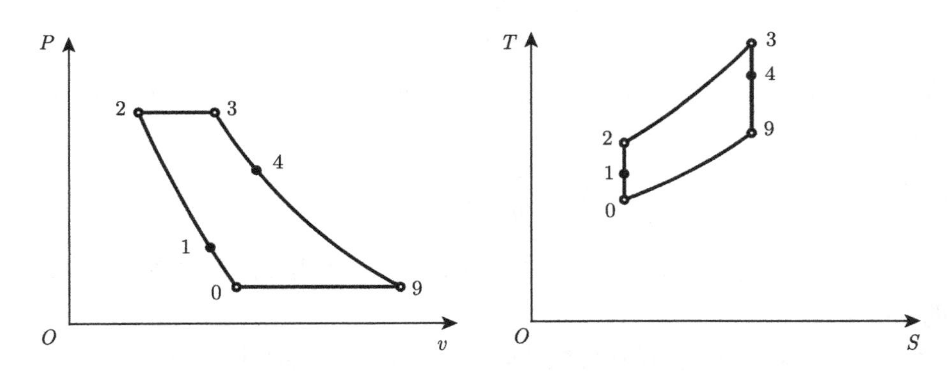

图 3-2　航空涡喷发动机理想热力学循环

大气环境下放热量 q_1 可写为

$$q_1 = C'_\mathrm{p}\left(T_9 - T_0\right)$$

则每千克空气的循环功可以表示为

$$W = C'_\mathrm{p}T_3^* - C_\mathrm{p}T_2^* - C'_\mathrm{p}\left(T_9 - T_0\right)$$

简化处理后得

$$W = C'_\mathrm{p}\left(T_3^* - T_9\right) - C_\mathrm{p}\left(T_2^* - T_0\right) \tag{3-2}$$

式中，右边第一项是燃气膨胀过程做的功，称膨胀功；第二项是压缩气体过程做的功，称压缩功。假设喷管内流动完全膨胀，把燃烧室中压力损失归入总的膨胀损失中去，则压缩过程的增压比等于膨胀过程的膨胀比，并且增压比可以分解为来流马赫数、进气道损失与压缩部件总增压比的关系。

$$\pi = \frac{P_2^*}{P_0} \approx \frac{P_3^*}{P_9} = \left(1 + \frac{k-1}{2}Ma^2\right)\sigma_\mathrm{i}\pi_\mathrm{k}^*$$

类似于叶轮机械中绝热效率的定义，压缩过程中加给每千克空气的功以 W_c 表示，则

$$W_c = C_p (T_2^* - T_0) = C_p T_0 \left(\pi^{\frac{k-1}{k}} - 1\right) \Big/ \eta_c$$

式中，η_c 为总的压缩过程的有效效率。膨胀过程中每千克空气所做的功以 W_p 表示，则

$$W_p = C'_p (T_3^* - T_9) = C'_p T_3^* \left(1 - \frac{1}{\pi^{\frac{k'-1}{k'}}}\right) \eta_p$$

式中，C'_p 为膨胀过程中燃气的平均定压比热；η_p 为总的膨胀过程的有效效率。因此，式 (3-2) 中发动机实际循环可用功 W 等于膨胀功与压缩功之差，即

$$W = W_p - W_c = C'_p T_3^* \left(1 - \frac{1}{\pi^{\frac{k'-1}{k'}}}\right) \eta_p - C_p T_0 \left(\pi^{\frac{k-1}{k}} - 1\right) \Big/ \eta_c \tag{3-3}$$

由于空气和燃烧产物的物理性质不同，空气和燃烧产物的绝热指数及气体常数都有差别，因而导致上面的关系式复杂化。为了简化式 (3-3)，令系数

$$a = \frac{C'_p \left(1 - \pi^{\frac{1-k'}{k'}}\right)}{C_p \left(1 - \pi^{\frac{1-k}{k}}\right)} \tag{3-4}$$

系数 a 是 π、T_3^* 及 T_0 的函数。在 π 及 T_3^* 的实际可能值范围内，可近似取为 $1.02 \sim 1.04$。将式 (3-4) 代入式 (3-3)，整理得

$$W = C_p T_0 \frac{e-1}{\eta_c} \left(\frac{a \Delta \eta_c \eta_p}{e} - 1\right) \tag{3-5}$$

式中，$e = \pi^{\frac{k-1}{k}}$；$\Delta = \dfrac{T_3^*}{T_0}$；参数 e 表示空气在发动机中的增压比，而参数 Δ 表示空气在发动机中的加热比。

式 (3-5) 表明，发动机实际循环可用功取决于增压比 π、加热比 Δ 及反映压缩过程、膨胀过程中损失大小的绝热效率 η_c、η_p。此外，加热比是与 T_0 相关，当飞行高度及大气状况改变时，T_0 相应变化，可用功也会发生变化。

式 (3-5) 虽然简单，但实际上并不直接用于准确计算。因为压缩过程和膨胀过程的绝热效率 η_c 及 η_p 随飞行条件、发动机设计参数及发动机工作状态而改变，要找出它们与常用的表示部件损失的效率或总压恢复系数之间的关系是困难的。因此这个公式仅适用于定性分析。在近似估算时，把 η_c、η_p 看作一常数是完全允许的，当飞行马赫数为低超声速以下时，可以把压气机效率当作 η_c，涡轮效率当作 η_p。

由式 (3-5) 不难看出，若 $\eta_c = 1.0$，$\eta_p = 1.0$ 及 $a = 1.0$，即忽略气流在发动机各部件中的流动损失，且忽略工质为空气和燃气的差别，这时实际循环就变成了理想循环，由此可得发动机理想循环的可用功

$$W_i = C_p T_0 (\Delta - e) \left(1 - \frac{1}{e}\right) \tag{3-6}$$

另一方面，还可从能量守恒的角度推导发动机实际循环可用功的表达式。流经发动机 1kg/s 质量流量空气的能量平衡方程如下：

$$C_p T_0 + \frac{1}{2} C_0^2 + W_c + q_0 - W_p - q_1 = C_p T_0 + \frac{1}{2} C_9^2 \tag{3-7}$$

式中，$W_{\rm c}$、$W_{\rm p}$ 分别表示压缩部件 (进气道、压气机)、膨胀部件 (涡轮、喷管) 对气体做的功。如果发动机不对外输出轴功如涡喷发动机，涡轮仅带动压气机工作没有提取功率，则有 $W_{\rm c}=W_{\rm p}$，式 (3-7) 可以变换为

$$W=q_0-q_1=\frac{1}{2}\left(C_9^2-C_0^2\right) \tag{3-8}$$

由上式可以看出，发动机循环净得热量等于燃气动能的增加量。也就是说，发动机从热力循环中得到热量，并在喷管中将这部分热量转化为气体动能增加，以较大的速度排出，从而获得发动机推力。式 (3-8) 说明航空发动机既是热机又是推进器，是二者合在一起能对气流加速的一个系统装置。

3.1.2　涡轮喷气发动机的主要单位性能参数及主要工作过程参数

3.1.2.1　主要单位性能参数

由第 1 章关于发动机性能指标的讨论可知，发动机的经济性，在给定飞行条件下可用耗油率 SFC 来表示，而推力性能则可用单位推力 $F_{\rm s}$、推重比 $F_{\rm w}$ 及单位迎风推力 $F_{\rm A}$ 来衡量。这三个推力性能指标分别表示了每秒 1kg 质量流量、每千克发动机质量及每平方米发动机迎风面积所产生的推力大小，三者之间有一定的联系，在一定的设计水平及发动机零件材料确定的条件下，每秒流过发动机的质量流量的大小可以反映发动机质量的大小，也可以反映发动机尺寸的大小，由此可见，单位推力 $F_{\rm s}$ 最能综合反映发动机的推力性能。所以，单位推力 $F_{\rm s}$ 及耗油率 SFC 是涡轮喷气发动机的主要单位性能参数。

3.1.2.2　主要工作过程参数

在发动机工作过程中，用来描述气流沿流程流动情况的参数称为发动机的工作过程参数。例如，P_0，T_0，π，$\eta_{\rm k}^*$，$\eta_{\rm t}^*$，T_3^* 等，在涡轮喷气发动机中，发动机实际循环的可用功 W 用于增加流经发动机的气流的动能，即

$$W=\frac{1}{2}C_9^2-\frac{1}{2}C_0^2=\frac{1}{2}(C_9^2-C_0^2) \tag{3-9}$$

假设尾喷管完全膨胀，且忽略燃气流量与空气流量的差别，则有 $F_{\rm s}=C_9-C_0$。将式 (3-9) 中的 C_9 代入 $F_{\rm s}$ 的表达式，得

$$F_{\rm s}=\sqrt{2W+C_0^2}-C_0 \tag{3-10}$$

又将 W 的表达式 (3-5) 代入，可得

$$F_{\rm s}=\sqrt{2C_{\rm p}T_0\frac{e-1}{\eta_{\rm c}}\left(\frac{a\varDelta\eta_{\rm c}\eta_{\rm p}}{e}-1\right)+C_0^2}-C_0 \tag{3-11}$$

由此可见，影响 $F_{\rm s}$ 的工作过程参数有 $e,\varDelta,\eta_{\rm c},\eta_{\rm p}$ 及 a。由式 (1-21) 发动机的耗油率表示为

$$\mathrm{SFC}=\frac{3600q_0}{H_{\rm u}F_{\rm s}}$$

为了便于分析，也用过程参数表示：因为 $q_0=\overline{C}_{\mathrm{p}}\left(T_3^*-T_2^*\right)/\xi_{\mathrm{b}}$，式中，$\overline{C}_{\mathrm{p}}$ 为燃烧室中燃气的平均定压比热；ξ_{b} 为燃烧室的完全燃烧系数。又由压缩每千克空气的功

$$W_{\mathrm{c}}=C_{\mathrm{p}}\left(T_2^*-T_0\right)=C_{\mathrm{p}}T_0\left(e-1\right)/\eta_{\mathrm{c}}$$

可得，$T_2^*=T_0\left(\dfrac{e-1}{\eta_{\mathrm{c}}}+1\right)$，代入 q_0 的表达式，得 $q_0=\dfrac{\overline{C}_{\mathrm{p}}}{\xi_{\mathrm{b}}}T_0\left(\Delta-\dfrac{e-1}{\eta_{\mathrm{c}}}-1\right)$。因此，耗油率 SFC 可写为

$$\mathrm{SFC}=\frac{3600\overline{C}_{\mathrm{p}}}{H_{\mathrm{u}}\xi_{\mathrm{b}}F_{\mathrm{s}}}T_0\left(\Delta-\frac{e-1}{\eta_{\mathrm{c}}}-1\right) \tag{3-12}$$

由式 (3-12) 可知，影响耗油率的工作过程参数除了与影响单位推力 F_{s} 的工作过程参数相同外，还有燃烧室的完全燃烧系数 ξ_{b} 及燃料的低热值 H_{u}。

对影响 F_{s} 及 SFC 的所有工作过程参数进行分析，可得：在一定的飞行条件 (T_0 一定)、π 及 T_3^* 实际可能的范围内，对几何确定的发动机，就总体性能设计来说，影响发动机单位性能参数 F_{s}、SFC 的主要工作过程参数是 π 及 T_3^*。

3.1.3 增压比对单位性能参数的影响

从式 (3-11) 可以看出，在飞行条件及加热比 Δ 为定值的条件下，当 $e=1$ 或 $e=a\Delta\eta_{\mathrm{c}}\eta_{\mathrm{p}}$ 时，单位推力为零，因而在最小增压比和最大增压比之间，必然存在一个使单位推力为极大值的最佳增压比 π_{opt}。它可以通过式 (3-11) 对 e 求导数，并使它等于零来求得

$$\frac{\mathrm{d}F_{\mathrm{s}}}{\mathrm{d}e}=C_{\mathrm{p}}\frac{T_0}{\eta_{\mathrm{c}}}\left(\frac{a\Delta\eta_{\mathrm{c}}\eta_{\mathrm{p}}}{e^2}-1\right)=0$$

$$e_{\mathrm{opt}}=\sqrt{a\Delta\eta_{\mathrm{c}}\eta_{\mathrm{p}}},\quad 或\ \pi_{\mathrm{opt}}=\left(a\Delta\eta_{\mathrm{c}}\eta_{\mathrm{p}}\right)^{\frac{k}{2(k-1)}} \tag{3-13}$$

比较最大压比与最佳增压比的表达式，显然，$\pi_{\max}=\pi_{\mathrm{opt}}^2$。

由式 (3-13) 可知：

(1) 由于在发动机的实际循环中 η_{c}、η_{p}、a 总是小于 1.0 的，而在理想循环中，$\eta_{\mathrm{c}}=1.0$，$\eta_{\mathrm{p}}=1.0$，$a=1.0$。因此，实际循环的最佳增压比总是小于理想循环的最佳增压比。

(2) 压缩和膨胀过程中的损失越小，乘积 $\eta_{\mathrm{c}}\eta_{\mathrm{p}}$ 越大，最佳增压比越接近理想循环的最佳增压比。

在目前涡轮喷气发动机所允许的涡轮前燃气温度 (1780 ~ 2000K) 及目前所能达到的压缩和膨胀效率下，在台架试车时，涡轮喷气发动机的最佳增压比为 15 ~ 18，而当飞行高度为 $H\geqslant 11$km 时，涡轮喷气发动机的最佳增压比增大到 25 ~ 30。

用图线表示增压比对单位推力、耗油率的影响，如图 3-3 所示。现在我们来对这一关系曲线作物理意义上的解释。

3.1.3.1 增压比对单位推力的影响

在给定飞行速度下，F_{s} 取决于发动机从 1kg 空气中得到的可用功 W 的大小。根据热效率的定义，可用功又取决于两个因素：一是加给通过发动机的每千克空气的热量 q_0，二是这些热量变为可用功 W 的热效率 η_{e}。

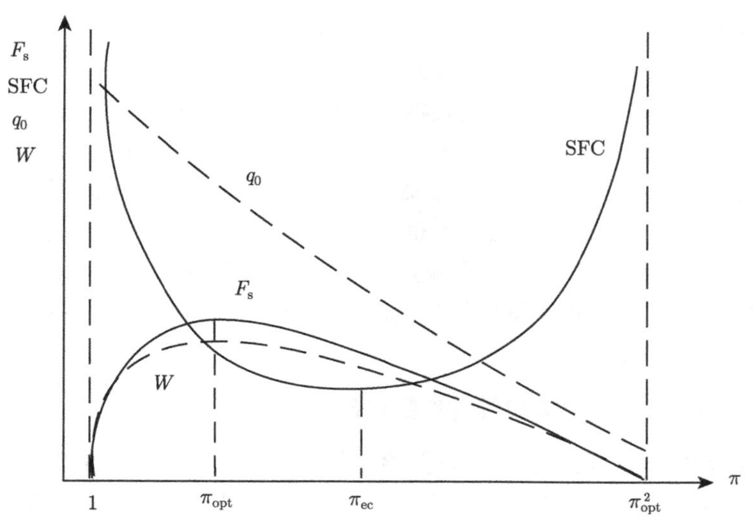

图 3-3　增压比对单位推力、耗油率的影响

当 $\pi=1.0$ 时，气体未经压缩，经加热后也没有进行膨胀。可见，即使在理想循环中，这些热量也不可能转变为有用功。随着增压比 π 的增大，热量转变为可用功的热效率会得到改善；另一方面，在 T_3^* 保持不变的条件下，随 π 增大压气机出口的温度 T_2^* 升高，使得燃烧室中的加热量 $q_0=\overline{C}_p\left(T_3^*-T_2^*\right)/\xi_b$ 不断地减小。由于这样两种相反因素作用的结果，在压比 π 增大时，起初一个阶段，热量的利用得到改善是起主要作用，单位推力是增大的，直到最佳增压比 $\pi=\pi_{opt}$ 时，$F_s=F_{s,max}$，过了这一阶段之后，所加热量减少，F_s 开始下降。

当增压比非常高，等于最大值 π_{opt}^2 时，由于压气机出口温度已接近涡轮前的燃气温度，致使燃烧室中的加热量会小到只够用来克服发动机的内部损失。这种情况下，发动机的可用功就等于零，因此单位推力也等于零。理论加热量 q_0 及由 q_0 转变的可用功 W 随 π 的变化关系，也用图 3-3 表示。

3.1.3.2　增压比对耗油率的影响

耗油率的表达式为

$$\mathrm{SFC}=\frac{3600q_0}{H_u F_s}$$

由于 F_s 与 q_0、π 的关系曲线是已知的 (图 3-3)，所以上式能揭示 SFC 与 π 的关系特性。

当 $\pi=1$ 时，虽然 $F_s=0$ 而由式 (1-23) 可知，$q_0\neq 0$，因而 SFC 趋于无限大。

随着增压比 π 由 1 增大到 π_{opt}，因单位推力 F_s 的增大及燃烧室加热量 q_0 的减小而使耗油率 SFC 随增压比 π 增大而减小。但在最佳增压比 π_{opt} 条件下，耗油率并不能达到最小值，这是因为单位推力 F_s 曲线在其最大值附近的倾斜很平缓，即单位推力在增压比 $\pi>\pi_{opt}$ 的某个范围内减小得并不多，然而燃烧室加热量 q_0 在所有的增压比 π 范围内都是急剧减小的。由于上述这些原因，耗油率的最小值所对应的增压比大于最佳增压比。耗油率的最小值所对应的增压比称为经济增压比，用 π_{ec} 表示。

当把增压比继续增大到超过 $\pi_{\rm ec}$ 时，耗油率就开始增大，而当 $\pi=\pi_{\rm opt}^2$ 时，由于这时 $F_{\rm s}=0$ 而 $q_0\neq 0$，耗油率又重新趋于无限大。

确定 $\pi_{\rm ec}$ 的表达式可以用解析方法求得，将 $F_{\rm s}$ 与 q_0 的表达式代入上式对 e 求导数，并使其等于零即可求出。但这种方法所牵涉的关系很复杂，因此通常用绘制类似于图 3-3 那样的 SFC 对 π (或者 $\pi_{\rm k}^*$) 关系曲线的图解法来求得 $\pi_{\rm ec}$ 值，这样的图形之所以方便，不仅在于它能够求出 SFC 对 π 关系曲线的最小数值，而且还能够求出超出本身而又使 SFC 值不会有明显增高的那些 π (或者 $\pi_{\rm k}^*$)，从实用观点来看，这点是很重要的。

在涡轮前燃气温度以及其他条件都相同的情况下，能达到最小耗油率的增压比会超过最大单位推力所对应的增压比的 2 倍。

3.1.4 涡轮前燃气温度 T_3^* 对单位性能参数的影响

在给定的飞行状态，恒定的增压比以及给定的效率值 $\eta_{\rm c}$ 和 $\eta_{\rm p}$ 等条件下，由于涡轮前燃气温度 T_3^* 的改变，空气的加热比 $\varDelta=T_3^*/T_0$ 也会随之变化，从而引起发动机单位性能参数的变化。

3.1.4.1 T_3^* 对单位推力的影响

由式 (3-5) 可知，存在着某个能使可用功等于零，从而也能使单位推力等于零的最小的加热比 $\varDelta_{\min}$。其值为

$$\varDelta_{\min}=\frac{e}{a\eta_{\rm c}\eta_{\rm p}}$$

对应有

$$T_{3\min}^*=\frac{eT_0}{a\eta_{\rm c}\eta_{\rm p}} \tag{3-14}$$

在 $\eta_{\rm c}=\eta_{\rm p}=1$ 及 $a=1$ 的条件下，$T_{3\min}^*=eT_0$，则 $T_{3\min}^*=T_{2\rm ad}^*$。因此在理想循环的发动机中，当没有输入热量及膨胀功等于压缩功的情况下，发动机的可用功是等于零的。而在实际的发动机循环中尽管 $T_{3\min}^*>T_2^*$，由于不可避免地存在着流动损失，输入的全部热量几乎都被消耗在克服损失维持空转上，发动机仍不能产生可用功。由式 (3-14) 可知，π 越大或 $\eta_{\rm c}$ 及 $\eta_{\rm p}$ 越小，则 $T_{3\min}^*$ 就越大。这是由于 π 越大，T_2^* 越高，压缩部件及膨胀部件效率 $\eta_{\rm c}$ 及 $\eta_{\rm p}$ 值的降低，使克服流动阻力所消耗的功增大，因此用于克服流动阻力维持发动机空转所需的 $T_{3\min}^*$ 也相应提高。

在 $T_3^*>T_{3\min}^*$ 的条件下，随着温度 T_3^* 的增大，由式 (3-5) 及式 (3-9) 可知，可用功及单位推力总是增加的，且在 $\eta_{\rm c}$ 及 $\eta_{\rm p}$ 不变的条件下，W 对 T_3^* 是线性增加，而 $F_{\rm s}$ 随 T_3^* 的增加比线性规律要慢些。分析原因为：当 T_3^* 增大时，可用功 W 是增大的，发动机的排气速度 C_9 也是增大的，在一定的飞行速度下，推进效率 $\eta_{\rm p}$ 降低，余速损失的相对增大会使单位推进功率 $F_{\rm s}C_0=W\eta_{\rm p}$ 增大有所减缓，从而也就使 $F_{\rm s}$ 随 T_3^* 增大的速度比 W 的增大速度要慢些。

3.1.4.2 T_3^* 对耗油率的影响

当 $T_3^*=T_{3\min}^*$ 时，由式 (3-5) 及式 (3-9) 可知，W 及 $F_{\rm s}$ 都等于零，而 $q_0\neq 0$，因而耗油率趋于无限大。

当 $T_3^* > T_{3\min}^*$ 时，SFC 起初是下降的，当达到最小值后又开始上升，对应于耗油率最低的涡轮前燃气温度称为最经济涡轮前燃气温度，记作 $T_{3\text{ec}}^*$，如图 3-4(a) 所示。为解释耗油率 SFC 随涡轮前燃气温度 T_3^* 的变化规律，先来研究一下 T_3^* 对发动机的推进效率 η_p、热效率 η_e 及总效率 η_0 的影响 (图 3-4(b))。

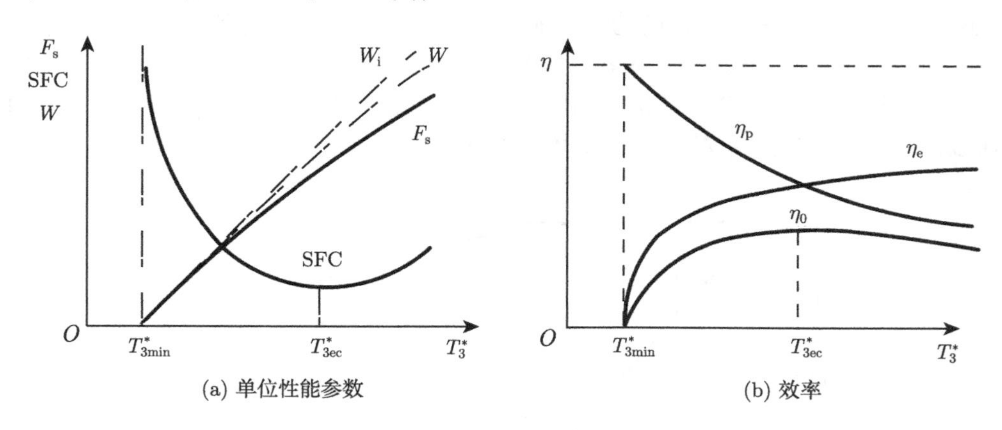

图 3-4　T_3^* 对涡轮喷气发动机的单位性能参数及效率的影响

根据式 (1-32)，在给定的飞行速度下，推进效率 η_p 只取决于排气速度 C_9。因此，在 $T_3^* = T_{3\min}^*$ 的条件下，单位推力 F_s 等于零而推进效率 η_p 等于 1.0。随着 T_3^* 增大，单位推力 F_s 和排气速度 C_9 都增加，而 C_9 的增大使得从发动机排出的燃气动能损失增大，致使推进效率下降。

在 $T_3^* = T_{3\min}^*$ 时，由关系式 $\eta_\text{e} = W/q_0$ 可知，因 $W = 0$ 导致 $\eta_\text{e} = 0$ 及 $\eta_0 = 0$，因而 SFC 趋于无穷大，随着 T_3^* 增大，η_e 的急剧增大使热量的利用程度得到改善是占优势的，因而 SFC 是下降的；但当燃气温度 T_3^* 继续增加时，由于推进效率 η_p 的下降成为主要矛盾，SFC 开始上升。

需要指出，理想循环的热效率 η_e 与空气的加热比无关。因为在这种情况下，发动机的可用功与输入发动机的热量成正比关系。由图 3-4(b) 可见，当 η_e 的增大起主导作用时，总效率 η_0 是提高的，然后在 $T_{3\text{ec}}^*$ 时总效率 η_0 达到最大值，此后即开始下降。

在给定的飞行速度下，SFC 与 η_0 成反比。因此，随着 T_3^* 的增大，起初由于 η_0 的增大，发动机的轮廓尺寸及质量都得以减小。

3.1.5　工作过程参数的选择原则

由增压比 π、涡轮前温度 T_3^* 对单位性能参数影响的讨论，可以看出：

(1) 在一定的飞行条件下，对应于每一个 T_3^* 都存在最佳增压比 π_opt 及最经济增压比 π_ec，而且 $\pi_\text{ec} > \pi_\text{opt}$；由 $\pi_\text{opt} = (a\Delta\eta_\text{c}\eta_\text{p})^{\frac{k}{2(k-1)}}$ 知，随着 T_3^* 的提高，π_opt 及 π_ec 均相应增加；而且，由于 $\pi = \pi_\text{i}\pi_\text{k}^*$，飞行条件一定时，$\pi_\text{i} = P_1^*/P_0 = \sigma_\text{i}\left\{1 + [(k-1)/2]\,Ma_0^2\right\}^{\frac{k}{k-1}}$ 是一个定值，因此，随着 T_3^* 的提高，$\pi_{\text{k,opt}}^*$ 及 $\pi_{\text{k,ec}}^*$ 也相应增加。

(2) 在飞行条件及压气机增压比 π_k^* 一定的条件下，提高 T_3^*，将使 F_s 及 SFC 均相应增加。

(3) 在涡轮前燃气温度一定的条件下，若飞行高度一定，由式 (3-13) 可知，$\pi_{k,opt}^*$ 为定值。随着飞行速度的提高，进气道增压比的提高将导致压气机的最佳增压比 $\pi_{k,opt}^*$ 下降。这意味着飞行速度越高，压气机 (及相应的涡轮) 的作用越来越弱；若涡轮前燃气温度及飞行速度一定，在 $H < 11\text{km}$ 时，随着飞行高度的增加，加热比 Δ 由于外界大气温度 T_0 下降而上升，这将使 $\pi_{k,opt}^*$ 及 $\pi_{k,ec}^*$ 均有所提高。而在 $H > 11\text{km}$ 时，随着飞行高度的增加，虽然 T_0 不变，但由于高空雷诺数 (Re) 下降较大而使部件效率 η_c 和 η_p 均有不同程度的降低，这将导致 $\pi_{k,opt}^*$ 及 $\pi_{k,ec}^*$ 的下降。图 3-5 给出了不同加热比 Δ 时 $\pi_{k,opt}^*(\pi_{k,ec}^*)$ 随飞行 Ma 数的变化曲线，图中还给出了 σ_i 对飞行 Ma 数的关系曲线。

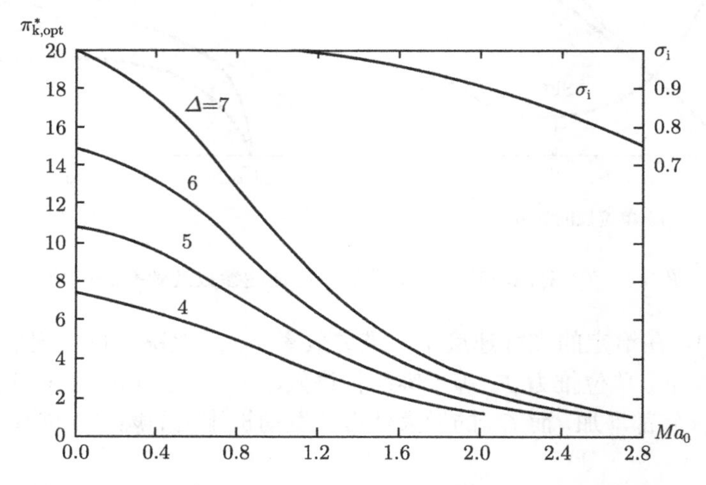

图 3-5　不同加热比 Δ 时，$\pi_{k,opt}^*$ ($\pi_{k,ec}^*$) 随飞行 Ma_0 数的变化

由上文分析可知，飞行条件一定，进气道压比 π_i 唯一确定，这时总压比 π 的变化可由压气机增压比 π_k^* 的变化来反映。

为了清楚地看出在一定飞行条件下压气机增压比 π_k^* 及涡轮前燃气温度 T_3^* 对 F_s 及 SFC 的影响，可将上述变化关系在同一张图上表示出来，主要用于选取主要工作过程参数，并分析选取参数的技术可行性。

图 3-6 给出了某一涡喷发动机在某一飞行条件下主要工作过程参数变化的方格图，可以看出，发动机主要工作过程参数 π_k^* 与 T_3^* 的选择，不可能同时满足高推力及低耗油率的要求，T_3^* 对单位推力的影响程度大于 π_k^*，而 π_k^* 对耗油率的影响程度大于 T_3^*。针对不同用途的发动机，主要工作过程参数选取的原则并不相同。例如，对于追求高推力的军用发动机而言，应以单位推力作为主要考虑，兼顾耗油率，故尽量选择高的涡轮前温度以获得高的单位推力。选择的压气机增压比位于最佳增压比附近并略高于最佳增压比以获得高的单位推力且耗油率不会过大。对于追求经济性的民用发动机而言，应以耗油率为主要考虑，选择尽量高的压气机增压比，选择的涡轮前进口总温也需要尽量得高以和压气机增压比相匹配。

主要工作过程参数的选取，除了要满足发动机的总体气动性能如单位推力、耗油率等的要求之外，需要兼顾到部件设计水平、目前及未来新工艺/新材料/新技术的发展前景、使用寿命及成本、结构复杂性及可实现性等方面。例如，随着涡轮前温度 T_3^* 的增加，在高温情况下需要采用复杂冷却方案，发动机的寿命降低、成本增加；随着压比 π_k^* 的增加，压气机级数增加导致发动机质量增加，同时高压比压气机中为了避免喘振发生，需要采用双转子或三转子以及其他的防喘机构，发动机的结构复杂性增加、振动问题突出，对应的发动机成本增加；除此之外，主要工作过程参数的选取还需要综合考虑所装备机种的不同、偏离设计状态后发动机性能的变化，例如非设计状态下发动机的性能满足要求，且在整个飞行任务阶段内发动机的耗油量不会太高。

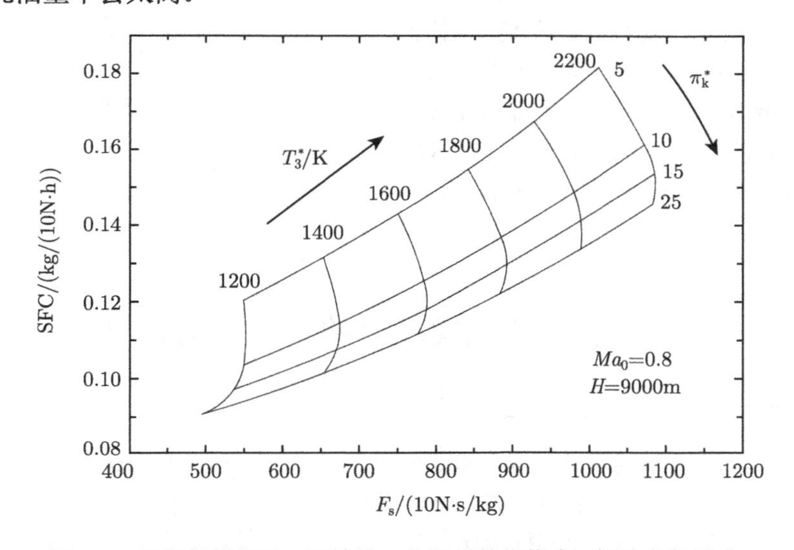

图 3-6　压气机增压比、涡轮进口总温对单位推力、耗油率的影响

因此，主要工作过程参数选取的主要原则是：力争于预定的飞行范围内，在满足性能要求的前提下，尽可能使发动机的尺寸小、质量轻、寿命长、工作安全可靠、维护操作方便。

图 3-7 给出了航空发动机设计参数一般选择方法。图中给出三类飞机：商务飞机、垂直起降飞机以及亚声速长航程飞机。飞机类型不一样，对发动机需要的性能也不相同，相应的

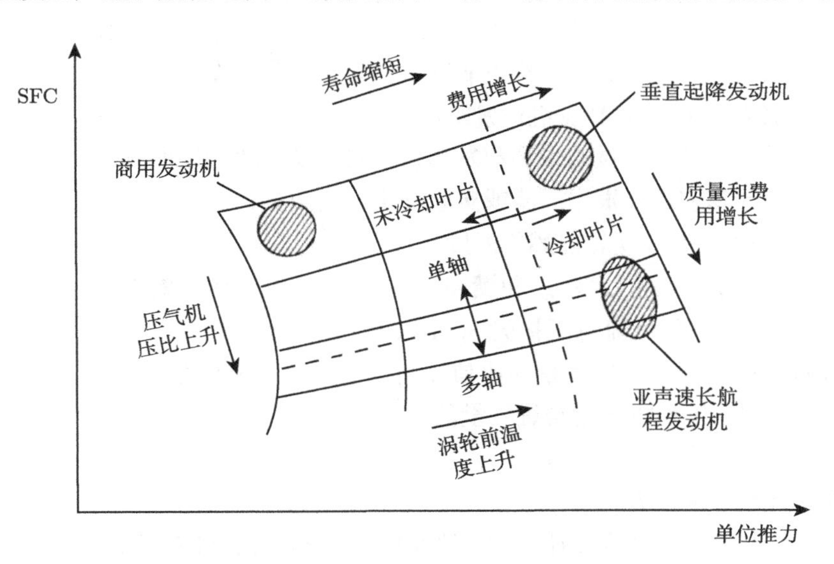

图 3-7　航空发动机设计参数选择

发动机设计参数选择也不相同。例如商务飞机，这类飞机通常是公司、私人使用，飞行时间有限，因而耗油率不是最重要的性能指标。但这类飞机发动机需要强调低成本、高可靠和维护方便。因此发动机循环参数应尽可能选低涡轮前温度和低压比。这样设计出来的发动机结构相对简单，涡轮不需要气膜冷却，质量和价格都可以降下来，维护性也较好。垂直起降飞机特别需要发动机质量轻但同时需要发动机起飞时提供足够的升力。所以该类发动机设计参数选择通常在可行域右上角区域，压比低，涡轮前温度高，这样设计出来的发动机质量轻但单位推力高，垂直起降时有更大的升力。民用亚声速长航程飞机则对发动机寿命、经济性提出很高的要求。这类飞机每天都需要飞行，发动机质量不是特别重要，更强调高可靠性和低耗油率。因此，发动机设计参数选择区域在可行域右下角范围，这里压比高，涡轮前温度高，发动机质量自然会增加且成本高，但单位燃油消耗率 SFC 低，发动机省油因而经济性好。

3.2　涡轮喷气发动机的气动热力计算

3.2.1　热力计算的目的和原始数据的备份

热力计算是发动机气动设计的第一步。通过热力计算，不仅要确定发动机各特征截面的气流参数，而且要算出发动机的单位推力和单位燃油消耗量，并根据所要达到的发动机推力确定通过发动机的空气流量，或根据给定的空气流量计算发动机的推力。发动机热力计算的结果将作为进一步性能计算和部件设计的原始数据。

热力计算是在一定的飞行条件和发动机工作状态下进行的，通常称这一条件和工作状态为发动机的设计点。对装备不同机种、不同用途的飞机发动机，其设计点的选择是不同的，对亚声速或超声速飞行范围不大的飞机发动机，通常以海平面、标准大气条件、飞行速度等于零时的发动机最大工作状态作为设计点，因为这一计算点最易于用台架试车的方法进行调整试验，且发动机产生的推力最大；对长航时的客机或无人机，通常以高空巡航状态下发动机工作状态为设计点，因为这一计算点能够保证整个航程内发动机消耗燃油最少。

热力计算的原始数据首先是飞机对发动机的战术技术要求。这些要求主要是飞行速度及高度、推力及单位燃油消耗量的大小和发动机的尺寸及质量的限制等。

此外，在热力计算前还要根据经验或实验确定下列数据：

(1) 压气机增压比 π_{k}^* 和涡轮前燃气温度 T_3^*；

(2) 压气机效率 η_{k}^*、涡轮效率 η_{t}^* 和燃烧效率 η_{b} 以及机械传动效率 η_{m}；

(3) 沿流程有关部件的气流总压损失 σ_{i}、σ_{b}、σ_{e}；

(4) 引出的冷却空气量与进气量的比值 υ_{col}、引出的环境控制空气量与进气量的比值 β_{bleed} 和引出气体回到发动机的量与进气量的比值 υ_{R}；

(5) 各部件热力学过程中的比热；

(6) 所用燃油的低热值 H_{u}。

此外，由于性能设计和结构设计是密切联系的，因此在热力计算前必须对所用的发动机结构形式、制造加工能力以及可能使用的材料性能有全面的了解。

在获得发动机部件试验性能数据之前，针对不同设计需求的发动机，其各部件的性能指标可以根据表 3-1 中的数据进行近似估计。

表 3-1　不同技术水平下航空发动机部件性能指标

部件	性能指标	部件类型	技术水平 (年代)			
			1945～1965 年	1965～1985 年	1985～2005 年	2005～2025 年
进气道	气动摩擦总压损失 $\sigma_{\mathrm{d,max}}$	吊舱式亚声速进气道	0.90	0.95	0.98	0.995
		嵌入式亚声速进气道	0.88	0.93	0.96	0.97
		嵌入式超声速进气道	0.85	0.90	0.94	0.96
压气机	效率 η_{k}		0.80	0.84	0.88	0.90
风扇	效率 η_{k}		0.78	0.82	0.86	0.89
主燃烧室	总压恢复系数 σ_{b}		0.90	0.92	0.94	0.96
	燃烧效率 η_{b}		0.94	0.99	0.995	0.997
涡轮	效率 η_{t}	无气膜冷却	0.80	0.85	0.89	0.91
		有气膜冷却		0.83	0.87	0.89
加力燃烧室	总压恢复系数 $\sigma_{\mathrm{af,b}}$		0.90	0.92	0.94	0.95
	燃烧效率 $\eta_{\mathrm{af,b}}$		0.85	0.91	0.96	0.97
尾喷管	总压恢复系数 σ_{e}	固定几何收敛喷管	0.95	0.97	0.98	0.995
		面积可调收敛喷管	0.93	0.96	0.97	0.985
		面积可调收敛–扩张喷管	0.90	0.93	0.95	0.98
涡轮前最大进口总温 T_3^*/K			1110	1390	1780	2000
加力燃烧室前最大进口总温 T_7^*/K			1390	1670	2000	2220

在热动热力的初步计算中，通常不考虑比热和比热比随温度的变化。在计算中，压缩部件与膨胀部件分别采用不同的定比热比及比热，空气的 $k=1.4$，$R=287.3\mathrm{J/(kg\cdot{}^\circ C)}$，$C_{\mathrm{p}}=kR/(k-1)=1.005\mathrm{kJ/(kg\cdot{}^\circ C)}$；燃气的 $k'=1.33$，$R'=288\mathrm{J/(kg\cdot{}^\circ C)}$，$C'_{\mathrm{p}}=k'R'/(k'-1)=1.1607\mathrm{kJ/(kg\cdot{}^\circ C)}$。这种计算方法最简单、收敛迅速，但是计算精度有限。

对工作过程参数较高的发动机，必须考虑温度和燃气成分对比热、比热比等的影响。图 3-8 给出了空气 $(k-1)/k$ 和 C_{p} 随工质温度变化、燃气 $(k-1)/k$ 和 C_{p} 随工质温度以及燃气–空气质量百分比变化的曲线，可以看出，当工质温度高于 1000K 时，比热比不再近似为常数。对于这种情况，可以采用分段平均比热或变比热法来获得各个热力学过程的 $(k-1)/k$

和 C_p。分段平均比热的计算思想是：先根据过程的初始温度从图 3-8 查出 $(k-1)/k$ 及 C_p 的数值，用式 (3-31)、式 (3-36)、式 (3-43) 及式 (3-51) 分别计算出 T_0^*，T_2^*，T_4^* 及 T_9，然后由求出的压缩和膨胀过程的起始和终了温度求出过程的平均温度。根据这个平均温度及表示燃气组成成分 a，再从图 3-8 中查得 $(k-1)/k$ 和 C_p 的数值，重新进行热力计算。

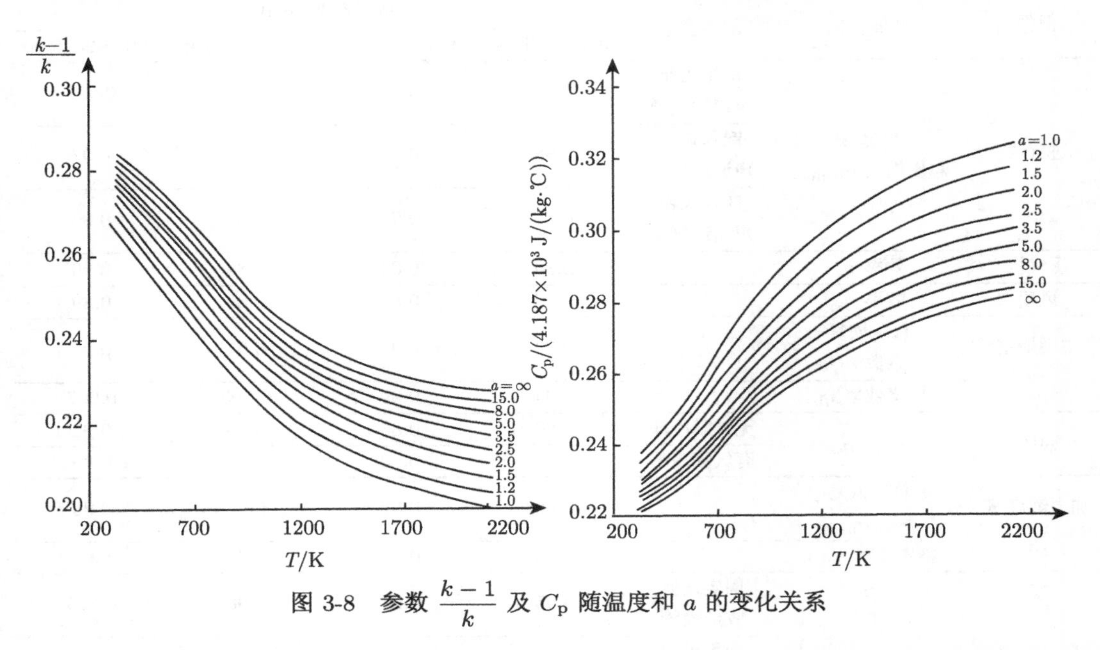

图 3-8　参数 $\dfrac{k-1}{k}$ 及 C_p 随温度和 a 的变化关系

目前，在发动机设计中，广泛地应用电子计算机进行气动热力计算，为了更准确地考虑工质的热力性质参数随温度和组成的变化，通常采用焓熵的变化来表示热力过程气流参数的变化。这里，我们不准备详细介绍这种方法的具体计算步骤和计算公式，只举例说明这种方法的基本思路，具体的计算方法可参看有关资料。

在变比热计算中，上述给出的定比热的气动热力计算均改用比热 C_p、焓 h 及熵 S 等参数表示的关系式。例如，压气机中的压缩过程可表示为

$$W_\mathrm{k}=\Delta h^*=h_2^*-h_1^* \tag{3-15}$$

$$W_\mathrm{k,ad}=\Delta h_\mathrm{ad}^*=h_\mathrm{2ad}^*-h_1^* \tag{3-16}$$

$$\eta_\mathrm{k}^*=\frac{h_\mathrm{2ad}^*-h_1^*}{h_2^*-h_1^*} \tag{3-17}$$

$$h_2^*-h_1^*=\int_{T_1^*}^{T_2^*}C_\mathrm{p}\mathrm{d}T \tag{3-18}$$

熵的表达式为

$$\mathrm{d}S=C_\mathrm{p}\frac{\mathrm{d}T}{T}-R\frac{\mathrm{d}P}{P} \tag{3-19}$$

对于等熵过程，$\mathrm{d}S=0$，有

$$\int_{T_1^*}^{T_{2ad}^*} C_p \frac{dT}{T} = \int_{P_1^*}^{P_2^*} R \frac{dP}{P} \tag{3-20}$$

式中，左端积分值是一个与熵有关的函数，也是工质的状态函数。我们称之为熵函数，用 ψ 来表示，则式 (3-20) 可表示为

$$\psi_2 - \psi_1 = R\ln(P_2^*/P_1^*) \tag{3-21}$$

有了以上的表达式，就可以利用焓熵表来进行计算了。

在焓熵表上，根据 T_1^* 查得 ψ_1 的数值，再由给定的增压比求出 $R\ln(P_2^*/P_1^*)$。由式 (3-21) 求得 ψ_2 后，再从焓熵表上查得 T_{2ad}^*。

由 T_1^*、T_{2ad}^* 从焓熵表上查得 h_1^*、h_{2ad}^*。根据给定的压气机效率 η_k^* 用式 (3-17) 求出 $h_2^* - h_1^*$。由 h_1^* 和 $h_2^* - h_1^*$ 求出 h_2^* 后，从焓熵表中查出 T_{2ad}^*，这样，压气机出口的气流参数就确定了。

以上所说的查焓熵表的过程，在用电子计算机进行计算时可用专门的子程序来计算。

上述表达式中的 C_p 是随温度和气体的组成而改变的，通常用多项式来表示定压比热 C_p 和温度的关系。

$$C_p = C_0 + C_1T + C_2T^2 + C_3T^3 + \cdots \tag{3-22}$$

由此可得

$$h = C_0T + \frac{1}{2}C_1T^2 + \frac{1}{3}C_2T^3 + \cdots + \mathrm{CH} \tag{3-23}$$

$$\psi = C_0\ln T + C_1T + \frac{1}{2}C_2T^2 + \frac{1}{3}C_3T^3 + \cdots + \mathrm{CF} \tag{3-24}$$

式中，C_0、C_1、C_2、$C_3\cdots$ 为已知常数；CH、CF 为常数项。

计算表明，等压比热与温度的关系用三次或五次多项式来表示，就可有足够的精确度。

对于燃气，其组成成分的影响通常采用下列修正公式：

$$C_p' = C_p + \frac{f}{1+f}\theta_{cp}' \tag{3-25}$$

$$h' = h + \frac{f}{1+f}\theta_h' \tag{3-26}$$

$$\psi' = \psi + \frac{f}{1+f}\theta_\varphi' \tag{3-27}$$

式中，f 为油气比；θ_{cp}'，θ_h' 及 θ_φ' 为修正系数，它们也是温度的多项式函数，可表示为

$$\theta_{cp}' = CP_0 + CP_1T + CP_2T^2 + CP_3T^3 + \cdots \tag{3-28}$$

$$\theta_h' = H_0 + H_1T + H_2T^2 + H_3T^3 + \cdots \tag{3-29}$$

$$\theta_\varphi' = F_0 + F_1T + F_2T^2 + F_3T^3 + \cdots \tag{3-30}$$

其他部件的计算步骤和压气机一样，可以用类似的方法推导出来。

3.2.2 热力计算方法

热力计算是在给定飞行条件及 π_k^*、T_3^* 和发动机各主要部件的损失系数为已知的情况下计算发动机各特征截面气流参数及 F_s 和 SFC 的方法。发动机各特征截面如图 3-1 所示。

以一个涡喷发动机的单位性能参数计算为例，假设各个热力学过程中比热固定，下面给出具体的计算步骤。

3.2.2.1 进气道出口参数

根据给定的飞行高度 H，从国际标准大气表上查得该高度上的大气温度 T_0 和大气压力 P_0，并根据给定的飞行马赫数 Ma_0，利用下式计算发动机的出口参数:

$$T_0^* = T_0\left(1+\frac{k-1}{2}Ma_0^2\right)$$

或

$$T_0^* = T_0/\tau(\lambda_0) \tag{3-31}$$

在忽略与外界热交换的情况下，则有

$$T_1^* = T_0^* \tag{3-32}$$

$$P_1^* = P_0^*\cdot\sigma_i = \sigma_i\cdot P_0\left(1+\frac{k-1}{2}Ma_0^2\right)^{\frac{k}{k-1}} \tag{3-33}$$

或

$$P_1^* = \sigma_i P_0^* = \frac{\sigma_i P_0}{\pi(\lambda_0)} \tag{3-34}$$

式中，进气道总压恢复系数 σ_i 的大小取决于进气道的形式及飞行速度，当在亚声速或相当低的超声速飞行而进气道又不太长时，σ_i 的值接近于 1.0。在这种情况下，决定发动机参数时常不考虑进气道的损失，而在进行飞机性能计算时作相应的修正。当在较高的超声速 (如 $Ma_0>2$) 飞行或因发动机在飞机上的安装位置使进气道很长以致 σ_i 的值小于 1.0 很多情况下进行发动机热力计算时，应根据经验或实验数据考虑进气道的总压损失。

下式给出了进气道总压恢复系数 σ_i 的经验计算方法:

$$\sigma_i = \sigma_{d,max}\eta_{spec}$$

式中，$\sigma_{d,max}$ 可以查表 3-1 获得。当 $Ma_0<1$ 时，$\eta_{spec}=1$；当 $1<Ma_0<5$ 时，$\eta_{spec}=1-0.075(Ma_0-1)^{1.35}$；当 $Ma_0>5$ 时，$\eta_{spec}=800/(Ma_0^4+935)$。

3.2.2.2 压气机出口参数

在进行压气机出口截面气流参数计算之前，首先选定压气机的增压比 π_k^*，然后就可求出压气机出口气流参数。

由压气机单位功的表达式

$$W_k = C_p(T_2^*-T_1^*) = C_pT_1^*\left(\pi_k^{*\frac{k-1}{k}}-1\right)/\eta_k^*$$

可得气流流经压气机所获得的温升

$$\Delta T_{\mathrm{k}}^{*}=T_{2}^{*}-T_{1}^{*}=T_{1}^{*}\left(\pi_{\mathrm{k}}^{*\frac{k-1}{k}}-1\right)/\eta_{\mathrm{k}}^{*} \tag{3-35}$$

式中，压气机效率 η_{k}^{*} 根据压气机的结构形式和可能达到的设计水平参考实验结果或类似机种的经验选取。

有了 π_{k}^{*} 和 $\Delta T_{\mathrm{k}}^{*}$，即可求出压气机出口气流的总温和总压

$$T_{2}^{*}=T_{1}^{*}+\Delta T_{\mathrm{k}}^{*} \tag{3-36}$$

$$P_{2}^{*}=P_{1}^{*}\pi_{\mathrm{k}}^{*} \tag{3-37}$$

3.2.2.3　燃烧室出口气流参数

涡轮前燃气温度 T_{3}^{*}，即燃烧室出口气流总温是在进行热力计算时选定的。T_{3}^{*} 的选择，必须考虑发动机的性能要求、选用材料的优劣及可能采用的冷却技术、涡轮结构形式等多方面的因素。若涡轮叶片采用较好的冷却方式和耐高温材料，则可选用更高的涡轮前燃气温度。

涡轮前燃气压力用下式进行计算：

$$P_{3}^{*}=P_{2}^{*}\sigma_{\mathrm{b}} \tag{3-38}$$

式中，燃烧室总压恢复系数 σ_{b} 的大小取决于燃烧室进口 Ma 数、气流的加热比及燃烧室的结构形式，应由试验确定。

3.2.2.4　单位质量空气的燃油量 (油气比)

燃烧室中加给每千克空气的燃油量 f 可由很多种计算方法或查图来确定，本书采用下面的公式：

$$f=\frac{h_{3\mathrm{a}}^{*}-h_{2\mathrm{a}}^{*}}{\xi_{\mathrm{b}}H_{\mathrm{u}}-H_{3}^{*}+h_{2\mathrm{a}}^{*}} \tag{3-39}$$

式中，ξ_{b} 为燃烧室的完全燃烧系数，通常为 $0.97\sim0.99$；H_{u} 为燃料的低热值，航空煤油为 42 900kJ/kg；$h_{3\mathrm{a}}^{*}$，$h_{2\mathrm{a}}^{*}$ 为燃烧室出口和进口每千克空气的热焓；H_{3}^{*} 为温度在 T_{3}^{*} 时的等温燃烧焓差。

3.2.2.5　涡轮出口气流参数

涡轮后的气流参数要根据压气机和涡轮的功率平衡来求出。流过压气机的空气流量为 q_{ma} (kg/s)，从压气机中引出冷却空气 $q_{\mathrm{ma,col}}$ 来冷却涡轮等热端部件。$v_{\mathrm{col}}=q_{\mathrm{ma,col}}/q_{\mathrm{ma}}$ 是冷却空气系数。

若冷却空气直接由压气机后引出，则 $T_{\mathrm{col}}^{*}=T_{2}^{*}$。通常情况下，如果涡轮的工作叶片进口 $T_{3\max}^{*}\leqslant1333\mathrm{K}$，则涡轮叶片冷气需求量 $v_{\mathrm{col}}=0$；如果涡轮的工作叶片进口 $T_{3\max}^{*}>1333\mathrm{K}$，则冷却系数 v_{col} 取决于涡轮前燃气温度 T_{3}^{*}、工作叶片材料所允许的温度 T_{b}^{*} 和冷却空气温

度 T_{col}^* 以及冷却叶片所采取的冷却方式，在进行涡轮部件冷气需求量详细计算之前，可以根据下式粗略估计涡轮冷却空气需求量：

$$v_{\mathrm{col}} = \left(T_{3\,\mathrm{max}}^* - 1333\right)/8889$$

除冷却涡轮等热部件要引出冷却空气外，有时还要引出空气用于飞机座舱的环境控制如增压、加温等，引气量的大小应根据飞机的需要选定。$\beta_{\mathrm{bleed}} = q_{\mathrm{ma,bleed}}/q_{\mathrm{ma}}$ 是引气系数，据现役的战斗机环境控制引气量进行统计，引气量很小，仅占发动机核心流量的 0.3%～1.0%；根据典型的民用客机环境控制引气量进行统计，引气量与载客数成正比，载客数从 100 增加至 500 时，引气系数从 0.5%左右增加至 3.5%左右。

在燃烧室中，喷入了燃油燃烧，所以流过涡轮的燃气流量 q_{mg} 为

$$q_{\mathrm{mg}} = \left(1 - v_{\mathrm{col}} - \beta_{\mathrm{bleed}}\right)(1+f)\, q_{\mathrm{ma}} \approx \left(1 - v_{\mathrm{cd}} - \beta_{\mathrm{bleed}} + f\right) q_{\mathrm{ma}} \tag{3-40}$$

由压气机和涡轮的功率平衡，得

$$q_{\mathrm{ma}} W_{\mathrm{k}} = \left(1 - v_{\mathrm{col}} - \beta_{\mathrm{bleed}} + f\right) q_{\mathrm{ma}} W_{\mathrm{t}} \eta_{\mathrm{m}}$$

加以简化，则

$$W_{\mathrm{k}} = \left(1 - v_{\mathrm{col}} - \beta_{\mathrm{bleed}} + f\right) W_{\mathrm{t}} \eta_{\mathrm{m}} \tag{3-41}$$

式中，η_{m} 为机械效率 (机械损失中包括传动附件所消耗的功率)，其值一般为 0.99。式 (3-41) 又可以写成

$$C_{\mathrm{p}}\left(T_2^* - T_1^*\right) = C_{\mathrm{p}}'\left(T_3^* - T_4^*\right)\left(1 - v_{\mathrm{col}} - \beta_{\mathrm{bleed}} + f\right)\eta_{\mathrm{m}}$$

或

$$C_{\mathrm{p}}\Delta T_{\mathrm{k}}^* = C_{\mathrm{p}}'\Delta T_{\mathrm{t}}^*\left(1 - v_{\mathrm{col}} - \beta_{\mathrm{bleed}} + f\right)\eta_{\mathrm{m}}$$

得到

$$\Delta T_{\mathrm{t}}^* = \frac{C_{\mathrm{p}}\Delta T_{\mathrm{k}}^*}{C_{\mathrm{p}}'\left(1 - v_{\mathrm{col}} - \beta_{\mathrm{bledd}} + f\right)\eta_{\mathrm{m}}} \tag{3-42}$$

于是

$$T_4^* = T_3^* - \Delta T_{\mathrm{t}} \tag{3-43}$$

涡轮出口总压 P_4^* 的大小，可以通过涡轮膨胀比 π_{t}^* 求得，由涡轮功的表达式：

$$W_{\mathrm{t}} = C_{\mathrm{p}}'\Delta T_{\mathrm{t}}^* = C_{\mathrm{p}}' T_3^*\left(1 - \frac{1}{{\pi_{\mathrm{t}}^*}^{\frac{k'-1}{k'}}}\right)\eta_{\mathrm{t}}^*$$

可得

$$\pi_{\mathrm{t}}^* = \left(1 - \frac{\Delta T_{\mathrm{t}}^*}{T_3^*\eta_{\mathrm{t}}^*}\right)^{\frac{-k'}{k'-1}} \tag{3-44}$$

一般情况下，不考虑气膜冷却的单级涡轮效率在 $0.88 \sim 0.91$ 范围内，多级涡轮效率在 $0.91 \sim 0.94$ 范围内，考虑气膜冷却的涡轮效率较未考虑气膜冷却的涡轮效率下降 2%～3%。

涡轮膨胀比 π_{t}^* 求出后，就可以得到涡轮后的总压 P_4^*：

$$P_4^* = \frac{P_3^*}{\pi_{\mathrm{t}}^*} \tag{3-45}$$

当采用高温涡轮时，冷却空气逐渐从涡轮中进入气流通道，燃气和冷却空气的混合温度 T_{m}^* 可以根据热平衡方程求出

$$T_{\mathrm{m}}^* = \frac{q_{\mathrm{mg}} C_{\mathrm{p}}' T_4^* + q_{\mathrm{mR}} C_{\mathrm{p}} T_{\mathrm{col}}^*}{(q_{\mathrm{mR}} + q_{\mathrm{mg}}) C_{\mathrm{pm}}} \tag{3-46}$$

式中，混合气的 C_{pm} 可用质量平均法或燃气与冷却空气的平均比热来代替。

实际上，冷却空气的温度在冷却涡轮后已很接近涡轮后的燃气温度，而且一般情况下冷却空气量不太大。所以，在初步计算中，可以足够准确地认为涡轮后的燃气温度就是用式 (3-43) 计算所得的值。

3.2.2.6　尾喷管出口气流参数

尾喷管出口总压 P_9^* 用下式计算：

$$P_9^* = P_4^* \sigma_{\mathrm{e}} \tag{3-47}$$

式中，σ_{e} 为尾喷管的总压恢复系数，取值大小与喷管的形式、设计水平相关，一般情况下，$\sigma_{\mathrm{e}} = 0.95 \sim 0.99$。

假设燃气在尾喷管中流动时，与外界没有热交换，则尾喷管出口的总温 T_9^* 等于涡轮出口燃气总温 T_4^*：

$$T_9^* = T_4^* \tag{3-48}$$

有了尾喷管出口的总温和总压，就可以计算尾喷管出口的其他气流参数。

如果发动机采用收敛形喷管，可以用 P_9^*/P_0 来判断气流在尾喷管中的工作状态，若燃气在尾喷管中为亚临界状态，燃气在尾喷管中完全膨胀，这时喷管出口的气流速度为

$$C_9 = \sqrt{2C_{\mathrm{p}}' T_4^* \left[1 - \left(\frac{P_0}{\sigma_{\mathrm{e}} P_4^*}\right)^{\frac{k'}{k'-1}}\right]} \tag{3-49}$$

如果燃气在喷管中为临界或超临界状态时，则

$$C_9 = \sqrt{2\frac{k'}{k'+1} R' T_4^*} \tag{3-50}$$

如果发动机采用收敛–扩张形喷管且气流在喷管中完全膨胀时，仍可用式 (3-49) 计算喷管出口的气流速度，但通常用喷管的速度系数 φ_{e} 来估计气流在喷管中的损失，$\varphi_{\mathrm{e}} = 0.97 \sim 0.99$。若燃气在喷管中不是膨胀到大气压，而是膨胀到某一压力 P_9，则式 (3-49) 中的 P_0 应改用 P_9。

根据喷管出口的总温、总压及气流速度，可以计算喷管出口处的温度和压力。

喷管出口处的气流温度由下式计算：

$$T_9 = T_4^* - \frac{C_9^2}{2C_\mathrm{p}'} \tag{3-51}$$

喷管出口处的气流压力与气流在喷管中的工作状态有关。当燃气在喷管中完全膨胀时

$$P_9 = P_0$$

当燃气在喷管中为超临界状态工作时，收敛喷管出口处的气流压力则为

$$P_9 = \sigma_\mathrm{e} P_4^* \Big/ \left(\frac{k'+1}{2}\right)^{\frac{k'}{k'-1}} \tag{3-52}$$

对于收敛–扩张形喷管，由选定的 P_9 或气流在喷管中的实际压力降来确定。

3.2.2.7 发动机单位推力

$$F_\mathrm{s} = \frac{F}{q_\mathrm{ma}} = \frac{q_\mathrm{mg} C_9 - q_\mathrm{ma} C_0}{q_\mathrm{ma}} + \frac{A_9 (P_9 - P_0)}{q_\mathrm{ma}}$$

在喷管出口处，发动机引出的冷却空气中的冷却涡轮的那部分空气，部分回到发动机流路中来，回流至发动机流路中的空气流量与主流流量的比值用 υ_R 表示，喷管出口处的燃气流量为 $q_\mathrm{mg} = (1 - \upsilon_\mathrm{col} - \beta_\mathrm{bleed} + f + \upsilon_\mathrm{R}) q_\mathrm{ma}$，则

$$F_\mathrm{s} = (1 - \upsilon_\mathrm{col} - \beta_\mathrm{bleed} + f + \upsilon_\mathrm{R}) C_9 - C_0 + \frac{A_9 (P_9 - P_0)}{q_\mathrm{mg}} (1 - \upsilon_\mathrm{col} - \beta_\mathrm{bleed} + f + \upsilon_\mathrm{R})$$

将 $q_\mathrm{mg} = A_9 C_9 \rho_9 = A_9 C_9 \dfrac{P_9}{R' T_9}$ 代入上式

$$F_\mathrm{s} = (1 - \upsilon_\mathrm{col} - \beta_\mathrm{bleed} + f + \upsilon_\mathrm{R}) \left[C_9 + \frac{R' T_9}{C_9} \left(1 - \frac{P_0}{P_9}\right) \right] - C_0 \tag{3-53}$$

若燃气在喷管中完全膨胀，则

$$F_\mathrm{s} = (1 - \upsilon_\mathrm{col} - \beta_\mathrm{bleed} + f + \upsilon_\mathrm{R}) C_9 - C_0 \tag{3-54}$$

当发动机在地面工作时，单位推力的公式可简化为

$$F_\mathrm{s} = (1 - \upsilon_\mathrm{col} - \beta_\mathrm{bleed} + f + \upsilon_\mathrm{R}) C_9 \tag{3-55}$$

3.2.2.8 发动机耗油率

$$\mathrm{SFC} = \frac{3600 q_\mathrm{mf}}{F}$$

将 $f = q_\mathrm{mf} / [q_\mathrm{ma} (1 - \upsilon_\mathrm{col} - \beta_\mathrm{bleed})]$ 中的 q_mf 及 $F_\mathrm{s} = F / q_\mathrm{ma}$ 关系代入上式，可得

$$\mathrm{SFC} = \frac{3600 f (1 - \upsilon_\mathrm{col} - \beta_\mathrm{bleed})}{F_\mathrm{s}} \tag{3-56}$$

3.2.2.9　流过发动机的空气流量

$$q_{\mathrm{ma}}=\frac{F}{F_{\mathrm{s}}} \tag{3-57}$$

如果用气动函数来计算，则推力表达式为

$$F=A_9\left[P_9^*f\left(\lambda_9\right)-P_0\right]-q_{\mathrm{ma}}C_0$$

空气流量的表达式为

$$q_{\mathrm{ma}}=\frac{q_{\mathrm{mg}}}{1-v_{\mathrm{col}}-\beta_{\mathrm{bleed}}+f+v_{\mathrm{R}}}=K_{\mathrm{m}}'\frac{P_9^*A_0q\left(\lambda_9\right)}{\left(1-v_{\mathrm{col}}-\beta_{\mathrm{bleed}}+f+v_{\mathrm{R}}\right)\sqrt{T_9^*}} \tag{3-58}$$

由上述关系可得

$$F_{\mathrm{s}}=\left(1-v_{\mathrm{col}}-\beta_{\mathrm{bleed}}+f+v_{\mathrm{R}}\right)\frac{\sqrt{T_9^*}}{K_{\mathrm{m}}'q\left(\lambda_9\right)}\left[f\left(\lambda_9\right)-\frac{P_0}{P_9^*}\right]-C_0 \tag{3-59}$$

前面的讨论曾经指出，发动机的气动热力计算可以在任一高度和飞行马赫数下进行。但是，发动机地面起飞状态的性能参数是很重要的性能参数，它关系着飞机的起飞、爬升性能，而且发动机的大量性能试验和部件性能试验都是在地面进行的。因此，地面静止状态的气动热力计算总是要进行的。

地面静止条件下选定的发动机工作过程参数，应能保证在飞行中达到预定的工作过程参数和性能参数，这是下一章发动机特性要解决的问题。但是如果我们想很快知道地面增压比为某一定值的发动机，它在某一飞行条件下的增压比是多少；或者反过来，已知某一飞行条件下的增压比，要知道它在地面静止条件下的增压比，可以采用下述近似估算的方法。

通常，涡轮喷气发动机在飞行中保持发动机转速不变 (第 5 章将介绍)，这时压气机的等熵滞止功 $W_{\mathrm{k,ad}}$ 是近似不变的，依此

$$W_{\mathrm{k,ad}}=C_{\mathrm{p}}T_1^*\left(\pi_{\mathrm{k}}^{*\frac{k-1}{k}}-1\right)=C_{\mathrm{p}}T_0\left(\pi_{\mathrm{k0}}^{*\frac{k-1}{k}}-1\right)$$

式中，下标 0 表示地面静止条件下的参数，则

$$\pi_{\mathrm{k0}}^*=\left[\frac{T_1^*}{T_0}\left(\pi_{\mathrm{k}}^{*\frac{k-1}{k}}-1\right)+1\right]^{\frac{k}{k-1}} \tag{3-60}$$

$$\pi_{\mathrm{k}}^*=\left[\frac{T_0}{T_1^*}\left(\pi_{\mathrm{k0}}^{*\frac{k-1}{k}}-1\right)+1\right]^{\frac{k}{k-1}} \tag{3-61}$$

最后还需指出，发动机的气动热力计算，在发动机的设计、研制过程中要反复进行多次。气动热力计算不仅要保证发动机满足飞机对它的性能要求，而且要综合考虑发动机各部件的详细气动设计、结构强度设计、发动机的特性及发动机的材料、制造工艺、试验及科学技术的发展水平等因素，图 3-9 是发动机设计过程的示意图。

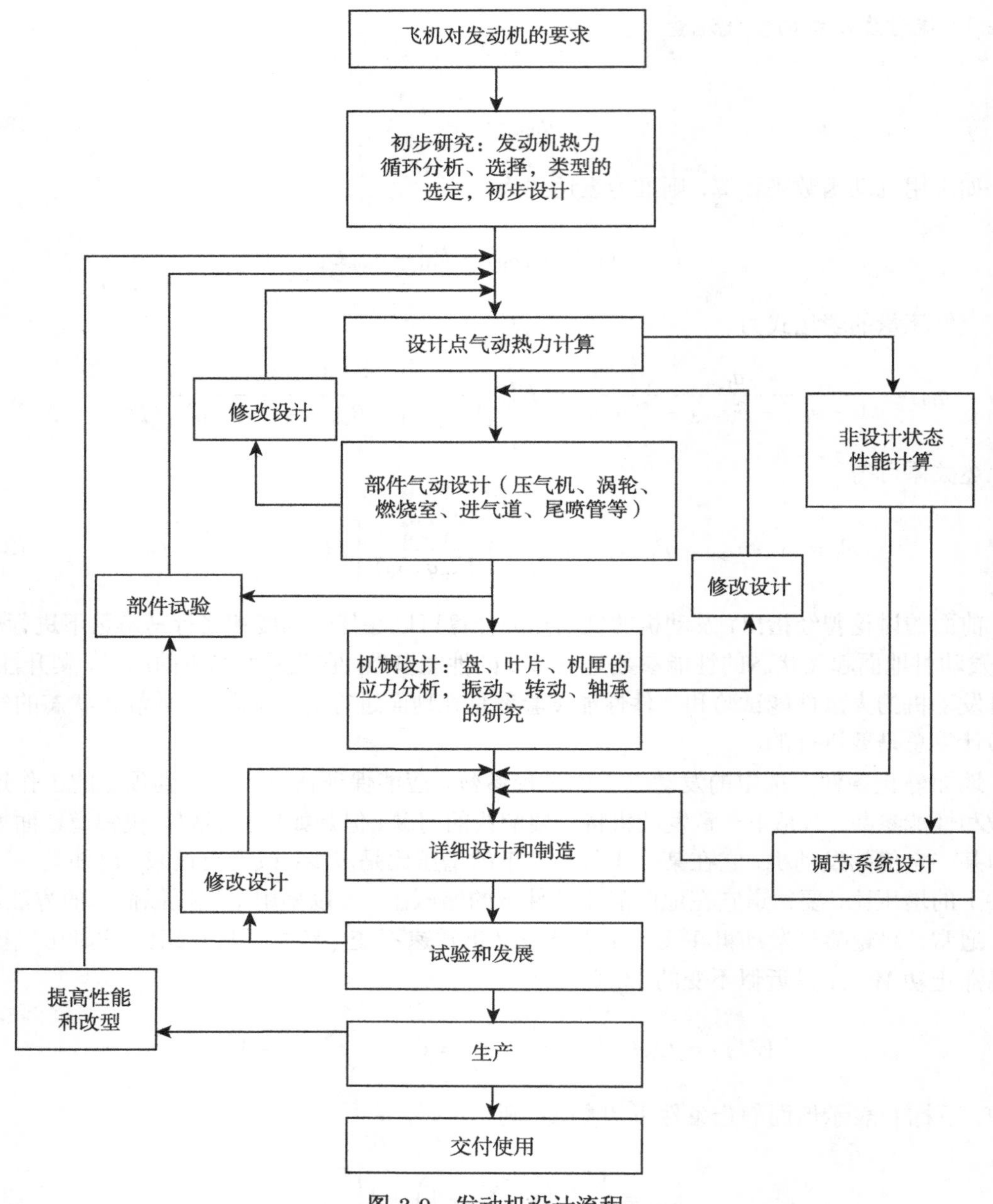

图 3-9　发动机设计流程

复习思考题

1. 涡轮喷气发动机的主要工作过程参数及主要性能参数是什么？试简要说明理由。

2. 在一定的飞行条件下，当 T_3^* 及 π_k^* 分别一定时，F_s 及 SFC 随 π_k^* 或 T_3^* 是如何变化的？试画出典型的关系曲线并加以分析。

3. 试用 $\eta_0 = f(T_3^*)$ 的关系来解释 SFC 随 T_3^* 的变化关系曲线。

4. 试分析飞行条件一定时，对应于每一个 T_3^*，为什么发动机的最经济增压比一定大于最佳增压比？

5. 为了提高涡轮喷气发动机的性能，为何要提高涡轮前燃气温度？又为何压气机设计增压比的增加需要与涡轮前燃气温度的增加相匹配？

6. 试确定单轴涡轮喷气发动机设计点的单位推力及耗油率。已知设计点的部分参数如下：$C_0 = 270\text{m/s}$，$H = 5000\text{m}$，$\pi_k^* = 8.0$，$T_3^* = 1200\text{K}$，$\eta_k^* = 0.83$，$\eta_t^* = 0.90$，$\sigma_t = 0.97$，$\sigma_e = 0.97$，$\eta_m = 0.99$，$\xi_b = 0.98$，$\sigma_b = 0.96$。

7. 某发动机在地面标准大气条件下试车，最大状态时的推力 $F = 26\text{kN}$，$T_3^* = 1143\text{K}$。又知发动机在 $H = 11\text{km}$，$Ma_0 = 0.8$ 时 $\pi_k^* = 9.3$，发动机采用收敛喷管。若认为：$\eta_k^* = 0.78$，$\eta_t^* = 0.88$，$\xi_b = 0.96$，$\eta_m = 0.99$，$\sigma_i = 0.97$，$\sigma_b = 0.96$，$\sigma_e = 0.97$ 等参数均为常数，且发动机转速不变。试求发动机在地面标准大气条件下，最大工作状态时的空气质量流量是多少。

8. 在海平面、静止状态、标准大气条件下、最大工作状态时，对有关涡轮喷气发动机的 F、SFC 的要求如下表所示，它们均采用收敛喷管，υ_{col} 为压气机出口处的相对引气量，υ_R 为涡轮中的相对回气量。试选择有关参数，计算并画出 F、SFC 及 q_{ma} 随 π_k^* (或 T_3^*) 的变化曲线，并确定满足性能要求的工作过程参数。

指标	发动机					
	A	B	C	D	E	F
υ_{col}	0.03	0.025	0	0.03	0	0
υ_R	0.02	0.02	0	0.02	0	0
F/10N≥	2600	1250	700	2900	2650	2200
SFC/(kg/(10N·h))≤	0.95	1.0	1.2	0.96	1.2	1.1

第 4 章 涡轮喷气发动机各部件的共同工作及发动机的调节

第 3 章我们研究的是涡轮喷气发动机工作过程参数对发动机单位性能参数的影响及发动机的热力气动计算方法，目的是为了解在设计发动机时，怎样选择发动机参数及怎样计算发动机在设计状态下的性能参数。

在设计点，发动机是处于一定的大气条件、一定的飞行条件和一定的工作状态下，但实际工作时，大气条件 (例如大气温度、压力、湿度等)、飞行条件 (例如飞行高度、飞行马赫数) 及发动机工作状态 (例如最大推力工作状态、巡航工作状态等) 都可能发生变化，即发动机的工作点在不断改变，为了保证发动机在实际工作中的安全可靠、性能良好，以满足飞机飞行的要求，必须预先知道，在发动机整个工作范围内，发动机各个部件能否协调工作，它们是如何协调工作的以及发动机的性能参数是如何变化的。从本章开始将讨论诸如各部件的共同工作、发动机调节规律、发动机的特性及发动机的不稳定工作状态等问题。

4.1 涡轮喷气发动机在稳定状态下各部件的共同工作

我们知道，一台已设计制成的发动机是由许多部件及零件所组成的。发动机一经起动，它的各部件就在相互依存又相互制约的状态中工作。因此，发动机工作是否可靠，性能是否合格，不仅取决于各部件的性能，在更大程度上取决于它们的共同工作情况。

4.1.1 共同工作的一般概念

当发动机试车时将操纵杆放在某一位置，可以测出此状态下发动机的稳定转速 n 和相应的压气机后的总压 P_2^* 及试车时的大气状态 P_0 和 T_0，算出发动机的转速相似参数 $n/\sqrt{T_1^*}$ $(T_0 = T_1^*)$ 和压气机的增压比 $\pi_k^* = \dfrac{P_2^*}{P_0\sigma_i}$，然后根据这些数据在压气机通用特性图 (图 4-1) 上得到一点 A。这一点 A 是发动机在这一状态下能够稳定工作的点，我们称 A 点为发动机的压气机–燃烧室–涡轮–喷管的共同工作点。同样地，在发动机另一个转速下又可以得出一点 B，以此类推得到一群点 A，B，C，$D\cdots$ 连接以上各点所得的曲线 (图 4-1)，我们就称它为发动机各部件 (压气机–燃烧室–涡轮–喷管) 的共同工作线。

在压气机通用特性图上的共同工作线，集中反映了发动机各种工作状态下压气机的参数变化情况，更重要的是让我们知道发动机工作时工作点离喘振边界还有多远，这对于发动机安全可靠工作非常重要。除此之外，如果我们能够在发动机设计阶段获得这样一条共同工作线，则可以帮助我们了解在各种工作状况下压气机的气动参数，并通过它求出发动机的其他热力参数以及发动机的性能参数。因此，我们要设法求出发动机各个部件的共同工作线。

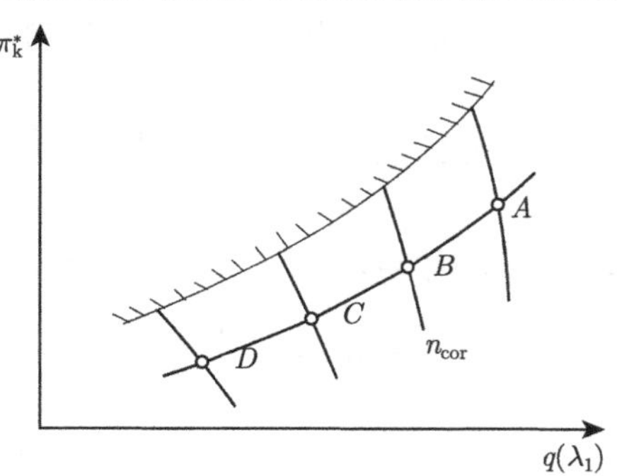

图 4-1 发动机各部件的共同工作线

4.1.2 发动机各部件的共同工作条件

为了绘制发动机各部件的共同工作线，我们先来分析其共同工作条件，并由此去寻找绘制共同工作线的方法。需要说明的是，这里所谈的共同工作是稳定状态下的共同工作，也就是说发动机外部条件不变，而且转速是稳定在某一数值的情况。研究发动机各部件的共同工作，可以从机械方面的联系和气动方面的联系入手。

4.1.2.1 物理转速相等

压气机转速 n_k 等于用同一根轴连接的涡轮转速 n_t。

$$n_k = n_t = n \tag{4-1}$$

4.1.2.2 压力平衡

相邻部件交界面处的压力相等，而每个部件出口的压力是由部件对气流的加功情况所确定。沿发动机流程通道压力平衡的条件，包括

压气机进口气流总压 P_1^* 与进气道进口总压 P_0^* 的关系为

$$P_1^* = \sigma_i P_0^* \tag{4-2a}$$

压气机出口的气流总压 P_2^* 和压气机进口的气流总压 P_1^*，有

$$P_2^* = \pi_k^* P_1^* \tag{4-2b}$$

涡轮进口的气流总压 P_3^* 和压气机进口的气流总压 P_2^*，有

$$P_3^* = \sigma_b P_2^* \tag{4-2c}$$

涡轮出口的气流总压 P_4^* 和进口的气流总压 P_3^*，有

$$P_4^* = P_3^* / \pi_t^* \tag{4-2d}$$

式中，σ_i 和 σ_b 分别为进气道和燃烧室的总压恢复系数。

4.1.2.3 流量连续

通过涡轮的燃气流量与通过压气机的空气流量保持连续的条件

$$q_{\mathrm{mg}} = q_{\mathrm{ma}} - q_{\mathrm{ma,col}} + q_{\mathrm{mf}} \tag{4-3}$$

式中，$q_{\mathrm{ma,col}}$ 为从压气机中引出的冷却空气量；q_{mf} 为在燃烧室中喷入的燃油流量。

若忽略燃气流量与空气流量的差别，写出第一级涡轮导向器喉道临界截面处与压气机进口截面的流量连续方程

$$\frac{K'_{\mathrm{m}} A_{\mathrm{t}} q(\lambda_{\mathrm{t}}) \sigma_{\mathrm{t}} P_3^*}{\sqrt{T_3^*}} = \frac{K_{\mathrm{m}} A_1 q(\lambda_1) P_1^*}{\sqrt{T_1^*}}$$

式中，下标 t 表示导向器喉道处。将 $P_3^* = \sigma_{\mathrm{b}} P_2^*$ 代入上式，整理得

$$\pi_{\mathrm{k}}^* = A q(\lambda_1) \sqrt{\frac{T_3^*}{T_1^*}} \tag{4-4}$$

式中，

$$A = \frac{P_3^*}{\sqrt{T_3^*}} = \frac{K_{\mathrm{m}} A_1}{K'_{\mathrm{m}} A_{\mathrm{t}} q(\lambda_{\mathrm{t}}) \sigma_{\mathrm{t}} \sigma_{\mathrm{b}}}$$

由式 (4-4) 可知，当发动机沿流程几何不变、损失不变且第一级涡轮导向器临界截面处于临界或超临界工作状态，即 $q(\lambda_{\mathrm{t}}) = 1.0$ 时，系数 $A = \mathrm{const}$。根据式 (4-4) 以及图 4-2，可以得到以下几个推论：

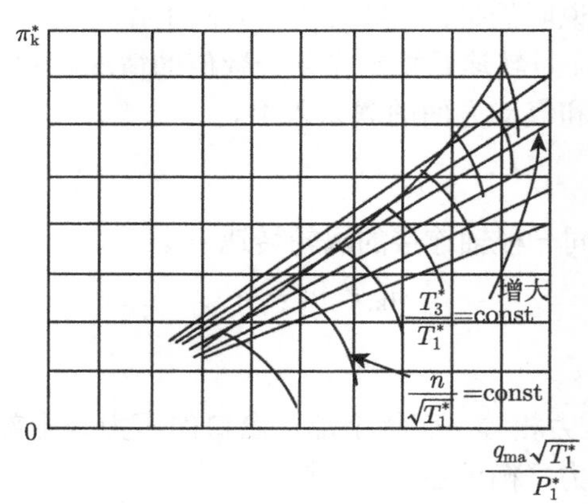

图 4-2 压气机特性图上的等 T_3^*/T_1^* 线

(1) 当涡轮前燃气温度的相似参数 T_3^*/T_1^* 为某一定值时，压气机的增压比 π_{k}^* 与压气机进口的流量相似参数 $q(\lambda_1)$ 呈线性关系，其斜率为 $A\sqrt{T_3^*/T_1^*}$。当 $A = \mathrm{const}$ 时，取一系列的温度相似参数 T_3^*/T_1^* 便可在压气机通用特性图上得到一组通过坐标原点的辐射线，如图 4-2 所示；当 $A \neq \mathrm{const}$ (某一涡轮导向器临界截面积 A_{t} 发生变化、流动处于亚临界等) 时，辐射线的斜率大小由压气机进口流量相似参数 $q(\lambda_1)$ 及 A 共同决定。

(2) 当 $A = \mathrm{const}$ 且压气机的转速相似参数 $n/\sqrt{T_1^*}$ 保持不变时，T_3^*/T_1^* 的变化影响压气机出口气流的流通能力，起到了压气机出口节气门的作用。当 T_3^*/T_1^* 增加时，压气机在特性图上的工作点移向喘振边界，即 T_3^* 的提高对压气机起了"关小节气门"的作用。发动机在起动和加速过程中，如果瞬间 T_3^* 增加过多，将会引起压气机喘振。

(3) 当发动机转速下降，式 (4-4) 中的压气机增压比 π_{k}^* 很低时，第一级涡轮导向器临界截面处为亚临界工作状态，$q(\lambda_{\mathrm{t}}) < 1.0$，系数 A 不再保持为常数，因此，在压气机通用特性图的低转速范围内，$T_3^*/T_1^* = \mathrm{const}$ 的关系曲线不能保持为直线而变为曲线并趋近于 $\pi_{\mathrm{k}}^* = 1.0$。

由上面的讨论，我们得到了压气机通用特性图上当 $A_{\mathrm{t}} = \mathrm{const}$，$T_3^*/T_1^* = \mathrm{const}$ 时压气机和涡轮满足流量连续时的共同工作线，但我们并不能确定发动机工作时在压气机特性图上哪一点工作。在压气机特性图上每一个工作点工作时，都有相应的压气机功率，只有当涡轮功率与压气机功率平衡时，才可能稳定工作。

4.1.2.4　压气机与涡轮的功率平衡

当发动机处于稳定状态工作时，压气机的功率与涡轮的功率是相等的，即

$$q_{\mathrm{ma}} W_{\mathrm{k}} = q_{\mathrm{mg}} W_{\mathrm{t}} \eta_{\mathrm{m}}$$

若忽略燃气流量与空气流量的差别，并将

$$W_{\mathrm{k}} = C_{\mathrm{p}} T_1^* \left(\pi_{\mathrm{k}}^{*\frac{k-1}{k}} - 1 \right) / \eta_{\mathrm{k}}^*$$

及

$$W_{\mathrm{t}} = C_{\mathrm{p}}' T_3^* \left(1 - \frac{1}{\pi_{\mathrm{t}}^{*\frac{k'-1}{k'}}} \right) \eta_{\mathrm{t}}^*$$

代入上式，整理得

$$\frac{T_3^*}{T_1^*} = B \frac{e_{\mathrm{k}}^* - 1}{\eta_{\mathrm{k}}^*} \tag{4-5}$$

式中，

$$e_{\mathrm{k}}^* = \pi_{\mathrm{k}}^{*\frac{k-1}{k}}$$

$$B = \frac{C_{\mathrm{p}}}{C_{\mathrm{p}}' \left(1 - \dfrac{1}{e_{\mathrm{t}}^*} \right) \eta_{\mathrm{t}}^* \eta_{\mathrm{m}}}$$

由上式可知，为了满足压气机与涡轮功率平衡的条件，在飞行状态下，π_{k}^*、T_3^* 及 π_{t}^* 之间必须保持一定的联系。

对于压气机、燃烧室、涡轮三个部件，只要满足上述四个共同工作条件，就可以在压气机通用特性图上稳定工作范围内的任何一点工作。这意味着压气机、燃烧室、涡轮部件的共同工作点不唯一，例如当压气机进口总温、涡轮进口总温一定时，涡轮膨胀比的变化将引起压气机压比或转速变化，在压气机特性图上不存在唯一的共同工作点。

但是我们研究发动机不只是要了解发动机能在哪个区域稳定工作，而是要确切知道，在特定条件下发动机具体的工作点位置以及随飞行条件、发动机工作状态的变化这工作点如何移动。为此，还必须考虑压气机、燃烧室、涡轮与喷管之间的关系。喷管是发动机的后阀门，它与发动机其他部件联系的纽带是流经发动机的空气流量。它的临界截面处必须保证在任何条件下来自涡轮的燃气流量都畅通无阻，即除了要满足涡轮与压气机流量连续的条件外，还必须满足通过涡轮与通过喷管的流量连续条件

$$q_{\mathrm{m9}} = q_{\mathrm{mg}} + q_{\mathrm{mR}}$$

若忽略冷却空气在涡轮中的回气量，写出第一级涡轮导向器临界截面处与喷管界面处的流量连续方程

$$\frac{K'_{\mathrm{m}}\sigma_{\mathrm{t}}P_3^* A_{\mathrm{t}} q(\lambda_{\mathrm{t}})}{\sqrt{T_3^*}} = \frac{K_{\mathrm{m}}\sigma_{\mathrm{e}}P_4^* A_9 q(\lambda_9)}{\sqrt{T_4^*}}$$

将关系式

$$\frac{T_4^*}{T_3^*} = \left(\frac{P_4^*}{P_3^*}\right)^{\frac{n'-1}{n'}} = \left(\frac{1}{\pi_{\mathrm{t}}^*}\right)^{\frac{n'-1}{n'}}$$

代入上式，整理得

$$\pi_{\mathrm{t}}^* = \left[\frac{\sigma_{\mathrm{e}}A_9 q(\lambda_9)}{\sigma_{\mathrm{t}}A_{\mathrm{t}} q(\lambda_{\mathrm{t}})}\right]^{\frac{2n'}{n'+1}} \tag{4-6}$$

式中，n' 为涡轮膨胀过程中用多变过程代替绝热过程时的多变指数，多变指数 n' 的大小与涡轮效率 η_{t}^* 直接相关。在一般情况下，可以认为涡轮效率 $\eta_{\mathrm{t}}^* = \mathrm{const}$，在上式中也可以认为多变指数 n' 为常数。

由式 (4-6) 可知，发动机沿流程几何不变、总压损失不变，且第一级涡轮导向器及喷管截面处均处于临界或超临界工作状态时，可得

$$\pi_{\mathrm{t}}^* = \mathrm{const} \tag{4-7}$$

由式 (4-6) 和式 (4-7) 可以得到以下推论：

(1) 一台发动机在安装喷管以前，各部件的共同工作点在压气机通用特性图上稳定工作范围内漂浮不定。但是，一旦装上喷管且满足式 (4-7) 的假设条件时，不论飞行条件、发动机工作状态如何变化，发动机各部件的共同工作点就只能沿着 π_{t}^* 等于某一特定常数的一条共同工作线移动。

(2) 当涡轮导向器几何不变时，作为几何参数的喷管临界截面面积 A_9 的大小，可以改变涡轮的膨胀比 π_{t}^* 的大小，以致影响发动机的工作状况及发动机的有关性能参数，这在实际应用中有重要意义。

(3) 若沿发动机流程几何不变、损失不变，而喷管临界截面处为亚临界状态，由喷管流量特性曲线 (图 4-3) 可知，随着喷管可用落压比 (P_9^*/P_0) 的增加，喷管流量系数 $q(\lambda_9)$ 也增加。这时，即使第一级涡轮导向器临界截面处为临界以上，涡轮膨胀比 π_{t}^* 仍然不等于常数。

上面，我们通过讨论得到了用发动机工作过程参数表示的发动机各部件的共同工作条件式 (4-1)~ 式 (4-2)、式 (4-4)~式 (4-6)。在实际应用中，往往也利用各部件特性 (图 4-3~图 4-5) 的特性参数来表示，其表达式如式 (4-8)~式 (4-12) 所示。

$$\frac{n_{\mathrm{k}}}{\sqrt{T_1^*}} = \frac{n_{\mathrm{t}}}{\sqrt{T_3^*}}\sqrt{\frac{T_3^*}{T_1^*}} \tag{4-8}$$

$$\pi_{\mathrm{k}}^* = \frac{1}{\sigma_{\mathrm{b}}\dfrac{q_{\mathrm{mg}}\sqrt{T_3^*}}{P_3^*}}\frac{q_{\mathrm{ma}}\sqrt{T_1^*}}{P_1^*}\sqrt{\frac{T_3^*}{T_1^*}} \tag{4-9}$$

$$\pi_{\mathrm{t}}^*\sqrt{1-\left(1-\frac{1}{e_{\mathrm{t}}^*}\right)\eta_{\mathrm{t}}^*} = \frac{\sigma_{\mathrm{e}}q_{\mathrm{mg}}\sqrt{T_9^*}/P_9^*}{q_{\mathrm{mg}}\sqrt{T_3^*}/P_3^*} \tag{4-10}$$

$$\left(1-\frac{1}{e_{\mathrm{t}}^{*}}\right)\eta_{\mathrm{t}}^{*}=\frac{C_{\mathrm{p}}T_{1}^{*}\left(e_{\mathrm{k}}^{*}-1\right)}{C_{\mathrm{p}}^{\prime}\eta_{\mathrm{m}}\eta_{\mathrm{k}}^{*}T_{3}^{*}} \tag{4-11}$$

$$P_{3}^{*}=\sigma_{\mathrm{b}}P_{2}^{*} \tag{4-12}$$

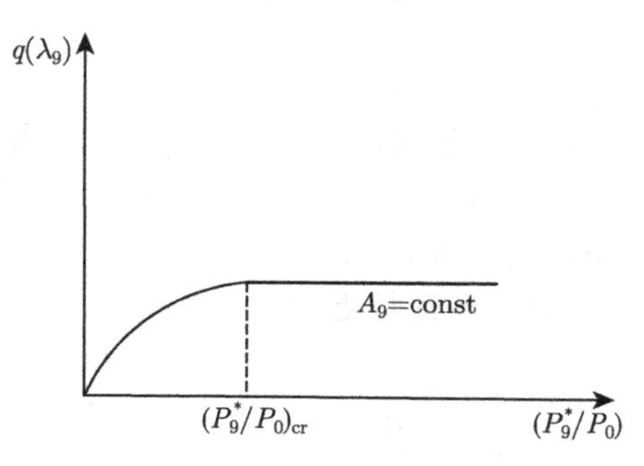

图 4-3　喷管流量特性曲线

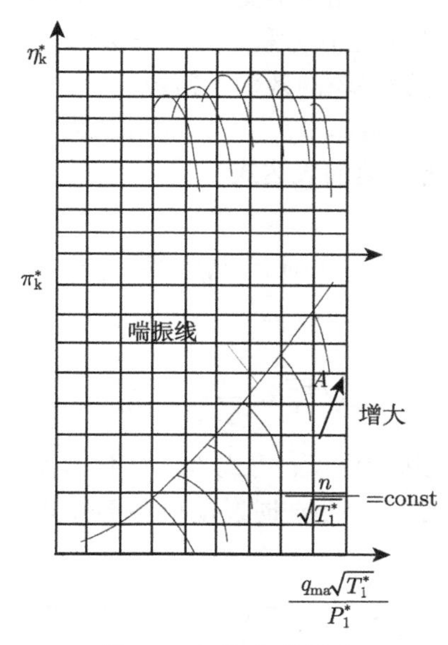

图 4-4　压气机特性线

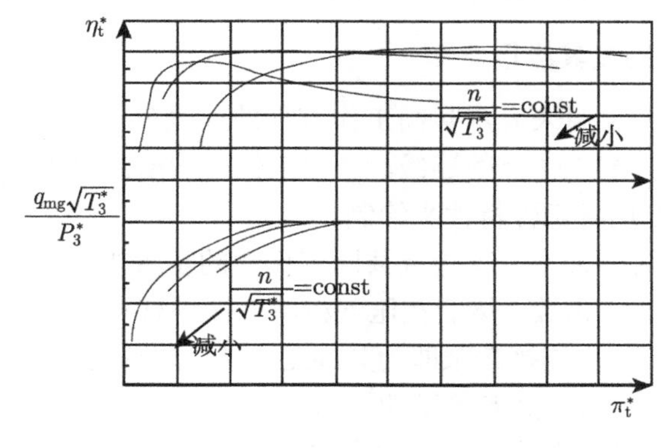

图 4-5　涡轮特性线

4.1.3 发动机各部件共同工作方程的建立

根据前面讨论的发动机各部件共同工作的条件，可以推导出发动机在不同调节规律下各部件的共同工作方程。涡轮喷气发动机常用的最大推力调节规律有：

(1) $n = \text{const}$，$A_9 = \text{const}$；

(2) $n = \text{const}$，$T_3^* = \text{const}$。

对第一种调节规律，多数的涡轮喷气发动机的第一级涡轮导向器临界截面处及喷管临界截面处均可认为是处在临界以上，而且沿发动机流程气流的总压损失也可假定为不变。将这些已知条件代入共同工作条件的方程式 (4-4)、式 (4-5) 及式 (4-6)，并将压气机和涡轮功率平衡方程式 (4-5) 代入压气机和涡轮流量连续条件式 (4-4)，消去 T_3^*/T_1^* 即可得

$$\frac{q^2(\lambda_1)}{\eta_\text{k}^*}\frac{e_\text{k}^*-1}{\pi_\text{k}^{*2}} = \frac{1}{A^2B} = \text{const} \tag{4-13}$$

此式即为当发动机转速不变、沿流程几何不变、损失不变且第一级涡轮导向器及喷管临界截面处处于临界以上时的各部件共同工作方程。上式右边的常数项可由设计点的压气机参数 $q(\lambda_1)$、π_k^* 及 η_k^* 来确定，此时假设涡轮的效率为常数。

当发动机的调节规律为 $n = \text{const}$，$T_3^* = \text{const}$，并认为第一级涡轮导向器临界截面处于临界以上时，由换算到设计状态转速的表达式

$$n_\text{cor} = n\sqrt{\frac{T_\text{1d}^*}{T_1^*}}$$

可得

$$\sqrt{T_1^*} = \frac{n}{n_\text{cor}}\sqrt{T_\text{1d}^*} \tag{4-14}$$

式中，T_1d^* 为设计状态的发动机进口温度。将式 (4-14) 代入压气机和涡轮流量连续条件表达式 (4-4)，就可得到 $n = \text{const}$，$T_3^* = \text{const}$ 时发动机各部件共同工作方程：

$$\frac{q\left(\lambda_1\right)}{\pi_\text{k}^*}n_\text{cor} = \sqrt{\frac{T_\text{1d}^*}{T_\text{3d}^*}}\frac{n}{A} = \text{const} \tag{4-15}$$

式 (4-13) 和式 (4-15) 是不同调节规律下的发动机各部件的共同工作方程。

4.1.4 共同工作线的绘制及其应用

在压气机通用特性图上用来表示共同工作方程的曲线就是共同工作线，它是发动机各部件在每一稳定状态下共同工作点的连线。共同工作线的绘制可以是利用压气机特性及共同工作方程，也可以是利用各部件特性来绘制。

利用压气机特性及共同工作方程绘制共同工作线的步骤为：首先利用发动机设计点参数计算共同工作方程右边的常数，然后在压气机特性图中任一转速线上寻找满足共同工作方程的工作点，将这些工作点连接起来即为共同工作线。这种绘制方法简单、迅速，但是必须提前知道共同工作方程。对于真实的发动机而言，燃气流量与空气流量相等、喷管完全膨胀、喷管中的流动为临界等假设并不成立，而且发动机构型从单轴涡喷到双轴涡喷、双轴涡

扇等发生变化，都使得发动机部件的共同工作方程变得复杂。因此，采用压气机特性及共同工作方程来绘制共同工作线的方法在工程上并不常用。

下面我们介绍利用部件特性，在压气机通用特性图上绘制共同工作线的基本思路。此方法是利用部件特性 (压气机特性、涡轮特性、喷管流量特性及燃烧室特性，至少是前三者特性)，通过初始值逐次迭代的方法，寻找各给定飞行条件及发动机工作状态下的各部件共同工作点。这种方法对各部件未作任何假设或限制，有较好的通用性。

(1) 根据给定的飞行条件及发动机工作状态，计算 $n/\sqrt{T_1^*}$ (或 $n_{\rm cor}$)。

(2) 在等 $n/\sqrt{T_1^*}$ 线上，任取一点 A (图 4-6)，并读出 A 点所对应的 $\pi_{\rm k}^*$，$\eta_{\rm k}^*$ 及 $q_{\rm md}\sqrt{T_1^*}/P_1^*$，由关系式

$$W_{\rm k}=C_{\rm p}T_1^*(e_{\rm k}^*-1)/\eta_{\rm k}^*=C_{\rm p}(T_2^*-T_1^*)$$

求出

$$\Delta T_{\rm k}^*=T_2^*-T_1^*=T_1^*(e_{\rm k}^*-1)/\eta_{\rm k}^* \tag{4-16}$$

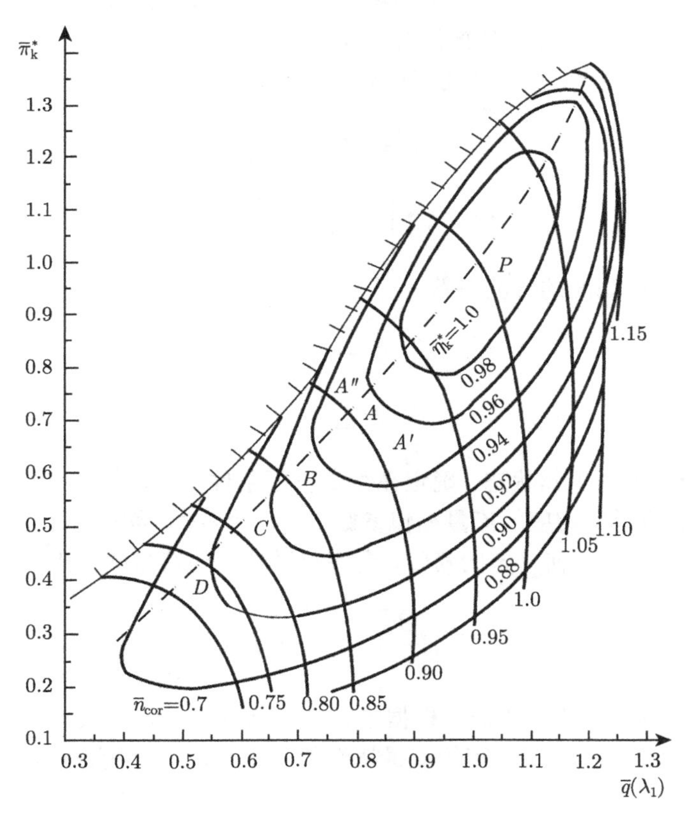

图 4-6　共同工作线的绘制

(3) 预先任意估计一个 T_3^*/T_1^* 值作为试算值，由 T_3^*/T_1^* 及 $n/\sqrt{T_1^*}$ 值，根据式 (4-8) 计算出涡轮的转速相似参数 $n/\sqrt{T_3^*}$。

(4) 将步骤 (3) 中的 T_3^*/T_1^* 及步骤 (1) 中的 $\pi_{\rm k}^*$，$q_{\rm ma}\dfrac{\sqrt{T_1^*}}{P_1^*}$ 值代入压气机与涡轮流量连

续的共同工作条件的表达式 (4-9) 中，计算出 $q_{\rm mg}\sqrt{T_3^*}/P_3^*$：

$$q_{\rm mg}\frac{\sqrt{T_3^*}}{P_3^*}=\frac{1}{\sigma_{\rm b}}q_{\rm ma}\frac{\sqrt{T_1^*}}{P_1^*}\frac{1}{\pi_{\rm k}^*}\sqrt{\frac{T_3^*}{T_1^*}} \tag{4-17}$$

(5) 由步骤 (3) 求得的 $n/\sqrt{T_3^*}$ 及步骤 (4) 求得的 $q_{\rm mg}\sqrt{T_3^*}/P_3^*$ 在涡轮特性图 (图 4-5) 上查出涡轮的膨胀比 $\pi_{\rm t}^*$ 及涡轮效率 $\eta_{\rm t}^*$。

(6) 将步骤 (5) 所得的 $\pi_{\rm t}^*$，$\eta_{\rm t}^*$ 及步骤 (2) 所求得的 $\pi_{\rm k}^*$，$\eta_{\rm k}^*$ 代入式 (4-11)，又可求得一个满足一定条件下压气机和涡轮功率平衡共同工作条件的 T_3^*/T_1^*。

比较步骤 (6) 计算出来的 T_3^*/T_1^* 和步骤 (3) 预先任意估计的 T_3^*/T_1^* 值是否相等，如果不相等，说明预估的 T_3^*/T_1^* 值不正确，不能同时满足压气机和涡轮的流量连续及功率平衡的共同工作条件。重新选择 T_3^*/T_1^* 值，重复计算步骤 (3)~步骤 (6)，反复进行计算，直到步骤 (6) 计算的 T_3^*/T_1^* 与步骤 (3) 预估的 T_3^*/T_1^* 相等 (或小于规定的误差值) 为止。这时，压气机特性图上这一点，不仅表示压气机的参数，而且已经是压气机、燃烧室、涡轮的共同工作点了。但是还不一定是发动机各部件的共同工作点。

(7) 由压气机、燃烧室、涡轮共同工作点对应的有关参数计算涡轮出口气流参数

$$P_4^*=P_1^*\pi_{\rm k}^*\sigma_{\rm b}/\pi_{\rm i}^* \tag{4-18}$$

$$T_4^*=T_3^*\left[1-\left(1-\frac{1}{e_{\rm t}^*}\right)\eta_{\rm t}^*\right] \tag{4-19}$$

(8) 计算喷管出口截面的气流参数

$$P_9^*=P_4^*\sigma_{\rm e} \tag{4-20}$$

$$T_9^*=T_4^* \tag{4-21}$$

(9) 根据喷管所处的工作状态，确定在给定飞行条件及发动机工作状态下，喷管部件特性允许喷管通过的流量所相应的流量相似参数 $q_{\rm mg}\sqrt{T_9^*}/P_9^*$，当喷管处于临界或超临界状态工作时，$q(\lambda_9)=1.0$，对几何一定的喷管，允许流过喷管的流量随之确定：

$$\frac{q_{\rm mg}\sqrt{T_9^*}}{P_9^*}=K_{\rm m}'A_9q(\lambda_9) \tag{4-22}$$

当喷管处于亚临界工作状态时，根据喷管的几何面积 A_9 的大小及给定条件下喷管的可用落压比 P_9^*/P_0 的大小，在喷管的流量特性图 (图 4-3) 上直接查得相应的流量相似参数 $q_{\rm mg}\sqrt{T_9^*}/P_9^*$。

(10) 将步骤 (4) 求得的 $q_{\rm mg}\sqrt{T_3^*}/P_3^*$ 及由步骤 (5) 求得的 $\pi_{\rm t}^*$，$\eta_{\rm t}^*$ 代入涡轮和喷管流量连续的共同工作条件方程式 (4-10)，求得为保证涡轮与喷管流量连续，在给定条件下喷管应通过的流量所相应的流量相似参数

$$\frac{q_{\rm mg}\sqrt{T_9^*}}{P_9^*}=\frac{q_{\rm mg}\sqrt{T_3^*}}{\sigma_{\rm e}P_3^*}\pi_{\rm t}^*\sqrt{1-\left(1-\frac{1}{e_{\rm t}^*}\right)\eta_{\rm t}^*} \tag{4-23}$$

比较步骤 (10) 所得的 $q_{\rm mg}\sqrt{T_9^*}/P_9^*$ 与步骤 (9) 所得的 $q_{\rm mg}\sqrt{T_9^*}/P_9^*$ 是否相等，如果不相等，说明在压气机特性图等折合转速 $n/\sqrt{T_1^*}$ 线上任取的 A 点不是给定条件下发动机各部件的共同工作点。在此等折合转速 $n/\sqrt{T_1^*}$ 线上重新取一点 A' 或 A''，重新计算步骤 (2)~步骤 (10)，反复进行计算，直至满足为止。

改变飞行条件或发动机工况，用类似的方法求得另一个共同工作点 B，以此类推，就可以得到不同飞行条件及不同发动机工作状态下的各部件共同工作点 A、B、C、$D\cdots$ 连接各点就得到了几何一定的发动机在给定调节规律下的共同工作线。

上述过程用框图表示如图 4-7 所示。在用图 4-7 所示的计算框图进行计算时略去了沿发动机流程气流流量的变化，使计算过程简化。

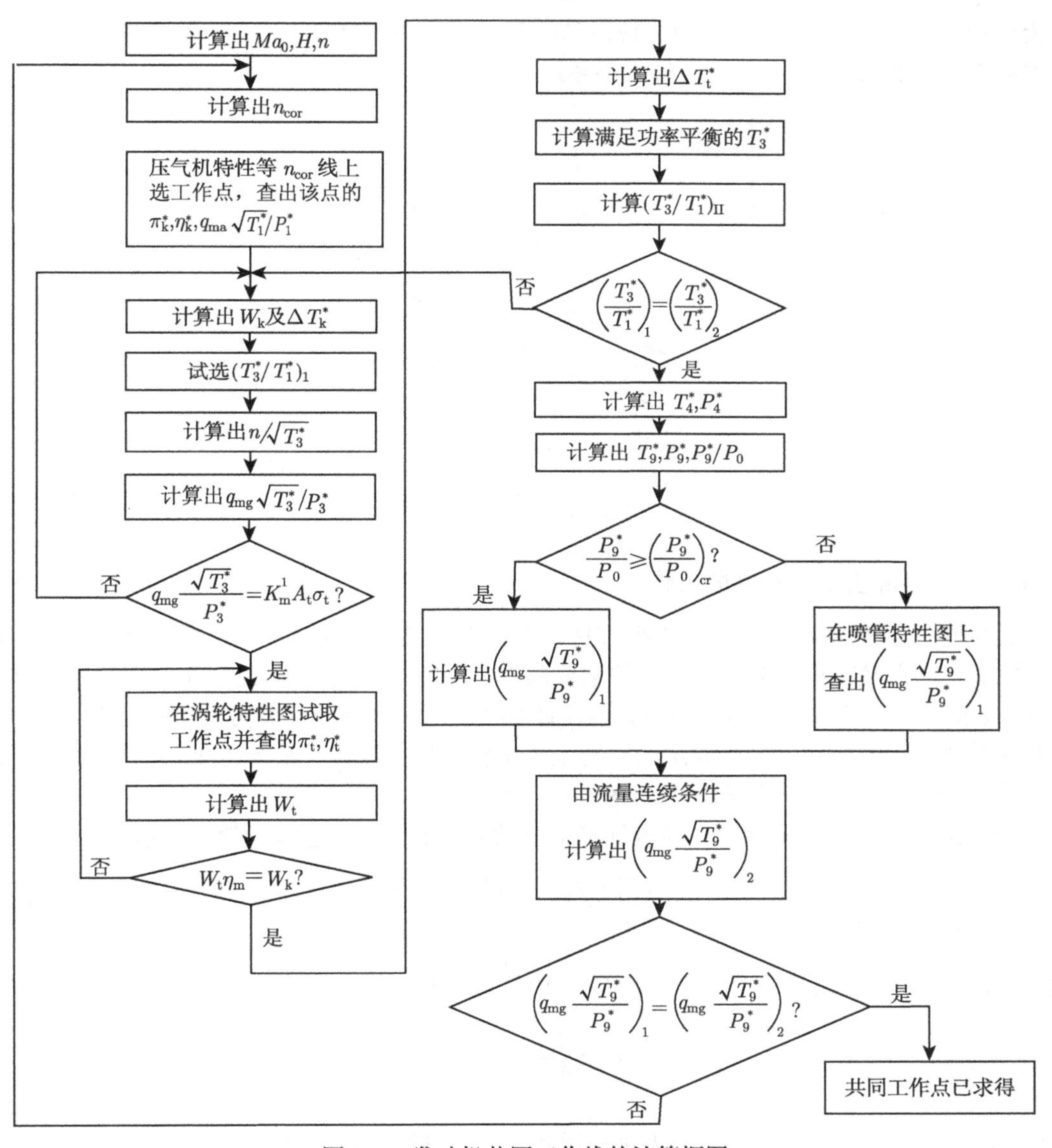

图 4-7　发动机共同工作线的计算框图

几何一定、调节规律一定的涡轮喷气发动机，当共同工作线确定以后，这台发动机的全部性能也就确定了。因此，发动机的共同工作线可以用来确定非设计状态下的发动机性能参数及其他热力参数，还可以用来了解各个工作点压气机的喘振裕度，以便确定所设计的发动机应在什么转速下放气或采取其他防喘措施。

衡量压气机的工作稳定性一般用喘振裕度来表示。如图 4-8 所示，相应于共同工作点 A 的等转速相似参数曲线与喘振边界相交于 A'' 点，我们定义 A 点的喘振裕度为

$$\Delta K_y = \left[\frac{\pi_{\mathrm{k}}^{*\prime\prime}}{\pi_{\mathrm{k}}^*} \cdot \frac{q(\lambda_1)}{q(\lambda_1)''} - 1.0\right] \times 100\% \tag{4-24}$$

式中，π_{k}^*，$q(\lambda_1)$ 分别为 A 点的增压比和流量相似参数；$\pi_{\mathrm{k}}^{*\prime\prime}$，$q(\lambda_1)''$ 分别为 A'' 点的增压比和流量相似参数；因子 100%是为了使得到的喘振裕度用百分数表示。一般发动机设计点的喘振裕度最低允许 8%～10%，而最大不超过 25%～30%。

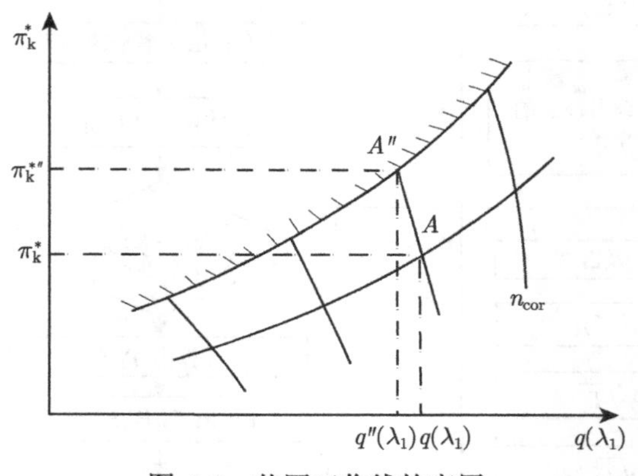

图 4-8　共同工作线的应用

4.1.5　进气道和发动机的共同工作

进气道是航空发动机的一个压缩部件，类似于压气机工作过程，也存在进气道失速问题，是影响航空发动机安全可靠工作的重要部件，因此，有必要获得进气道与发动机的共同工作线，评估共同工作线在进气道特性线上距离失速边界的远近。根据上文提出的四个共同工作条件，进气道和发动机所满足的共同工作条件为压力平衡、流量连续。这里，我们仅简单地分析一下超声速进气道和发动机的共同工作问题。

进气道前未扰动流截面 0-0 与压气机进口截面 1-1 的流量连续条件可表示为

$$\frac{K_{\mathrm{m}} A_0 P_0^* q(\lambda_0)}{\sqrt{T_0^*}} = \frac{K_{\mathrm{m}} A_1 P_1^* q(\lambda_1)}{\sqrt{T_1^*}} \tag{4-25}$$

由于 $T_0^* = T_1^*$，$\varphi = A_0/A_{\mathrm{i}}$ 及 $\sigma_{\mathrm{i}} = P_1^*/P_0^*$，上式可写成

$$\sigma_{\mathrm{i}} = \varphi \frac{A_{\mathrm{i}} q(\lambda_0)}{A_1 q(\lambda_1)} = K\varphi \tag{4-26}$$

式中，$K = \dfrac{A_{\mathrm{i}} q(\lambda_0)}{A_1 q(\lambda_1)}$。式 (4-26) 即为进气道和发动机共同工作条件的表达式。

根据上述的共同工作条件，就可以将进气道和发动机的共同工作线表示在进气道特性图上，如图 4-9(a) 所示。进气道与发动机共同工作条件式 (4-26) 是斜率为 K 的通过原点的一条射线，它和进气道特性线的交点就是进气道和发动机的共同工作点。不同飞行马赫数下的共同工作点的连线，就是进气道和发动机的共同工作线。它也可直接表示在用 $\sigma_{\rm i}$ 和 $q(\lambda_1)$ 表示的进气道特性图上 (图 4-9(b))。

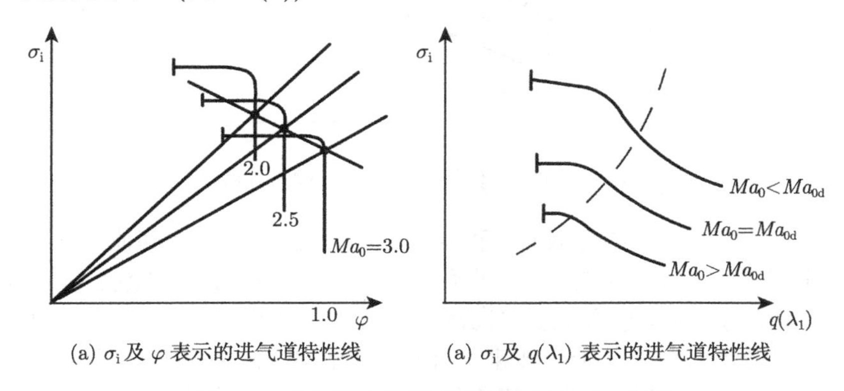

(a) $\sigma_{\rm i}$ 及 φ 表示的进气道特性线　　(a) $\sigma_{\rm i}$ 及 $q(\lambda_1)$ 表示的进气道特性线

图 4-9　进气道特性图上的发动机共同工作线

进气道与发动机的共同工作线可用于计算进气道的性能参数，确定共同工作点距离进气道失速边界的距离。

几何不可调的进气道，$A_{\rm i}/A_1$ 为定值，斜率由 $q(\lambda_0)$ 及 $q(\lambda_1)$ 所决定。当给定飞行条件时，$q(\lambda_0)$ 为已知，T_1^* 也可求出，根据给定的发动机工况，在压气机通用特性图上可查得给定条件下发动机共同工作点所相应的 $q(\lambda_1)$，至此，就可确定射线的斜率 K，并求出进气道和发动机的共同点。有了共同工作点，就可以确定进气道的性能参数 $\sigma_{\rm i}$ 和 φ。

从上面的讨论可以看出，进气道和发动机共同工作时的 $q(\lambda_1)$ 是由发动机的工作状态决定的，进气道的工作状态也随之而定。但一定飞行条件下实际流过发动机的空气流量 $q_{\rm ma}$ 则是由进气道和发动机共同决定的。如我们在第 2 章进气道工作状态讨论中所说的超临界工作状态，$\sigma_{\rm i}$ 下降，实际流过进气道的空气流量并不比临界工作状态的大，但 $q(\lambda_1)$ 加大了，满足了发动机的要求。

4.1.6　不同情况下的共同工作线

以上我们讨论了涡轮喷气发动机共同工作的一般特征，为补充、丰富和发展对发动机共同工作的认识，下面将讨论几种特殊情况下发动机共同工作的特点。

4.1.6.1　喷管临界截面面积 A_9 的大小对共同工作线的影响

涡轮喷气发动机在设计状态以及大功率状态下工作时，喷管通常是在超临界状态下工作。第一级涡轮导向器也在临界或超临界状态下工作，$q(\lambda_9)$ 及 $q(\lambda_{\rm t})$ 都等于 1.0。如果不考虑沿发动机流程损失的变化，在几何面积一定时，由涡轮与喷管流量连续的共同工作条件 (式 (4-6)) 可以看出，涡轮膨胀比 $\pi_{\rm t}^*$ 也是一个常数。这时喷管临界截面面积记为 A_9，工作点为 A。当飞行状态或发动机工作状态变化时，发动机的共同工作点将沿 $\pi_{\rm t}^*={\rm const}$ 的共同工作线 AB 移动，如图 4-10 所示。

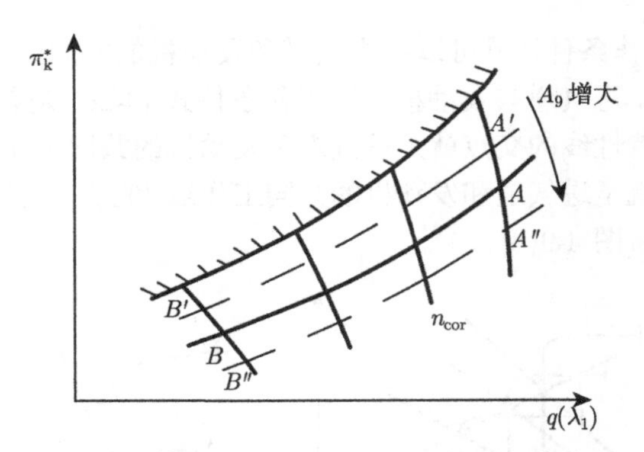

图 4-10　不同 A_9 的涡喷发动机共同工作线图

若收小喷口，即减小喷管临界截面面积 A_9 至 A_9' $(A_9' < A_9)$，而其他条件不变时，由式 (4-6) 可知，涡轮的膨胀比 π_t^* 也减小。如果不采取措施，涡轮功会随之减小而导致发动机转速下降。为了不使转速下降，就必然要提高涡轮前的燃气温度 T_3^* 以维持涡轮功率与压气机功率之平衡，其结果使工作点 A 沿等转速线向上移动至 A' 点。在其他转速工作时，缩小 A_9 时也会发生同样的现象。所以，缩小喷管截面面积 A_9 会使发动机整个共同工作线上移而靠近喘振边界。这时由于喷管进口总温和进口总压都增加了，排气速度显著增加，在同一转速下，虽然发动机的空气流量略有下降，但排气速度的增加较大，因而使发动机的推力增加，至于发动机耗油率的影响，与发动机的供油规律有关。缩小 A_9 带来的问题是工作线靠近了喘振边界，使压气机喘振裕度减小，如所设计的发动机采用 A_9 可调，则应预先估计缩小 A_9 后整个工作范围内会不会出现喘振。反之，放大喷管临界截面面积 A_9 $(A_9'' > A_9)$ 而其他条件不变时，整个工作线将下移至 $A''B''$ 位置，这时涡轮前燃气温度降低，发动机推力减小。

A_9 的大小可以影响发动机的性能，这在实际生产过程中得到了广泛的应用。如在发动机调试过程中，可借助于改变 A_9 的大小或更换喷管来排除发动机推力不足或排气温度过高的故障；在起动加速过程中，也可以通过放大 A_9 来改善起动加速性能。例如，涡喷六发动机为了改善其性能，喷管临界截面面积分起动 (大面积)、额定 (中面积) 及最大 (小面积) 三个特定位置，图 4-11 给出了这三个喷管临界截面在特定位置下发动机共同工作线的一部分，为说明问题起见，仅画出了 $n = 9000\text{r/min}$ 以上的一段。

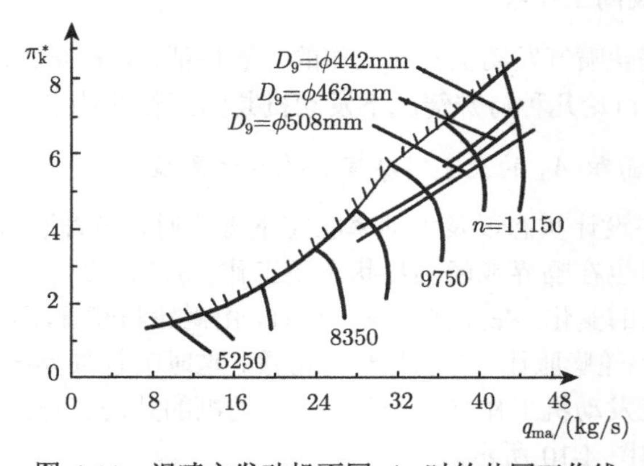

图 4-11　涡喷六发动机不同 A_9 时的共同工作线

4.1.6.2　喷管工作状态对共同工作线的影响

由前讨论，对几何不可调的涡轮喷气发动机，当第一级涡轮导向器临界截面及喷管临界截面处均处于临界以上，并假设沿发动机流程损失不变时，涡轮膨胀比 π_t^* 是一个常数。当飞行状态或发动机工作状态发生变化时，发动机的共同作用点只能在 π_t^* 等于常数的共同工作线上移动。但若喷管处于亚临界工作状态，发动机的共同工作线将发生什么变化呢？

在图 4-3 的喷管流量特性图中可以很明显地看到，当喷管在亚临界状态工作时，$P_9^*/P_0 < (P_9^*/P_0)_{\rm cr}$，喷管的流量相似参数 $q_{\rm mg}\sqrt{T_9^*}/P_9^*$ 将随 P_9^*/P_0 的大小而改变，这是这种工作状态下的一个特点。

另一点值得注意的是当喷管在超临界状态工作时，飞行 Ma 数的大小不会影响发动机的共同工作线。但是，当喷管处于亚临界工作状态时，飞行 Ma 数的大小也将影响发动机的共同工作线。由于

$$\frac{P_9^*}{P_0}=\frac{P_9^*}{P_4^*}\frac{P_4^*}{P_3^*}\frac{P_3^*}{P_2^*}\frac{P_2^*}{P_1^*}\frac{P_1^*}{P_0^*}\frac{P_0^*}{P_0}=\sigma_{\rm i}\sigma_{\rm b}\sigma_{\rm e}\frac{\pi_{\rm k}^*}{\pi_{\rm t}^*}\left(1+\frac{k+1}{2}Ma_0^2\right)^{\frac{k}{k-1}} \tag{4-27}$$

当喷管在超临界和临界状态下工作时，飞行 Ma 数的加大，使 P_0^* 增大，从而使沿发动机流路各截面的压力升高，P_9^* 也随之升高。但这时 $P_9^*/P_0 > (P_9^*/P_0)_{\rm cr}$，喷管的流量相似参数不变，$\pi_t^*$ 不变，共同工作线并不发生变化。

但是当喷管在亚临界状态下工作时，飞行 Ma 数增加，最终会使 P_9^*/P_0 增大，$q_{\rm mg}\sqrt{T_9^*}/P_9^*$ (即 $q(\lambda_9)$) 也将随之增大，由涡轮和喷管流量连续的条件 (式 (4-6)) 可知，涡轮膨胀比 $\pi_{\rm i}^*$ 将增加，为保持发动机的转速不变，必须减少向燃烧室的供油量，使涡轮前燃气温度 T_3^* 降低，由此可见，当喷管处于亚临界工作状态时，随着飞行 Ma 数的变化，即使发动机几何不可调，共同工作线也不再是唯一确定的一条，对应于不同的飞行 Ma 数，就有不同的共同工作线，且 Ma 数越大，共同工作线越远离喘振边界，当 Ma 数增大到某一数值使喷管达到临界工作状态，这时其共同工作线与超临界时的共同工作线相重合。喷管在亚临界状态下工作时的发动机共同工作线如图 4-12 所示。

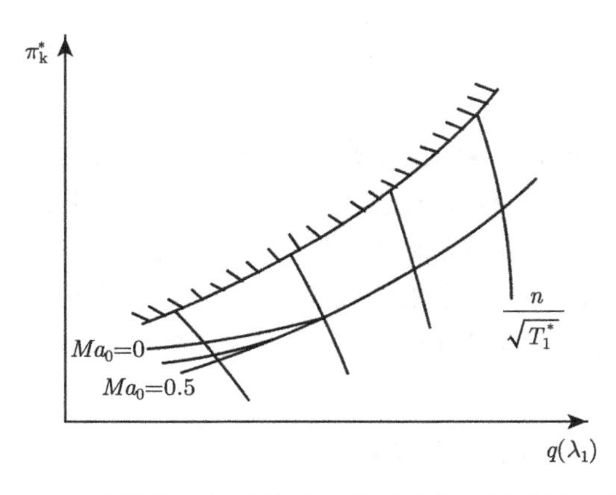

图 4-12　喷管在亚临界状态工作时的发动机共同工作线

4.1.6.3 第一级涡轮导向器临界截面面积 A_t 的大小对共同工作线的影响

第一级涡轮导向器大约位于发动机中间位置，其临界截面为发动机的第一喉道。第一级涡轮导向器临界截面面积 A_t 的大小，不仅对压气机的工作有影响，而且将更严重地影响喷管的工作。

当第一级涡轮导向器临界截面面积为 A_t 时，发动机在某一飞行条件及发动机工作状态下的共同工作点为 A 点，如图 4-13 所示。

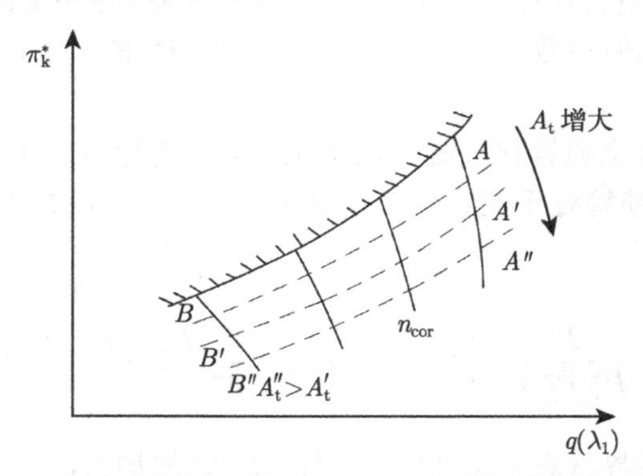

图 4-13 不同 A_t 大小的涡喷发动机的共同工作线

若放大 A_t 而其他条件不变时，不仅使同一 T_3^*/T_1^* 下压气机和涡轮的等流量线的斜率减小，而且使流过发动机的空气流量增加，压气机出口压力下降，所需压缩功相应减小，若涡轮膨胀比保持不变，则为了维持发动机转速不变，涡轮前的燃气温度 T_3^* 需要降低。但实际上，由于 A_t 增大，由涡轮和尾喷管流量相等条件 (式 (4-6)) 可知 π_t^* 是减小的，为了保持转速不变，燃油调节器必然增加燃烧室的供油量，虽然被压气机增压比下降，需要功 W_k 变化的影响抵消了一部分，但最终涡轮前燃气温度 T_3^* 仍要升高，这导致 π_k^* 同样也增大，并且发动机共同工作点移到 T_3^* 和 π_k^* 数值较高的区域。

因此，当 $n/\sqrt{T_1^*}=\text{const}$ 时，涡轮导向器临界截面面积的增大与喷口的“打开”对发动机工作过程参数的变化有相反的影响，但对共同工作点位置的移动有相同的作用。图 4-13 给出了当 $A_t=\text{const}$ 时一族共同工作线，随着涡轮导向器临界截面面积的增大，共同工作线移到 π_k^* 和 T_3^* 增高的区域内，但是相对于 A_t 放大前的共同工作线来说，仍是远离了喘振边界。

上述用改变涡轮导向器临界截面面积来影响发动机参数的方法，在发动机调试中经常采用。例如实际生产中若发动机推力不足，而工作点已靠近喘振边界，这时就可采用重新装配或更换涡轮导向器使临界截面面积适当放大来解决，至于工作中可调导向器的应用，由于本身结构的问题，并没有被广泛的采纳。但是，随着对发动机多工况点工作需求，正在发展的变循环发动机中，调节涡轮导叶喉道面积来实现发动机高效率、宽范围工作的性能需求是一个重要的技术措施。

4.1.6.4 设计压比的高低和调节规律的不同对共同工作线的影响

图 4-14(a) 给出了低设计增压比 ($\pi_{k,d}^*=3\sim4$) 的轴流式压气机的通用特性线，并在它上面画出了 $n=\text{const}$，$A_9=\text{const}$ 调节规律下的共同工作线。可以看出，当 $n/\sqrt{T_1^*}$ (或

$n_{\rm cor}$) 下降时，共同工作点远离喘振边界。反之，当 $n/\sqrt{T_1^*}$ (或 $n_{\rm cor}$) 大于设计状态的数值时，共同工作点趋近喘振边界，压气机的稳定工作裕度减小，甚至有可能使压气机进入不稳定工作范围。

图 4-14(b) 给出了高设计增压比 (对单轴涡喷发动机，进口导流叶片不可调的压气机 $\pi_{\rm k,d}^* \geqslant 10$) 的压气机通用特性线和发动机的共同工作线。这时，在低 $n/\sqrt{T_1^*}$ (或 $n_{\rm cor}$) 范围内，共同工作线靠近喘振边界，甚至会进入喘振边界。反之，当 $n/\sqrt{T_1^*}$ 大于设计状态数值时，共同工作点远离喘振边界。这说明当飞行条件变化使 $n/\sqrt{T_1^*}$ (或 $n_{\rm cor}$) 小于设计值时，高增压比发动机有可能出现喘振。

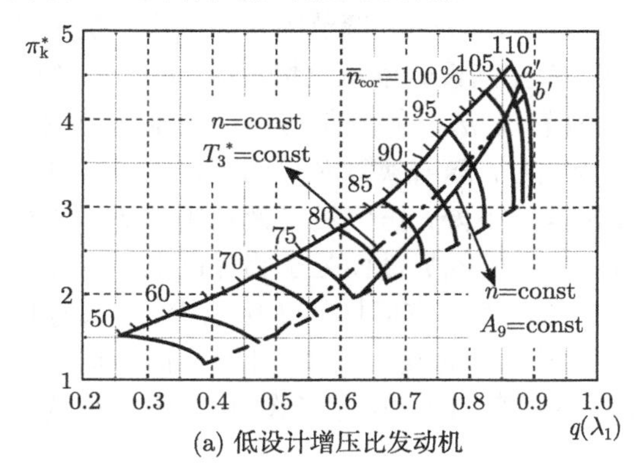

(a) 低设计增压比发动机

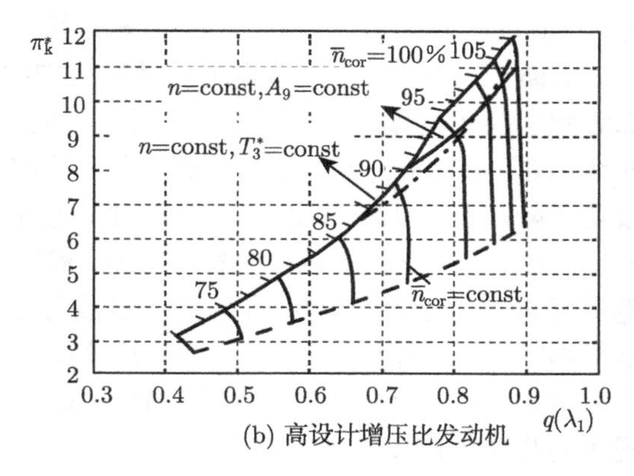

(b) 高设计增压比发动机

图 4-14　不同设计增压比的发动机共同工作线

在压气机通用特性线图上，发动机共同工作线的斜率随设计增压比 $\pi_{\rm k,d}^*$ 的增大而变小，出现这种现象是由下述的两个因素造成的。

从一方面看，$\pi_{\rm k,d}^*$ 对绘制在相对坐标系中的共同工作线本身有影响，亦即对关系式 $\overline{\pi_{\rm k}^*} = f\left[\overline{q(\lambda_1)}\right]$ 有影响。式中 $\overline{\pi_{\rm k}^*} = \pi_{\rm k}^*/\pi_{\rm k,d}^*$，$\overline{q(\lambda_1)} = q(\lambda_1)/q(\lambda_1)_{\rm d}$。实际上，为使分析简单起见，在式 (4-13) 中取 $\eta_{\rm k}^* = {\rm const}$，则在这种条件下，在上述的相对坐标系中对不同的 $\pi_{\rm k,d}^*$ 绘制共同工作线 (图 4-15(a))，由这些共同工作线可见，$\pi_{\rm k,d}^*$ 值越高，则共同工作线分布得越平缓。这个结论是在没有对压气机的特性及类型作任何假设而得出来的 ($\eta_{\rm k}^* = {\rm const}$ 这个条件除外)。实际压气机中各级的不协调以及由此而引起的 $\eta_{\rm k}^*$ 的降低，都只能加剧共同工作线的这种分布特点。

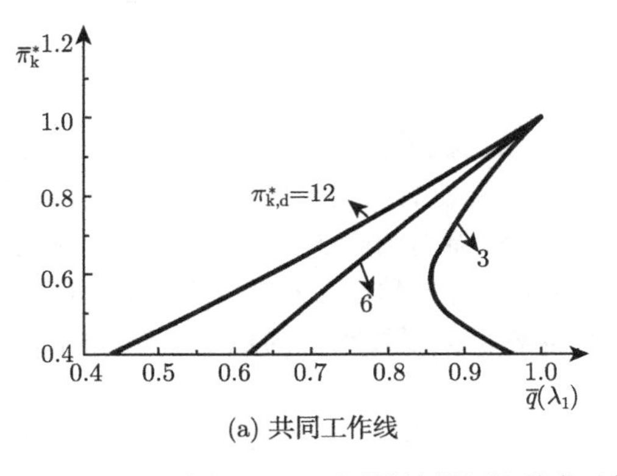

(a) 共同工作线

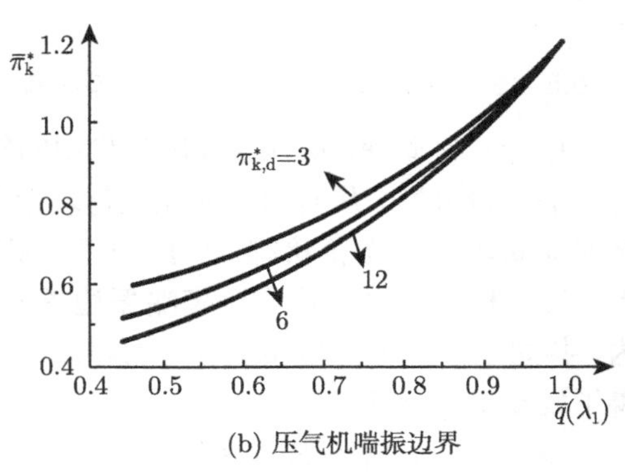

(b) 压气机喘振边界

图 4-15　不同设计增压比的发动机共同工作线 (a) 和压气机喘振边界 (b)

从另一方面看，实验曲线表明 (图 4-15(b))，在 $\pi_{k,d}^*$ 值较大的情况下，用同样坐标系表示的压气机喘振边界线分布的斜率是增加的。这种情况的出现是由于在偏离设计状态时，压气机各级的不协调，而且 $\pi_{k,d}^*$ 值越高，则压气机各级的不协调就越严重。

由于上述这些因素的作用，高压比的不可调节式压气机的发动机中当 $n/\sqrt{T_1^*}$ (或 n_{cor}) 下降时，共同工作线靠近喘振边界，而且 $\pi_{k,d}^*$ 越高，则靠得越近。这意味着，随着飞行速度的增大，高压比不可调节压气机的稳定工作的范围同样也是显著缩小的。而低压比的压气机中，$n/\sqrt{T_1^*}$ (或 n_{cor}) 下降时，稳定工作范围是没有限制的。

图 4-14 中还用虚线画出了调节规律为 $n=\text{const}$、$T_3^*=\text{const}$ 时的共同工作线。由图可知，当低设计增压比时 (图 4-14(a))，按规律 $n=\text{const}$、$T_3^*=\text{const}$ 调节的共同工作线位于按 $n=\text{const}$、$A_9=\text{const}$ 规律调节的共同工作线之上；而在高设计增压比情况时 (图 4-14(b))，二者就互换了位置。这一点，可以用压气机功随换算转速 n_{cor} 的变化与设计增压比的关系曲线 (图 4-16) 来说明。我们看到，当设计增压比较低时，随着换算转速的下降，压气机有效功下降，当设计增压比 $\pi_{k,d}^*$ 较高时，随着换算转速的下降，压气机有效功则增大。在按 $n=\text{const}$、$A_9=\text{const}$ 规律进行调节时，涡轮膨胀比在喷管临界截面处于临界以上的情况下是不变的，因此涡轮前燃气温度 T_3^* 必然与压气机有效功 W_k 有同样的变化规律。当飞行速度增加时，高设计增压比的发动机 T_3^* 增高，低设计增压比的发动机 T_3^* 下降，而对调节规律为 $n=\text{const}$、$T_3^*=\text{const}$ 的发动机，其 T_3^* 为一不变值，因此引起了图 4-14 中两种调节规律的共同工作线相互位置的变化。

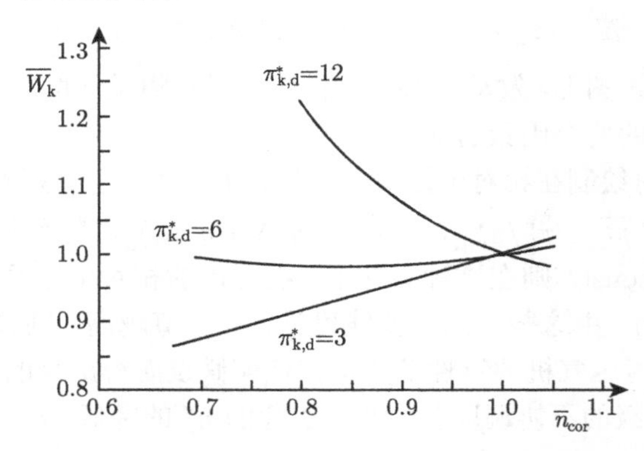

图 4-16　当 $n=\text{const}$、$A_9=\text{const}$ 时压气机功随换算转速的变化与设计增压比的关系

4.1.6.5　压气机中间级放气对共同工作线的影响

由叶片机原理，从轴流式压气机中间级放气可以使压气机进口空气流量增加，提高前面几级的流量分数，从而消除前几级正攻角大的状态；同时又使后面几级的空气流量减小，使之脱离负攻角的涡轮状态，由此使压气机前后各级相互协调而消除了喘振。在相同的转速下，发动机的共同工作点远离喘振边界向空气流量增大的方向移动。在整个放气转速范围内，共同工作线远离喘振边界向右移动一定距离。这样就扩大了发动机的稳定工作范围，改善了发动机的性能。

图 4-17 给出了涡喷六发动机开关放气带时压气机通用特性线和共同工作线的变化情况。

压气机中间级放气，除了产生压气机稳定裕度增加的有利影响之外，对发动机的工作特性还存在不利影响，这些不利影响使得先进的发动机基本不采用中间级放气来提高稳定工作裕度，而是采用可调静子叶片、主动控制如射流、被动控制如处理机匣、优化调节规律等来提高发动机的稳定工作裕度。

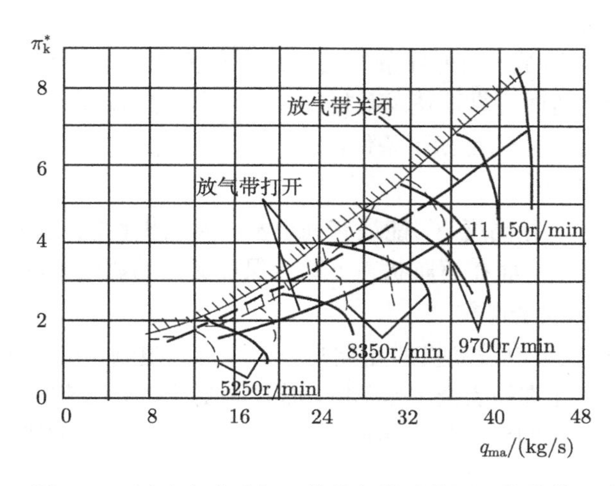

图 4-17　涡喷六发动机开关放气带对共同工作线的影响

压气机中间级放气的不利影响主要包含以下几方面：

(1) 压气机中间级放气，使压气机前后级的压比发生不同的变化，其总压比 π_k^* 的变化取决于具体发动机及放气转速的大小和放气位置，一般情况下由于共同工作线向右下方移动，在同一转速下压气机增压比会有所降低。据实测，涡喷六发动机在放气转速工作时，打开放气带后，增压比下降 11.66%。

(2) 压气机中间级放气会使涡轮前燃气温度 T_3^* 显著增加。这是因为从放气口放出的空气流经压气机前几级时受到压缩，其必然消耗一定的功率，但这一部分空气没有进入涡轮对涡轮做功，致使压气机压缩空气量多，而对涡轮做功的气量少，为了维持压气机和涡轮转子的转速相等，必须增加燃烧室的供油量以满足压气机和涡轮功率平衡的要求。反之，某一转速下关闭放气带时，涡轮前燃气温度将下降。

(3) 压气机中间级放气会使发动机推力突然降低、耗油率增加。这是因为中间级放掉的气体并没有参与热力学循环产生推力，虽然涡轮前进口总温增加有利于提高发动机的单位推力，但是相较于放气损失的动量而言，发动机的总推力下降，由于放气活门打开下流量的变化是突变过程，发动机推力的下降也是突变过程。另一方面，放气过程要求燃烧室内多供油，使得发动机的耗油率增加。

4.2　涡轮喷气发动机的调节

4.2.1　发动机调节系统的作用及对它的要求

安装在飞机上的涡轮喷气发动机要在不同的飞行速度和飞行高度下使用，而且由于作战和使用的需要，也要经常控制发动机不断改变工作状态 (例如从巡航状态加速到最大推力状态)。在这些不同的使用条件下，发动机工作过程的一些参数如 π_k^*、T_3^*、η_k^* 等是要随之变化的，相应的发动机零部件的强度储备及稳定工作范围均会发生变化，如不加以适当的控制和调节，不仅会影响发动机的性能，甚至使发动机进入不稳定的工作状态，从而引起发动机损坏，为了保证发动机在任何给定范围内能安全可靠地工作，并满足飞机对发动机的性能要求，必须对发动机进行调节。

发动机调节系统的作用是：当外界条件变化给发动机带来干扰或驾驶员根据需要操纵发动机工作状态时，能迅速而可靠地使发动机的工作过程参数按预定的规律变化。

为此调节系统的设计必须满足如下条件。

1) 保证发动机性能良好

在所有的飞行速度和飞行高度下，能最有利地发挥发动机性能。例如，发动机在最大工作状态下能发出最大的推力，而在巡航状态下则应保证最低的燃油消耗率。

2) 保证发动机的工作安全可靠

图 4-18 中标出了涡轮喷气发动机的几类安全工作范围限制。在各种使用条件下，调节系统要保证发动机不超出允许的安全工作范围，而且能使发动机加速时，在不熄火、不喘振、不超温的前提下以最短的时间到达最大转速，即能近似沿着最佳供油线供油。

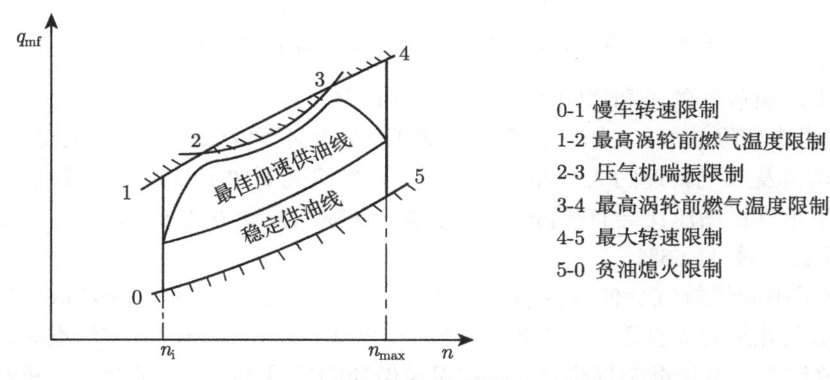

图 4-18　涡轮喷气发动机可能工作范围

3) 保证必要的调节准确度

调节的准确度直接影响发动机的性能及飞机的战术性能。如最大转速变化 1%，将使最大推力变化 4%左右，这又影响到最大飞行速度改变约 2%。另外，从强度角度来看，如最大转速或最高涡轮前燃气温度提高 1%，则都将使涡轮工作叶片的强度储备下降 3%～4%。因此，为了保证飞机的战术技术性能和发动机的工作安全，调节系统应有很高的准确度。同时还要求调节过程灵敏且没有振荡不稳的现象发生。

4) 自动调节器结构性能良好

自动调节器要构造简单，工作可靠，质量轻，尺寸小，寿命长，维护、调整及修理方便。而且所有自动调节器要相互配合协调，能使用单一操纵杆，对发动机操纵自如简便。

随着涡轮发动机的发展，调节的参数日益增加，调节系统越来越复杂，也越来越完善。早期的涡轮喷气发动机只调节供油量一个参数，现在发展到要调节包括进气道、喷管、可调静子叶片、机匣间隙在内的十多个参数，从液压机械式调节发展为用电子自动智能调节。日益完善的自动调节系统改进了发动机的性能，提高了发动机工作的可靠性。

4.2.2　最大工作状态的调节规律

最大工作状态的调节规律的选择应该使发动机在任何飞行状态下都能够产生尽可能大的推力。

由第 3 章讨论已知，推力等于单位推力与空气流量的乘积，在一定的飞行条件下，空气流量的大小主要取决于发动机转速 (假设压气机进口马赫数变化很小，这个假设通常成立)，单位推力的大小主要取决于压气机增压比 (增压比主要由发动机转速确定) 和涡轮前燃气温度 T_3^*。因此，限制发动机推力进一步提高的参数包括发动机转速 n、涡轮前燃气温度 T_3^*，发动机转子强度的限制不允许超过规定的最大值 $n_{\max}$，涡轮部分材料耐热性的限制不允许超过规定的最大值 $T_{3\max}^*$。此外，任何情况下不应使压气机产生喘振限制推力的进一步提高。

为了保证 $n=n_{\max}$，以获得最大的空气流量和单位推力，在不同的飞行条件下，涡轮的加功量必须与压气机需求加功量相平衡。由图 4-16 可知，压气机的单位有效功 $\overline{W_{\mathrm{k}}}$ 与压气机的设计增压比 $\pi_{\mathrm{k,d}}^*$ 有关，对于高设计压比压气机，随着换算转速的下降，单位有效功 $\overline{W_{\mathrm{k}}}$ 增加，中等设计压比压气机的单位有效功与换算转速基本无关，而低设计压比压气机的单位有效功随换算转速的下降而减少。

若忽略燃气流量和空气流量的差别，涡轮功率与压气机功率平衡工作条件为

$$W_{\mathrm{k}}=W_{\mathrm{t}}\eta_{\mathrm{m}}=C_{\mathrm{p}}'T_3^*\left(1-\frac{1}{\pi_{\mathrm{t}}^{*\frac{k'-1}{k'}}}\right)\eta_{\mathrm{t}}^* \tag{4-28}$$

由上式可以看出，当效率 η_{m}、η_{t}^* 为常数且不考虑温度对比热容、比热比的影响时，涡轮的加功量由涡轮进口燃气温度 T_3^* 和涡轮膨胀比 π_{t}^* 共同确定。因此，为了保证压气机转速 $n=n_{\max}$，在飞行条件变化对应于换算转速的变化，引起需求的压气机单位有效功发生变化时，要求 T_3^* 和 π_{t}^* 相应发生变化。

根据上面分析，在任何飞行状态下最大状态调节规律可以为 $n=n_{\max}$，$T_3^*=T_{3\max}^*$ 或 $n=n_{\max}$，$A_9=\mathrm{const}$，其中第二种调节规律是在发动机沿程几何不可调、涡轮导向器临界截面以及喷管出口流动状态临界或超临界情况下，获得 $\pi_{\mathrm{t}}^*=\mathrm{const}$ 的一种有效措施。

采用 $n=n_{\max}$，$T_3^*=T_{3\max}^*$ 这种调节规律，保证了在所有飞行条件下能获得最大可能的空气流量和单位推力，即获得最大可能的推力。从理论上讲，这是最理想的方案，但实际上，当飞行条件变化时，对于高、低设计压比的压气机，压气机加功量发生变化，要求涡轮的加功量相应变化，此时发动机自动调节系统根据离心调节器的信号改变燃烧室的供油量，以保证 $n=\mathrm{const}$，同时喷管临界截面积 A_9 的大小根据 T_3^* 温度传感器的信号无级可调，以保证 $T_3^*=\mathrm{const}$。喷管面积 A_9 无级可调的要求无疑增加了喷管设计和自动调节器的复杂性，同时，要感受 T_3^* 的变化，高温敏感元件也存在很大的技术困难。

因此，实际的发动机最大状态调节规律通常采用的是 $n=n_{\max}$，$A_9=\mathrm{const}$ 的方案。采用这种调节规律时，发动机各部件的几何面积不变，由式 (4-28) 可知，在飞行条件发生变化时，通过调节 T_3^* 来改变涡轮加功量，以适应压气机加功量的变化，此时唯一的调节参数是燃油流量 q_{mf}，以保证 $n=\mathrm{const}$ 这个条件，在燃油调节过程中还要保证强度的限制条件 $T_3^*\leqslant T_{3\max}^*$。

对于高设计增压比的发动机，如果地面起飞状态的涡轮前燃气温度取为最大允许值，那么在高空大 Ma 数飞行时，压气机需求加功量增加，需求的 T_3^* 会超过最大允许值，未能充分发挥发动机的潜力。同样，对低设计增压比的发动机也有类似的问题存在。但是，对于中等设计增压比的发动机，在各种飞行条件下，压气机的需求加功量基本不变，T_3^* 也基本上保持不变，这意味着采用 $n=\text{const}$、$A_9=\text{const}$ 的调节规律，基本上接近于 $n=\text{const}$、$T_3^*=\text{const}$ 的调节规律，在所有的飞行条件下都能获得最大推力。目前常用的单轴涡轮喷气发动机或者军用双轴涡扇发动机中的高压部件，大多是属于中等设计增压比。而且由于 $A_9=\text{const}$，喷管的结构简单，调节方便。因而这种调节规律在实际中得到了广泛的采用。

最大工作状态的调节规律还有 $n_{\text{cor}}=\text{const}$、$A_9=\text{const}$。采用这种调节规律时，随着飞行速度、飞行高度的变化，自动调节系统根据 T_1^* 传感器的信号改变燃烧室的供油量 q_{mf}，改变压气机转速 n，以保证 $n_{\text{cor}}=n\sqrt{T_{1d}^*/T_1^*}=\text{const}$，在这种情况下，发动机零部件强度对温度和转速都要加以限制，$T_3^*\leqslant T_{3\max}^*$，$n\leqslant n_{\max}$。

这种调节规律有许多优点，例如在流程通道几何不变的发动机上，$n_{\text{cor}}=\text{const}$ 规律调节下压气机通用特性图上的共同工作线退化为一点 (图 4-19)，保证了发动机的稳定工作范围；在所有的飞行状态下，发动机各部件性能参数均等于设计状态下的数值；高速飞行时推力大 (因为 $n_{\max}$、$T_{3\max}^*$ 均在 $Ma_{0\max}$ 时到达)，工作稳定、结构简单等，但是这种调节方案也有其致命缺点，例如在低速飞行或起飞时，由于 T_3^*、n 太低而使推力下降太厉害。因此，这种方案一般不单独使用而与其他方案组合使用。例如，当采用 $n=\text{const}$、$A_9=\text{const}$ 的调节规律时，随着飞行 Ma 数的增加，共同工作点可能进入喘振边界时，转而采用 $n_{\text{cor}}=\text{const}$、$A_9=\text{const}$ 的调节方案，使共同工作点固定在某一点不动。

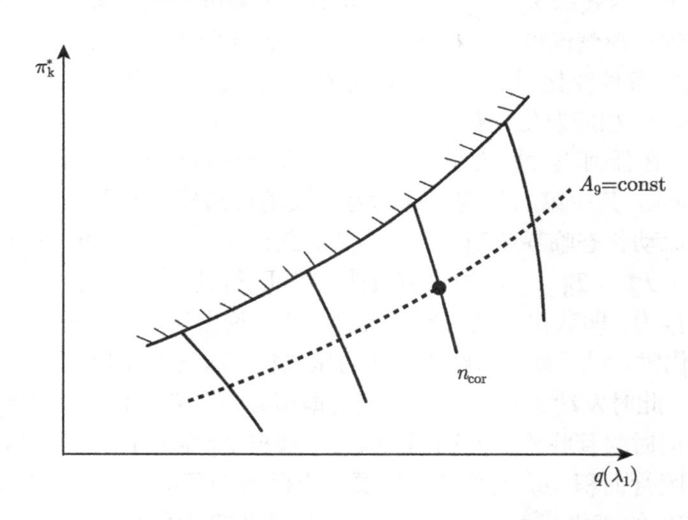

图 4-19　按 $n_{\text{cor}}=\text{const}$、$A_9=\text{const}$ 规律调节时的发动机共同工作线

最大工作状态调节规律，除了上面所讨论 $n=\text{const}$、$A_9=\text{const}$ 及 $n_{\text{cor}}=\text{const}$、$A_9=\text{const}$ 外，属于这一类保持发动机流程通道几何不变，按一个参数调节的还有 $T_3^*=\text{const}$、$A_9=\text{const}$ 的调节规律；而属于发动机喷管临界截面积 A_9 可调，按两个参数调节的规律，除 $n=\text{const}$、$T_3^*=\text{const}$ 外，还有 $n_{\text{cor}}=\text{const}$、$T_3^*=\text{const}$。此外，还有按三个参数进行调节的

规律 $n=\text{const}$、$T_3^*=\text{const}$ 及 $\Delta K_y=\text{const}$。这种调节规律分别通过改变燃烧室供油量 q_{mf}、喷管临界截面积 A_9 及第一级涡轮导向器临界截面积 A_{t} 来实现。在一些发动机上，还往往采用组合调节方案。如按一个参数调节的 $n=\text{const}$、$A_9=\text{const}$ 与 $n_{\text{cor}}=\text{const}$、$A_9=\text{const}$ 的组合规律及按两个参数调节的 $n=\text{const}$、$T_3^*=\text{const}$ 与 $n_{\text{cor}}=\text{const}$、$T_3^*=\text{const}$ 的组合调节规律。

4.2.3　巡航工作状态的调节规律

在发动机实际工作中，有相当多的工作时间是处于巡航工作状态。为了使发动机获得最大的航程，我们希望在保证巡航飞行所需推力的条件下有最小的燃油消耗率。因而，巡航工作状态的调节规律也称为最低燃油消耗率调节规律。

在巡航状态，发动机的推力低于最大推力。由于推力的大小主要取决于压气机转速 n 以及涡轮前燃气温度 T_3^*，推力的降低可以通过 $T_3^*=\text{const}$、n 下降或 $n=\text{const}$、T_3^* 下降或 n、T_3^* 都下降来实现。

下面我们来讨论一下这几种降低推力的办法下燃油消耗率的变化情况。在第 3 章早已指出，燃油消耗率也是由压气机增压比 π_{k}^* 和涡轮前燃气温度 T_3^* 决定的。在不同的 π_{k}^* 和 T_3^* 时燃油消耗率 SFC 的变化情况如图 4-20 所示。

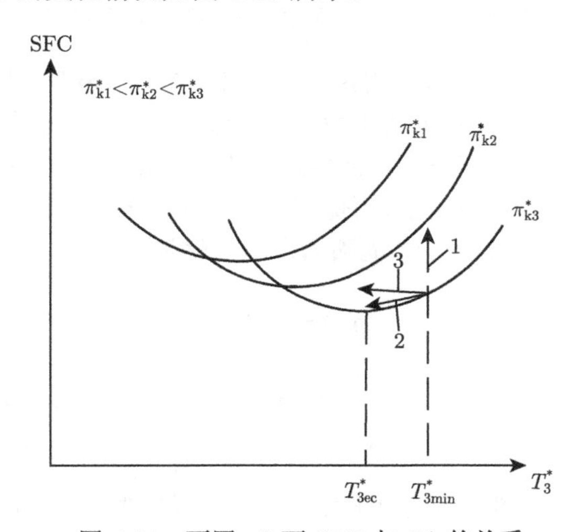

图 4-20　不同 π_{k}^* 下 SFC 与 T_3^* 的关系

对于 $T_3^*=\text{const}$、n 下降的方案，压气机的增压比将随转速的降低而减小。如图 4-20 所示，发动机巡航状态工作时工作点将沿着 $T_3^*=\text{const}$ 线 1 向上移动。这说明，发动机推力降低时，耗油率反而增加了。因此这一方案一般是不采用的。

对于 $n=\text{const}$、T_3^* 下降的方案，当飞行条件和发动机转速不变时，发动机共同工作点在等换算转速线上移动，涡轮前燃气温度的下降将使发动机的工作点远离喘振边界，压气机的增压比降低。但是由于发动机的物理转速一定，增压比 π_{k}^* 的下降不是很大，尤其是对中等压比的发动机更是如此。所以此方案下，工作点将沿着等 π_{k}^* 线稍微偏上的曲线移动，如图 4-20 中的曲线 2 所示。曲线 2 表明，采用此方案在巡航状态时燃油消耗率可能比最大状态时低些。

对于 n、T_3^* 都下降的方案，转速的降低使压气机增压比快速降低，会导致燃油消耗率增加；但涡轮前燃气温度的下降又会使燃油消耗率变小。由于这两个相反作用因素的影响，燃油消耗率随推力的下降基本保持不变或略有下降，如图 4-20 中的曲线 3 所示。

图 4-21 画出了上述三种方案下燃油消耗率随推力的变化情况。可以看出，在推力下降不大的巡航状态时，采用 $n=\text{const}$、T_3^* 下降的方案要好一些，此时耗油率降低较多；而当巡航状态处于很低的推力范围时，则 n、T_3^* 都下降的方案较为有利，此时耗油率变化不大。

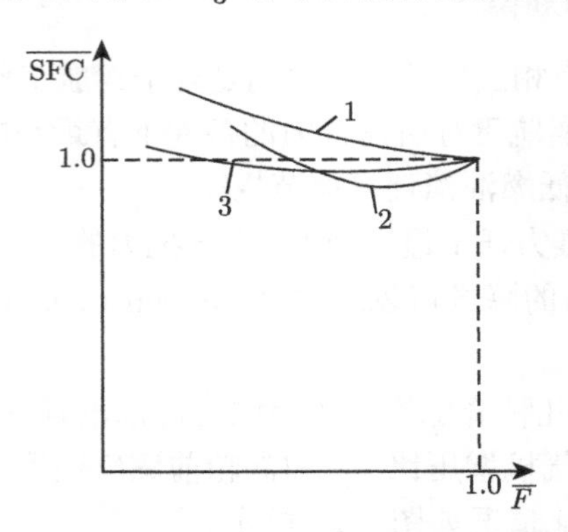

图 4-21 不同调节规律下发动机巡航状态的燃油消耗率随推力的变化情况

因此，为了在较大巡航范围内能获得最小的燃油消耗率，最好采用在推力下降不大、巡航时用转速等于常数的方案，而在低的推力范围时改用转速和涡轮前燃气温度都下降的组合方案。但是，由于涡轮前燃气温度下降而转速不变的方案需要调节喷管临界截面面积，为了简化结构设计，巡航工作状态往往采用保持预先放大了的喷管临界截面面积不变而同时降低转速和涡轮前燃气温度的方案。如涡喷六发动机就是这样。

复习思考题

1. 什么是发动机各部件的共同工作线？发动机各部件的共同工作时，必须遵循的条件有哪些？

2. 试推导压气机与涡轮的流量连续条件的表达式 $\pi_k^*=A\sqrt{\dfrac{T_3^*}{T_1^*}}q(\lambda_1)$，若将该式以 $\dfrac{T_3^*}{T_1^*}=\text{const}$ 的形式在压气机通用特性图上绘制图形，该图线有什么特点？试从图线形状分析 T_3^* 对共同工作点位置的影响。

3. 试分别推导调 $n=\text{const}$，$A_9=\text{const}$ 及调 $n=\text{const}$，$T_3^*=\text{const}$ 时的共同工作方程，并指出其适用范围。

4. 试述利用部件特性绘制共同工作线的基本思路。

5. 说明影响涡轮喷气发动机共同工作线形状及位置的因素，试用图线表示其影响情况，并作简要分析。

6. 在采用 $n=\text{const}$ 和 $T_3^*=\text{const}$ 的调节规律时，当飞行马赫数增大，对压气机设计增压比较大或较小的发动机，尾喷管临界截面积 A_9 将如何变化？分别说明其理由。

7. 某涡轮喷气发动机设计状态 (海平面、静止状态、标准大气条件、最大工作状态) 时，尾喷管刚好处于临界状态，共同工作点为 P。当 $H=11\text{km}$，$Ma_0=1.5$ 时，由于意外原因使发动机转速急剧下降，试在压气机通用特性曲线图及喷管流量特性图上分别画出共同工作点的移动情况，并简要说明理由。

8. 试分析涡轮喷气发动机在下述条件下稳定工作时，从设计点开始缩小尾喷管的临界面积将对压气机、涡轮的工作及发动机的过程参数和性能参数产生什么影响？

(1) 保持发动机转速不变；

(2) 保持燃油流量 q_{mf} 不变；

(3) 保持压力比 P_4^*/P_1^* 不变。

9. 若某涡轮喷气发动机在设计试制过程中，涡轮导向叶片的排气角制造得过小，试问发动机在设计转速下工作时，压气机能否在特性图上的设计点工作？对发动机的工作过程参数和发动机性能有什么影响？

10. 超声速进气道与发动机一起共同工作时，它们是怎样相互影响、相互制约的？在设计飞行状态下，超声速进气道与发动机匹配工作的条件是什么？

11. 发动机调节系统的作用是什么？发动机的工作对调节系统的设计有什么要求？

12. 什么叫发动机的最大工作状态调节规律？什么叫发动机的巡航工作状态的调节规律？为什么要讨论发动机的调节规律？

13. 有哪几种可供选择的最大工作状态调节规律，各有何优缺点？

14. 选择巡航状态调节规律时有哪些要求？为什么有些发动机在降低转速的同时需要加大喷管临界截面积 A_9？

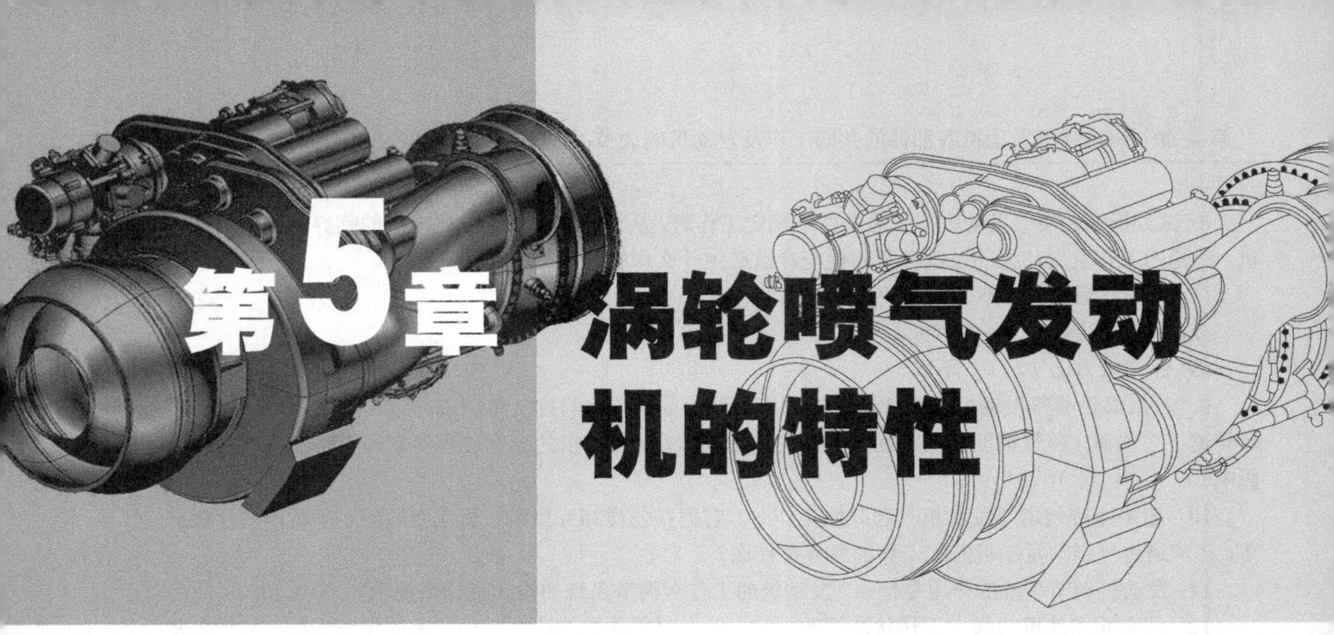

第5章 涡轮喷气发动机的特性

第 3 章我们讨论了发动机设计点的性能计算问题。在设计点，发动机处于一定的飞行条件和工作状态。而实际上，发动机安装在飞机上使用时，飞机的飞行高度、速度、姿态会在很大的范围内变化，导致发动机的飞行条件 (飞行高度和飞行速度) 随之改变，同时，发动机的工作状态 (如转速、空气流量等) 也会调整。为了保证发动机在实际工作中安全可靠、性能良好，以满足飞机飞行的要求。我们不仅要知道在整个飞机飞行包线内，发动机各个部件能否协调工作以及它们是如何协调工作的 (第 4 章已经介绍)，而且还必须了解在整个工作范围内，发动机的气动热力参数和性能参数是如何变化的，这些问题也就是发动机的特性问题。

发动机特性包括发动机的设计点性能和非设计点性能，两者的出发点和所关心的问题有所差异。

设计点性能计算是选择一系列的主要工作过程参数 π_{k}^* 和 T_3^* 及有关效率和损失系数，进行一系列计算，从中选出满足设计状态性能要求的一组 π_{k}^* 和 T_3^* 及其他热力参数和发动机的性能参数。每个增压比 π_{k}^* 和每一个涡轮前燃气温度 T_3^* 就对应着一台发动机，不同的增压比和涡轮前燃气温度就对应着许许多多参数不同的发动机。关心的主要问题是如何选择恰当的工作过程参数，以满足发动机的设计指标。

非设计点性能计算是研究发动机工作点偏离设计状态以后引起的气动热力参数、性能参数的变化以及对发动机工作的安全性、可靠性和发动机的性能将产生什么影响。关心的主要问题是同一台发动机在不同飞行条件 (飞行高度、飞行 Ma 数) 和不同调节规律下的发动机性能是否能够满足要求。

5.1 飞行包线

在飞机、发动机设计过程中，发动机设计部门在选定一系列可能选用的发动机设计参数后，可以用电子计算机算出许多发动机特性供飞机设计部门选用。飞机设计部门可以根据发动机设计部门提供的发动机性能和飞机的设计方案，计算出如图 5-1 所示的飞行包线，即飞机可能工作的高度、速度范围。一般而言，发动机的飞行包线范围大于飞机的飞行包线。

下面，我们简单地介绍飞机飞行包线中各段的意义。图 5-1 的飞行包线由最大飞行高度 $H_{\max}$、最大飞行马赫数 $Ma_{0\,\max}$、最小飞行马赫数 $Ma_{0\,\min}$ 及最大动压头 $q_{\max}$ 等线段所组成。最大飞行高度 $H_{\max}$ 和最大飞行马赫数 $Ma_{0\,\max}$ 通常由发动机所能提供的最大推力或飞机结构强度所允许的值所确定。例如，最大飞行高度是由发动机在这一飞行高度所能提供的推力，正好等于飞机在这一飞行高度以最小飞行马赫数做等速平飞时所需克服的飞行阻力所确定的。最大飞行马赫数是由在某一飞行高度下发动机所能提供的推力和飞机在这一飞行高度水平等速飞行所需克服的阻力及飞机结构强度的允许值所确定。最小飞行马赫数 $Ma_{0\,\min}$ 通常由飞机在飞行中不发生抖振的迎角来确定。最大动压头 $q_{\max}$ 是

$$q_{\max} = \frac{\rho_0 C_0^2}{2} = \frac{K}{2}\rho_0 Ma_0^2$$

它通常是由飞机或发动机的结构强度条件所限制的。由于大气压力 P_0 随飞行高度增大而降低，所以，最大动压头 $q_{\max}$ 所对应的最大允许 Ma 数是随飞行高度的增大而增大的。

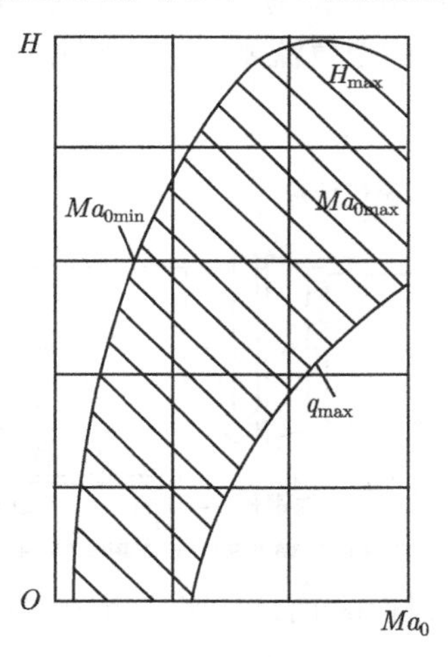

图 5-1 飞行包线示意图

5.2 获取特性的方法

发动机的特性可以在地面试车台、高空试验台或者飞行试验台上用试验的方法取得，也可以用计算的方法获取。

在地面试车台测取发动机特性时，将发动机固定在地面试车台的台架上，如图 5-2 所示。发动机工作时从周围大气吸进空气。因此周围大气的温度和压力就是发动机进口的总温和总压，喷管出口处的静压/反压就是周围大气压力。地面试车台包含静架和动架两个部分。静架可固定在地面上，也可以悬挂于房顶或者支架上。

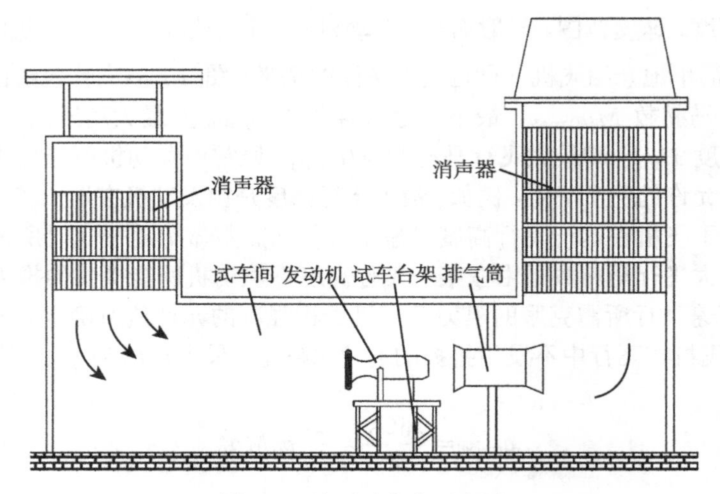

图 5-2　地面试车台示意图

地面试车台试车时，测取发动机的推力、转速、燃油消耗量、发动机各截面气流的温度和压力，如果需要测量流过发动机的空气流量，可以把地面试车用的发动机进气道做成测流量管，如图 5-3 所示。

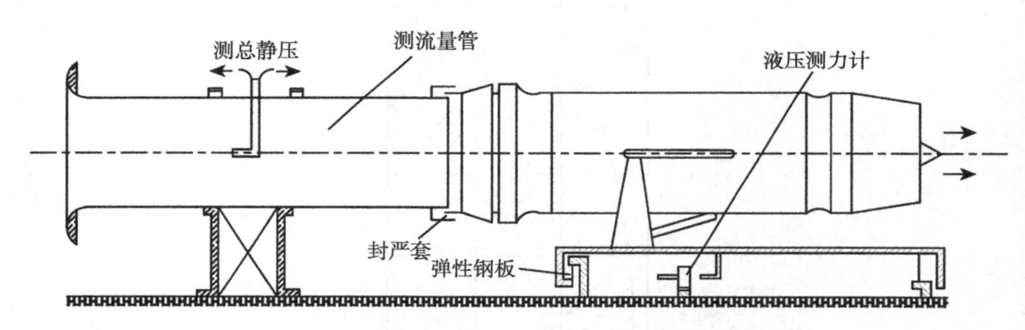

图 5-3　地面试车台用于测量空气流量的管路

地面试车台只能测得在地面静止状态下发动机的油门特性，发动机的进气温度和压力以及尾喷管出口的静压都会受到试车时周围大气条件的限制。

地面试车台的进气系统和排气系统往往都装有消声装置，消声装置的设置增加了气体的流动阻力，使发动机进口处的气体总压略低于周围大气压力，而发动机尾喷管出口的静压略高于周围大气压力。如果消声装置的流动阻力造成的压差损失很小，而发动机的试车数据要求又不是很精确，那么可以忽略消声装置的流动阻力对发动机性能的影响。如果对发动机的试验数据要求比较精确，那么就应该利用标准的野外试车台对地面试车台进、排气系统的流动阻力对发动机性能 (主要是推力参数) 带来的影响进行修正。发动机在野外试车台试车时装有地面用的进气损失很小的喇叭形进气道。在这些情况下，可以认为压气机进口截面总压与周围大气压力相等，尾喷管出口处的静压也与周围大气压力相等。以同一台标准发动机分别在野外试车台和地面室内试车台进行试车，将试车结果进行比较，确定修正值。对于不同类型的发动机其修正值是不同的。即使是同一类型的发动机，在不同工作状态其修正值也会有差异，发动机工作状态改变时，倘若空气流量减小，则进、排气系统的流动损失均降低，修正值也会相应减小。因此，对于每一个试车台，应该根据试验的结果，得出各种类型发动机性能参数的修正值随发动机工作状态的变化关系。

如果在地面实验室中试验发动机性能时，需要模拟发动机在高空飞行时的情况，也就是人为地给发动机造成高空飞行时的工作条件，这样的地面实验室称为高空试车台。从原则上讲，发动机可以与飞机上使用的超声速进气道配合在一起，在高空试车台上进行试验。高空试车台上具有超声速风洞，给发动机进口提供超声速气流，这股超声速气流的静压和静温应符合所模拟飞行高度、飞行速度的情况。由于发动机的空气流量很大，这种具有大流量的超声速风洞的高空试车台需要耗费巨大的功率。为了节省设备的功率，可以把涡轮喷气发动机与进气道分开，分别进行试验。对于发动机，只要模拟压气机进口的总压 P_1^* 和总温 T_1^* 以及喷管出口处静压、反压 P_0 就可以了，对于超声速进气道，可以进行缩小尺寸的模型试验，这样就可以避免在高空试车台上建立大流量超声速风洞。图 5-4 为涡轮喷气发动机的高空试车台简图。

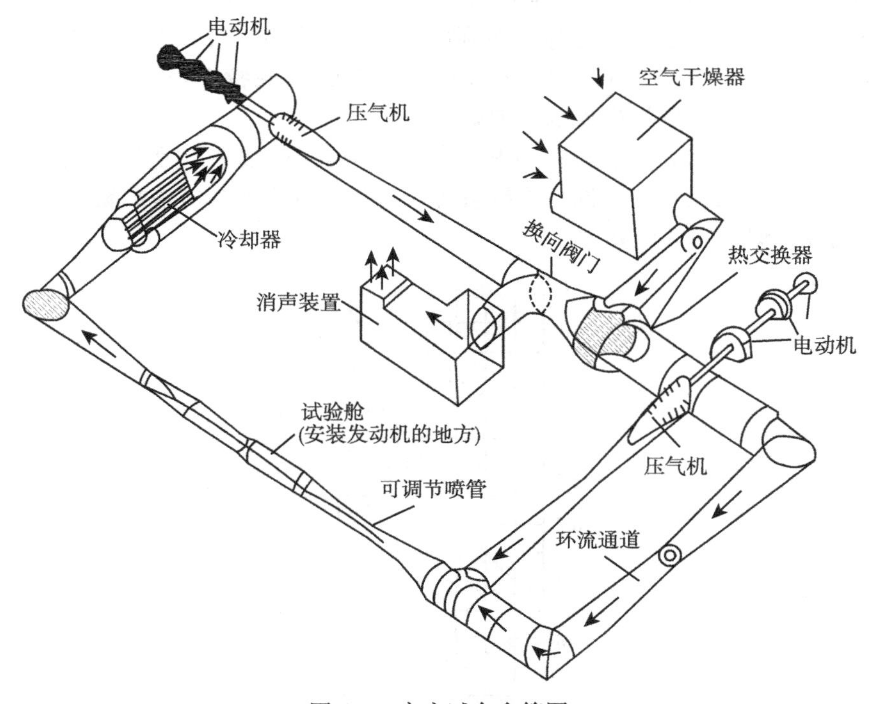

图 5-4　高空试车台简图

飞行实验室又称为飞行试车台。一般来说，飞行实验室设置在多发动机的飞机上，被试验的涡轮喷气发动机在进行试验的同时也作为飞机的动力。

如果被试验的涡轮喷气发动机将应用于高空高速歼击机上，那么设置在多发动机飞机上的飞行试车台所能达到的高度和速度范围就显得太窄。尽管如此，它比地面试车台和高空试车台更符合实际使用情况。在多发动机的飞机上设置飞行试车台是比较安全的，一旦试验的发动机发生故障，飞机仍能够安全飞行降落。已经经过地面试车台和飞行试车台试验的发动机，可以安装在单发动机飞机上进行飞行试验，被试验的发动机就是飞机的唯一动力。在这种情况下，发动机可以达到较高的飞行高度和较大的飞行速度。

发动机在飞行试车台上试验时，测取的数据项目和地面试车时基本相同。但在飞行试车台上准确测定发动机的推力比地面试车台要困难得多，这是由下列两方面原因造成的：一方面，由于飞机飞行的姿态经常在变化，发动机轴线与水平线之间产生一定的角度，形成了发动机本身的重力在发动机轴线方向的分力。因此在测量发动机推力时，必须测出发动机轴线与水平线的夹角，然后根据发动机质量求出发动机的重力分力。另一方面，由于发动机短舱受到气动阻力，因此在测量发动机推力时必须排除发动机短舱气动阻力对推力的影响。

由上述可知，用试验的方法获得发动机特性需要非常复杂、庞大、昂贵的设备，但它又是最可靠、最直接获得发动机特性的方法。同时还可以用来检验发动机结构和强度、检验和调整发动机的操纵系统和调节系统、考验发动机工作的可靠性、确定发动机工作寿命等。因此，试验法获取特性是发动机研制过程中必不可少的。

用计算的方法来获取发动机特性所耗费的人力和资金是比较少的。同时，用计算方法还可以确定新设计的发动机特性，在发动机研制过程中也是必不可少的。

发动机特性的现代计算方法是建立在利用发动机所有各部件特性的基础上的。发动机某些部件的特性可以由关系曲线给出，比如压气机特性、涡轮特性等。利用发动机各部件的特性来计算发动机的特性的过程可以归纳如下：

(1) 借助第 4 章中所叙述的方法，在压气机通用特性图上绘制出所采用的调节规律下的发动机共同工作线。根据这些共同工作线就可以得到压气机的基本参数随折合转速变化的曲线，这些曲线类似于图 5-5 所示。

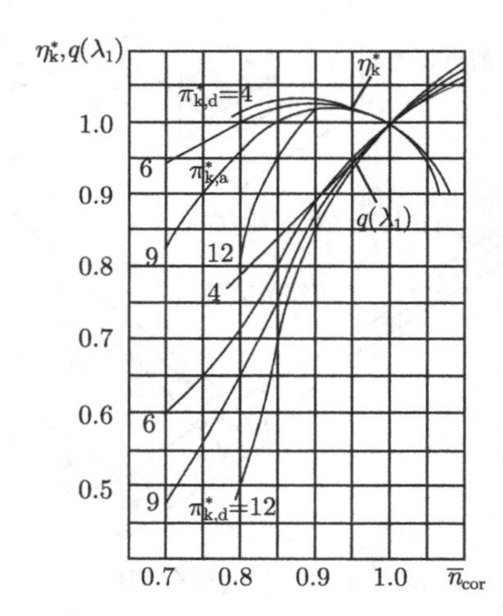

图 5-5　压气机 η_k^* 和 $q(\lambda_1)$ 在不同的 $\pi_{k,d}^*$ 值下沿着 $\pi_t^*=\text{const}$ 的共同工作线的变化曲线

(2) 在给定的飞行条件 (Ma_0 及 H) 下，根据压气机进口总温 T_1^* 及由调节规律所确定的转速 n 确定 $n/\sqrt{T_1^*}$ (或 n_{cor})，再根据这个参数，借助于上述的辅助关系曲线 (或者直接根据共同工作线)，就能够求出给定状态下发动机各部件共同工作点的不同参数 $\pi_k^*, q(\lambda_1), \eta_k^*, \pi_t^*$，$T_3^*/T_1^*$ 等。

(3) 进气道的总压恢复系数 σ_i 可以根据给定的飞行条件，在绘制于进气道特性图上的进气道和发动机的共同工作线上求出来；燃烧室的总压恢复系数 σ_b 或燃烧效率 η_b 可根据实验曲线或经验公式确定。

(4) 根据已经求出的参数，就可以逐次地求出发动机所有特征截面处的气流参数。知道了排气速度、通过喷管的燃气流量以及空气和燃油的流量等，就可求出给定飞行条件及发动机工作状态下的推力 F 及耗油率 SFC。

5.3　涡轮喷气发动机的速度特性

发动机的速度特性是指在飞行高度及调节规律不变的条件下，发动机保持一定工作状态时其推力和耗油率随飞行马赫数 (或飞行速度) 的变化关系。

发动机的推力 F 及耗油率 SFC 随飞行马赫数的变化情况取决于很多因素。这些能产生影响的因素是设计参数 ($\pi^*_{k,d}$ 和 T^*_{3d})、发动机的状态、调节规律、使用的限制等。本节中我们将着重研究设计参数对发动机速度特性的影响。

在研究单轴涡轮喷气发动机的速度特性时，假设发动机最大工作状态的调节规律为 $n=\text{const}$ 和 $T^*_3=\text{const}$，压气机具有中等的增压比，气流在喷管中完全膨胀，而且忽略燃气流量与空气流量的差别。图 5-6 为涡轮喷气发动机在最大状态时典型的速度特性曲线。

由图 5-6 可见，涡轮喷气发动机的推力起初在所有的高度上随着 Ma_0 的增大降低得都不大。推力的最小值通常所对应的是 $Ma_0=0.3\sim0.5$，此后推力就开始增大。在某一飞行速度下推力达到最大值 $F_{\max}$，过此值之后推力就急剧地减小直至达到零。耗油率在每个给定的高度上都是随 Ma_0 的增大而连续地上升，当推力为零时，耗油率趋向无限大。

推力 F 和耗油率 SFC 随飞行马赫数的变化之所以有这样的特点，是由于单位推力 F_s 及通过发动机的空气流量 q_{ma} 随飞行马赫数相应变化造成的。

随着 Ma_0 的增大，进气道的增压比 π_i 是提高的，尽管由于 T^*_1 的升高和 n_{cor} (或 $n/\sqrt{T^*_1}$) 的下降使 π^*_k 降低，但是当 Ma_0 增大时总的增压比 $\pi_\Sigma=\pi_i\cdot\pi^*_k$ 是提高的。π_Σ 的提高导致了压气机出口气流压力 P^*_2 的升高，因而也就使涡轮前燃气的压力 P^*_3 得到升高。在这种情况下，涡轮后气流的压力 P^*_4 也是提高的。因为在假定的条件下，涡轮中的膨胀比 π^*_t 通常变化不大。

在发动机最大工作状态，涡轮导向器通常处于临界工作状态 $q_{mg}\sqrt{T^*_3}/P^*_3=\text{const}$，在 $T^*_3=\text{const}$ 的条件下，q_{mg} 与 P^*_3 成正比变化，因而涡轮前燃气压力 P^*_3 的提高会导致 q_{mg} (即 q_{ma}) 的增大。同时，由于 $T^*_4=\text{const}$ (因为 $T^*_3=\text{const}$ 及 $\pi^*_t=\text{const}$)，涡轮后气流总压 P^*_4 也是提高的，所以喷管的排气速度是增大的。但是喷管的排气速度 C_9 的增大比飞行速度 C_0 的增大要慢，所以单位推力 $F_s=C_9-C_0$ 随着 Ma_0 的增大而减小。

图 5-7 给出了飞行高度 $H=11\text{km}$ 时，单位推力 F_s、空气流量 q_{ma}、喷管排气速度及燃烧室中对 1kg 空气的加热量 q 相对 Ma_0 的变化曲线。由图可见，在给定的飞行高度上，当 Ma_0 增大时 F_s 是减小的，而 q_{ma} 却是增大的。这样一来，起初当 q_{ma} 的增大比 F_s 的减小慢时，等于 F_s 与 q_{ma} 乘积的涡轮喷气发动机的推力随着 Ma_0 的增大是减小的。后来，由于 q_{ma} 的增大量开始超过 F_s 的减小量，所以这时发动机的推力就开始增大。当 Ma_0 再继续增大时，发动机的推力又减小，这是由于 F_s 减小程度较大，以致 q_{ma} 的增大已经不能补偿 F_s

的减小所造成的损失。图中 $F_s = 0$ 的地方，也就是 $F = 0$ 的地方。

在高超声速飞行速度下，F_s 显著减小是由于压气机出口温度 T_2^* 随 Ma_0 的增加而上升，而 $T_3^* = \text{const}$，在发动机中对 1kg 空气的加热量 $q = \overline{C}_p(T_3^* - T_2^*)$ 也随之降低的缘故。在 $F_s = 0$ 的飞行速度下，加热量 q 会小到如此之程度，以致加热量几乎全部都被消耗在克服发动机中的损失上。可见，只有在理想循环中，亦即只有在不存在损失的情况下，条件 $q = 0$ 及 $F_s = 0$ 才能同时在一个 Ma_0 上达到。显然，在其他条件相同的情况下，T_3^* 越高，则使得 $F_s = 0$ 和 $F = 0$ 的飞行马赫数 Ma_0 越大。

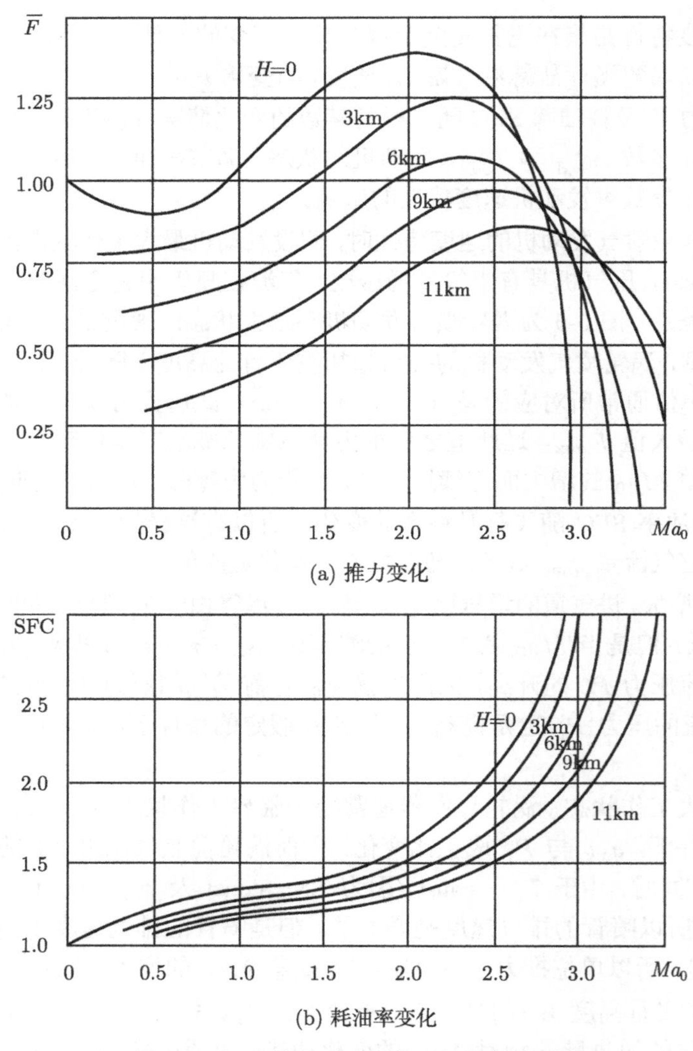

图 5-6 涡轮喷气发动机的速度特性曲线

$\pi_{k,d}^* = 13, T_{3d}^* = 1400\text{K}$

图 5-6 还表明，随着飞行高度 H 的增加，符合条件 $F = 0$ 的 Ma_0 也是增加的。这是因为在 11km 以下，在 $T_3^* = \text{const}$ 的条件下，空气在发动机中的加热比 $\Delta = T_3^*/T$ 随着飞行

高度的增加是增大的，因此在这种情况下，使得满足条件 $F=0$ 是在 $a\Delta\eta_c\eta_p/e=1$ 比较高的 e 值下达到的，亦即是在更大的飞行马赫数下达到的。

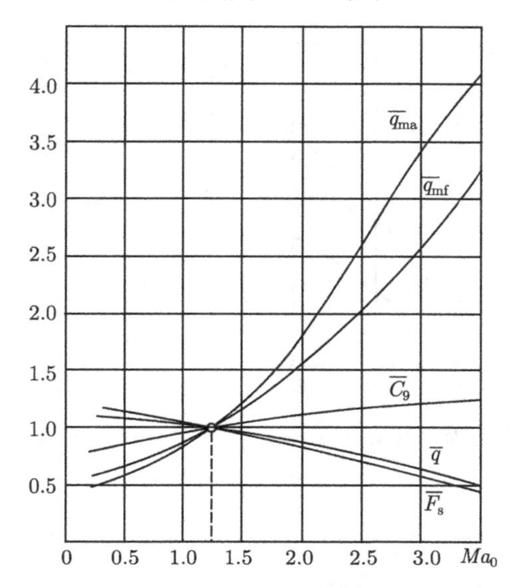

图 5-7　涡轮喷气发动机的特性参数对 Ma_0 的变化曲线

$\pi^*_{k,d}=13, T^*_{3d}=1400\text{K}, H=11\text{km}$

由图 5-6 还可以看出，能使涡轮喷气发动机的推力达到最大值的飞行马赫数 (用 $Ma_{0F\,\max}$ 表示) 随着飞行高度 H 由 0 增加到 11km，同样也是增大的。这是由于单位推力 F_s 在 $H=11\text{km}$ 时随 Ma_0 的增大而减小的程度不如在地面上那样严重。

SFC 随着马赫数 Ma_0 的增大而上升，可以利用关系式 $\text{SFC}=3600q/(\xi_b H_u F_s)$ 来解释。包含在这个公式中的两个参数 q 及 F_s 随着 Ma_0 的增大而减小的程度是不同的。F_s 的降低比较严重些 (图 5-7)，因而导致了耗油率 SFC 随着 Ma_0 的增大而上升。尤其要注意的是，当 F_s 为零时，q 还不等于零，导致 SFC 趋于无限大。

每小时的耗油量 $q_{mf,h}$ 在一定的范围内随着 Ma_0 的增大同样也是增大的，因为这时 q_{ma} 是增大的。为了将所有的这些空气都加热到所需要的温度 T_3^*，就必须增大燃烧室的燃油供应量。同时，随着 Ma_0 的增大，$q_{mf,h}=\dfrac{3600qq_{ma}}{\xi_b H_u}$ 的增大比 q_{ma} 的增大慢，因此 q 在这种情况下是减小的 (图 5-7)。

必须指出，耗油率 SFC 随 Ma_0 的增大而上升并不意味着发动机经济性的恶化。在第 1 章曾经指出，飞行中涡轮喷气发动机的经济性并不适合用耗油率表示，而是用总效率表示。总效率 $\eta_0=\eta_e\cdot\eta_p$，即总效率由涡喷发动机的热效率和推进效率两个参数决定。图 5-8 表示的是涡轮喷气发动机的 η_e、η_p 及 η_0 随 Ma_0 变化的关系曲线。由图可见，η_0 值在 Ma_0 增大时是提高的，只是在 Ma_0 达到很大值之后才开始下降。推进效率 η_p 之所以随着 Ma_0 的增大而提高，是由于随着 Ma_0 增大，C_9 的增大比 C_0 慢。热效率 η_e 在 Ma_0 的值很大以前之所以提高是由于总压比 π_Σ 的提高改善了热量的利用程度。但是当 Ma_0 再继续增大时，给气流的加热量 q 值就会很小，于是发动机中的相对流动损失就显著地增大，这就造成了可用功

W 的减少。当 $W=0$ 时，$F=0$。在这种情况下，由于 $C_9=C_0$，$\eta_p=1$，而 $\eta_e=W/q_0=0$，所以 $\eta_0=0$。

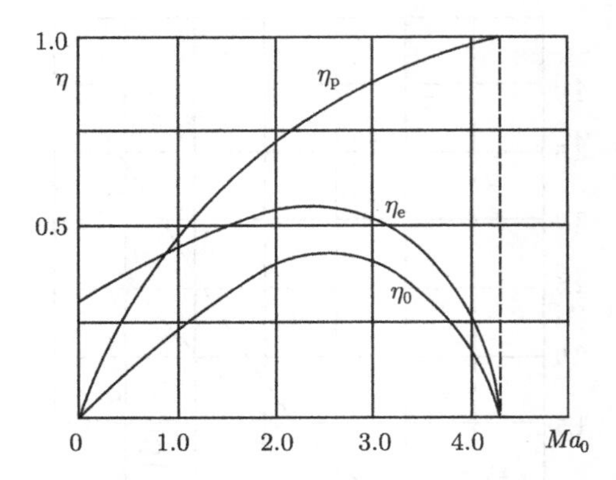

图 5-8　涡轮喷气发动机 η_e、η_p 及 η_0 随 Ma_0 变化的关系曲线

$\pi_{k,d}^*=13, T_{3d}^*=1400\text{K}$

设计参数 $\pi_{k,d}^*$ 及 T_{3d}^* 对涡轮喷气发动机速度特性曲线分布的影响如图 5-9 所示。图 5-9(a) 所表示的是 $\pi_{k,d}^*$ 的影响。推力曲线是用相对值绘制出来的，这时取 $Ma_0=1.286$，飞行高度在 $H=11\text{km}$ 时的推力作为推力单位。这组曲线图最突出的特点是当 $\pi_{k,d}^*$ 提高时，随着 Ma_0 的增大，推力曲线上升得并不显著，可是 SFC 曲线却上升得比较快。随着 $\pi_{k,d}^*$ 的提高，最大推力下的 Ma_0 也是减小的，即在大的超声速飞行范围内，发动机的性能会比较快地开始

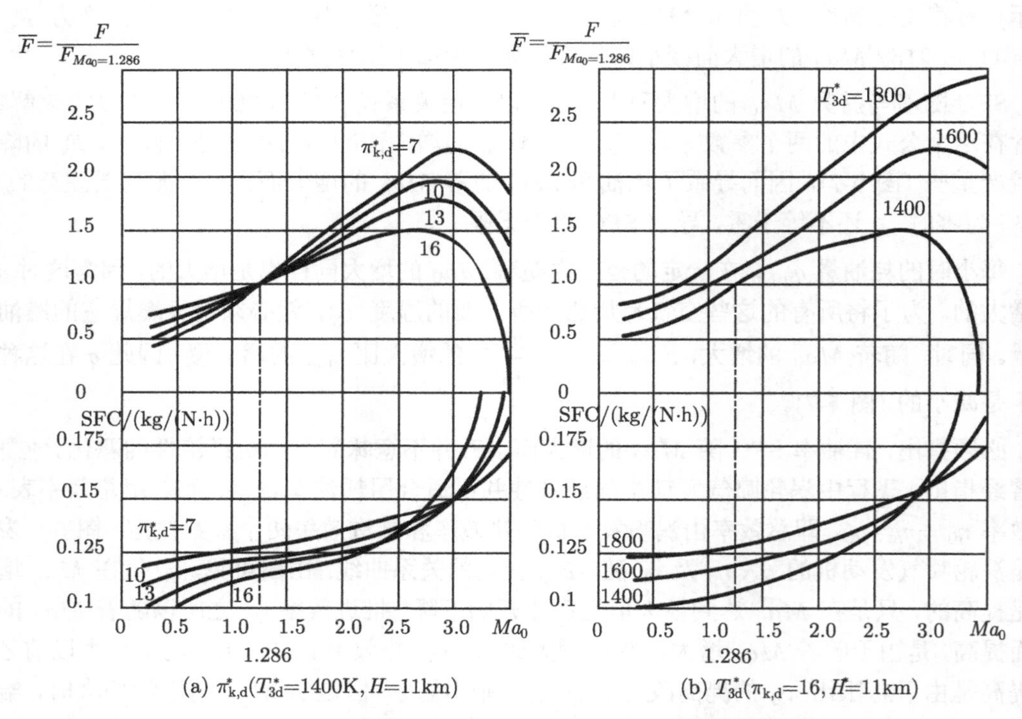

(a) $\pi_{k,d}^*(T_{3d}^*=1400\text{K}, H=11\text{km})$　(b) $T_{3d}^*(\pi_{k,d}=16, H=11\text{km})$

图 5-9　涡轮喷气发动机设计参数对速度特性的影响

恶化。这是因为在 $\pi^*_{\mathrm{k,d}}$ 值比较高而 $T^*_{3\mathrm{d}} = \mathrm{const}$ 的条件下，随着 Ma_0 的增大，F_s 减小得比较严重，从而在 Ma_0 值比较小的时候单位推力就会变为零 (在总压比 $\pi_\Sigma = \pi^2_{\mathrm{opt}}$ 时)，而空气的质量流量随着 Ma_0 增大而增大的速度也与设计压比 $\pi^*_{\mathrm{k,d}}$ 有关。即使是在具有可调节压气机的涡轮喷气发动机中，随着 $\pi^*_{\mathrm{k,d}}$ 的提高其质量流量增加的速度是也减小的。由 F_s 与 q_{ma} 的综合影响可知，低设计压比发动机在高速下的推力性能比高 $\pi^*_{\mathrm{k,d}}$ 发动机要优越得多。至于设计压比 $\pi^*_{\mathrm{k,d}}$ 对耗油率速度特性的影响，由于涡轮喷气发动机的最经济增压比 $\pi^*_{\mathrm{k,ec}}$ 随着飞行速度的增加是减小的。因而在较低的飞行速度 (如 $Ma_0 \leqslant 2.5$) 时，高 $\pi^*_{\mathrm{k,d}}$ 发动机的经济性较好。当 $Ma_0 > 2.5 \sim 3.0$ 时，随着 Ma_0 的增加，高 $\pi^*_{\mathrm{k,d}}$ 发动机的耗油率 SFC 将比低 $\pi^*_{\mathrm{k,d}}$ 发动机的耗油率 SFC 上升得快。

图 5-9(b) 所示为涡轮前燃气温度的设计值 $T^*_{3\mathrm{d}}$ 对涡轮喷气发动机速度特性曲线分布的影响。图中取 $Ma_0 = 1.286$ 时的推力作为推力的单位。由图可见，$T^*_{3\mathrm{d}}$ 提高能大幅度地增大涡轮喷气发动机的推力，尤其是在更大的 Ma_0 下更是如此。这是由于在 $\pi^*_{\mathrm{k,d}} = \mathrm{const}$ 的条件下，提高 T^*_3 能使发动机的性能在大的 Ma_0 下才开始恶化。当 T^*_3 提高时，排气速度的增大及推进效率的降低使耗油率增大，但随着 Ma_0 的提高，要取得良好的经济性，必须相应提高 $T^*_{3\mathrm{d}}$，因而当 Ma_0 很大时，$T^*_{3\mathrm{d}}$ 高值的发动机有优越的经济性。

调节规律对涡轮喷气发动机速度特性曲线分布的影响如图 5-10 所示。在飞机飞行的主要范围内，如果我们不考虑发动机部件强度方面和工作过程稳定性方面的限制，调节规律的作用主要是通过参数 T^*_3、q_{ma}、η^*_k 等随着飞行马赫数 Ma_0 的变化特点而表现出来的，这些参数的变化规律不仅与调节规律有关，而且与压气机特性的特点有关。

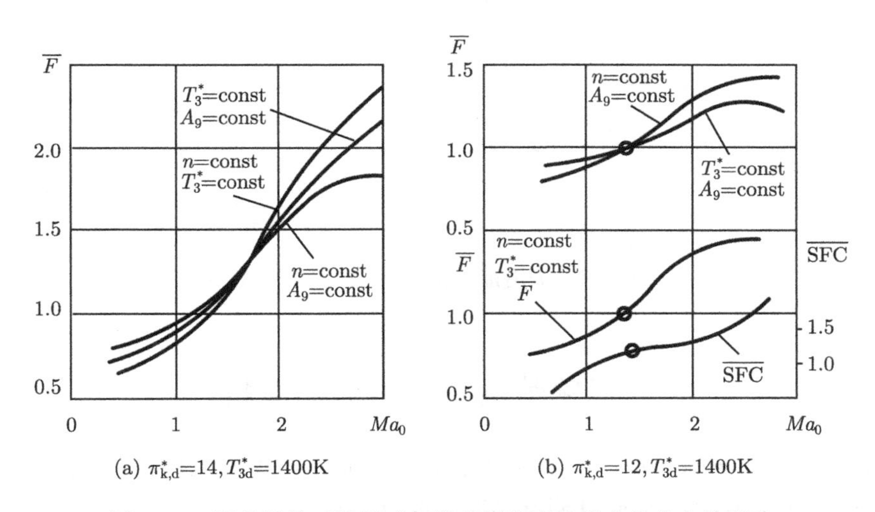

图 5-10　调节规律对涡轮喷气发动机速度特性曲线分布的影响

在 $A_9 = \mathrm{const}$ 的涡轮喷气发动机中，T^*_3 和 n 都保持常数是不可能的。对低设计增压比的发动机，如果 $n = \mathrm{const}$，则 T^*_3 值将随着 T^*_1 的提高而下降。因此，大的飞行马赫数 Ma_0 定会引起发动机推力的减小 (与同一台涡轮喷气发动机按照 $T^*_3 = \mathrm{const}$、$n = \mathrm{const}$ 规律进行调节的情况相比较而言)。如果上述情况下采用 $T^*_3 = \mathrm{const}$ 的调节规律，则 n 将会提高。这时转子的超转会在 F_s 几乎不变的情况下引起 q_{ma} 增加，使推力在大的飞行马赫数 Ma_0

下会比较大些。但是，即使在 $T^*_{3\max}$ 值相同的条件下，在小飞行马赫数 Ma_0 下，发动机并没有被充分地利用来发出推力。在高的 $\pi^*_{\mathrm{k,d}}$ 值下，上述这两个调节规律对涡轮喷气发动机的推力曲线随着飞行马赫数变化的分布特点所造成的影响与上述情况相反。

涡轮喷气发动机的速度特性是计算飞机的飞行性能时必不可少的。在飞机的设计研制过程中，飞机的设计部门根据飞机的空气动力计算和试验，可以得出飞机的需用推力曲线。图 5-11 给出了某一飞行高度下飞机的需用推力 F_n 随飞行马赫数变化的曲线。曲线上的每一点都表示在这一飞行马赫数下克服飞行阻力飞机做等速平飞时所需发动机的推力。在图上还给出了在同一飞行高度下发动机的可用推力随飞行马赫数 Ma_0 变化的曲线，即发动机的速度特性曲线。这两条曲线的交点所对应的 Ma_0，就是在这一飞行高度下所能达到的最大平飞飞行马赫数。在这一飞行马赫数下，发动机能够提供的推力正好等于飞机需要的推力。当 Ma_0 小于这一最大平飞飞行马赫数时，发动机有剩余推力，根据剩余推力的大小和飞机的有关参数，即可计算飞机的机动性能。对于每一个飞行高度都要进行上述计算，就可确定出飞机的最大平飞速度、升限、爬升速度、盘旋半径等飞机的性能参数。由此可见，研究发动机的速度特性及下一节要研究的高度特性是十分必要的。

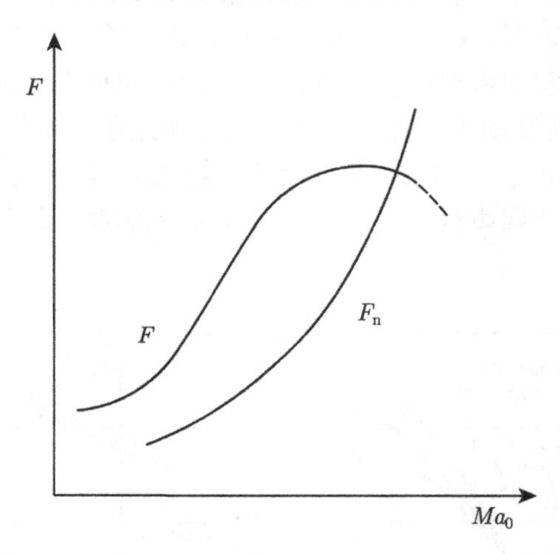

图 5-11　需用推力和可用推力关系曲线

5.4　涡轮喷气发动机的高度特性

在 $Ma_0 = \mathrm{const}$ (或 $C_0 = \mathrm{const}$)，而且发动机的调节规律和工作状态均给定的条件下，发动机的推力与耗油率随飞行高度的变化关系称为高度特性。

图 5-12 所示为最大状态下，调节规律为 $n = \mathrm{const}$、$T^*_3 = \mathrm{const}$ 时，典型的涡轮喷气发动机高度特性曲线。图中，取 $H = 0$ 时的推力值及耗油率值作为推力及耗油率的单位。由图可见，随着飞行高度由 0 增加到 11km，发动机的推力迅速减小，但是耗油率下降却不多(为 10%~20%)。从 11km 的高度开始，随着飞行高度继续增加，耗油率就不再下降，可是推力却开始更急剧地减小。为了解释发动机的推力、耗油率随飞行高度的变化规律，现在来研究单位推力 F_{s} 及空气流量 q_{ma} 随飞行高度的增大将如何变化。图 5-13 所示为发动机的

F_s、q_{ma}、π_k^*、Δ、q 及 ρ_0 等基本参数的相对量随飞行高度的变化情况。

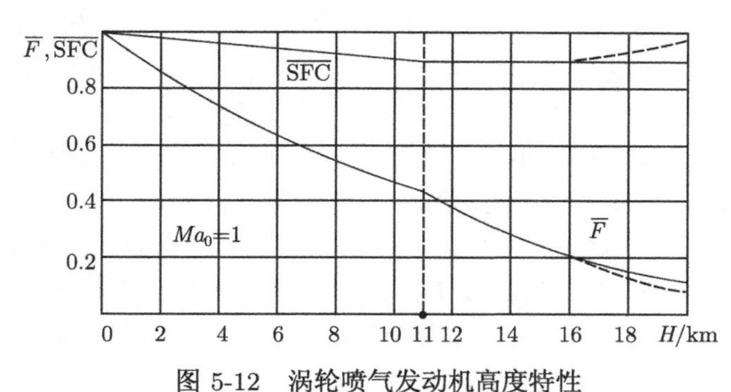

图 5-12　涡轮喷气发动机高度特性

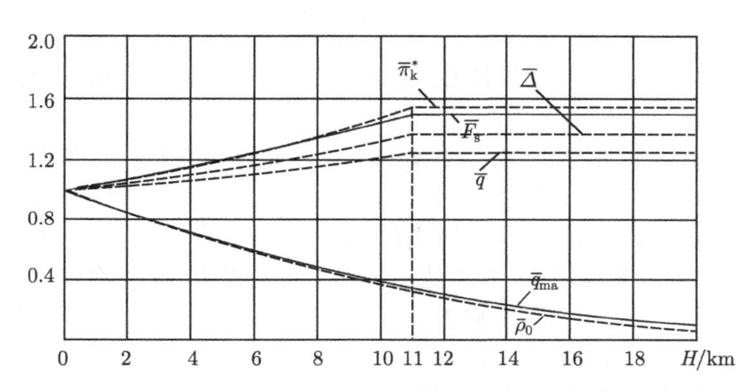

图 5-13　涡轮喷气发动机基本参数随飞行高度的变化关系

在 11km 以下，随着飞行高度的增大，π_k^* 值是增大的。因为在 $n=\text{const}$ 的条件下，高度增大，T_0 的降低会引起 $n/\sqrt{T_1^*}$ 的提高及工作点沿共同工作线往上移动。实际上这种现象可以这样来解释，即比较冷的空气所需的压缩功是比较小的，但是由于在 $n=\text{const}$ 的条件下，用来维持压气机旋转所消耗的功实际上始终保持不变，所以 π_k^* 是提高的。另外，因 π_i 值在 $Ma_0=\text{const}$ 的条件下保持不变，因而这时总压比 $\pi_\Sigma=\pi_i\cdot\pi_k^*$ 是提高的。在 $T_3^*=\text{const}$ 的条件下，空气在发动机中的加热比 $\Delta=T_3^*/T_0$ 同样也是提高的。总压比 π_Σ 及加热比 Δ 的同时提高使得 F_s 在飞行高度 H 从 0 增大到 11km 的范围内也是增大的 (图 5-13)。当 $H>11\text{km}$ 时，温度 T_0 保持不变，因此 π_Σ 及 Δ 也保持不变，由于这个原因，F_s 在高于 11km 的高度上是不变化的。

在 11km 以下的高度范围内，SFC 之所以下降，是由于 π_Σ 的提高及由此而使得热量的利用得到改善。SFC 随飞行高度变化的这个特点根据耗油率的表达式

$$\text{SFC}=\frac{3600q_0}{H_uF_s}=\frac{3600q}{\xi_bH_uF_s}$$

也可以得知：在 11km 以下的高度范围内，加热量 q 是增大的 (由于 $T_3^*=\text{const}$ 及 T_0 下降使 T_2^* 降低)，可是 q 增大的程度比 F_s 增大的程度要小得多 (图 5-13)。在 11km 以上的高度，既然 q 及 F_s 都是不变的，所以 SFC 也将保持不变。

空气流量 q_{ma} 随高度的增加减小程度非常显著 (图 5-13)。这是由于周围大气压力及密

度随着高度的增加都下降。在 $T_3^*=\text{const}$ 的条件下，空气流量与涡轮前燃气压力 P_3^* 成正比变化。在 11km 以下的高度，由于 π_{k}^* 随高度的增大是提高的，压力 P_3^* 的下降速度比 P_0 下降的速度要慢。由于这个原因，在 11km 以下的高度范围内，q_{ma} 减小得比 P_0 及 ρ_0 都慢。当 $H>11\text{km}$，$\pi_{\text{k}}^*=\text{const}$，$q_{\text{ma}}$ 以与 P_0 及 ρ_0 成正比的速度急剧减小。在 11km 高度以下，由于 F_{s} 的增大以及 q_{ma} 减小得并不那么严重，所以涡轮喷气发动机的推力比 P_0 及 ρ_0 减小得慢；但是在高度大于 11km 时，推力将与 P_0 及 ρ_0 成正比地减小。

根据以上所述可以得出结论，只是在 $H\leqslant 11\text{km}$ 时，才需要用上述方法来计算涡轮喷气发动机的高度–速度特性。在飞行高度 $H>11\text{km}$ (及在不受雷诺数 Re 的影响与燃烧效率 η_{b} 不变化的范围内) 而且 $Ma_0=\text{const}$ 时，可以取 F_{s} 及 SFC 均为常数。至于推力，则可以根据下式来求：

$$F_{H>11}=F_{H=11}\cdot\frac{\rho_{0H>11}}{\rho_{0H=11}}$$

这时，在压气机通用特性图上发动机各部件的共同工作点保持不动，而发动机的全部相对参数则始终保持为常数。

应当指出，$H>11\text{km}$ 时，F_{s} 及 SFC 均为常数这个结论只有在发动机各部件的效率都可以认为是常数的飞行高度下才是正确的。在高空低速飞行时，气体的压力和密度沿整个发动机通道的降低会导致发动机流程中的雷诺数 Re 显著地减小，尤其是在小尺寸的发动机中更是如此。这样就会增大黏滞摩擦，从而也就会增大发动机所有各部件中的损失。进气道和压气机的稳定裕度也会减小。当雷诺数 Re 小于其临界值时，η_{k}^* 和 η_{t}^* 降低会导致压气机与涡轮功率平衡的破坏和空气流量 q_{ma} 的减小；而燃烧室中压力的过分降低，又会降低燃烧室的完全燃烧程度及燃烧的稳定性。所有这些都会导致发动机使用性能的恶化及发动机的推力减小，从而使发动机的经济性变坏。

在雷诺数 Re 的影响范围内，它对涡轮喷气发动机高度特性的影响主要由发动机的调节规律所决定。在调节规律为 $n=\text{const}$、$T_3^*=\text{const}$ 的条件下，由于 η_{k}^* 与 η_{t}^* 的降低所造成的压气机与涡轮功率平衡的破坏可以用提高 π_{t}^* 来补偿，这样就会因燃气在喷管中的膨胀比 π_{e} 及喷管的排气速度 C_9 都减小而造成 F_{s} 的显著减小，随之推力也减小很多。如果发动机所采用的调节规律是 $n=\text{const}$、$A_9=\text{const}$，则 η_{k}^* 及 η_{t}^* 的降低不可避免地就会要求提高 T_3^*。然而燃气温度 T_3^* 的提高会加剧 $q(\lambda_1)$ 的减小，因而也就会引起推力 F 的减小。可是推力的这种减小比起前一种调节规律所造成的推力减小要小些。至于发动机若采用 $T_3^*=\text{const}$、$A_9=\text{const}$ 的调节规律，从推力曲线来看是最不利的。在这种调节规律下，η_{k}^* 与 η_{t}^* 的降低所造成的压气机与涡轮功率平衡的破坏，会导致转速 n 的减小，这样就会引起 π_{k}^* 及 $q(\lambda_1)$ 的降低，从而使发动机的推力随着高度的增大比在调节规律为 $n=\text{const}$、$T_3^*=\text{const}$ 时下降得更加严重。

将速度特性及高度特性画在同一张特性图上，就得到了涡轮喷气发动机的高度–速度特性。从这种特性图上，可以清楚地看到发动机的推力、耗油率随飞行高度及飞行速度的变化。

5.5 涡轮喷气发动机的转速特性

在飞行马赫数 Ma_0 及飞行高度 H 都不变，而且调节规律又是选定的条件下，推力及耗油率与由油门杆的位置所确定的发动机工作状态的关系称为节流特性。

涡轮喷气发动机工作状态的改变在多数情况下都伴随着发动机转子转速的改变。因此，涡轮喷气发动机的节流特性通常都是以推力 F 及耗油率 SFC 与转速 n 的关系曲线的形式表示出来，通常称为转速特性。

在实用上比较通用和比较方便地表示节流特性的方式，是在某几个特征飞行状态下绘制的 F 及 SFC 与 n 的关系曲线图，并且在此关系曲线图上用单独的点来表示发动机的各特征工作状态。

5.5.1　发动机的基本工作状态

在发动机转速特性曲线上表示的发动机各特征工作状态通常是发动机的基本工作状态。这些状态是根据飞机的基本飞行状态来确定的。根据不同飞行状态的需要，使发动机处于不同的工作状态以获得较好的经济性及使用寿命；同时，规定几个工作状态，在压气机通用特性图上的共同工作线上就确定了几个特征点，这样也便于在台架试车时检验发动机性能。

发动机的基本工作状态通常以推力 F 的大小及转速 n 的大小作为依据来规定。目前国内广泛采用的发动机基本工作状态有如下几种。

5.5.1.1　最大状态

在这个状态下，发动机的推力为最大。通常发动机的转速和涡轮前燃气温度也为最大。因此，发动机的动力负荷及热负荷都接近其极限允许值。发动机在这个状态下连续工作的时间有严格的限制，一般不超过 5 ~ 10min。当发动机在地面试车时，由于冷却条件恶劣，所以最大状态的连续工作时间控制得更加严格。

最大状态一般只适用于起飞、短时间加速和获得最大平飞速度。

5.5.1.2　最小加力状态

对于具有加力燃烧室的涡轮喷气发动机而言，加力燃烧室能维持稳定燃烧的最低加力温度状态称为最小加力状态。核心机各部件工作状态与最大状态相同，转速和涡轮前燃气温度均到达最大值。从飞机的控制角度考虑，希望从不加力的中间状态到最小加力状态的推力增加量尽可能小。最小加力状态时加力燃烧室处于贫油燃烧，保证稳定燃烧较为困难。

5.5.1.3　中间状态

不加力的时候推力最大的工作状态，对于不具备加力的涡喷发动机，中间状态就是最大状态。

5.5.1.4　额定状态

通常规定推力为最大推力的 85%~90%时的发动机工作状态为额定状态，这个状态的转速约为最大状态时转速的 95%~100%。一般来说，额定状态下的连续工作时间在规定的寿命期内是没有限制的，但由于该状态下发动机的动力负荷及热负荷仍较大，因而有的发动机对额定状态的工作时间仍有限制，如 30 ~ 60min。

额定状态是歼击机用发动机的主要工作状态，民航机在爬高时也采用这一工作状态。

5.5.1.5 巡航状态

巡航状态的规定有好几种，它们的特点是推力值低。通常情况下，巡航工作状态的推力是最大工作状态的 50%～80%。发动机的工作时间在规定的寿命期内是不受限制的。巡航状态是长时间、远距离飞行时发动机的主要工作状态，因此对这种工作状态的要求是具有高的经济性。

5.5.1.6 慢车状态

这一状态是发动机能够稳定工作的小转速的工作状态。慢车状态的特点首先是所产生的推力小，一般不超过最大推力的 3%～5%，不满足这个要求则会使飞机的滑跑距离变长和使得飞机在滑跑中难以操纵，从而会加重刹车装置的磨损。由于在这一状态下涡轮前燃气温度 T_3^* 很高，加之涡轮的冷却效应恶化，所以慢车状态下的连续工作时间在很多情况下限制在 10 ~ 20min。另外一个重要的要求是，发动机能迅速地从慢车状态进入最大状态，因此发动机的转子在慢车状态时具有高的转速是合理的。在现代发动机上，慢车状态时的转速通常是最大转速的 20%～35%。

慢车工作状态常用于着陆、滑行及地面检查。

5.5.2 几何面积不可调的涡轮喷气发动机的转速特性

图 5-14 为一台地面设计增压比为 6，涡轮前燃气温度 T_3^* 为 1400K 的单轴涡轮喷气发动机在地面试车台上的转速特性。由图可见，当发动机的转速从设计转速下降时，发动机的推力急剧下降，而耗油率则起先略有下降，在 $\overline{n}_{\rm cor} = 0.85$ 附近达到最小值后，随发动机转速的下降又增大。图中虚线部分表示当转速下降至小于 $\overline{n}_{\rm cor} = 0.72 \sim 0.73$ 时，压气机的喘振裕度小于最小允许值，如果不采取适当的调节措施，发动机就不可能稳定工作。

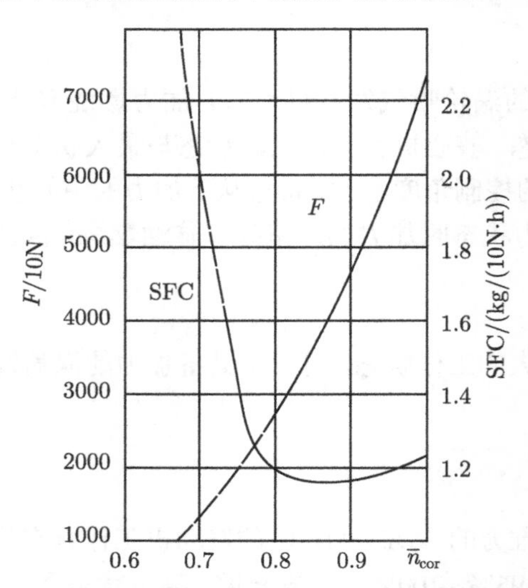

图 5-14 几何面积不可调的涡轮喷气发动机的转速特性

为了解释上述转速特性的变化规律，先来研究发动机基本参数随转速的变化。

图 5-15 给出了这台涡轮喷气发动机的压气机特性图及共同工作线。在讨论转速特性时，

飞行条件是固定不变的。因此在地面台架试车时，$q(\lambda_1)$ 的变化规律也就是空气流量 q_{ma} 的变化规律。空气流量 q_{ma}、压气机增压比 π_{k}^* 及压气机效率 η_{k}^* 随转速的变化情况如图 5-16 所示。由图可见，当 $\overline{n}_{\mathrm{cor}}=0.7\sim0.9$ 时，空气流量大致和转速成正比变化。在最大转速附近，空气流量随转速的增大而增加得比较慢。这是因为随着转速的增加，压气机进口的轴向速度增大而趋向于声速，$q(\lambda_1)$ 的增大减缓，所以流过发动机的空气流量的增大也减缓。

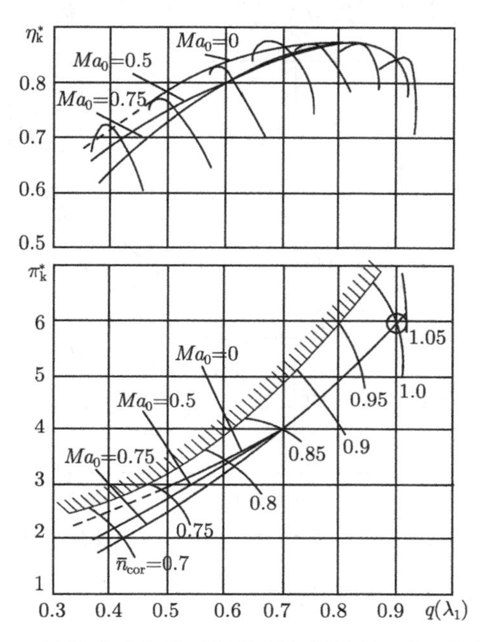

图 5-15　$\pi_{\mathrm{k,d}}^*=6$ 的涡轮喷气发动机的压气机特性 (上) 和共同工作线 (下)

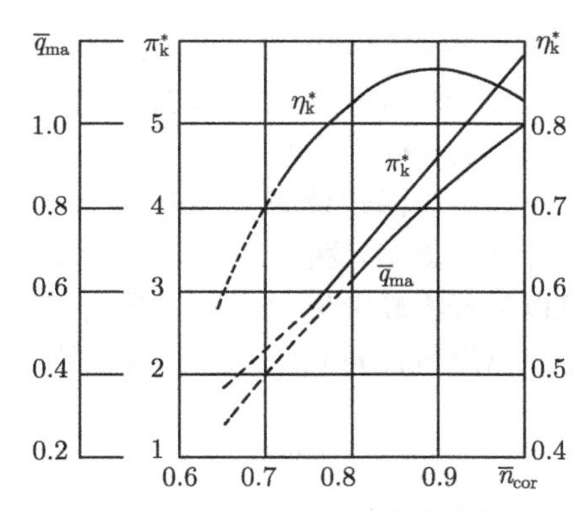

图 5-16　q_{ma}、π_{k}^* 及 η_{k}^* 随转速的变化

影响发动机推力的除了空气流量外，还有发动机的单位推力。在地面台架试车时，如果假设气流在喷管中完全膨胀，而且忽略燃气流量和空气流量的差别，则 $F_{\mathrm{s}}=C_9$，式中

$$C_9=\sqrt{2C_{\mathrm{p}}'T_4^*\left[1-\left(\frac{P_0}{\sigma_{\mathrm{e}}P_4^*}\right)^{\frac{k'-1}{k'}}\right]}$$

单位推力随转速的变化，取决于排气速度 C_9 随转速的变化，也就取决于涡轮后燃气的温度 T_4^* 和总压 P_4^* 的变化，而这两个参数的变化又取决于沿发动机流程各部件的气流参数的变化。

由图 5-16 可以看到，发动机转速从设计转速下降时，压气机的增压比 π_k^* 是下降的，压气机的效率 η_k^* 起初略有增加，然后急剧减小。图 5-17 给出了压气机功 W_k、涡轮膨胀比 π_t^*、涡轮前燃气温度 T_3^* 及涡轮后燃气温度 T_4^* 随转速的变化关系。

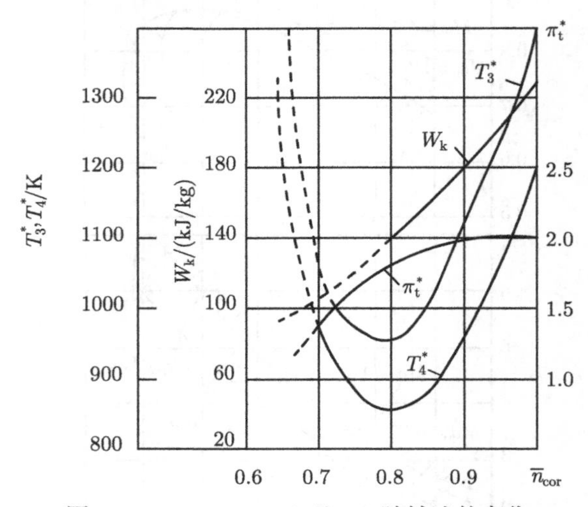

图 5-17　W_k、π_t^*、T_3^* 及 T_4^* 随转速的变化

飞行条件一定时，压气机功近似地与转速的平方成正比，即

$$W_k = \text{const} \cdot n^2$$

在设计转速附近，气流在第一级涡轮导向器临界截面及喷管临界截面处都处于临界或超临界工作状态，由式 (4-6) 可知，π_t^* 为常数。当发动机转速比设计转速低很多时，上述条件不再成立，涡轮膨胀比 π_t^* 将随转速的下降而减小。

同样，在设计转速附近，我们认为涡轮效率 η_t^* 和设计值基本相同，当发动机转速下降较多时，因涡轮的工作偏离设计状态太多，涡轮效率 η_t^* 也将降低。

有了上述变化规律，就可以解释涡轮前燃气温度的变化规律。

当发动机平衡工作时，若忽略燃气流量与空气流量的差别，则 $W_k = W_t\eta_m$。而由

$$W_k = \text{const} \cdot n^2$$

及

$$W_t = C_p' T_3^* \left(1 - \frac{1}{e_t^*}\right) \eta_t^*$$

式中，$e_t^* = {\pi_t^*}^{\frac{k'-1}{k'}}$，可以得出

$$T_3^* = \text{const} \cdot \frac{n^2}{\left(1 - \dfrac{1}{e_t^*}\right) \eta_t^*} \tag{5-1}$$

随着转速由高速下降时，起初因 π_t^*、η_t^* 为常数，T_3^* 和转速的平方成正比地下降；当转速下降较多，涡轮膨胀比 π_t^* 和涡轮效率 η_t^* 也随转速的下降而减小时，T_3^* 的下降减慢；当转速进一步下降时，π_t^* 和 η_t^* 的下降起主要作用，T_3^* 反而将急剧增加。这就是为什么慢车转速时 T_3^* 反而比较高，接近或超过设计值的原因。正由于这个原因，对慢车状态的连续工作时间要加以限制，以防止发动机因过热而损坏。

涡轮后燃气温度 T_4^* 的变化规律在设计转速附近和 T_3^* 一样，可由下式看得清楚：

$$T_4^* = T_3^* - \frac{W_t}{C_p'} = T_3^* - \text{const} \cdot W_t = T_3^* - \text{const} \cdot n^2 \tag{5-2}$$

随着转速下降，T_4^* 与 T_3^* 以同一速率下降。但从图 5-17 及式 (5-2) 可以看出，当发动机的转速较低时，虽然 T_4^* 也像 T_3^* 那样随着转速的下降而增高，但变化的速率不再相同，T_3^* 和 T_4^* 的差值将随转速的下降而减小。在发动机实际使用中并不直接测量 T_3^* 的大小，而是通过直接测量 T_4^* 来判定发动机是否超过允许的涡轮前燃气温度 T_3^* 值。由于在较低转速时，T_4^* 和 T_3^* 的差值随转速的下降而减小，所以，在使用中规定发动机慢车状态工作时的排气温度 T_4^* 高于最大状态工作时的排气温度，仍能保证涡轮前燃气温度不超过一定的数值。

由于压气机的增压比 π_k^* 是随转速下降而下降的，所以涡轮后燃气的总压 P_4^* 总是随着转速的下降而下降。

了解气流参数随转速的变化规律，就可以知道发动机的单位推力 F_s 随转速的变化关系。当发动机的转速由设计转速下降时，起初，由于 P_4^*、T_4^* 都是下降的，所以排气速度和单位推力都是下降的；当转速下降较多时，虽然 T_4^* 将增大，但 P_4^* 的下降起主要作用，因而单位推力仍将是下降的。

综合空气流量和单位推力随转速的变化关系，就可以得出推力和转速的变化关系。当发动机的转速从设计转速下降时，空气流量和单位推力都是减小的，所以发动机的推力 F 是随转速的下降而减小的。对于中等设计增压比的发动机，可以相当准确地认为发动机的空气流量与转速的一次方成正比，单位推力与转速的平方成正比。所以

$$F = \text{const} \cdot n^3 \tag{5-3}$$

当发动机的转速在最大转速附近，空气流量的变化较小，上式中转速的指数小于 3，在转速较低时，单位推力的变化减缓，指数也将小于 3，一般可以认为

$$F = \text{const} \cdot n^x \tag{5-4}$$

式中，$x = 1 \sim 4$。这是一个经验公式。

耗油率随转速的变化关系，也可以用上述发动机参数的变化关系来解释。当发动机转速从设计转速下降时，压气机的增压比下降，使热量的利用程度变差，但压气机效率起初是增大的，T_3^* 随转速的平方成正比而下降，这两个因素起决定性作用。所以，在低于最大转速时，耗油率 SFC 在某一转速下达到最小值 (在有的发动机上并没有这种变化)。进一步降低发动机转速，π_k^* 进一步下降，η_k^*、η_t^* 都下降，T_3^* 反而增大。致使耗油率将随发动机转速的下降而急剧增大。

上面，我们是以中等设计增压比的发动机为例，讨论了几何面积不可调的发动机的转速特性，对于高、低设计增压比的涡轮喷气发动机，也有类似的变化规律。

5.5.3　影响涡轮喷气发动机转速特性曲线形状及分布的因素

涡轮喷气发动机的转速特性，与同一调节规律下的速度特性、高度特性及压气机通用特性图上的共同工作线都是相一致的。因此，在第 4 章中讨论的影响发动机各部件共同工作线形状及其分布的诸因素对发动机转速特性曲线的形状及分布同样产生影响。

5.5.3.1　压气机中间级放气的涡轮喷气发动机的转速特性

由图 5-18 可以看到，几何不可调的涡轮喷气发动机当转速低于某一值 (如图为设计转速的 0.75 时)，将由于压气机的喘振裕度过小而不能稳定工作，为此，必须采取必要的调节措施。压气机中间级放气就是避免压气机喘振的一种方法。

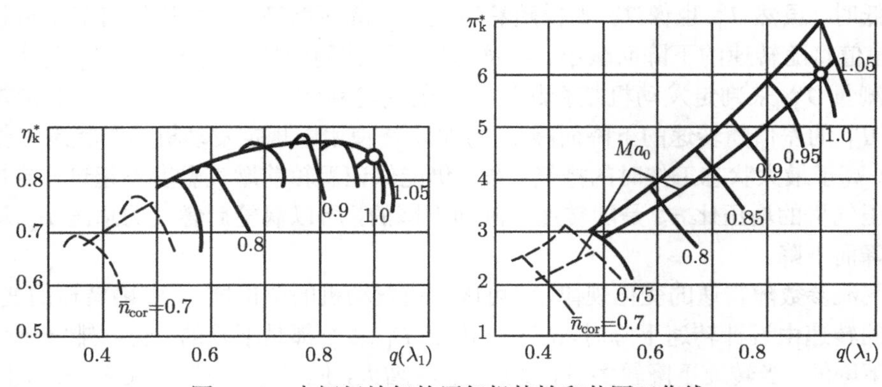

图 5-18　中间级放气的压气机特性和共同工作线

图 5-18 就是这台发动机在 $\bar{n}_{cor}=0.75$ 时压气机中间级放气时的压气机特性和喷管临界截面面积保持不变时的发动机的共同工作线。

从图 5-18 可以明显看出，由于压气机中间级放气，压气机的等转速线向左下方移动，而喘振边界线向左上方移动，因而使喘振裕度增大。

图 5-19 是压气机中间级放气后有关参数随转速的变化。在 $\bar{n}_{cor}=0.75$ 放气后，π_k^* 和 η_k^* 下降 (有的情况下，放气并不使压气机效率下降，甚至略有增加)，当喷管为亚临界状态工作时，π_k^* 的下降使 π_t^* 也下降。另外，进入压气机且经受部分压缩的空气有一部分从中间级放

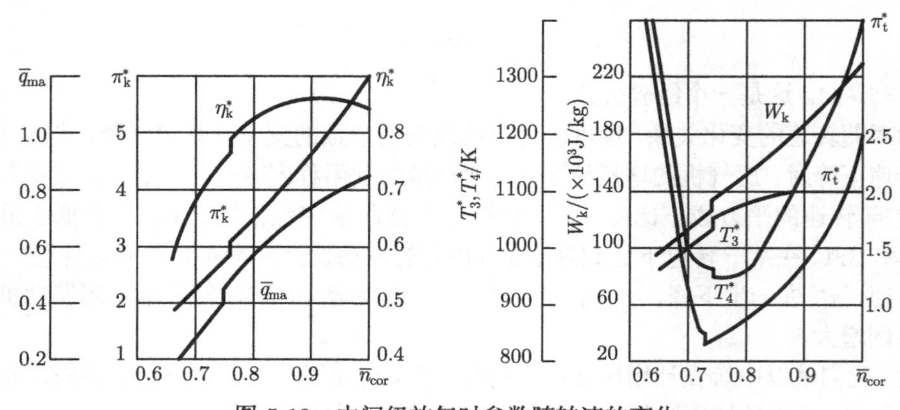

图 5-19　中间级放气时参数随转速的变化

出，虽然会使压气机功率减小，但流过涡轮的流量也减少了，为了带动压气机，流过涡轮的每千克燃气所做的功 W_t 必须加大。上述这两个因素：π_t^* 减小及 W_t 加大都要求 T_3^* 相对不放气时有所增大，涡轮后燃气温度 T_4^* 也随之加大。

放气后，喷管出口燃气流量减小使发动机推力减小。而 π_k^* 和 η_k^* 的下降，均使耗油率增大，这就是为获得发动机的工作安全所付出的代价。中间级放气后的发动机的转速特性如图 5-20 所示。

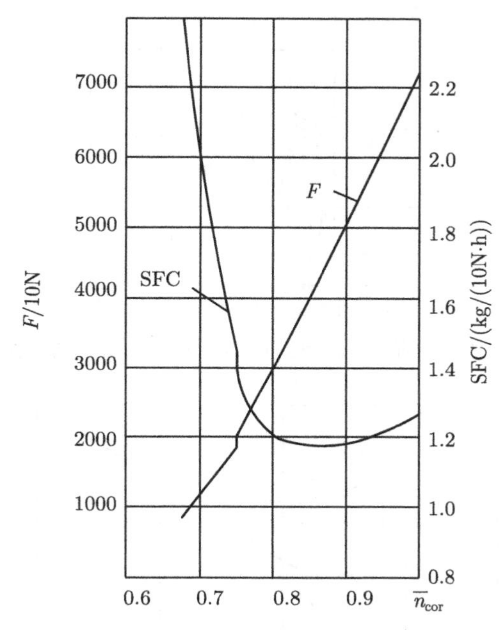

图 5-20　中间级放气的涡轮喷气发动机的转速特性

5.5.3.2　压气机有可调导流叶片的涡轮喷气发动机的转速特性

避免压气机喘振的另一种方法是压气机进口有可调导流叶片或前面的若干级有可调的整流叶片。当发动机的转速从最大转速下降到某一转速时，压气机喘振裕度减小，这时可将导流叶片顺压气机旋转方向转动一个角度，使转子叶片上气流的攻角减小，从而使压气机喘振裕度加大。可调导流叶片转动的角度 $\Delta\varphi$ 可以是一个固定值，也可以是随换算转速而改变的，即

$$\Delta\varphi = f\left(\overline{n}_{cor}\right)$$

图 5-21 用实线和虚线分别表示了压气机不可调和带有可调导流叶片的压气机特性及在同样喷管下的发动机共同工作线。

很明显，采用可调导流叶片，使压气机的喘振裕度加大。但是在同样转速下，压气机的增压比将减小，T_3^* 和 T_4^* 都将增大。因此，压气机带可调导流叶片时的推力将略有降低而耗油率将略有加大。图 5-22 用实线和虚线分别表示了不可调压气机和带可调导流叶片压气机的发动机的推力和耗油率随转速的变化关系。

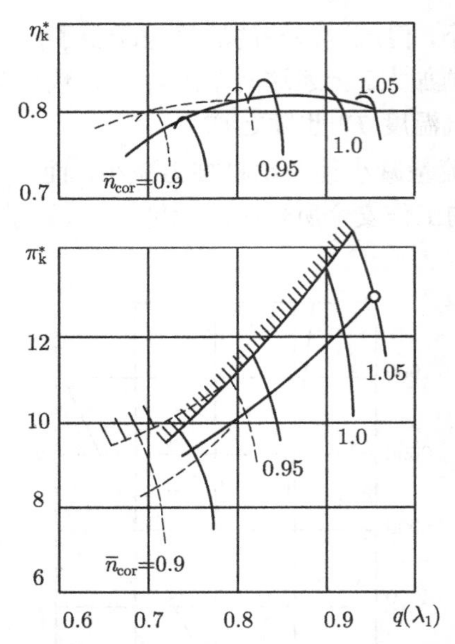

图 5-21　带可调导流叶片的压气机特性及共同工作线

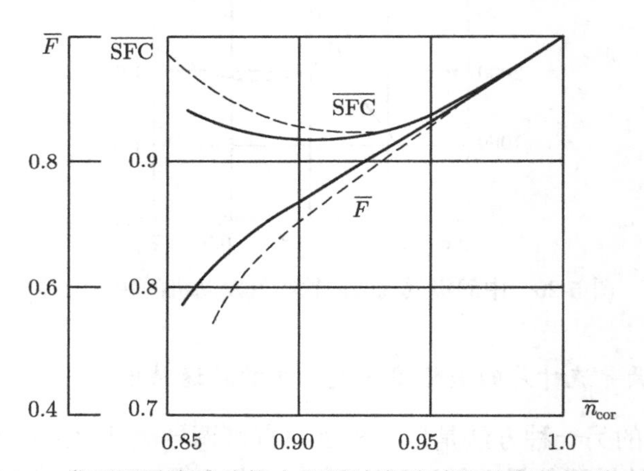

图 5-22　带可调导流叶片推力和耗油率随转速的变化关系 (虚线)

5.5.3.3　喷管临界截面积可调的涡轮喷气发动机的转速特性

在讨论发动机各部件的共同工作时曾经讲过，在其他条件不变时，改变喷管临界截面面积，将使涡轮膨胀比改变。增大喷管临界截面面积，将使 π_t^* 增大。不管喷管是在临界、超临界或亚临界状态下工作，这一结论都是正确的。因此当发动机的转速小于设计转速而压气机有可能要发生喘振时，加大喷管临界截面面积，可以使发动机的共同工作线向右下方移动而使得压气机的喘振裕度加大。我们上面所讨论的设计增压比为 6 的发动机，在 $\bar{n}_{cor}$ 为 0.75 以下时，压气机喘振裕度小于允许值，如果将喷管临界截面面积增大 30%，即 $\overline{A}_9 = 1.30$ 时，压气机喘振裕度将大大增加。其发动机共同工作线的变化如图 5-23 所示。

图 5-24 所示为 A_9 变化时，发动机气流参数的变化。由图可见，A_9 放大时，压气机增压比因共同工作点下移而略有降低，压气机功虽也下降，但涡轮膨胀比的增大将使 T_3^* 和 T_4^* 下

降。流过发动机的空气流量虽然是增大的，但 T_3^* 的下降起主要作用，因而 A_9 放大时发动机的推力是下降的 (图 5-25)。发动机耗油率的变化与供油规律有关。若供油规律为 $n = \text{const}$，当 A_9 放大时，T_3^* 的下降将使 SFC 下降，但 π_k^* 及 η_k^* 的下降又使 SFC 加大，当后者起主要作用时，发动机的耗油率将增大。若两者对耗油率的影响相近时，A_9 变化将不影响发动机的耗油率。上面举例的这台发动机就属于这种情况。

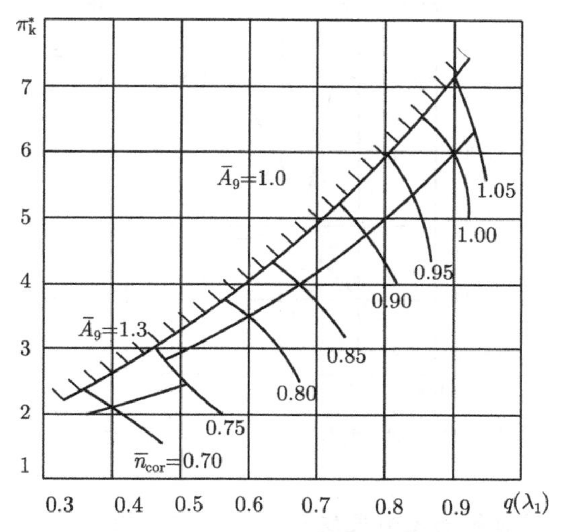

图 5-23　A_9 加大时，发动机共同工作线的变化

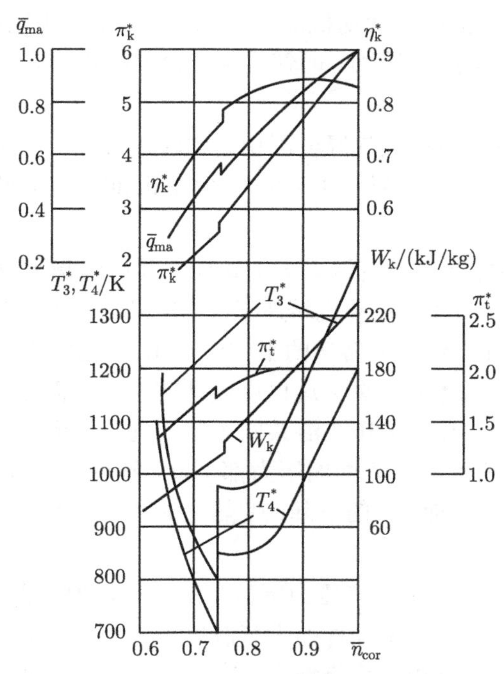

图 5-24　A_9 变化时，发动机气流参数的变化

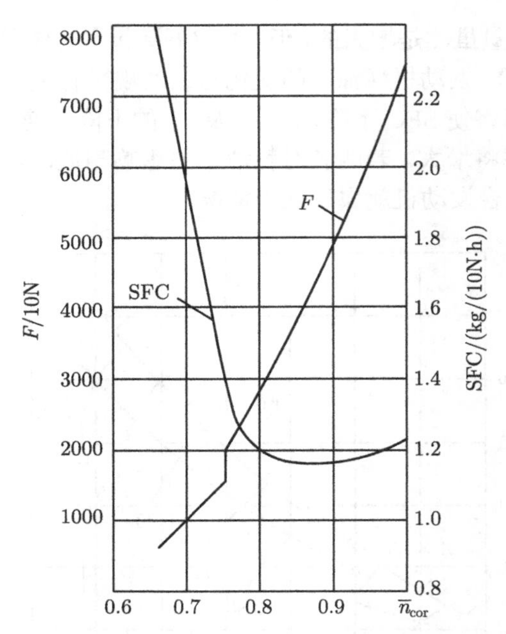

图 5-25　A_9 变化时，发动机性能的变化

5.5.3.4　外界大气条件不同时的涡轮喷气发动机的转速特性

研究涡轮喷气发动机的转速特性，通常主要是研究地面台架上的转速特性，它是在一定的外界大气条件下得到的。但由于发动机试车地点不同、季节不同，外界大气的压力 P_0 和大气温度 T_0 是很难完全相同的。因而，即使是同一台发动机实际测得的推力和耗油率也是大不相同的。

图 5-26 是在同样大气压力而大气温度不相同的转速特性。由图可见，当大气温度高时，发动机的推力小而耗油率高。大气温度由 −30°C 增高到 30°C 时，推力可能下降 40%，耗油率可能增大 10%左右。

大气温度对发动机性能之所以有这么大的影响，其原因是大气压力相同而大气温度升高时，空气的密度下降，在同样的发动机转速下，流经发动机的空气质量流量下降；另一方面，由于压气机功近似地和发动机的转速的平方成正比，当发动机转速不变时，压气机功也近似不变。大气温度升高则 π_k^* 将下降。这也可以从转速不变而 T_1^* 增大时的共同工作点的变化看出，随着 $\overline{n}_{cor}$ 下降，共同工作点沿共同工作线向下移动，也可直接看出 π_k^* 是下降的。π_k^* 的下降，使沿发动机流程各截面的压力都下降，致使单位推力 F_s 也下降。上述两个因素都使发动机的推力减小。而 π_k^* 的下降，使热量的利用程度变差，因而使发动机的经济性变差，耗油率增大。

同样，同一台发动机在不同的大气压力下试车实际测得的推力也是不同的，而耗油率则与大气压力的变化无关。图 5-27 是同样的大气温度下，大气压力不相同时的转速特性。由图可见，大气压力增高时，发动机推力将增大。当大气压力从 0.96×10^5Pa (720mmHg) 增大到 1.04×10^5Pa (780mmHg) 时，大气压力约变化 8%，推力也约增大 8%。

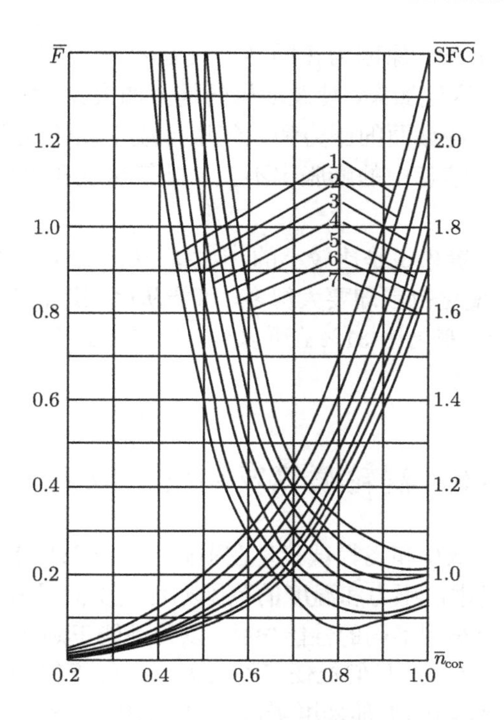

图 5-26　不同大气温度条件下涡轮喷气发动机的转速特性

1. −45℃；2. −30℃；3. −15℃；4. 0℃；5. 15℃；6. 30℃；7. 45℃

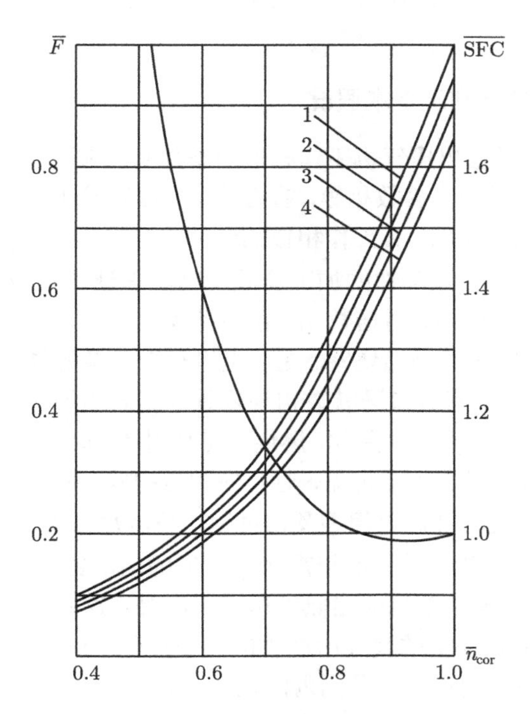

图 5-27　不同大气压力条件下涡轮喷气发动机的转速特性

1. 1.04×10^5Pa；2. 1.013×10^5Pa；3. 0.987×10^5Pa；4. 0.960×10^5Pa

大气压力升高使推力增大的原因为在同样大气温度下，大气压力升高，则大气密度增大，流过发动机的空气质量流量加大，使发动机的推力加大。当大气温度不变时，压气机的增压比不变，沿发动机流程各截面的压力和大气压力成正比例地增大，但喷管出口的大气压力也增大了，因而气流在喷管中的膨胀比不变，排气速度和单位推力都不变，耗油率也不变。

大气压力的变化范围一般来说是比较小的。例如，从 0.96×10^5Pa 变到 1.04×10^5Pa，只变化了 8%。而大气温度的变化范围却要大得多，可能从严寒地带冬季的 −45℃ (228K) 变化到热带夏季的 45℃ (318K)，变化达 31%。所以，大气温度的变化对发动机性能的影响常比大气压力变化对性能的影响大。

5.6　涡轮喷气发动机相似工作

涡轮喷气发动机的地面试车和飞行试验是在不同的大气条件下进行的，即使利用高空试验台进行模拟试验，发动机进口压力和温度的范围亦可能受到设备能力的限制。这样，同一台发动机在不同情况下就会得到不同的性能参数，以致不能正确地判断发动机的性能是否达到规定的数值。为解决这一矛盾，我们把任何不同大气条件下得到的试验结果，换算到标准大气状态，然后再进行比较。国际上都采用 $P_0 = 101\ 325$Pa (一个大气压或 760mmHg)，$T_0 =$ 288K ($t_0 = 15$℃) 作为标准大气状态。当然，根据需要也可以把发动机试验数据换算到其他飞行状态。将不同大气条件下发动机的试验数据换算到标准大气状态或其他飞行状态是通过应用相似理论来完成的。

5.6.1　发动机工作的相似准则及基本假设

在叶轮机原理中，曾经指出压气机工作相似的条件是：流程各部件几何相似，气流的绝对运动马赫数相等及相对运动马赫数相等，雷诺数 Re 相等或在自动模化以上。对于包括进气道在内的全台涡轮喷气发动机，其工作相似的条件也是这样。

对于同一型别的发动机，零部件的加工及装配精度保证了沿流程各相应部件的几何相似。在发动机一般的工作范围内，雷诺数 Re 在自动模化以上，其影响是可以忽略的。在发动机流程各部件中，比较特殊的是燃烧室。在这里进行着复杂的物理化学反应，是很难相似的。但实验结果表明，当燃烧室进口马赫数相等且具有相同的加热比时，燃烧室出口的气流平均参数是按相似方式进行变化的。因此，燃烧室工作过程的不相似对确定全台发动机工作状态的相似并不产生重要影响。由此可见，对几何相似的发动机，在一般的工作范围内，只要相应截面上气流的绝对运动马赫数相等及相对运动马赫数相等，发动机的工作就相似了。

如果发动机上有可调节的部件，如超声速进气道的活动锥体、压气机的可调节导流叶片、可调喷管等，那么在讨论发动机的相似工作时应该保持这些部件有相同的位置。在这里不考虑由于温度变化而使发动机的尺寸所产生的微小变化。对于同一型别的发动机则不考虑由于零件加工装配所造成的在允许范围内的尺寸误差。

实际上，对不包括进气道在内的涡轮喷气发动机来说，保持沿流程各特征截面上气流的绝对运动马赫数相等，其关键的是要保证第一级压气机进口平均半径处气流的绝对运动马

赫数相等，即

$$Ma_1=\frac{C_1}{\sqrt{kRT_1}}=\text{const} \tag{5-5}$$

保持沿流程各特征截面上气流的相对运动马赫数相等，就是要保证第一级压气机工作轮进口平均半径处的切向运动马赫数相等，即

$$Ma_{u1}=\frac{u_1}{\sqrt{kRT_1}}=\text{const} \tag{5-6}$$

我们把 Ma_1 和 Ma_{u1} 称为涡轮喷气发动机的相似准则。

需要指出的是 Ma_1 和 Ma_{u1} 作为涡轮喷气发动机的相似准则，除了前面所作的气体沿发动机流程流动时，雷诺数处于自动模化以上及不考虑燃烧室内燃烧过程的不相似的假设外，还认为：

(1) 在相应位置上，气体的比热及绝热指数相同；

(2) 与外界没有热交换；

(3) 气体重力与惯性力相比，重力的影响可以忽略不计。

实验证明，这些假设在绝大多数情况下不会引起大的误差。但是在某些特殊的情况下，例如，在高空低速飞行时，压气机进口雷诺数 Re 减小，以致黏性力与惯性力相比，黏性力的影响不能忽略不计，而且高空低速飞行，燃烧室中压力降低较多，将导致燃烧过程显著恶化。又例如在高速飞行时，发动机进口的总温增加，使空气比热发生较大变化，或者当周围大气的湿度太大而使气体的性质参数发生较大变化等。在这些情况下，若仍采用上述假设，必将影响发动机性能的精确度。

大气湿度及雷诺数对发动机性能的影响可参见有关资料。

5.6.2　发动机性能的相似参数

根据相似理论，发动机状态相似时，有下面两个重要性质：

一是对应点上同类物理量的比值不变。即发动机各相应截面上气体参数的无量纲比值、效率等都保持不变。例如

$$\frac{P_i^*}{P_1^*}=\text{const} \qquad \frac{P_i}{P_1}=\text{const}$$

$$\frac{T_i^*}{T_1^*}=\text{const} \qquad \frac{T_i}{T_1}=\text{const}$$

$$\frac{C_i}{\sqrt{T_1^*}}=\text{const} \qquad \frac{C_i}{\sqrt{T_1}}=\text{const}$$

$$\eta_i=\text{const} \qquad \sigma_i=\text{const}$$

式中，下角标 i 表示任意截面。

另一个重要性质是：当发动机在相似状态下工作时，过程的某些物理量的组合参数也保持不变，这些组合参数也称为相似参数。同一型别的发动机性能的相似参数如下所述。

5.6.2.1　发动机转速 n 的相似参数

将发动机转速 n 写成切向运动马赫数 Ma_{u1} 的函数。

$$n=\frac{60u_1}{\pi D_1}=\frac{60}{\pi D_1}a_1Ma_{u1}=\frac{60\sqrt{kR}}{\pi D_1}\sqrt{T_1}Ma_{u1} \tag{5-7}$$

当发动机在相似状态工作时，$Ma_{u1} = \mathrm{const}$，于是

$$n = K_1\sqrt{T_1}$$

或

$$\frac{n}{\sqrt{T_1}} = \mathrm{const} \tag{5-8}$$

由于

$$n = K_1\sqrt{T_1} = K_2\sqrt{T_1^*}$$

于是，也可表示为

$$\frac{n}{\sqrt{T_1^*}} = \mathrm{const} \tag{5-9}$$

因此，当发动机在相似状态下工作时，发动机转速的相似参数 $n/\sqrt{T_1}$ 或 $n/\sqrt{T_1^*}$ 保持不变。

5.6.2.2 通过发动机空气流量 q_{ma} 的相似参数

将通过发动机的空气质量流量用压气机进口截面气流参数表示：

$$q_{\mathrm{ma}} = \frac{K_{\mathrm{m}}A_1P_1^*q(\lambda_1)}{\sqrt{T_1^*}}$$

式中，A_1 为压气机进口处气流的流通面积。

当发动机在相似状态下工作时，A_1、λ_1、$q(\lambda_1)$ 等参数均保持不变，于是

$$q_{\mathrm{ma}} = K_3\frac{P_1^*}{\sqrt{T_1^*}}$$

或

$$\frac{q_{\mathrm{ma}}\sqrt{T_1^*}}{\sqrt{P_1^*}} = \mathrm{const} \tag{5-10}$$

因此，发动机在相似状态下工作时，通过发动机的空气流量 q_{ma} 的相似参数 $\dfrac{q_{\mathrm{ma}}\sqrt{T_1^*}}{P_1^*}$ 保持不变。

5.6.2.3 发动机单位推力 F_{s} 的相似参数

若假设气体在喷管中完全膨胀，且忽略燃气流量与空气流量的差别，由发动机的单位推力公式，可以写成

$$F_{\mathrm{s}} = (C_9 - C_0) = \sqrt{T_1^*}\left(\frac{C_9}{\sqrt{T_9^*}}\sqrt{\frac{T_9^*}{T_1^*}} - \frac{C_0}{\sqrt{T_1^*}}\right)$$

当发动机在相似状态下工作时，$\dfrac{C_9}{\sqrt{T_9^*}}$、$\dfrac{T_9^*}{T_1^*}$ 和 $\dfrac{C_0}{\sqrt{T_1^*}}$ 等参数保持不变，于是

$$F_{\mathrm{s}} = K_4\sqrt{T_1^*}$$

或

$$\frac{F_{\mathrm{s}}}{\sqrt{T_1^*}}=\mathrm{const} \tag{5-11}$$

因此，当发动机在相似状态下工作时，若气体在喷管中完全膨胀且忽略燃气流量与空气流量的差别，发动机单位推力 F_{s} 的相似参数 $\dfrac{F_{\mathrm{s}}}{\sqrt{T_1^*}}$ 保持不变。

5.6.2.4　发动机推力 F 的相似参数

若气体在喷管中完全膨胀，且忽略燃气流量与空气流量的差别。由发动机推力公式，可以写出

$$F=q_{\mathrm{ma}}F_{\mathrm{s}}=q_{\mathrm{ma}}\left(C_9-C_0\right)=\frac{q_{\mathrm{ma}}\sqrt{T_1^*}}{P_1^*}\left(\frac{C_9}{\sqrt{T_9^*}}\sqrt{\frac{T_9^*}{T_1^*}}-\frac{C_0}{\sqrt{T_1^*}}\right)P_1^*$$

当发动机在相似状态下工作时，$\dfrac{q_{\mathrm{ma}}\sqrt{T_1^*}}{P_1^*}$、$\dfrac{C_9}{\sqrt{T_9^*}}$、$\sqrt{\dfrac{T_9^*}{T_1^*}}$ 和 $\dfrac{C_0}{\sqrt{T_1^*}}$ 等参数保持为常数，于是

$$F=K_5P_1^*$$

或

$$\frac{F}{\sqrt{P_1^*}}=\mathrm{const} \tag{5-12}$$

因此，当发动机在相似状态下工作时，若气流在喷管中完全膨胀，且忽略燃气流量与空气流量的差别，则发动机推力 F 的相似参数 $\dfrac{F}{P_1^*}$ 保持不变。

5.6.2.5　单位燃油消耗量 SFC 的相似参数

根据单位燃油消耗量的公式 (1-21)，可以写出

$$\mathrm{SFC}=\frac{3600q_{\mathrm{mf}}}{F}=\frac{3600q_0}{H_{\mathrm{u}}F_{\mathrm{s}}}=\frac{3600\overline{C}_{\mathrm{p}}'\left(T_3^*-T_2^*\right)}{\xi_{\mathrm{b}}H_{\mathrm{u}}F_{\mathrm{s}}}=\frac{3600\overline{C}_{\mathrm{p}}'}{\xi_{\mathrm{b}}H_{\mathrm{u}}}\cdot\frac{\left(\dfrac{T_3^*}{T_1^*}-\dfrac{T_2^*}{T_1^*}\right)}{F_{\mathrm{s}}/\sqrt{T_1^*}}\sqrt{T_1^*}$$

当发动机在相似状态下工作时，T_3^*/T_1^*、T_2^*/T_1^*、$F_{\mathrm{s}}/\sqrt{T_1^*}$ 等参数保持为常数。如果使用相同的燃料，则燃油的热值 H_{u} 相同。假定燃烧室的完全燃烧系数 ξ_{b} 及燃烧室中燃气的平均比热 $\overline{C}_{\mathrm{p}}'$ 都相同，那么上式可写成

$$\mathrm{SFC}=K_6\sqrt{T_1^*}$$

或

$$\frac{\mathrm{SFC}}{\sqrt{T_1^*}}=\mathrm{const} \tag{5-13}$$

因此，当发动机在相似状态下工作时，发动机单位燃油消耗量 SFC 的相似参数 $\mathrm{SFC}/\sqrt{T_1^*}$ 保持不变。

5.6.2.6　燃油流量 q_{mf} 的相似参数

根据燃油流量的定义，可以写出

$$q_{\mathrm{mf}}=F\cdot\mathrm{SFC}/3600=\frac{F}{P_1^*}\cdot\frac{\mathrm{SFC}}{\sqrt{T_1^*}}P_1^*\sqrt{T_1^*}/3600$$

当发动机在相似状态下工作时，F/P_1^*、$\mathrm{SFC}/\sqrt{T_1^*}$ 等参数保持不变，于是

$$q_{\mathrm{mf}}=K_7P_1^*\sqrt{T_1^*}$$

$$\frac{q_{\mathrm{mf}}}{P_1^*\sqrt{T_1^*}}=\mathrm{const} \tag{5-14}$$

因此，发动机在相似状态工作时，发动机燃油流量 q_{mf} 的相似参数 $\dfrac{q_{\mathrm{mf}}}{P_1^*\sqrt{T_1^*}}$ 保持不变。为了方便起见，将以上各发动机性能参数的相似参数列出如下：

(1) 发动机转速 n 的相似参数：$\dfrac{n}{\sqrt{T_1^*}}$；

(2) 空气质量流量 q_{ma} 的相似参数：$\dfrac{q_{\mathrm{ma}}\sqrt{T_1^*}}{P_1^*}$；

(3) 单位推力 F_{s} 的相似参数：$\dfrac{F_{\mathrm{s}}}{\sqrt{T_1^*}}$；

(4) 推力 F 的相似参数：$\dfrac{F}{P_1^*}$；

(5) 单位燃油消耗量 SFC 的相似参数：$\dfrac{\mathrm{SFC}}{\sqrt{T_1^*}}$；

(6) 燃油流量 q_{mf} 的相似参数：$\dfrac{q_{\mathrm{mf}}}{P_1^*\sqrt{T_1^*}}$。

5.6.3　发动机试车性能换算

发动机地面试车往往是在不同的大气条件下进行的，每次试车在同一个工作状态下尽管保持相同的发动机转速，但由于周围大气条件不同，发动机的推力、单位燃油消耗量等性能参数可能有很大差异。为了正确、合理地比较发动机性能，可以利用上面的发动机性能的相似参数，把任何大气条件下的试验数据，换算成标准大气条件下与其状态相似的参数。我们称标准大气条件下的参数为换算参数或折合参数，用角标 “cor” 表示。

如果发动机地面试车时，周围大气温度为 T_0，周围大气压力为 P_0，测得的发动机转速以及其他的性能参数都分别以角标 “m” 表示。根据相似工作原理并考虑地面试车 $T_0=T_1^*$，$P_0=P_1^*$，n_{m} 与 n_{cor} 之间必须满足下列关系：

$$\frac{n_{\mathrm{m}}}{\sqrt{T_1^*}}=\frac{n_{\mathrm{cor}}}{\sqrt{288.16}}$$

或

$$n_{\mathrm{cor}}=n_{\mathrm{m}}\sqrt{\frac{288.16}{T_1^*}}$$

上式可理解成：假如发动机在标准大气条件下以转速 n_{cor} 工作，那么这个工作状态与发动机在试验条件下以转速 n_{m} 工作时的状态相似。

满足上述转速相似参数相等的条件只能是说明发动机的相对运动马赫数 Ma_{u1} 相等。应该进一步分析一下发动机在绝对运动中的马赫数是否相等。前面已经分析过，对于不包括进气道在内的涡轮喷气发动机来说，要保持绝对运动的马赫数相等，就应该保证压气机进口马赫数相等。即 Ma_1 相等或 λ_1 相等或 $\dfrac{q_{\mathrm{ma}}\sqrt{T_1^*}}{P_1^*}$ 相等。

当发动机在相似状态下工作时，不仅各相应截面上气体参数的无量纲比值保持不变，而且发动机性能的相似参数也保持不变。由此我们可以得到一组发动机性能参数的换算关系式：

$$n_{\mathrm{cor}} = n_{\mathrm{m}}\sqrt{\frac{288.16}{T_1^*}} \tag{5-15}$$

$$q_{\mathrm{ma,cor}} = q_{\mathrm{ma,m}}\frac{1.013\times10^5}{P_1^*}\sqrt{\frac{T_1^*}{288.16}} \tag{5-16}$$

$$F_{\mathrm{cor}} = F_{\mathrm{m}}\frac{1.013\times10^5}{P_1^*} \tag{5-17}$$

$$\mathrm{SFC}_{\mathrm{cor}} = \mathrm{SFC}_{\mathrm{m}}\sqrt{\frac{288.16}{T_1^*}} \tag{5-18}$$

$$q_{\mathrm{mf,cor}} = q_{\mathrm{mf,m}}\frac{1.013\times10^5}{P_1^*}\sqrt{\frac{288.16}{T_1^*}} \tag{5-19}$$

上述换算关系式表明：若发动机处于相似工作状态，当周围大气条件为 T_0、P_0 而以转速 n_{m} 工作时测得发动机性能参数 $q_{\mathrm{ma,m}}$、F_{m}、$\mathrm{SFC}_{\mathrm{m}}$ 及 $q_{\mathrm{mf,m}}$，则标准大气条件下以相似转速 n_{cor} 工作时发动机的性能应为上述各式计算所得的 $q_{\mathrm{ma,cor}}$、F_{cor}、$\mathrm{SFC}_{\mathrm{cor}}$ 及 $q_{\mathrm{mf,cor}}$。

以 n_{cor} 为横坐标，F_{cor}、$\mathrm{SFC}_{\mathrm{cor}}$ 等为纵坐标作出的发动机特性曲线即为标准大气条件下发动机的转速特性曲线。发动机在地面试车时就是用上述方法取得发动机在标准大气条件下的转速特性曲线的。

成批生产发动机时，希望不通过转速特性曲线的测定，直接检查发动机在标准大气条件下以最大转速工作时的性能，这时，最简单的方法是根据当时的大气温度 T_0 按下式计算出发动机的测量转速 n_{m}：

$$n_{\mathrm{m}} = n_{\max}\sqrt{\frac{T_0}{288.16}} \tag{5-20}$$

将发动机置于 n_{m} 下工作，并测出发动机的性能参数 $q_{\mathrm{ma,m}}$、F_{m}、$\mathrm{SFC}_{\mathrm{m}}$ 及 $q_{\mathrm{mf,m}}$ 等，用式 (5-16) 至式 (5-19) 进行计算，便可得到标准大气条件下发动机以 $n_{\max}$ 工作时的性能。

用这种方法很容易得到发动机在标准大气条件下最大工作状态的性能。但是当大气温度高于 288.16K (15℃) 时，发动机的实际工作转速 n_{m} 将大于发动机的最大转速 $n_{\max}$，发动机处于超转工作状态，使压气机和涡轮转动部分的机械负荷增大，甚至超过允许数值范围。为了避免这种情况，实际生产中，通常采用在任何大气条件下直接利用最大转速工作时的性能来检查发动机性能是否符合要求的方法。为了使用方便，事先将一台作为标准的发动机的转速特性曲线换算成不同大气条件下的测量值并绘制成图表所示。这样，发动机在不同大气

条件下以最大转速 $n_{\max}$ 工作时得到的性能参数测量值就可以直接与换算好的标准发动机性能测量值的图表进行比较，并随即判断发动机的性能是否符合要求。

复习思考题

1. 为什么一定要用实验的方法确定发动机的特性？用实验方法确定发动机特性时，使用哪些设备和方法？

2. 涡轮喷气发动机的速度特性是如何定义的？试画出典型的速度特性曲线并作简要解释。

3. 设计增压比 $\pi_{\mathrm{k,d}}^{*}$ 的高低和设计涡轮前燃气温度 $T_{3\mathrm{d}}^{*}$ 的大小对涡轮喷气发动机的速度特性曲线有什么影响？

4. 超声速轰炸机或运输机的巡航速度是选高一些还是低一些好？为什么？

5. 涡轮喷气发动机的高度特性是如何定义的？试画出典型的特性曲线并作简要分析。

6. 飞机的飞行包线是怎样形成的？

7. 涡轮喷气发动机的转速特性是如何定义的？试画出典型的特性曲线并作简要解释。

8. 分别说明压气机中间级放气、可调压气机导流叶片以及放大尾喷管临界截面面积对涡轮喷气发动机转速特性的影响。

9. 当周围大气温度或大气压力变化时，涡轮喷气发动机的转速特性曲线的分布将发生什么变化，为什么？

10. 发动机的工作状态有哪些？相应的飞机飞行状态是什么？每个状态的发动机推力及空气流量的变化有什么特点？

11. 发动机相似工作的条件是什么？当发动机相似工作时，沿流程气流参数的变化有什么规律？

12. 试举例说明相似理论在整理和换算涡轮喷气发动机性能参数时的应用。

13. 如何根据发动机的部件特性计算发动机的特性？在计算中利用压气机特性图上的共同工作线有何方便之处？

14. 如何利用地面试车数据建立发动机的高度速度特性？

15. 某单轴涡轮喷气发动机，设计点为海平面、静止状态、标准大气条件、最大工作状态。设计状态的 $n = 11\ 150\mathrm{r/min}$。$F = 26\ 000\mathrm{N}$，$q_{\mathrm{mf}} = 0.679\mathrm{kg/s}$。取其 1/4 的缩小型作为试验机。在大气温度为 25℃、大气压力为 $0.97 \times 10^{5}\mathrm{Pa}$ 时进行台架试车。试问：要达到用试验机来检验原发动机性能的目的，这时试验机的 n、F、SFC 及小时燃油消耗量应各为多少？

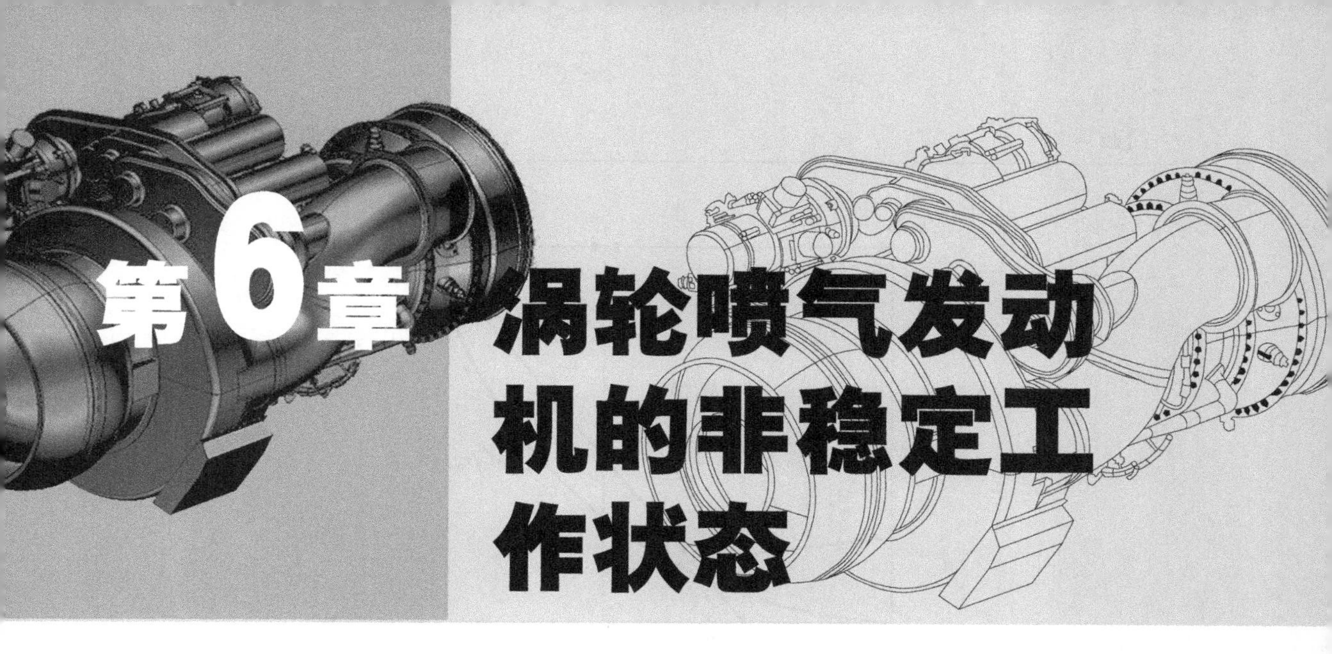

第6章 涡轮喷气发动机的非稳定工作状态

前面我们讨论了发动机在稳定工作状态时的各种规律。在实际使用中，发动机不仅可能在某一稳定状态工作，还会经常处于非稳定工作状态。非稳定工作状态主要是指过渡工作状态。过渡工作状态是指发动机需要从一个稳定工作状态过渡到另一个稳定工作状态。在过渡过程中，发动机的转速、各特征截面上的气流参数以及发动机的推力等均随时间而变化。这种参数随时间变化的工作状态称为涡轮喷气发动机的过渡工作状态，或称为发动机的动态过程。发动机的起动过程、加速过程、减速过程及停车过程都属于发动机的过渡工作状态。

6.1 涡轮喷气发动机的起动过程

将涡轮喷气发动机由静止状态加速到慢车工作状态的过程称为发动机的地面起动过程。

发动机由静到动，必须依靠外来动力，因此地面起动时必须要有起动机，对起动机的基本要求是：质量轻、尺寸小、可靠程度高和能够发出起动所必需的功率。起动机的类型有很多，目前最广泛应用的是电机 (它既是电起动机，又是起动后正常工作时的发电机) 和涡轮起动机 (小型燃气轮机或压缩空气、火药燃气、煤油燃气带动的涡轮)。起动机的输出功率从几十千瓦到几百千瓦，起动机轴上扭矩用 M_{u} 表示，随发电机的转速由零增加，起动机的功率虽然由零逐步增大，但其扭矩通常有些减小，带动附件及克服机械摩擦所需功率比在工作状态时所消耗的要大一些，但不会超过压气机功率的 3%～5%。这部分消耗的扭矩通常在压气机扭矩中用 η_{m} 来考虑，即起动过程中的阻力矩 (带动压气机、附件及克服摩擦) 用 $M_{\mathrm{k}}/\eta_{\mathrm{m}}$ 来表示。图 6-1 给出了涡轮喷气发动机在起动过程中的阻力矩、涡轮扭矩及起动机传递到转子轴上的扭矩随转速的变化关系。图中的涡轮扭矩 M_{t} 值是在所有的转速 n 下，涡轮前的燃气温度 T_3^* 都保持为 $T_{3\max}^*$ 这一条件下给出的。

在发动机的每个工作状态下，压气机的轴功率可表示为

$$P_{\mathrm{k}} = W_{\mathrm{k}} q_{\mathrm{ma}} = M_{\mathrm{k}} \omega \tag{6-1}$$

式中，M_{k} 为压气机的扭矩，单位是 N·m；ω 为转子转动的角速度，单位是 rad/s。

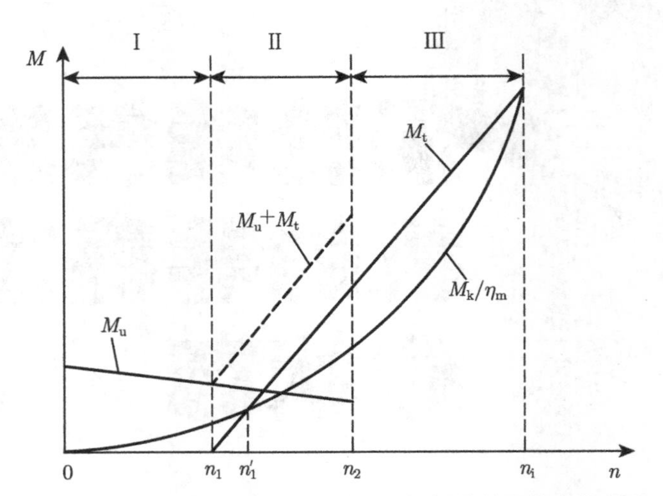

图 6-1　涡轮喷气发动机起动过程的扭矩随转速的变化关系

由此可得压气机的扭矩

$$M_k = \frac{30}{\pi}\frac{W_k q_{ma}}{n} \tag{6-2}$$

同理，可得涡轮的扭矩

$$M_t = \frac{30}{\pi}\frac{W_t q_{mg}}{n} \tag{6-3}$$

由于在低转速下，空气质量与转速的一次方成正比，所以根据式 (6-2)，起动过程的阻力矩 M_k/η_m 随转速的变化关系与压气机的单位功 W_k 随转速的变化关系相同，即阻力矩 M_k/η_m 大致与转速的平方成正比。涡轮的轴功率和涡轮轴上的扭矩随转速 n 的提高按近似线性的规律而增大，但在转速低于 n_1' 值 (大致等于最大转速的 10%～15%) 时，由于涡轮的膨胀比及效率过低，一般情况下涡轮实际上并不发出有效功率。显然，只有在转速超过 n_1'(称为平衡转速) 时，在最高的 T_3^* 值下，涡轮扭矩 M_t 才能大于阻力矩 M_k/η_m，从而发动机 n_1' 转子才能独自进行加速。$n > n_1'$ 时，只有在起动发动机带动下发动机才能越转越快。因此在地面起动发动机，通常需要进行下述三个阶段的工作 (图 6-1)。

第一阶段: 在没有向燃烧室供油时，由起动机将发动机的转子旋转到接近转速 n_1。在这一阶段，燃烧室内起动喷油点火器已产生火源，为点燃混气进行的燃烧做好了准备。当转速达到 n_1 时燃烧室中喷入燃油并点燃，转速 n_1 称为点火转速。n_1 的数值不能太低，以免过早供油使混气过分富油而引起压气机喘振；但也不能太高，否则将延缓发动机的起动。

第二阶段: 在燃烧室内将燃油点燃，涡轮开始产生功率，当涡轮的扭矩等于阻力矩时，发动机的转速 n_1' 称为最小平衡转速。按理，当 $n > n_1'$ 后，$M_t > M_k/\eta_m$ 发动机可独自起动，但为了迅速可靠地起动，通常在这一阶段中起动机继续工作，以辅助涡轮将发动机的转速带到是 $1 \sim 2$ 倍最小平衡转速而接近 n_2。

第三阶段: 当发动机转速达到 n_2 时，起动机断开，然后发动机依靠涡轮的剩余扭矩使转子独自地从转速 n_2 加速到慢车状态转速 n_i。

在地面状态时，慢车转速一般为最大转速的 20%～35%。当发动机在高空工作时，为了避免发动机在慢车状态熄火，并改善发动机在高空工作时的加速性，所以高空工作时发动机的慢车转速比在地面工作时要高些。

执行这样的起动程序是由相应的自动装置来完成的，该自动装置能保证依从转速传感器的信号或依从时间，将起动阶段由一种阶段过渡到另一种阶段。

涡喷发动机的起动时间 (从驾驶员按下起动按钮到发动机进入慢车工作状态) 一般为 $30 \sim 60\text{s}$。

为了缩短发动机的起动时间，除了选用功率较大的起动机、按需要精确调配供油量并保证起动点火可靠外，还可以在起动过程中，将发动机喷管临界截面积置于最大位置，以增大涡轮的膨胀比并由此使涡轮的剩余功率增大。

图 6-2 所表示的是压气机在涡轮喷气发动机起动过程中工作状态的变化。当用起动机“冷”运转发动机时，T_3^* 实际上等于周围大气温度，这时压气机的工作状态沿着曲线 1 变化。当起动的第二阶段开始，将燃油点燃时，T_3^* 急剧升高，压气机特性图上的工作点向压气机喘振边界方向移动。此后，在第二、第三阶段中，T_3^* 保持在最大可能的水平上 (见曲线 3、4)。第三阶段结束时，温度降低到慢车状态时的 T_3^* 值 (见点 5)。

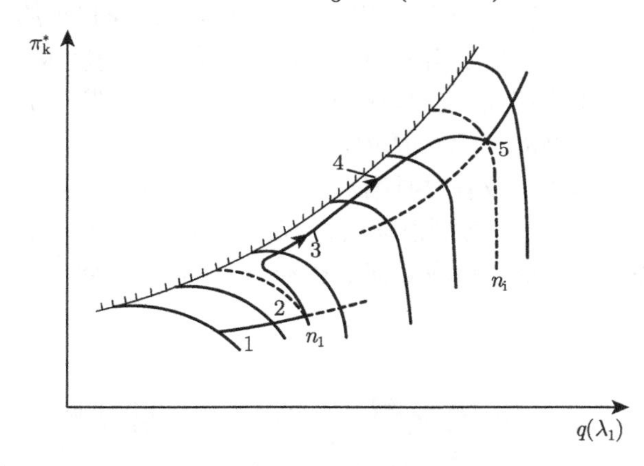

图 6-2　涡轮喷气发动机的压气机在起动过程中的工作状态

1. 冷运转时；2. 点燃燃油时；3. T_3^* 由压气机喘振所限制时；4. T_3^* 由涡轮的强度所限制时；5. 慢车状态时

由图 6-2 可知，在起动的第二、第三阶段，T_3^* 及供油量都是由涡轮叶片的强度及压气机的喘振裕度所限制。由于在起动中的这些状态下，涡轮叶片中的应力仅为 $n_{\max}$ 时应力的几十分之一，因而在起动时，允许温度 T_3^* 在短时间内急剧大幅度地超过 T_3^* 的最大值，但是在第二阶段，尤其是第二阶段开始时，压气机的喘振裕度将严重地限制 T_3^* 的允许值，否则将会产生所谓转速的“热悬挂”。另一方面，在起动过程中，若供油量不足，则会造成涡轮的剩余扭矩严重减小，由此会引起第二、三阶段发动机转速提高得很缓慢，或者甚至会引起转速的“冷悬挂”，亦即会造成加速停止。因此燃油装置在起动过程中必须保证准确地调配燃油量。此外，当大气条件改变时，供油量的调配还必须修正。例如，在炎热的气温下进行起动时，若仍然保持与标准大气条件下相同的供油量，则会造成 T_3^* 的升高，甚至引起转速的“热悬挂”。相反，在寒冷的气温下起动时，则必须增大供油量，以避免出现“冷悬挂”。在高原地带起动时，若供油量调配不好，同样会出现类似的问题。

涡轮喷气发动机在空中工作时，由于种种原因可能造成空中停车，这时需要重新起动。空中起动和地面起动不同，在空中，当没有向燃烧室供油时，在迎面气流作用下，发动机转

子具有初速 (自转)。在低飞行速度下，发动机自转的换算转速几乎与飞行速度成正比，而在高的飞行速度下，这时喷管中的压力降接近临界压力降，因而换算转速与飞行速度无关，而且可达最大转速的 50%～60%。在转速低的情况下，速度压头能使涡轮中的压降增大很多，而且能使平衡转速 n_1' 明显地降低，因此飞行中起动时没有必要用起动机来转动发动机。这样空中起动的过程就简化为将燃油在燃烧室中点燃，然后由涡轮独自地将发动机转动到慢车转速。

但是在高空，外界大气压力较低且发动机处于自转状态。有部分压气机处于涡轮状态，致使空气在燃烧室中的压力、温度较低而流速较高，这将给可靠点燃造成困难。

燃烧室中气体的压力越高及空气流量越大，则在燃烧室中可靠地点燃燃油以及在发动机进入自转状态前正确地调配燃烧室的供油量 (其目的是保证涡轮具有足够的剩余功率及避免由于 T_3^* 急增而造成涡轮叶片过热和压气机喘振) 的可靠性就越大。这样，发动机在高空顺利起动的可能性就越大。由以上分析可知，在飞行中发动机从自转状态可靠地起动起来只是在一定 (对每一台发动机而言) 飞行高度以下，并且是在比较狭小的飞行速度范围之内才有可能，这个飞行速度范围的下限是由发动机自转时不大的转速所限制，而其上限则被燃烧室进口速度的提高所造成的主燃烧室的点火条件恶化，以及在发动机起动时难于在广泛的飞行范围内保证供油量的调配准确性等所限制。

在飞行中发动机自动停车，或者短时间被迫停车 (例如为了消除压气机中气流的严重分离而被迫停车) 等情况下，如果不等到发动机进入自转状态，在发动机转速还没有大幅度下降的情况下就点火，并且向燃烧室供应必需的燃油量，则可使涡轮喷气发动机起动的可靠程度大为提高。

6.2 涡轮喷气发动机的加速过程

涡轮喷气发动机在使用中经常需要从一个稳定工作状态转换到另一个稳定工作状态，如果这个转换是通过驾驶员猛然加大油门，增加发动机的供油量使发动机转速迅速提高来实现的，我们就称它为加速过程。随着供油量的增加，发动机的推力从最小值迅速增加到最大值的能力称为发动机的加速性。在飞机上，发动机的推力不易直接测得，因此推力增加的速度通常是按发动机转速 n 或压比 P_4^*/P_1^* 上升的速度来判断。飞机起飞、复飞拉起或空战中追击敌机等都是要求发动机具有良好加速性的典型情况。发动机由慢车工作状态过程到最大工作状态的时间称为加速时间。发动机加速性的好坏，通常用加速时间的长短来衡量。加速时间越短，发动机的加速性越好。目前涡轮喷气发动机的加速时间大约为 $5 \sim 18$s。

由理论力学知识，定轴转动物体的角加速度 ε 和转子的惯性矩 I 的乘积，等于作用于该轴的力矩之和，即

$$\sum M_i = I\varepsilon = I\frac{\mathrm{d}\omega}{\mathrm{d}t} \tag{6-4}$$

式中，I 为转子的惯性矩，kg·m^2；$\varepsilon = \dfrac{\mathrm{d}\omega}{\mathrm{d}t}$ 为转子的角加速度，rad/s^2；ω 为转子的角速度，rad/s。

将以上概念应用于涡轮喷气发动机，在加速过程中，涡轮所产生的功率必然大于压气机

及各转动附件所消耗的功率。相应地，涡轮产生的扭矩也必然大于压气机及各转动附件所需要的扭矩，剩余的扭矩用来加速发动机转子。其相互关系与式 (6-4) 类似，可表示为

$$M_{\rm t} - M_{\rm k} - M_{\rm m} = I\frac{{\rm d}\omega}{{\rm d}t} \tag{6-5}$$

式中，$M_{\rm t}$ 为涡轮产生的扭矩，N·m；$M_{\rm k}$ 为带动压气机所需要的扭矩，N·m；$M_{\rm m}$ 为带动附件及克服轴承摩擦所需要的扭矩，N·m。

为简单起见，用机械传动效率 $\eta_{\rm m}$ 来考虑带动附件及克服轴承摩擦所需要的扭矩，式 (6-5) 可改写为

$$M_{\rm t} - M_{\rm k}/\eta_{\rm m} = I\frac{{\rm d}\omega}{{\rm d}t} \tag{6-6}$$

由于角速度 ω 与 n 之间有如下关系：

$$\omega = \frac{n\pi}{30}$$

以及功率与扭矩、功率与单位功之间有如下关系：

$$M = P/\omega$$

及 $P = q_{\rm ma}\cdot W$。代入式 (6-6)，同时忽略流经发动机各部件时流量的变化，可得

$$\frac{q_{\rm ma}(W_{\rm t} - W_{\rm k}/\eta_{\rm m})}{\dfrac{n\pi}{30}} = I\frac{{\rm d}\left(\dfrac{n\pi}{30}\right)}{{\rm d}t}$$

$${\rm d}t = \frac{\pi^2}{900}\frac{I{\rm d}n}{q_{\rm ma}(W_{\rm t} - W_{\rm k}/\eta_{\rm m})} \tag{6-7}$$

将式 (6-7) 积分后，可以得到从慢车转速 $n_{\rm i}$ 到最大转速 $n_{\max}$ 的加速时间 t

$$t = \frac{\pi^2}{900}I\int_{n_{\rm i}}^{n_{\max}}\frac{n{\rm d}n}{q_{\rm ma}(W_{\rm t} - W_{\rm k}/\eta_{\rm m})} \tag{6-8}$$

或引进符号 $\overline{n} = n/n_{\max}$ 及 $\overline{q}_{\rm ma} = q_{\rm ma}/q_{\rm ma,max}$，式 (6-8) 又可表示为

$$t = \frac{\pi^2}{900}\frac{n_{\max}^2}{q_{\rm ma,max}}I\int_{\overline{n}_{\rm i}}^{1.0}\frac{\overline{n}{\rm d}\overline{n}}{\overline{q}_{\rm ma}(W_{\rm t} - W_{\rm k}/\eta_{\rm m})} \tag{6-9}$$

由式 (6-8) 或式 (6-9) 可知，转子惯性矩越小及涡轮的剩余功率越大，加速时间就越短。

对于一台已经制成的发动机，转子惯性矩是一定的，而且发动机的慢车转速 $n_{\rm i}$、最大转速 $n_{\max}$ 及设计参数 $\pi_{\rm k,d}^*$、$T_{\rm 3d}^*$ 等均为确定值，因此加速时间仅取决于剩余功率的大小，剩余功率越大，加速时间越短，加速性就越好。

由式 (6-8) 可以看出，增加剩余功率，可以通过下列途径：

一是增加空气流量 $q_{\rm ma}$，例如当周围大气压力增加或周围大气温度降低时，进入发动机的空气质量流量增加，就可以增加剩余功率，缩短加速时间。

二是降低压气机功 $W_{\rm k}$，例如调节压气机进口导流叶片可使 $W_{\rm k}$ 降低以增加剩余功率。

三是增加涡轮功 $W_{\rm t}$ 来增加剩余功率，达到改善发动机加速性的目的，由涡轮功 $W_{\rm t}$ 的表达式

$$W_{\rm t}=C'_{\rm p}T_3^*\left(1-\frac{1}{\pi_{\rm t}^{*\frac{k'-1}{k'}}}\right)\eta_{\rm t}^*$$

及涡轮与喷管的流量连续的共同工作条件

$$\pi_{\rm t}^*=\left[\frac{A_9q(\lambda_9)\sigma_{\rm e}}{A_{\rm t}q(\lambda_{\rm t})\sigma_{\rm t}}\right]^{\frac{2n'}{n'+1}}$$

可以看出，增大喷管临界截面积 A_9 可以提高涡轮的膨胀比，从而使涡轮功增加，因此喷管面积可调的发动机在加速过程中，一般都将喷管临界截面置于最大位置。此外由涡轮功的表达式还可以看出，向燃烧室多喷油，以此来提高涡轮前燃气温度 T_3^*，T_3^* 越高，$W_{\rm t}$ 就越大，剩余功率就越多，发动机的加速性就越好。

对几何不可调的涡轮喷气发动机来说，在加速过程中通常采用的是燃油阶跃法。但是涡轮前燃气温度的提高是有所限制的，主要受到下列三方面的限制。

1) 涡轮叶片强度条件的限制

在稳定状态工作时，涡轮前燃气温度的最大允许值 $T_{3\max}^*$ 是在转速最大时达到的。在加速过程中 $n<n_{\max}$ 时，涡轮叶片中的应力较低，而且加速时间又很短，所以，可以允许在加速过程中 T_3^* 急增至超过 $T_{3\max}^*$，但不应当超过 $T_{3\max}^*+(50\sim100){\rm K}$。

图 6-3 所示为涡轮前燃气温度及燃油流量随转速的典型变化曲线。由图可见，在稳定状态时，当 $n<n_{\max}$ 时，温度 T_3^* 比 $T_{3\max}^*$ 低很多，因此大幅度提高温度 T_3^* 的可能性是存在的。假如没有其他限制的话，则在加速过程中，涡轮前燃气温度由 T_3^* 升高到 $T_{3\max}^*$ 所需的供油量可能增大 1.5 ~ 2.5 倍。

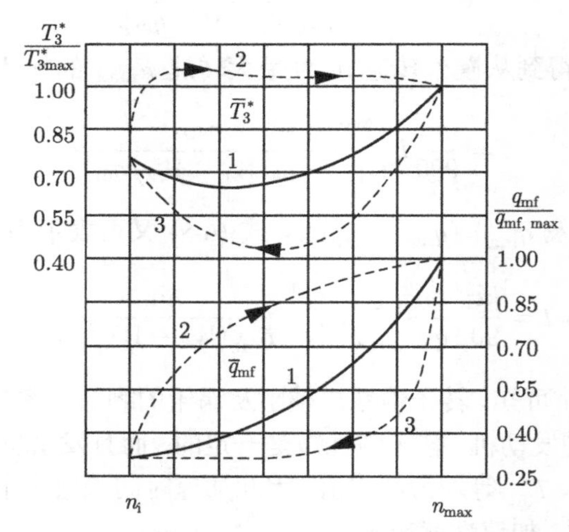

图 6-3　涡轮喷气发动机的涡轮前燃气温度及燃油流量随转速的变化曲线

1. 稳定状态；2. 加速状态；3. 减速状态

实际上在加速过程中不可能都用那么高的燃气温度，因为还要保证压气机和燃烧室都能够正常工作。

2) 压气机稳定性要求的限制

涡轮导向器临界截面对于压气机来说起着相当于节气门的作用。

假设在加速过程中涡轮导向器临界截面处于临界或超临界工作状态，通过涡轮的换算燃气流量 $q_{\mathrm{mg}}\sqrt{T_3^*}/P_3^*$ 保持不变，那么当涡轮前燃气温度增加时，燃气流量 q_{mg} 和空气流量 q_{ma} 就下降。压气机在压气机特性图上的工作点向喘振边界移动。随 $\pi_{\mathrm{k}}^*/q(\lambda_1)$ 的增大，由式 (4-24) 可知，压气机的喘振裕度减小。因此，假若在压气机特性图上，发动机稳定工作状态所对应的共同工作线 1(图 6-4(a))，则在加速过程中，压气机各参数的变化由共同工作线 2 来描述。当供油量过分增大时，加速过程会因压气机进入喘振而完结 (曲线 4)。为保证加速过程中压气机的稳定工作，供油量应当被调节得使压气机的喘振裕度在加速过程的所有阶段都不低于某个预先规定的数值。

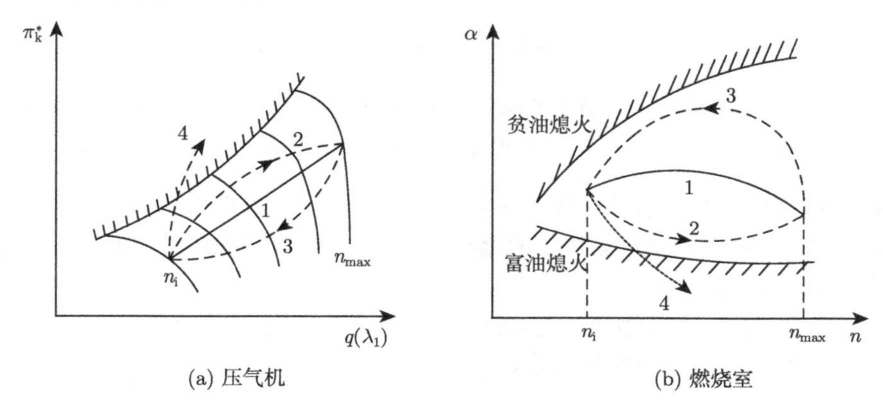

(a) 压气机　　　　(b) 燃烧室

图 6-4　涡轮喷气发动机的工作状态曲线

1. 稳定状态；2. 加速状态；3. 减速状态；4. 富油喘振状态

3) 燃烧过程稳定性要求的限制

加速过程中，供油量的增大 (加上空气流量比同转速下稳定状态时的要小) 会引起余气系数 α 的相应减小。图 6-4(b) 表示的是稳定燃烧区边界 $(\alpha_{\max}, \alpha_{\min})$ 及稳定状态时的共同工作线 1 的大致位置。由图可见，加速时 (曲线 2)，燃烧室的各工作状态都是向富油熄火边界靠近，当剩余供油量过分大时，燃烧室可能因富油而熄火 (曲线 4)。

上述三个限制涡轮前燃气温度提高的因素，在不同情况下的主要矛盾有所不同：低空或中空时，在高转速下主要受涡轮叶片强度条件的限制；在低转速及中等转速的情况下，主要受压气机喘振的限制；在高空以低速度飞行时，受到燃烧稳定性要求的限制。

假如在每一个转速下，供油量 (或燃气温度 T_3^*) 都保持在上述的各种限制所允许的最大值上，那么就可以获得最短的加速时间。这样的加速称为最佳加速。图 6-5 所示的是在最佳加速过程中，燃气温度 T_3^* 和供油量的大致变化特点。

实际上，涡轮前燃气温度 T_3^* 随转速的变化关系往往是用实验方法获得的。为了便于加速自动调节器的设计，在实验过程中，记录下燃油喷嘴前燃油压力 P_{f} 随压气机出口气流压力 P_2^* 的变化关系。因为喷嘴前燃油压力 P_{f} 的大小表征了燃油流量的大小，而压气机出口气流压力 P_2^* 的大小则综合反映了压气机进口空气 P_1^* 和发动机转速 n 的大小，或者说它近似地表征了进入发动机的空气流量 q_{ma} 的大小。

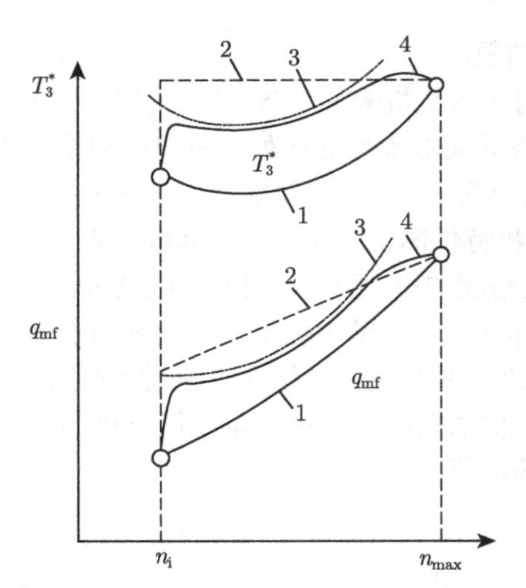

图 6-5 燃气温度和供油量在涡轮喷气发动机的最佳加速过程中随转速的变化曲线

1. 稳定状态时；2. T_{3max}^* 时；3. 压气机喘振裕度 (ΔK_y) 最小时；4. 最佳加速时

发动机燃油系统中装有加速自动调节器以后，驾驶员可以在慢车转速以及其他任意转速下猛然加大油门，进入发动机燃烧室的燃油量则由加速自动调节器控制，以获得接近于最佳速度过程的最短加速时间。

此外，提高慢车转速亦可缩短加速时间，但应综合考虑发动机在地面工作时获得最小推力的要求及着陆滑跑距离的限制等问题。

6.3 涡轮喷气发动机的减速过程

当驾驶员拉回油门杆，减少发动机的供油量时，涡轮前燃气温度降低，涡轮功率小于压气机功率时，发动机的转速开始下降，发动机的转速由最大转速 n_{max} 下降到慢车转速 n_i 的过程，称为涡轮喷气发动机的减速过程。

减速时，驾驶员往往猛收油门杆，使燃油流量迅速减少，但由于惯性使发动机处于很高的转速状态，进入燃烧室的空气流量大于燃油流量，致使燃油的雾化质量恶化，并可能导致燃烧室贫油熄火 (见图 6-3、图 6-4 中的曲线 3)，这种情况在高空更易发生。为了避免这种情况，在燃油调节系统中往往设有安全装置，以保证驾驶员收油门时，燃油流量不致突然减小，引起停车。

在发动机减速过程中，压气机喘振裕度所要求的限制从原理上来讲是不存在的。但是必须要注意，当发动机装有可调节的部件时 (如装有放气带和可调导流叶片的压气机、可调临界截面积的喷管等)，随着 n_{cor} 的下降，这些可调部件变换位置的速度必须足够快，否则必须限制供油量减小的速度。通常这些可调节部件工作位置的变化也是由相应自动调节器控制的。

这里需要注意的是，对于涡喷发动机而言，减速过程不会存在压气机喘振裕度的限制，但是对于涡扇发动机而言，情况会较为复杂，某一个压气机 (低压或者高压) 会存在喘振裕度的限制。

复习思考题

1. 发动机的不稳定工作状态与稳定工作状态有什么区别?
2. 发动机在地面起动时，为什么必须使用起动机? 而在空中起动时又为什么不必使用起动机?
3. 试述发动机在地面的起动过程。起动过程中转速悬挂现象是怎样产生的? 如何排除这一故障?
4. 发动机的慢车转速的选择应考虑哪些因素?
5. 如何改善发动机的加速性? 通常受到哪些限制?
6. 为什么在发动机的燃油系统中应设置减速过程的安全装置?

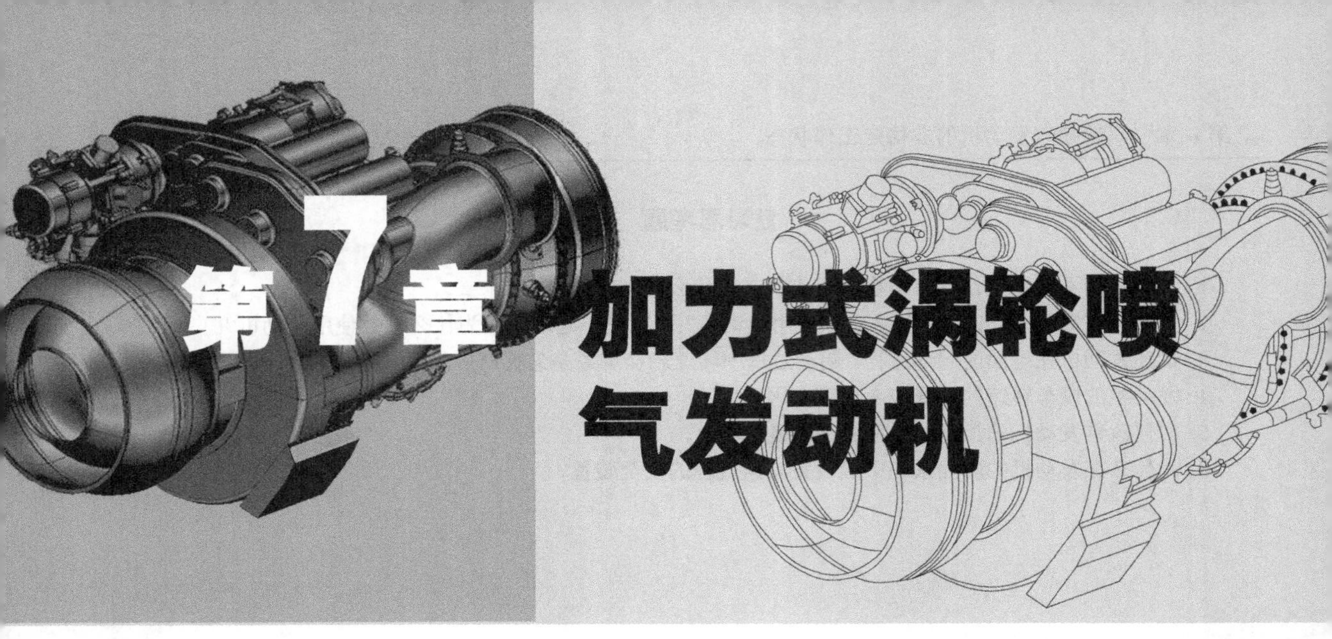

第7章 加力式涡轮喷气发动机

当发动机处于最大工作状态时，转速达到最大值 $n_{\max}$，涡轮前燃气温度也达到最大值 $T^*_{3\max}$，这时发动机就能获得最大推力，满足飞机起飞、加速及空战等情况下对发动机性能的要求。但在实际使用中往往遇到一些特殊情况，如飞机临时改在短跑道上起飞，空战中迎战突然来犯的敌机，需要迅速起飞爬高，加速增大升限时，或者一架飞机装几台发动机，而其中一台或两台损坏或发生故障的时候。所有这些都要求发动机在短时间内能产生比最大状态时推力还要大的推力，而在发动机结构上又希望少变，我们把能在发动机达到最大状态以后不进一步增加发动机转速和涡轮前燃气温度而可短时间内继续增加发动机推力的方法，称为发动机的加力。这种发动机称为加力式涡轮喷气发动机。

目前，涡轮喷气发动机加力的方法有两种：喷液加力和补燃加力。

7.1 喷液加力式涡轮喷气发动机

在压气机进口或在燃烧室内喷射容易蒸发的液体 (水、酒精或水和酒精的混合液，为防止低温下喷液结冰，一般都采用水和酒精的混合液) 可以在不超过 $n_{\max}$ 和 $T^*_{3\max}$ 的情况下增加发动机的推力。

7.1.1 在压气机进口喷液加力

在压气机进口喷射液体，喷射的液体在压气机内蒸发吸热，使压缩过程的空气温度有所下降。在压气机功相同 (因转速不变) 的条件下，由于空气温度下降而易于压缩，压气机的增压比 π^*_{k} 增大，于是压气机出口空气压力增加，涡轮前燃气压力 P^*_3 也相应提高。

发动机在最大状态工作时，第一级涡轮导向器临界截面及喷管临界截面都处于临界或超临界工作状态，因此当喷管几何面积不变时，涡轮膨胀比保持不变。在压气机功和涡轮功保持不变的条件下，涡轮前燃气温度 T^*_3 也保持不变。因此，喷液加力后，涡轮出口燃气的压力 P^*_4 也随压气机出口气体压力的增加而增加。喷管中的可用压力降增加，当喷管为收敛形且处于临界或超临界工作状态时，喷管出口截面的静压增加，使发动机单位推力增加。

除此之外，喷液增加了燃气中水蒸气的成分，气体常数增大使燃气比热增加，这也有利于喷管出口排气速度的提高和单位推力的增加。

喷液加力后，通过发动机的燃气流量随着涡轮前燃气压力的增加而成比例地增大了。由于喷液加力使发动机单位推力和燃气流量同时提高，所以发动机的推力得到显著增加。

喷液加力时，发动机的耗油率也有所增加，这是由于喷液在压气机内蒸发吸热，使燃烧室进口气流的温度降低，为了保持涡轮前燃气温度不变，在喷液的同时，就要相应地加大燃烧室的供油量。另外，喷液加力使通过发动机的空气流量增加，也使燃油流量增加。

在一定范围内，喷液量越多，发动机推力增加也越大。图 7-1 表示了在地面静止状态下，发动机推力和单位燃油消耗量随喷液量的变化关系。由图可见，每千克空气中喷入了 0.04kg 液体 (水) 时，耗油率增加 3%，推力却增加了 40%。这说明在压气机进口喷液加力对提高推力是相当有效的，但消耗的液体量也很大，根据计算，增加 30% 的推力，所需喷液量为燃油消耗量的 $2.0 \sim 2.5$ 倍。如果考虑液体中水的不完全蒸发，实际需要的喷液量还要大一些。在压气机进口喷液的另一个缺点是压气机进口处容易结冰，而且水滴及脱落的冰块会撞击、腐蚀压气机叶片，对叶片有损坏作用。

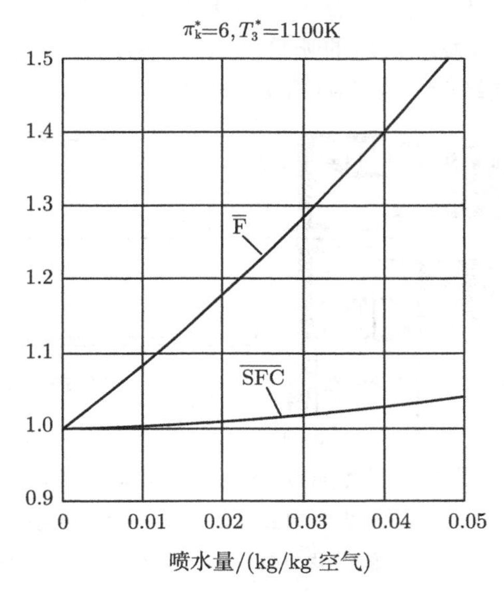

图 7-1　在地面静止状态下，推力与耗油率随喷液量的变化

7.1.2　在燃烧室中喷液加力

在燃烧室中用喷雾状液体与高温燃气混合，雾状液体吸热蒸发，使燃烧室中燃气温度下降，为了保持涡轮前燃气温度 T_3^* 不变，在喷液的同时，也同样要加大燃油量，致使耗油率也有所增加。喷液和燃油量的增加使燃气流量增加，但是通过涡轮的燃气流量受涡轮导向器的流通能力的限制，致使进入压气机的空气流量减少。由压气机通用特性图可以看出，在保持转速不变的情况下，这时压气机的增压比必然提高，共同工作点向喘振边界移动。压气机特性线越陡，压力增加越多。由此可见，对于具有高增压比压气机的发动机来说，在燃烧室中喷液加力时，喷液量受到压气机不稳定工作的限制。

在燃烧室中喷液加力，由于压气机增压比提高，压气机出口和涡轮进口截面上气体的压力相应提高，而涡轮膨胀比不变，使涡轮后燃气压力也随之提高。当喷管为收敛形且处于临界或超临界状态工作时，喷管出口截面静压增加，使发动机的单位推力提高；涡轮前燃气压力的提高又使燃气流量增大。单位推力和燃气流量的增大，使发动机推力加大。

在燃烧室中喷液加力，同样需要大量的液体，使飞机的有效载荷及航程受到影响。所以，目前这种加力方法多用在高原或炎热地区的机场起飞时恢复起飞推力上。这种加力方法与在压气机进口喷液加力的方法相比，其优点是可以避免压气机叶片结冰或损坏；其缺点是压气机的空气流量减小，容易引起压气机喘振，而且当增加相同的推力时，液体的喷射量要大得多。

7.2　补燃加力式涡轮喷气发动机

发动机的补燃加力，就是在发动机达到最大工作状态后，在涡轮后面再次向燃气流中喷入燃油，利用具有一定压力的燃气中的剩余氧气，再进行一次燃烧，使喷管出口的燃气速度增大，从而提高发动机的推力。因此，补燃加力接通或改变时，压气机、涡轮的工作状态不变，为了实现这一特征，要求发动机后的喷管可调。补燃加力式涡轮喷气发动机通常简称为加力式涡轮喷气发动机，其结构示意图如图 7-2 所示。

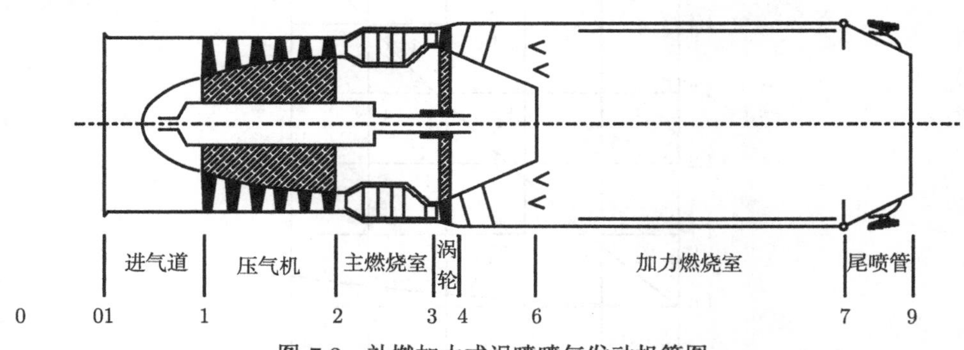

图 7-2　补燃加力式涡喷喷气发动机简图

0. 来流进口截面；01. 进气道进口截面；1. 压气机进口截面；2. 压气机出口/燃烧室进口截面；3. 涡轮进口/燃烧室出口截面；4. 涡轮出口截面；6. 加力燃烧室进口截面；7. 加力燃烧室出口截面；9. 尾喷管出口截面

由于补燃加力是在涡轮后方增加一个加力燃烧室和可调喷管，对核心机无改动，这种加力方式构造简单，工作可靠，在技术上容易实现，在高速飞行时具有良好的性能，因而在军用飞行器的发动机上得到了广泛的采用。

发动机在涡轮后没有转动部件，位于涡轮与喷管之间的加力燃烧室的出口温度可以比主燃烧室的出口温度高得多。理论上讲，加力燃烧室出口燃气可能达到的极限温度与涡轮出口燃气中游离状态的氧被全部利用相对应，即与条件 $\alpha_\Sigma = 1.0$ 相对应。这时总的余气系数

$$\alpha_\Sigma = \frac{q_{\mathrm{ma}\Sigma}}{q_{\mathrm{mf}\Sigma} \cdot L_0} = \frac{H_\mathrm{u}}{q_{0\Sigma} \cdot L_0}$$

式中，L_0 为 1kg 燃油完全燃烧所需的理论空气量，$L_0 = 14.7\mathrm{kg}$ 空气/kg 燃油；$q_{0\Sigma}$ 为加力式涡轮喷气发动机中对 1kg 空气的总的理论加热量，它可以用实际加热量 q_Σ 及总的燃烧效率

$\eta_{b\Sigma}$ 来表示：

$$q_{0\Sigma} = q_{\Sigma}/\eta_{b\Sigma}$$

式中，q_{Σ} 可根据整台发动机的能量守恒方程得到 (具体的推导过程将在下面的内容中叙述)：

$$q_{\Sigma} = C_{\rm p}\left(T_{\rm af}^{*} - T_{1}^{*}\right)$$

在 $\alpha_{\Sigma} = 1.0$ 的条件下，根据上述关系可以求出加力温度的极限值：

$$T_{\rm af,lim}^{*} = T_{1}^{*} + \frac{\eta_{b\Sigma}H_{\rm u}}{C_{\rm p}L_{0}}$$

根据上式的计算可知，在试车台条件下，$T_{\rm af,lim}^{*}$ 约为 2200K。在 $Ma_0 = 0$ 及 $H \geqslant 11{\rm km}$ 的条件下，$T_{\rm af,lim}^{*}$ 大致能够增大到 2400K。实际上，由于材料耐热强度的限制，以及由于当 $\alpha_{\Sigma} < 1.1 \sim 1.5$ 时，加力燃烧室中的燃烧效率降低得很严重，甚至会引起振荡燃烧，因此目前补燃加力的最大燃气温度一般不超过 $1900 \sim 2100$K。

为了在加力时维持压气机、涡轮的工作状态不随加力燃烧室的接通或改变而改变，发动机必须有一个可调喷管。

补燃加力可以不改变压气机、涡轮工作状态而有效地增大发动机推力且构造简单，工作可靠，在技术上容易实现，在高速飞行时具有良好的性能，因而在军用歼击机的发动机上得到了广泛应用。

7.2.1　加力式涡轮喷气发动机的工作过程参数对单位性能参数的影响

加力式涡轮喷气发动机的主要工作过程参数除压气机的增压比、涡轮前燃气温度 T_3^* 外，还多了一个加力温度 $T_{\rm af}^*$。

图 7-3 是 $H = 0$，$Ma_0 = 0$ 时 $F_{\rm s,af}$、${\rm SFC_{af}}$ 和 $\pi_{\rm k}^*$、T_3^* 及 $T_{\rm af}^*$ 的关系曲线。下面分别对不同主要工作过程参数对单位性能参数的影响情况进行分析。

如图 7-3(a) 所示，当飞行条件一定，涡轮前燃气温度 T_3^* 一定，加力温度 $T_{\rm af}^*$ 也一定时，加力时的单位推力 $F_{\rm s,af}$ 和耗油率 ${\rm SFC_{af}}$ 随压气机增压比 $\pi_{\rm k}^*$ 变化的关系曲线，与不加力时的曲线形状基本相同，也存在最佳压比 $\pi_{\rm k,opt,af}^*$ 及最经济压比 $\pi_{\rm k,ec,af}^*$，但是 $\pi_{\rm k,opt,af}^* = \pi_{\rm k,ec,af}^*$，且介于不加力时的最佳压比与经济压比之间，即 $\pi_{\rm k,opt}^* < \pi_{\rm k,opt,af}^* < \pi_{\rm k,ec}^*$，而且它的大小与加力温度 $T_{\rm af}^*$ 的高低没有关系，而是随 T_3^* 的增大而增大。

7.2.1.1　加力式涡轮喷气发动机的最佳压比 $\pi_{\rm k,opt,af}^*$ 与 $T_{\rm af}^*$ 无关

在一定的飞行条件下，假设气流在喷管中完全膨胀，那么单位推力仅与排气速度 C_9 成正比，排气速度 C_9 最大时，单位推力 $F_{\rm s,af}$ 也是最大。由加力涡喷发动机的排气速度

$$C_{\rm 9af} = \sqrt{\frac{2k'}{k'-1}R'T_{\rm af}^*\left[1 - \left(\frac{P_0}{P_{\rm af}^*}\right)^{\frac{k'-1}{k'}}\right]}$$

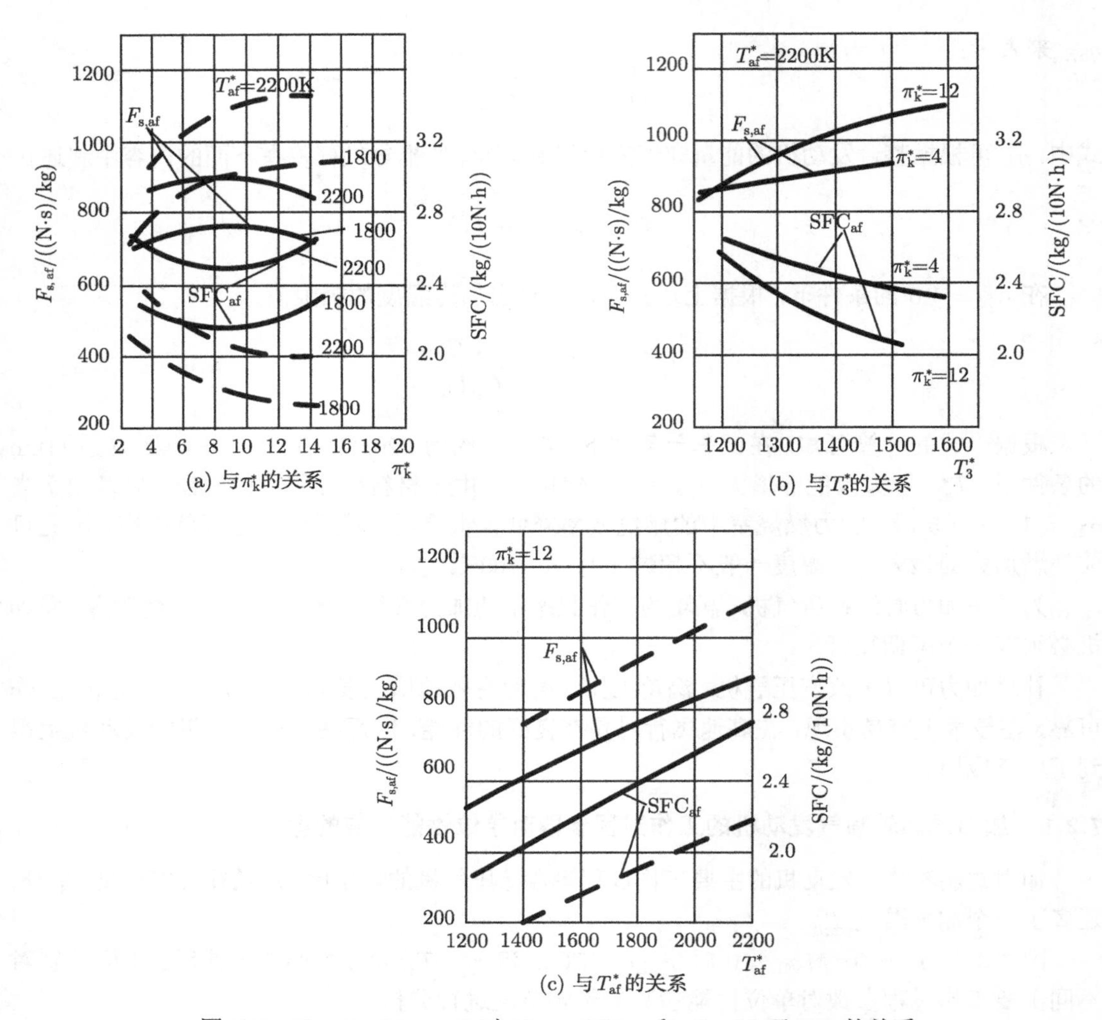

图 7-3　$H=0$，$Ma_0=0$ 时 $F_{s,af}$、SFC_{af} 和 π_k^*、T_3^* 及 T_{af}^* 的关系

可见，C_{9af} 的大小取决于 T_{af}^* 及 P_0/P_{af}^*。当 T_{af}^* 取定后，C_{9af} 只取决于 P_{af}^*，P_{af}^* 越大，排气速度 C_{9af} 也就越大。由于

$$\pi_e=\frac{P_{af}^*}{P_0}=\sigma_{b,af}\frac{P_4^*}{P_0}=\sigma_{b,af}\frac{P_4^*}{P_3^*}\frac{P_3^*}{P_2^*}\frac{P_2^*}{P_1^*}\frac{P_1^*}{P_0}=\sigma_i\sigma_b\sigma_{b,af}\frac{\pi_k^*}{\pi_t^*}\left(1+\frac{k-1}{2}Ma_0^2\right)^{\frac{k}{k-1}}$$

因此，一定飞行条件下，且假设流道沿程损失不变，单位推力 $F_{s,af}$ 仅与 $\frac{\pi_k^*}{\pi_t^*}$ 相关，为了求出加力单位推力最大所对应的 $\pi_{k,opt,af}^*$，仅需将 $\frac{\pi_k^*}{\pi_t^*}$ 对增压比取导数，并令它等于零，求出的增压比为最佳值。

由压气机和涡轮功率平衡方程

$$C_pT_1^*\left(e_k^*-1\right)/\eta_k^*=\left(1+f-\upsilon_{col}\right)C_p'T_3^*\left(1-\frac{1}{e_t^*}\right)\eta_t^*\eta_m^*$$

若忽略燃气流量与空气流量的差别，又为了使结果简单而又容易看出物理意义，设 $C_{\mathrm{p}} \approx C'_{\mathrm{p}}$，$k \approx k'$，则上式可简化并整理为

$$\frac{e_{\mathrm{k}}^*}{e_{\mathrm{t}}^*} = e_{\mathrm{k}}^* \left(1 - \frac{e_{\mathrm{k}}^* - 1}{\dfrac{T_3^*}{T_1^*} \eta_{\mathrm{k}}^* \eta_{\mathrm{t}}^* \eta_{\mathrm{m}}^*} \right)$$

将上式对 e_{k}^* 微分并令它等于零，即得

$$\frac{T_3^*}{T_1^*} \eta_{\mathrm{k}}^* \eta_{\mathrm{t}}^* \eta_{\mathrm{m}}^* - 2e_{\mathrm{k}}^* + 1 = 0$$

因此

$$e_{\mathrm{k,opt,af}}^* = \frac{1 + \dfrac{T_3^*}{T_1^*} \eta_{\mathrm{k}}^* \eta_{\mathrm{t}}^* \eta_{\mathrm{m}}^*}{2} \tag{7-1}$$

或

$$\pi_{\mathrm{k,opt,af}}^* = \left(\frac{1 + \dfrac{T_3^*}{T_1^*} \eta_{\mathrm{k}}^* \eta_{\mathrm{t}}^* \eta_{\mathrm{m}}^*}{2} \right)^{\frac{k}{k-1}} \tag{7-2}$$

或

$$\pi_{\mathrm{k,opt,af}}^* = \left(\frac{1 + \dfrac{T_3^*}{T_1^*} \eta_{\mathrm{k}}^* \eta_{\mathrm{t}}^* \eta_{\mathrm{m}}^*}{2} \right)^{3.5} \tag{7-3}$$

由上式可见，$\pi_{\mathrm{k,opt,af}}^*$ 与 T_{af}^* 无关，并且随 T_3^* 的增加、T_1^* 的减少 (飞行马赫数的减小和飞行高度的增加) 而加大。

7.2.1.2 加力时 $\pi_{\mathrm{k,opt,af}}^*$ 和 $\pi_{\mathrm{k,ec,af}}^*$ 相等

至于加力时 $\pi_{\mathrm{k,opt,af}}^*$ 和 $\pi_{\mathrm{k,ec,af}}^*$ 相一致的原因，我们可以从耗油率的表达式入手进行分析。

$$\mathrm{SFC_{af}} = \frac{3600\,(q_0 + q_{0\mathrm{af}})}{H_{\mathrm{u}} F_{\mathrm{s,af}}} \tag{7-4}$$

式中，q_0 和 $q_{0\mathrm{af}}$ 分别为在主燃烧室中和加力燃烧室中燃油完全燃烧时加给每千克空气的热量。

若忽略主燃烧室的完全燃烧系数与加力燃烧室的差别，式 (7-4) 可写成

$$\mathrm{SFC_{af}} = \frac{3600\,(q + q_{\mathrm{af}})}{\xi_{\mathrm{b,af}} H_{\mathrm{u}} F_{\mathrm{s,af}}} \tag{7-5}$$

式中，接通加力时，涡轮喷气发动机中加给每千克空气的实际加热 q_{Σ} 为

$$q_{\Sigma} = q + q_{\mathrm{af}} = C'_{\mathrm{p}}\,(T_3^* - T_2^*) + C'_{\mathrm{p}}\,(T_{\mathrm{af}}^* - T_4^*)$$

设压气机功与涡轮功相等，则

$$C_{\mathrm{p}}\left(T_2^*-T_1^*\right)=C_{\mathrm{p}}'\left(T_3^*-T_4^*\right)$$

略去空气与燃气比热的差别，将上式代入前式，经整理可得

$$q_{\Sigma}=C_{\mathrm{p}}'\left(T_{\mathrm{af}}^*-T_1^*\right) \tag{7-6}$$

式 (7-6) 表明，在加力式涡轮喷气发动机中，加给每千克空气的总的加热量取决于加力温度 T_{af}^* 和飞行条件而与 π_{k}^* 无关。由式 (7-5) 可知，在飞行条件一定，加力温度一定时，$\mathrm{SFC_{af}}$ 只与 $F_{\mathrm{s,af}}$ 有关，当 $F_{\mathrm{s,af}}$ 最大时，$\mathrm{SFC_{af}}$ 最小，因此 $\pi_{\mathrm{k,opt,af}}^*=\pi_{\mathrm{k,ec,af}}^*$。

7.2.1.3　加力时 $\pi_{\mathrm{k,opt,af}}^*$ 的数值介于不加力时的 $\pi_{\mathrm{k,opt}}^*$ 与 $\pi_{\mathrm{k,ec}}^*$ 之间

可以用效率 η_{e}、η_{p} 及 η_0 随压比的变化关系来说明。因为在飞行状态及 T_3^* 为一定的条件下，不加力时单位推力最大得到的 $\pi_{\mathrm{k,opt}}^*$ 对应于 $\eta_{\mathrm{p,min}}$，而耗油率最小得到的 $\pi_{\mathrm{k,ec}}^*$ 则对应于 $\eta_{0\max}$，在同一条件下接通加力，假设加力与不加力时的 η_{e} 保持不变，则当达到 $\pi_{\mathrm{k,opt,af}}^*$ 时，加力燃烧室进口的燃气压力高，加力燃烧室的燃烧效率亦高，从而获得整台发动机的最高热效率 $\eta_{\mathrm{e,max}}$。由第 3 章我们已经知道，在一定的飞行条件及一定的 T_3^* 条件下，三个效率随压比变化所对应的特征压比之间的关系是 $\pi_{\mathrm{k,opt}}^*<\pi_{\mathrm{k},\eta_{\mathrm{e}},\max}^*<\pi_{\mathrm{k,ec}}^*$。由此也就证实了压比关系式 $\pi_{\mathrm{k,opt}}^*<\pi_{\mathrm{k,opt,af}}^*<\pi_{\mathrm{k,ec}}^*$。例如，$H=0$，$Ma_0=0$，$T_3^*=1200\mathrm{K}$ 时，$\pi_{\mathrm{k,opt}}^*\approx 9$，$\pi_{\mathrm{k,ec}}^*>22$，而在相同条件下加力时的 $\pi_{\mathrm{k,opt,af}}^*\approx 14$。

如图 7-3(b) 所示，当飞行条件、压气机增压比 π_{k}^* 及加力温度 T_{af}^* 一定时，随涡轮前燃气温度 T_3^* 增大，加力单位推力 $F_{\mathrm{s,af}}$ 增大，加力耗油率 $\mathrm{SFC_{af}}$ 下降，且两者对 T_3^* 变化的速率相同。

由式 (7-4) 可见，$\mathrm{SFC_{af}}$ 只与 $F_{\mathrm{s,af}}$ 有关。当飞行条件、增压比 π_{k}^* 和加力温度 T_{af}^* 一定时，加给每千克空气的总的加热量为一定值，T_3^* 的变化与 q_{Σ} 无关。

当 T_3^* 增加时，主燃烧室中加热量增多，而加力燃烧室中的加热量减小，改善了热量的利用程度，因此加力单位推力 $F_{\mathrm{s,af}}$ 增大，加力耗油率 $\mathrm{SFC_{af}}$ 减小，而且两者增减的速率相同。

如图 7-3(c) 所示，当飞行条件、T_3^* 及 π_{k}^* 一定时，T_{af}^* 增大，使加力单位推力 $F_{\mathrm{s,af}}$ 增大，加力耗油率 $\mathrm{SFC_{af}}$ 也增大，而且 $\mathrm{SFC_{af}}$ 的增大比 $F_{\mathrm{s,af}}$ 的增大要快。

$F_{\mathrm{s,af}}$ 及 $\mathrm{SFC_{af}}$ 随 T_{af}^* 变化，其增大率的差异可以利用下列两个关系式得到解释：

$$F_{\mathrm{s,af}}=\sqrt{2q_{0\Sigma}\eta_{\mathrm{e}\Sigma}+C_0^2}-C_0$$

$$\mathrm{SFC_{af}}=\frac{3600q_{\Sigma}}{\xi_{\mathrm{b,af}}H_{\mathrm{u}}F_{\mathrm{s,af}}}$$

当飞行条件、π_{k}^* 及 T_3^* 一定时，上两式可变成

$$F_{\mathrm{s,af}}\propto\sqrt{\eta_{\mathrm{e}\Sigma}T_{\mathrm{af}}^*}$$

$$\mathrm{SFC_{af}}\propto\sqrt{\frac{T_{\mathrm{af}}^*}{\eta_{\mathrm{e}\Sigma}}}$$

在加力涡轮喷气发动机中，热效率 $\eta_{e\Sigma}$ 总是小于 1.0，因此，随着加力温度 T_{af}^* 的提高，SFC_{af} 增长的速度总是要比 $F_{s,af}$ 的快。例如，在地面起飞状态下，T_{af}^* 从 1200K 提高到 2000K，单位推力 $F_{s,af}$ 可增加 30%左右，而 SFC_{af} 却增加了 70%左右。

7.2.2　加力式涡轮喷气发动机的热力计算

加力式涡轮喷气发动机的热力计算与不加力涡轮喷气发动机的热力计算的目的、要求是相同的，从进气道到涡轮后气流参数的确定也都与不加力的涡轮喷气发动机相同。当加力燃烧室工作时，加力燃烧室后气流参数的计算步骤如下。

7.2.2.1　加力燃烧室出口气流参数

当加力燃烧室不工作时，加力燃烧室出口气流总温等于涡轮出口气流总温 T_4^*。当加力燃烧室工作时，加力燃烧室出口的燃气温度 (即加力温度) 是在设计过程中选定的，其大小取决于当前的材料、冷却以及设计水平。

加力燃烧室出口气流总压 P_{af}^* 用下式计算：

$$P_{af}^* = \sigma_{b,af} P_4^* \tag{7-7}$$

式中，加力燃烧室的总压恢复系数 $\sigma_{b,af}$ 可按下式确定：

$$\sigma_{b,af} = \sigma_f \cdot \sigma_t$$

式中，σ_f 为考虑流动损失 (流阻) 的总压恢复系数，火焰稳定器和加力燃烧室扩压段的压力损失是影响 σ_f 的主要因素，其数值大约取 0.92~0.95；σ_t 为考虑加热 (热阻) 而引起的总压恢复系数，σ_t 取决于加力燃烧室进口的 Ma 数和加热比 T_{af}^*/T_4^*，可以从图线查出。

加力燃烧室的油气比 f_{af} 可用下式计算：

$$f_{af} = \frac{\left(h_{a,af}^* - h_{4a}^*\right) + f\left(H_{af}^* - H_4^*\right)}{\xi_{b,af} H_u - H_{af}^* + h_{2a}^*} \tag{7-8}$$

式中，$h_{af,a}^*$，h_{4a}^* 为加力燃烧室出口和进口的每千克空气的热焓；h_{2a}^* 为压气机出口每千克空气的热焓；H_4^*，H_{af}^* 为加力燃烧室进口和出口温度下的等温焓差；$\xi_{b,af}$ 为加力燃烧室的完全燃烧系数。

由于气体在加力燃烧室中速度较大、压力较低而加力温度又较高，故加力燃烧室的完全燃烧系数往往小于主燃烧室的完全燃烧系数，一般情况下，$\xi_{b,af}$ 在 $0.85 \sim 0.95$ 范围内。

式 (7-8) 中的 $h_{af,a}^*$、h_{4a}^*、h_{2a}^* 和 H_{af}^* 等可由附录查得。

7.2.2.2　喷管出口气流参数

喷管出口总压 P_{9af}^* 可用下式计算：

$$P_{9af}^* = \sigma_e P_{af}^* \tag{7-9}$$

式中，σ_e为喷管的总压恢复系数，一般情况下，收敛形喷管的总压恢复系数的数值为0.95~0.99。

假设燃气在喷管中流动时，与外界没有热交换，则喷管出口总温 T_{9af}^* 等于加力燃烧室出口的燃气总温 T_{af}^*。

根据喷管出口总压 $P_{9\mathrm{af}}^*$ 和外界大气压力 P_0 的数值，判断喷管的工作状态，计算喷管出口气流的其他参数。

当燃气在喷管中完全膨胀时，排气速度为

$$C_{9\mathrm{af}} = \sqrt{2C_\mathrm{p}'T_\mathrm{af}^*\left[1-\left(\frac{P_0}{\sigma_\mathrm{e}P_\mathrm{af}^*}\right)^{\frac{k'-1}{k'}}\right]} \tag{7-10}$$

若燃气在喷管中为临界或超临界状态时，则

$$C_{9\mathrm{af}} = \sqrt{\frac{2k'}{k'+1}R'T_\mathrm{af}^*} \tag{7-11}$$

喷管出口处气流温度 $T_{9\mathrm{af}}$ 由下式计算：

$$T_{9\mathrm{af}} = T_{9\mathrm{af}}^* - \frac{C_{9\mathrm{af}}^2}{2C_\mathrm{p}'} \tag{7-12}$$

当燃气在喷管中完全膨胀时，则

$$P_{9\mathrm{af}} = P_0 \tag{7-13}$$

若喷管处于临界或超临界状态工作时，收敛形喷管出口压力为

$$P_{9\mathrm{af}} = \frac{P_\mathrm{af}^*}{\left(\frac{k'+1}{2}\right)^{\frac{k'}{k'-1}}} \tag{7-14}$$

7.2.2.3　单位推力的计算

单位推力 $F_{\mathrm{s,af}}$ 的计算公式为

$$F_{\mathrm{s,af}} = \frac{q_{\mathrm{mg}}C_{9\mathrm{af}} - q_{\mathrm{ma}}C_0}{q_{\mathrm{ma}}} + \frac{A_{9\mathrm{af}}\left(P_{9\mathrm{af}} - P_0\right)}{q_{\mathrm{ma}}}$$

由于 $q_{\mathrm{mg}} = (1+f+f_{\mathrm{af}})\,q_{\mathrm{ma}} = (1+f_\Sigma)\,q_{\mathrm{ma}}$，与式 (3-53) 类似，有

$$F_{\mathrm{s,af}} = (1+f_\Sigma)\left[C_{9\mathrm{af}} - \frac{C_0}{1+f_\Sigma} + R'\frac{T_{9\mathrm{af}}}{C_{9\mathrm{af}}}\left(1-\frac{P_0}{P_{9\mathrm{af}}}\right)\right] \tag{7-15}$$

若燃气在喷管中完全膨胀，则上式简化为

$$F_{\mathrm{s,af}} = (1+f_\Sigma)\,C_{9\mathrm{af}} - C_0 \tag{7-16}$$

式中，加给主燃烧室每千克空气的燃油流量 f 可由式 (3-39) 计算，而加力燃烧室的油气比 f_{af} 则可按式 (7-8) 计算。

7.2.2.4　单位燃油消耗量的计算

$$\mathrm{SFC}_{\mathrm{af}} = \frac{3600\left[(1-v_{\mathrm{col}})\,f + f_{\mathrm{af}}\right]}{F_{\mathrm{s,af}}} \tag{7-17}$$

若用气动函数来计算单位推力，和式 (3-59) 类似，有

$$F_{\mathrm{s,af}} = (1+f_\Sigma)\frac{\sqrt{T_{9\mathrm{af}}^*}}{K_\mathrm{m}'q\left(\lambda_{9\mathrm{af}}\right)}\left[f\left(\lambda_{9\mathrm{af}}\right) - \frac{P_0}{P_{9\mathrm{af}}^*}\right] - C_0 \tag{7-18}$$

7.2.3　接通加力时涡轮喷气发动机有关参数的变化

7.2.3.1　接通加力时，喷管临界截面积增加

为了使发动机在加力工作状态时能获得尽可能大的推力，就必须使压气机和涡轮的工作状态与加力前 ($n_{\max}$ 及 $T^*_{3\max}$) 相同，即核心机工作状态保持为最大状态不变，要满足这一要求，喷管临界截面积 A_9 应如何变化呢？

若忽略接通加力时在加力燃烧室所增加的燃油流量，则在加力前和加力后，通过喷管临界截面积的燃气流量应该相等。

加力前通过 A_9 的燃气流量为

$$q_{\mathrm{mg}}=\frac{K'_{\mathrm{m}}A_9P^*_{9\mathrm{af}}q\left(\lambda_9\right)}{\sqrt{T^*_4}}$$

而接通加力后通过 $A_{9\mathrm{af}}$ 的燃气流量为

$$q_{\mathrm{mg,af}}=\frac{K''_{\mathrm{m}}A_{9\mathrm{af}}P^*_{9\mathrm{af}}q\left(\lambda_{9\mathrm{af}}\right)}{\sqrt{T^*_{\mathrm{af}}}}$$

若近似认为 $K''\approx K'$ 及 $P^*_{9\mathrm{af}}\approx P^*_9$，要满足加力前后通过 A_9 的燃气流量相等的条件，则

$$\frac{A_{9\mathrm{af}}}{A_9}\approx\sqrt{\frac{T_{\mathrm{af}^*}}{T^*_4}}=\sqrt{\theta_{\mathrm{af}}}$$

或

$$A_{9\mathrm{af}}\approx A_9\sqrt{\frac{T^*_{\mathrm{af}}}{T^*_4}}=A_9\sqrt{\theta_{\mathrm{af}}} \tag{7-19}$$

式中，θ_{af} 为加热比，$\theta_{\mathrm{af}}=T^*_{\mathrm{af}}/T^*_4$。因为加力温度 T^*_{af} 比涡轮出口的燃气温度要高得多，因而由式 (7-19) 可以知道，接通加力时，喷管临界截面积 A_9 必须按与加热比 θ_{af} 的平方根近似成正比的关系放大，才能保证接通加力前后通过喷管临界截面积 A_9 的燃气流量与通过涡轮导向器临界截面积 A_{t} 的燃气流量相等，这样才能保证涡轮后燃气压力 P^*_4 保持不变，从而使得接通加力后涡轮和压气机的工作状态保持不变。

7.2.3.2　接通加力时，发动机单位推力增加、加力度增加

接通加力前后，通过发动机的空气流量不变。而燃气流量虽略有增加，但可认为基本不变，因而接通加力后发动机推力增加的程度主要取决于单位推力的变化。为此首先比较接通加力前后发动机排气速度的变化情况。

若假设喷管出口气流完全膨胀，则当发动机不加力时，喷管出口的气流速度为

$$C_9=\sqrt{2C'_{\mathrm{p}}T^*_4\left[1-\left(\frac{P_0}{P^*_9}\right)^{\frac{k'-1}{k'}}\right]}$$

而接通加力后，若喷管出口气流仍为完全膨胀，则喷管出口的气流速度为

$$C_{9\mathrm{af}}=\sqrt{2C''_{\mathrm{p}}T^*_{\mathrm{af}}\left[1-\left(\frac{P_0}{P^*_{9\mathrm{af}}}\right)^{\frac{k''-1}{k''}}\right]}$$

在加力燃烧室中，由于加热作用和流动损失，加力燃烧室出口气流总压 P_{af}^* 比涡轮出口气流总压 P_4^* 要低，因而加力时喷管出口气流总压比不加力时有所下降，但是接通加力时燃气温度的增加既可使燃气比热在某种程度上增加，又可使出口气流总压下降对排气速度的影响得到补偿，因此在近似计算时可认为 $P_{9\mathrm{af}}^* \approx P_9^*$，$C'_{\mathrm{P}} \approx C''_{\mathrm{p}}$。将上面两式相除可以得到

$$\frac{A_{9\mathrm{af}}}{A_9} \approx \sqrt{\frac{T_{\mathrm{af}}^*}{T_4^*}} = \sqrt{\theta_{\mathrm{af}}} \tag{7-20}$$

如果略去燃油流量，接通加力后发动机的单位推力可表示为

$$F_{\mathrm{s,af}} = C_{9\mathrm{af}} - C_0 \approx C_9\sqrt{\theta_{\mathrm{af}}} - C_0 \tag{7-21}$$

不加力时的单位推力为

$$F_{\mathrm{s}} = C_9 - C_0$$

将上式代入式 (7-21) 得到

$$F_{\mathrm{s,af}} = F_{\mathrm{s}}\sqrt{\theta_{\mathrm{af}}} + C_0\left(\sqrt{\theta_{\mathrm{af}}} - 1\right) \tag{7-22}$$

或

$$\overline{F}_{\mathrm{s,af}} = \frac{F_{\mathrm{s,af}}}{F_{\mathrm{s}}} \approx \sqrt{\theta_{\mathrm{af}}} + \frac{C_0}{F_{\mathrm{s}}}\left(\sqrt{\theta_{\mathrm{af}}} - 1\right) \tag{7-23}$$

式 (7-22) 和式 (7-23) 中均忽略了接通加力前后沿发动机流路损失的变化及燃气流量的变化，并假设喷管出口气流完全膨胀，因而这两式都是近似公式，但用它们进行定性分析或近似计算比较简单和方便。

当发动机在地面静止条件下工作时，$C_0 = 0$，式 (7-23) 可简化为

$$\overline{F}_{\mathrm{s,af}} \approx \sqrt{\frac{T_{\mathrm{af}}^*}{T_4^*}} = \sqrt{\theta_{\mathrm{af}}} \tag{7-24}$$

由式 (7-23) 可以看出，加力时发动机单位推力的相对增量随加热比 θ_{af} 的增加而增加。当加热比 θ_{af} 一定时，飞行速度越高，发动机单位推力的相对增量也越大，用图线表示如图 7-4 所示。

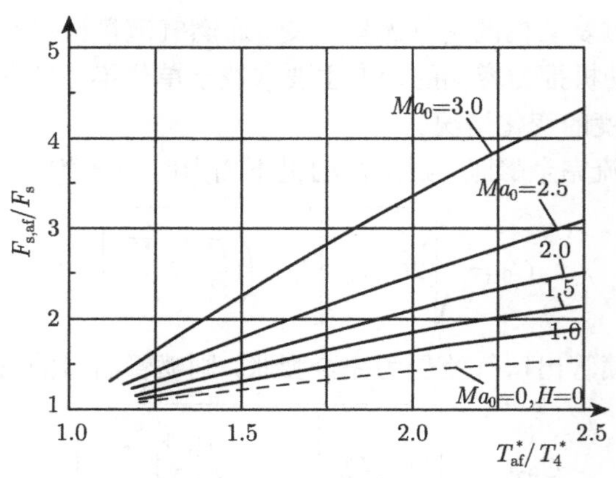

图 7-4　单位推力的相对增量与加热比的关系

由于加力前后通过发动机的空气流量不变，因此，接通加力后，若保持涡轮前的部件工作状态不变，且忽略加力时的燃油流量，发动机推力的增加程度 (称为加力度或加力比) 也以同样的比例随发动机单位推力增大。即

$$\overline{F}_{\mathrm{af}}=\frac{F_{\mathrm{af}}}{F}\approx\overline{F}_{\mathrm{s,af}} \tag{7-25}$$

根据加力度表达式，若考虑涡轮出口燃气温度大致为 900 ~ 1000K，而加力燃烧室中允许达到的温度为 1900 ~ 2100K 时，则可认为加力式涡轮喷气发动机在起飞状态最大的加力度为 1.4 ~ 1.5，当飞行速度增加，加力度也大幅度增加。由图 7-4 可见，当 $Ma_0=2.5$，$H=11\mathrm{km}$ 时，在加力室空气加热比相同 ($\theta_{\mathrm{af}}=1.9\sim2.3$) 情况下，加力度能增大到 2.5。

7.2.3.3 接通加力时，发动机耗油率上升

接通加力后，发动机的推力增大了，但是供给发动机的燃油流量也增大了，而且燃油流量增大的程度比推力增大的程度要大。因此发动机接通加力后，作为发动机经济性指标的耗油率 SFC 是上升的。接通加力后，耗油率上升的原因可以这样理解，在第 3 章分析发动机工作过程参数对单位性能参数的影响时曾指出，增压比越大，则发动机理想循环的热效率就越高。或者说，热量越是在高压 (相对于周围大气压力) 条件下加入发动机，则发动机在理想循环条件下的热效率就越高。加力燃烧室处在涡轮后面，与主燃烧室相比，加力燃烧室中压力较低，因此，发动机加力后，虽然推力增大了，但加力耗油率却增加了。鉴于上述原因，加力燃烧室应在尽可能高的压力条件下工作，因此一般情况下，只有当发动机达到最大工作状态以后才接通加力。

下面推导加力后发动机耗油率的相对增量与加热比 θ_{af} 的关系。发动机加力时，耗油率 $\mathrm{SFC}_{\mathrm{af}}$ 可用下式计算：

$$\mathrm{SFC}_{\mathrm{af}}=\frac{3600\left(q_0+q_{0\mathrm{af}}\right)}{H_{\mathrm{u}}F_{\mathrm{s,af}}} \tag{7-26}$$

式中，q_0 和 $q_{0\mathrm{af}}$ 分别为加入主燃烧室和加力燃烧室中每千克空气的燃油完全燃烧所放出的热量。

$$q_0=\frac{q}{\xi_{\mathrm{b}}}=\frac{\overline{C}'_{\mathrm{p}}}{\xi_{\mathrm{b}}}\left(T_3^*-T_2^*\right) \tag{7-27}$$

$$q_{0\mathrm{af}}=\frac{q}{\xi_{\mathrm{b,af}}}=\frac{\overline{C}''_{\mathrm{p}}}{\xi_{\mathrm{b,af}}}\left(T_{\mathrm{af}}^*-T_4^*\right) \tag{7-28}$$

若近似认为 $\bar{C}'_{\mathrm{p}}\approx\bar{C}''_{\mathrm{p}}$，$\xi_{\mathrm{b}}\approx\xi_{\mathrm{b,af}}$。并利用忽略燃气流量和空气流量差别时的压气机和涡轮的功率平衡条件：

$$C_{\mathrm{p}}\left(T_2^*-T_1^*\right)=C'_{\mathrm{p}}\left(T_3^*-T_4^*\right)$$

并近似认为 $C_{\mathrm{p}}\approx C'_{\mathrm{p}}$，则得 $T_2^*-T_1^*\approx T_3^*-T_4^*$，代入式 (7-27)、式 (7-28)，可得总的理论加热量为

$$q_0+q_{0\mathrm{af}}\approx\frac{C'_{\mathrm{p}}}{\xi_{\mathrm{b,af}}}\left(T_{\mathrm{af}}^*-T_1^*\right) \tag{7-29}$$

将上式代入式 (7-26) 可得

$$\mathrm{SFC}_{\mathrm{af}}=\frac{3600C'_{\mathrm{p}}\left(T_{\mathrm{af}}^*-T_1^*\right)}{\xi_{\mathrm{b,af}}H_{\mathrm{u}}F_{\mathrm{s,af}}}$$

或

$$\mathrm{SFC_{af}}=\frac{3600C_{\mathrm{p}}'\left(T_{\mathrm{af}}^{*}-T_{1}^{*}\right)}{\xi_{\mathrm{b}}H_{\mathrm{u}}F_{\mathrm{s,af}}} \tag{7-30}$$

不加力时的耗油率为

$$\mathrm{SFC}=\frac{3600C_{\mathrm{p}}'\left(T_{3}^{*}-T_{2}^{*}\right)}{\xi_{\mathrm{b}}H_{\mathrm{u}}F_{\mathrm{s}}}=\frac{3600C_{\mathrm{p}}'\left(T_{4}^{*}-T_{1}^{*}\right)}{\xi_{\mathrm{b}}H_{\mathrm{u}}F_{\mathrm{s}}} \tag{7-31}$$

式 (7-30)、式 (7-31) 两式相除，得到

$$\overline{\mathrm{SFC}}_{\mathrm{af}}=\frac{\mathrm{SFC_{af}}}{\mathrm{SFC}}\approx\frac{T_{\mathrm{af}}^{*}-T_{1}^{*}}{T_{4}^{*}-T_{1}^{*}},\frac{F_{\mathrm{s}}}{F_{\mathrm{s,af}}}=\frac{\theta_{\mathrm{af}}-\dfrac{T_{1}^{*}}{T_{4}^{*}}}{1-\dfrac{T_{1}^{*}}{T_{4}^{*}}},\frac{F_{\mathrm{s}}}{F_{\mathrm{s,af}}} \tag{7-32}$$

发动机在地面静止条件下工作时，$\overline{F_{\mathrm{s,af}}}=\sqrt{\theta_{\mathrm{af}}}$，则上式可简化为

$$\overline{\mathrm{SFC}}_{\mathrm{af}}\approx\frac{\sqrt{\theta_{\mathrm{af}}}-\dfrac{T_{1}^{*}}{T_{4}^{*}}\cdot\dfrac{1}{\sqrt{\theta_{\mathrm{af}}}}}{1-\dfrac{T_{1}^{*}}{T_{4}^{*}}} \tag{7-33}$$

由式 (7-33) 可以看出，发动机在地面静止条件下工作时，接通加力后，耗油率的相对增加量随加热比的增加而增加，而且耗油率的相对增量对加热比的增加程度比发动机推力的相对增量 (及加力度) 随加热比增加的程度要快。用图线表示如图 7-5 所示。

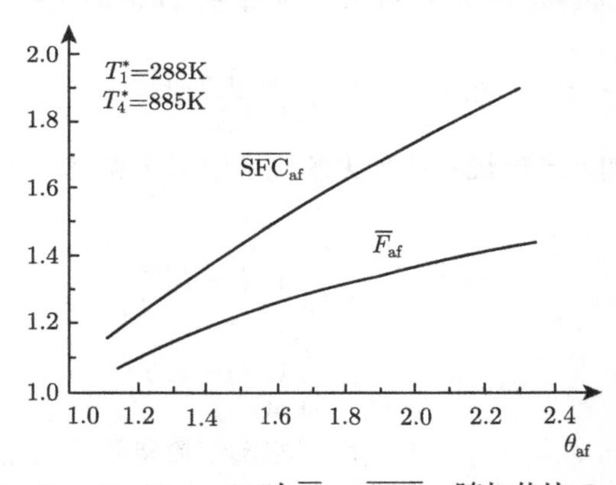

图 7-5　$H=0$，$Ma_0=0$ 时 $\overline{F}_{\mathrm{af}}$、$\overline{\mathrm{SFC}}_{\mathrm{af}}$ 随加热比 θ_{af} 的变化

当飞行高度一定，发动机的 π_{k}^{*}、T_{3}^{*} 一定时，耗油率的相对增量随加热比 θ_{af}、飞行马赫数的变化关系如图 7-6 所示。由图可见，在低速飞行时接通加力，由于加力燃烧室中压力较低，热量在发动机中利用程度变差，以及排气速度的增加使推进效率降低，导致耗油率上升较快，起飞时接通加力会使耗油率上升得更为严重。如图 7-7 所示，在 $Ma_0=0$ 及 $\theta_{\mathrm{af}}=2$ 条件下，耗油率大约增加一倍 (推力这时增大到 1.4 倍)。

随着飞行 Ma 数的增大，由于热量在加力燃烧室中的利用得到改善，耗油率的增加变得缓慢，如 $Ma_0=2.5$ 时，耗油率总共只提高 40%，而这时推力却增大 1.5 倍。正是由于这

个原因，在超声速飞机上，加力状态不仅用于发动机的短时加力上，而且在许多情况下是发动机的主要工作状态，即加力状态在发动机的长时间工作中被使用。

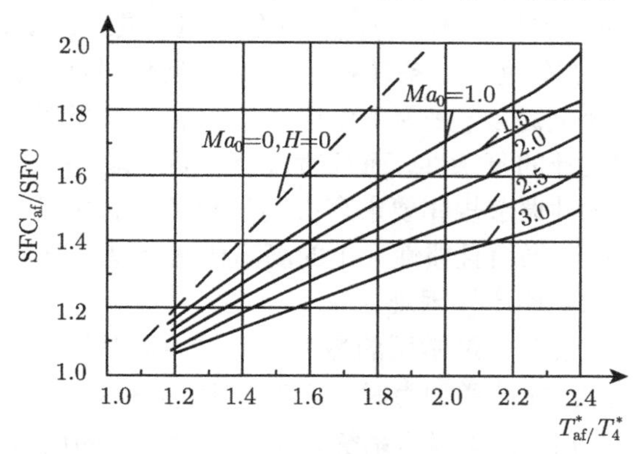

图 7-6　耗油率的相对增量与加热比的关系

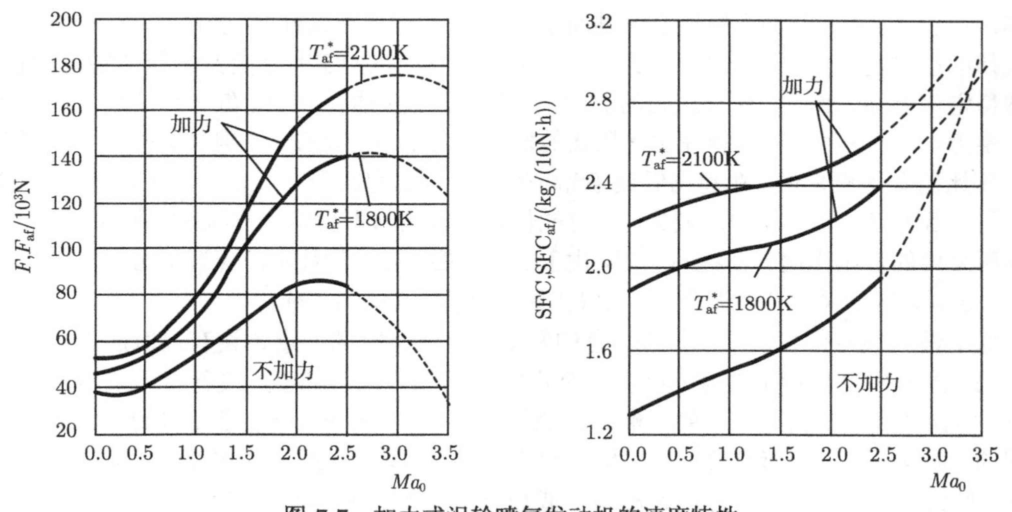

图 7-7　加力式涡轮喷气发动机的速度特性

$\pi^*_{k,d} = 6, T^*_{3max} = 1400K, H = 6km$

但是必须指出，从经济的观点来看，采用在加力燃烧室中喷油补燃的方法来增大推力，即使是在高超声速飞行速度下，与采用提高涡轮前燃烧温度的方法来适当地增大推力相比，并不是那么有利的。

7.2.4　加力式涡轮喷气发动机的调节

通常在确定加力式涡轮喷气发动机的调节规律时，力求不改变未接通加力时的压气机涡轮的共同工作状态，即在接通加力时，不影响主发动机的工作状态。

加力时，除了主发动机需要调节外，加力燃烧室也需要调节。因此，加力式涡轮喷气发动机比涡轮喷气发动机要多一个加力燃油调节器。

从理论上讲，加力式涡轮喷气发动机如果采用 n =const、T^*_3 =const、T^*_{af} =const 的调节规律，可以充分地发挥发动机的潜力。采用这种调节规律时，随着飞行条件变化，自动调节系统由转速调节器控制主燃烧室的燃油流量 q_{mf}，以保证 $n=n_{\max}=\mathrm{const}$；并根据 T_3^* 温度传感器的信号，通过改变喷管临界截面积 $A_{9\mathrm{af}}$ 的大小来影响涡轮膨胀比 π_{t}^*，以保证 $T_3^*=T_{3\max}^*=\mathrm{const}$；调节加力燃烧室燃油流量 $q_{\mathrm{mf,af}}$ 的供给量，根据直接或间接测量加力燃烧室温度 T_{af}^* 的传感器的信号，在任何飞行条件和 $A_{9\mathrm{af}}$ 为任何值时都保证 $T_{\mathrm{af}}^*=T_{\mathrm{af,max}}^*=\mathrm{const}$。这种最佳方案的实现有两个问题：一是为了保持 $T_3^*=\mathrm{const}$，喷管的临界截面积 $A_{9\mathrm{af}}$ 要无级可调，这不仅增加了结构设计的复杂性，而且喷管处于高温段，调节机构的设计、使用也有一定难度；另一个问题是这种调节规律要求直接测量和调节的除了转速外，还有 T_3^* 及 T_{af}^*。在许多情况下，制造出工作可靠而且惯性又小的高温传感器是很复杂的，加之温度场又很不均匀，所以这种调节规律的实施比较困难。

目前，加力式涡轮喷气发动机最常用的最大加力推力调节规律是 $n=\mathrm{const}$，$\pi_{\mathrm{t}}^*=\mathrm{const}$。采用这种调节规律的发动机，在接通加力时，喷管临界截面积根据加力温度的要求打开以后就不再改变。飞行条件改变时，自动调节系统感受转速调节器的信号，控制主燃烧室的供油量 q_{mf}，保证 $n=n_{\max}=\mathrm{const}$；而加力燃油调节器根据涡轮前后燃气压力比传感器 (即 π_{t}^* 传感器) 的信号来调节加力燃烧室的供油量 $q_{\mathrm{mf,af}}$，保证飞行条件变化时 $\pi_{\mathrm{t}}^*=\mathrm{const}$。这种调节规律的机构简单，而且由于 π_{t}^* 为常数，可使主发动机的工作不受是否接通加力的影响，能够稳定可靠地工作。对中等压比的加力式涡轮喷气发动机，在高、低飞行速度下均能获得最大推力，因而这种调节规律在中等压比的发动机上获得广泛使用。但是这种调节规律对高 (低) 压比的发动机来说，在起飞低速 (或高速) 时，T_{af}^* 均低于 $T_{\mathrm{af,max}}^*$ 值，因而性能不能充分利用。当飞行马赫数变化比较大时，可能使发动机进入不稳定工作状态。而且，这种调节规律所采用的落压比调节器在高空时，由于余气系数较小，往往不能保证加力燃烧室的稳定燃烧。这时，需要采用其他调节器 (如气压调节器) 与其协同工作。

除了最大加力推力调节规律外，有的发动机上应飞机的要求还设有巡航加力推力的调节机构，这时发动机调节的基本任务就是在将发动机的推力减小到飞行状态所需水平的条件下，能保证发动机具有最小的耗油率。在给定的飞行状态下，降低发动机的推力可以通过不同的途径来实现，因而也就可以采用各种不同的调节规律来实现。在加力式涡轮喷气发动机中，推力最初的减小通常是用逐渐地降低加力度的方法来达到，一直到关闭加力为止。在这种情况下，是通过减小喷管临界截面积和减小加力燃油量，使主发动机的工作状态不变而使加力温度降低，因而无论是发动机的推力还是耗油率都显著地下降。有的发动机上根据需要将喷管临界截面积分为最小加力、部分加力和最大加力三个位置，有的还可以做到无级调节。

此外，应当指出，在发动机的最小加力工作状态和关闭加力使发动机恢复到不加力的最大工作状态之间有一段推力突变，这不利于飞机的编队飞行。为弥补这个缺点，发动机在关闭加力以前，降低发动机转速，使得加力状态下的最小推力与不加力时最大工作状态的推力比较接近。

7.2.5　加力式涡轮喷气发动机的特性

图 7-7 所示为加力式涡轮喷气发动机的速度特性，图上也给出了涡轮喷气发动机的速度特性作为比较。加力式涡轮喷气发动机的调节规律是 $n=\mathrm{const}$，$T_3^*=\mathrm{const}$，$T_{\mathrm{af}}^*=\mathrm{const}$。飞行高度和发动机工作过程参数为 $H=6\mathrm{km}$，$T_3^*=1400\mathrm{K}$，$\pi_{\mathrm{k,d}}^*=6$，$T_{\mathrm{af}}^*=1800\mathrm{K}$ 和 $2100\mathrm{K}$。

由图 7-7 可知，加力式涡轮喷气发动机的速度特性曲线与涡轮喷气发动机的速度特性曲线定性来看是很相似的。但是，加力式涡轮喷气发动机的速度特性曲线还具有下列特点：

(1) 加力式涡轮喷气发动机的推力随飞行马赫数的增大而增大的程度比涡轮喷气发动机的大，而且推力曲线的斜率随着加力温度 T_{af}^* 的提高而加大。这是由于在 Ma_0 和 T_{af}^* 提高时，加力度 (或单位推力的相对增量) 相对增大而造成的。

(2) 随着加力温度 T_{af}^* 的提高，加力式涡轮喷气发动机的推力达到最大值的飞行马赫数也是增大的。这是由于加力式涡轮喷气发动机随着飞行马赫数的增大，出现性能恶化的时间比涡轮喷气发动机晚的缘故所造成的。

(3) 加力式涡轮喷气发动机的耗油率随飞行马赫数的增加而增加，随着加力温度 T_{af}^* 的提高，亦即随着发动机加力度的增大，$\mathrm{SFC}_{\mathrm{af}}$ 增加的速率逐渐减缓。这是因为，当飞行马赫数增大时，热量在发动机中的利用得到改善。因此，在大的飞行马赫数范围内，在适当的加力温度 T_{af}^* 下，加力式涡轮喷气发动机可以具有比涡轮喷气发动机更好的经济性。

设计参数 ($\pi_{\mathrm{k,d}}^*$、T_{3d}^*) 对加力式涡轮喷气发动机速度特性的影响基本上与其对涡轮喷气发动机的影响相同，不过这时的影响在数量上不那么大而已 (图 7-8)。这种现象之所以出现，

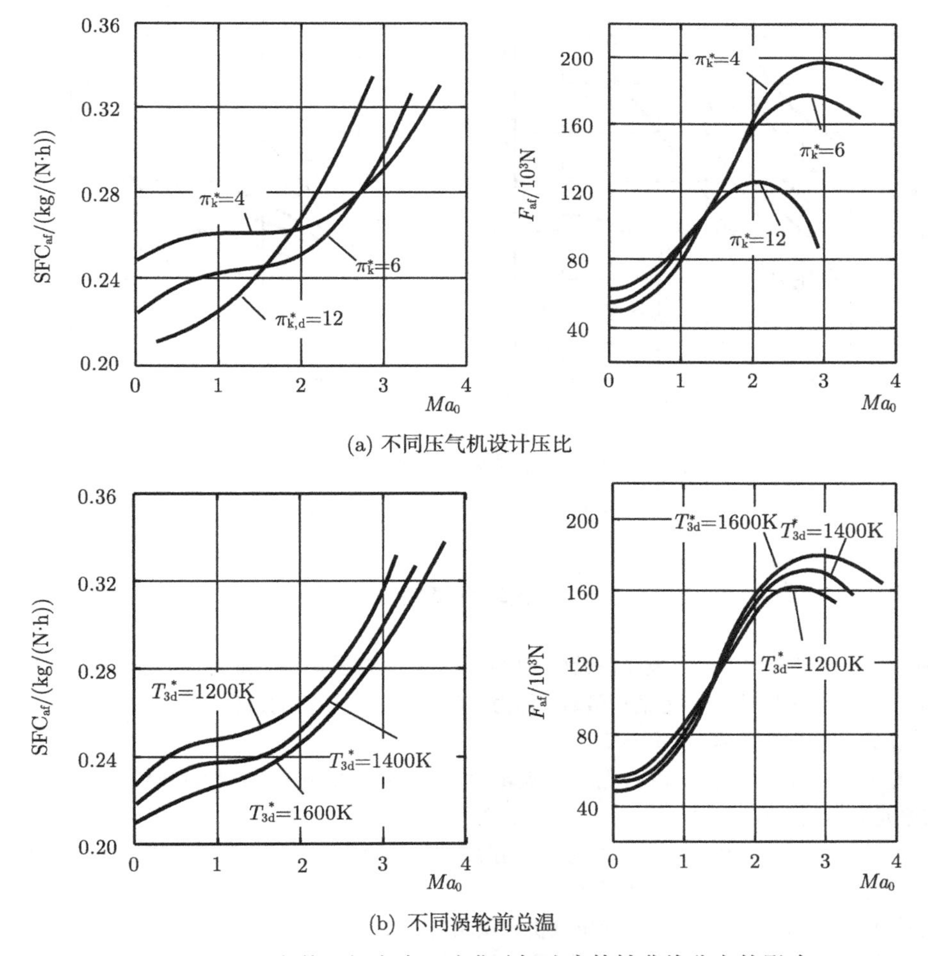

(a) 不同压气机设计压比

(b) 不同涡轮前总温

图 7-8　设计参数对加力式涡喷发动机速度特性曲线分布的影响

是由于下述原因造成的。即当 $\pi_{k,d}^*$ 改变时，q_{ma} 的变化在加力式涡轮喷气发动机中依然保持着与涡轮喷气发动机中一样的特点，可是在 Ma_0 增加时，提高 $\pi_{k,d}^*$ 对 $F_{s,af}$ 减小的影响程度却比较小，因为空气在加力式涡轮喷气发动机中的总加热比是比较高的。在 T_{af}^* =const 的条件下，提高 T_{3d}^* 能使涡轮膨胀比 π_t^* 降低，使加力燃烧室中的压力得到提高，这样就改善了热量在加力燃烧室中的利用。因此提高 T_{3d}^* 可使加力时的耗油率 SFC_{af} 降低，并使单位推力 $F_{s,af}$ 增大，从而也使发动机的推力有所增加。

图 7-9 为 $\pi_{k,d}^* = 6$，$T_{3max}^* = 1400K$，$T_{af}^* = 2100K$ 的加力式涡轮喷气发动机在不同高度下的速度特性。由图可见，随着高度的增加，推力急剧地减小。与涡轮喷气发动机一样，在 11km 以下，高度增加时，单位推力 $F_{s,af}$ 虽然也是增大的，但由于空气流量随高度增加而显著减小，所以推力是减小的。在 11km 以上，由于单位推力基本不变，因而随高度增加，推力 F_{af} 按与外界大气压力成比例地急剧下降。

由图 7-9 也可看出，在高度小于 11km 时，随着高度的增加，SFC_{af} 也是下降的。如果考虑到燃烧效率的下降，在 11km 以上，SFC_{af} 还会有所增加。

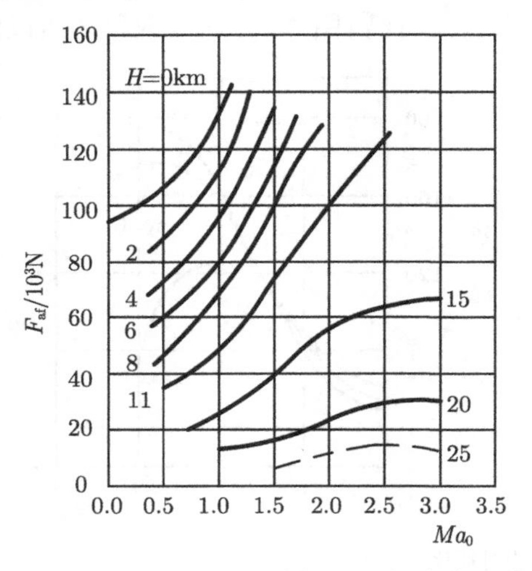

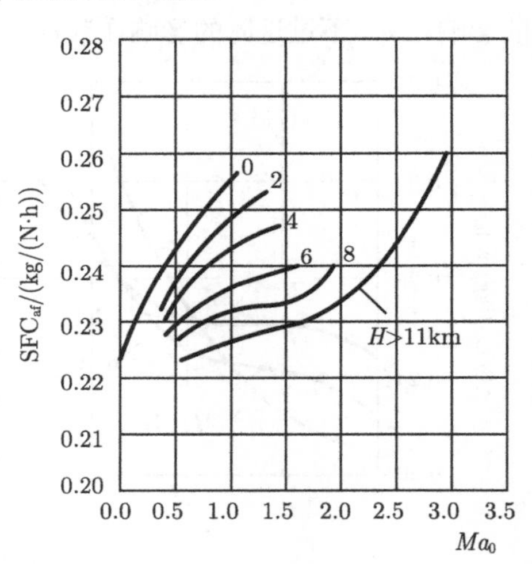

图 7-9　加力式涡喷发动机的高度–速度特性

$\pi_{k,d}^* = 6, T_{3max}^* = 1400K, T_{af}^* = 2100K$

复习思考题

1. 为什么在压气机进口处喷液或在燃烧室中喷液能够增加发动机的推力？两者各有何利弊？

2. 在一定飞行条件下，T_3^* 为某一值时，加力式涡轮喷气发动机的最佳增压比 $\pi_{k,opt,af}^*$ 与最经济增压比 $\pi_{k,ec,af}^*$ 之间有什么关系？为什么？

3. 在飞行条件 π_k^* 及 T_{af}^* 一定时，加力式涡轮喷气发动机的单位推力及耗油率随涡轮前燃气温度 T_3^* 的变化关系是怎样的？为什么？

4. 在飞行条件 π_k^* 及 T_3^* 一定时，随着加力温度 T_{af}^* 的增加，为什么耗油率增加的程度比单位推力增加的程度要大？T_{af}^* 的极限值如何确定？

5. 怎样才能使补燃加力以后不改变压气机和涡轮的工作状态？

6. 发动机在地面静止条件下工作时，接通加力以后推力和耗油率的相对增量与加热比 θ_{af} 的变化关系是怎样的？

7. 为什么当其他条件相同时，加力式涡轮喷气发动机最佳增压比介于不加力涡轮喷气发动机的最佳增压比与最经济增压比之间？

8. 常用的最大加力推力的调节规律是怎样的？如何实现？采用 π_t^* 调节器时，工作中可能出现什么问题？如何解决？

9. 加力式涡轮喷气发动机为什么适于做高速飞行飞机的动力装置？

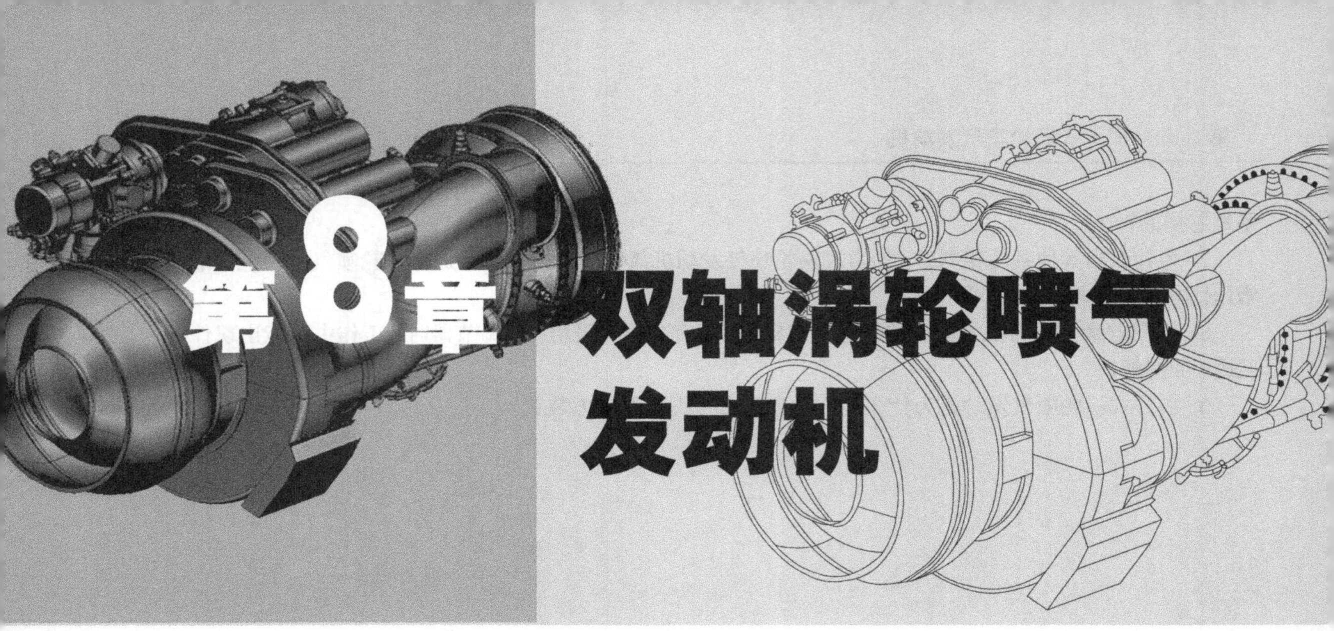

第8章 双轴涡轮喷气发动机

为了增大推力和减小耗油率，涡轮喷气发动机广泛采用高增压比的轴流式压气机。但是，压气机增压比的提高，使发动机稳定工作范围急剧缩小，甚至发生压气机喘振。

解决这个问题的有效方法之一是把高增压比的轴流式压气机分为两个低增压比的轴流式压气机,用两根轴把它们分别与各自的涡轮连接起来,组成两个转子。这种装有两个转子的涡轮喷气发动机，就叫做双轴涡轮喷气发动机。图 8-1 为双轴涡轮喷气发动机的示意图。

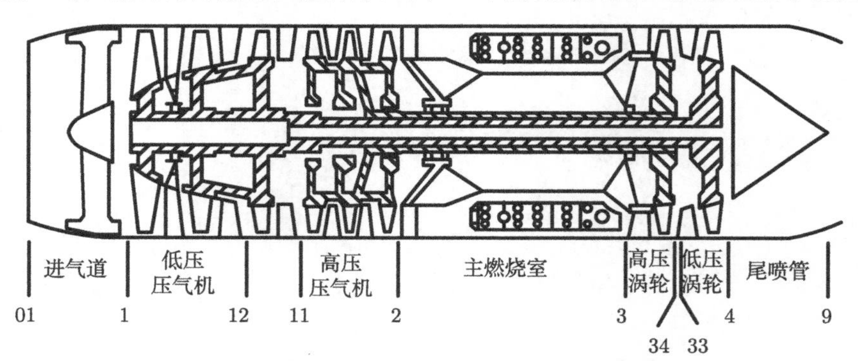

图 8-1　双轴涡轮喷气发动机的简图

01. 进气道进口截面；1. 低压压气机进口截面；12. 低压压气机出口截面；11. 高压压气机进口截面；2. 高压压气机出口截面；3. 主燃烧室出口截面；34. 高压涡轮出口截面；33. 低压涡轮进口截面；4. 低压涡轮出口截面；9. 尾喷管出口截面

8.1　双轴涡轮喷气发动机的工作原理

单轴高增压比涡轮喷气发动机的压气机在非设计状态下工作严重恶化，这是由于沿压气机流程通道轴向速度的重新分布而引起的。由压气机进出口流量相等的条件，可以得到：

$$q_{\mathrm{ma}} = A_1 C_{\mathrm{a1}} \rho_1 = A_2 C_{\mathrm{a2}} \rho_2$$

式中，A_1、A_2、C_{a1}、C_{a2}、ρ_1 和 ρ_2 分别代表压气机进、出口的面积、气流轴向分速和密度。

上式可改成

$$\frac{C_{\mathrm{a}2}\rho_2}{C_{\mathrm{a}1}\rho_1}=\frac{A_1}{A_2}$$

由多变压缩过程的关系可得

$$\frac{\rho_2}{\rho_1}=\left(\frac{P_2}{P_1}\right)^{\frac{1}{n}}=\pi_{\mathrm{k}}^{\frac{1}{n}}$$

式中，n 为多变指数。将此关系代入前式，对几何一定的压气机则有

$$\pi_{\mathrm{k}}^{\frac{1}{n}}\frac{C_{\mathrm{a}2}}{C_{\mathrm{a}1}}=\mathrm{const} \tag{8-1}$$

分别用压气机进出口的周向速度 u_1 和 u_2 除上式左边的分母和分子，则

$$\pi_{\mathrm{k}}^{\frac{1}{n}}\frac{\overline{C}_{\mathrm{a}2}}{\overline{C}_{\mathrm{a}1}}=\mathrm{const} \tag{8-2}$$

由式 (8-1) 及式 (8-2) 可知，压气机增压比的变化将导致压气机进出口轴向速度之比和轴向流量系数之比也相应地变化。由压气机的气流速度三角形可以知道，流量系数 $\overline{C}_{\mathrm{a}}$ 的变化影响着速度三角形的形状，使气流流入压气机叶片的攻角发生变化。

当发动机转速下降或压气机进口温度 T_1^* 增高而使发动机的转速相似参数下降时，压气机的增压比随之下降，由式 (8-1) 和式 (8-2) 可知，压气机进口轴向流量系数 $\overline{C}_{\mathrm{a}1}$ 降低，引起前几级压气机叶片的攻角增大；而压气机出口轴向流量系数 $\overline{C}_{\mathrm{a}2}$ 增加，将引起末几级压气机叶片的攻角减小。当发动机的转速相似参数降低太多时，压气机是最前面几级和末后几级的攻角偏离设计状态太多，首先使压气机效率降低，进一步发展将会导致压气机前面级喘振，后面级堵塞。这种在非设计状态下前后各级工作不协调的现象对于高设计增压比的压气机将更为严重。

由上述分析可知，要达到在非设计状态下前后各级能够协调工作，最有效的方法是使前后各级的转速相应于各级进口气流轴向速度的重新分布而各自变化，以保证各级轴向流量系数 $\overline{C}_{\mathrm{a}}$ 保持不变。然而这在结构上是不可能的，而且实际上也不需要这样。在一般情况下只要把压气机分成两组就足够了。这就成为双轴压气机和双轴涡轮喷气发动机。

当双轴涡轮喷气发动机的转速相似参数降低以后，高压转子和低压转子的转速自动地进行调整，使前后各级能够协调工作。为说明这个现象，必须研究双轴涡轮喷气发动机中压气机和涡轮的工作特点。

8.1.1　双轴涡轮喷气发动机中压气机的工作特点

前面已经指出，单轴涡轮喷气发动机的转速相似参数下降，π_{k}^* 下降，使前面几级攻角加大，而工作轮出口气流相对速度方向基本不变，因而气流转角增大，扭速 ΔW_{u} 增大。如果是压气机进口温度增加使转速相似参数降低而工作轮切线速度不变时，级的加功量 $W_{\mathrm{k}}=U\cdot\Delta W_{\mathrm{u}}$ 也增大。对后面级，攻角减小，使气流转角减小，扭速 ΔW_{u} 也减小，因而级的加功量 ΔW_{k} 减小。

双轴涡轮喷气发动机，当其工作状态改变时，在最初的一瞬间，由于惯性的缘故，双轴涡轮喷气发动机的压气机表现得和单轴涡轮喷气发动机的压气机一样，低压压气机功 $W_{\mathrm{k,l}}$

与高压压气机功 $W_{\mathrm{k,h}}$ 之比将随着转速相似参数的下降而增加，即

$$\frac{W_{\mathrm{k,l}}}{W_{\mathrm{k,h}}} > \left(\frac{W_{\mathrm{k,l}}}{W_{\mathrm{k,h}}}\right)_{\mathrm{d}}$$

式中，下角标 d 表示设计状态下的比值。

8.1.2　双轴涡轮喷气发动机中涡轮的工作特点

现代涡轮喷气发动机中所采用的多级涡轮导向器一般是在临界或超临界状态下工作，因此，双轴涡轮喷气发动机的涡轮具有如下特点：

(1) 当发动机的喷管不可调且处于临界或超临界工作状态时，高低压涡轮的膨胀比不变，涡轮功的比值 $W_{\mathrm{t,l}}/W_{\mathrm{t,h}}$ 为常量。

我们用流量连续方程来证明高低压涡轮的膨胀比不变。

由高压涡轮第一级导向器临界截面 $A_{\mathrm{t,h}}$ 和低压涡轮第一级导向器临界截面 $A_{\mathrm{t,l}}$ 的流量连续方程

$$q_{\mathrm{mg}} = \frac{K'_{\mathrm{m}} P_3^* \sigma_{\mathrm{t,h}} A_{\mathrm{t,h}} q\left(\lambda_{\mathrm{t,h}}\right)}{\sqrt{T_3^*}} = \frac{K'_{\mathrm{m}} P_{33}^* \sigma_{\mathrm{t,l}} A_{\mathrm{t,l}} q\left(\lambda_{\mathrm{t,l}}\right)}{\sqrt{T_{33}^*}}$$

可得

$$\pi_{\mathrm{t,h}}^* = \left[\frac{A_{\mathrm{t,l}} q\left(\lambda_{\mathrm{t,l}}\right) \sigma_{\mathrm{t,l}}}{A_{\mathrm{t,h}} q\left(\lambda_{\mathrm{t,h}}\right) \sigma_{\mathrm{t,h}}}\right]^{\frac{2n'}{n'+1}} = \mathrm{const} \tag{8-3}$$

同理，由低压涡轮第一级导向器临界截面 $A_{\mathrm{t,l}}$ 与喷管临界截面 A_9 的流量连续方程

$$q_{\mathrm{mg}} = \frac{K'_{\mathrm{m}} P_4^* \sigma_{\mathrm{e}} A_9 q\left(\lambda_9\right)}{\sqrt{T_4^*}} = \frac{K_{\mathrm{m}} P_{33}^* \sigma_{\mathrm{t,l}} A_{\mathrm{t,l}} q\left(\lambda_{\mathrm{t,l}}\right)}{\sqrt{T_{33}^*}}$$

可得

$$\pi_{\mathrm{t,l}}^* = \left(\frac{A_9 q\left(\lambda_9\right) \sigma_{\mathrm{e}}}{A_{\mathrm{t,l}} q\left(\lambda_{\mathrm{t,l}}\right) \sigma_{\mathrm{t,l}}}\right)^{\frac{2n'}{n'+1}} = \mathrm{const} \tag{8-4}$$

涡轮总的膨胀比 π_{t}^* 也不变，即

$$\pi_{\mathrm{t}}^* = \pi_{\mathrm{t,h}}^* \pi_{\mathrm{t,l}}^* = \mathrm{const} \tag{8-5}$$

我们再分析一下高低压涡轮功的比值。

由于发动机工作状态的变化时，涡轮效率变化不太，又由式 (8-3)～ 式 (8-5) 可知，涡轮膨胀比保持为常数，根据涡轮功的公式，可得

$$W_{\mathrm{t,h}} = C'_{\mathrm{p}} T_3^* \left(1 - \frac{1}{\pi_{\mathrm{t,h}}^{*\ \frac{k'-1}{k'}}}\right) \eta_{\mathrm{t,h}}^* = \mathrm{const} \cdot T_3^* \tag{8-6}$$

$$W_{\mathrm{t,l}} = C'_{\mathrm{p}} T_{33}^* \left(1 - \frac{1}{\pi_{\mathrm{t,l}}^{*\ \frac{k'-1}{k'}}}\right) \eta_{\mathrm{t,l}}^* = \mathrm{const} \cdot T_{33}^* \tag{8-7}$$

而由高压涡轮中气流的能量方程可得

$$T_{34}^* = T_{33}^* = T_3^* \left[1 - \left(1 - \frac{1}{\pi_{\mathrm{t,h}}^{*\ \frac{k'-1}{k'}}}\right) \eta_{\mathrm{t,h}}^*\right] \tag{8-8}$$

将式 (8-8) 代入式 (8-7)，可得

$$W_{\mathrm{t,l}} = \mathrm{const} \cdot T_3^* \tag{8-9}$$

将式 (8-9) 与式 (8-7) 相除即得

$$\frac{W_{\mathrm{t,l}}}{W_{\mathrm{t,h}}} = \mathrm{const} \tag{8-10}$$

(2) 当发动机转速相似参数下降，发动机总的可用膨胀比 P_3^*/P_0 下降，使喷管进入亚临界状态工作时，涡轮膨胀比的减小首先发生在最后一级，使低压涡轮膨胀比 $\pi_{\mathrm{t,l}}^*$ 及低压涡轮功 $W_{\mathrm{t,l}}$ 下降，只有当发动机转速相似参数降得很低时，高压涡轮的膨胀比才开始降低。

因此，当喷管处于亚临界状态工作时，涡轮功之比将小于喷管临界时的数值。即

$$\frac{W_{\mathrm{t,l}}}{W_{\mathrm{t,h}}} < \left(\frac{W_{\mathrm{t,l}}}{W_{\mathrm{t,h}}}\right)_{\mathrm{d}}$$

8.1.3　双轴涡轮喷气发动机的防喘机理

从上面分析的双轴涡轮喷气发动机压气机和涡轮的工作特点可以知道，当喷管处于临界或超临界工作状态而且面积不可调时，高低压涡轮功之比是个不变的量，与涡轮前燃气温度和两个转子转速的大小无关。涡轮功比值的不变，就意味着当转速相似参数变化时，高低压压气机有效功的重新分配只能是瞬间出现的。譬如，当发动机的转速相似参数降低到某一数值时，在一瞬间出现了低压压气机所需要的压缩功 $W_{\mathrm{k,l}}$ 上升，高压压气机所需要的压缩功减少了，但是由于涡轮功的比值保持不变，低压压气机的转速要再下降一点，而高压压气机的转速则会回升一点，以保持下面的关系：

$$\frac{W_{\mathrm{k,l}}}{W_{\mathrm{k,h}}} = \frac{W_{\mathrm{t,l}}}{W_{\mathrm{t,h}}} \tag{8-11}$$

在这种情况下，当发动机工况变化两转子的转速按照式 (8-11) 的关系自动进行调整时，由于一个转速上升而另一个下降，故不影响这时通过压气机的空气流量。为了说明这个问题，我们假设高低压压气机通用特性相同，把高低压转子的共同工作线画在同一图上，当转速相似参数变化时，双轴涡轮喷气发动机自行调整过程如图 8-2 所示。

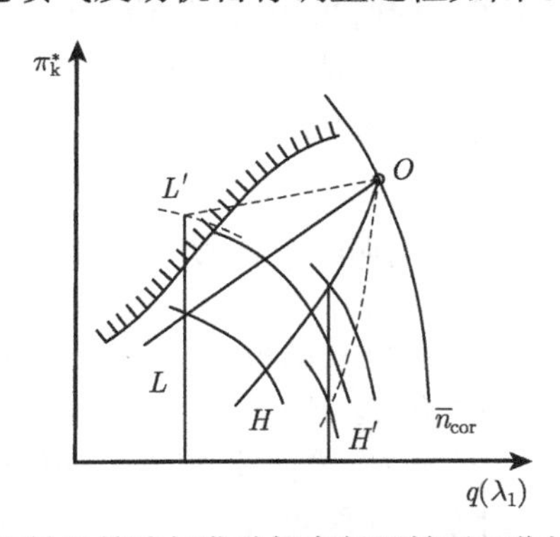

图 8-2　双轴涡轮喷气发动机高低压转子工作协调原理图

图 8-2 中，OL'、OH 线表示不进行转速调整时低压转子和高压转子共同工作点的变化情况，由于双轴涡轮喷气发动机两转子可以自行调整转速，低压转子的工作点不是 L' 点而

是 L 点，高压转子的工作点实际上是 H 点。与同样增压比的单轴涡轮喷气发动机相比，转速的自行调整，避免了压气机前面级的喘振和后面级的堵塞，从而扩大了发动机稳定工作范围，这就是双轴涡轮喷气发动机防止喘振的基本道理。

必须指出，当转速相似参数变化时，双轴涡轮喷气发动机两转子转速的调整是在变化过程中随时进行的。因此，图 8-2 中低压转子的实际共同工作线是 OL，高压转子的共同工作线是 OH，并不真正存在 OL' 和 OH' 两条工作线，这是为了说明双轴发动机的防喘机理，先把双轴发动机当作单轴发动机看待，当转速相似参数变化到某一值后再进行转速调整而假想的工作线。

当喷管处于亚临界状态工作时，由于涡轮功之比小于喷管临界时的数值，即

$$\frac{W_{\mathrm{t,l}}}{W_{\mathrm{t,h}}} < \left(\frac{W_{\mathrm{t,l}}}{W_{\mathrm{t,h}}}\right)_{\mathrm{d}}$$

这将进一步使双轴发动机的转速进行调整以改善发动机的工作状况。

高低压转子转速的自动调整，使得双轴涡轮喷气发动机的压气机前后几级在非设计状态下的轴向流量系数 $\overline{C}_{\mathrm{a}}$ 和气流流入角与设计值的偏离比同样增压比的单轴涡轮喷气发动机的压气机要小得多，这就从根本上决定了双轴涡轮喷气发动机比单轴发动机在非设计状态下工作时有明显的优越性，具体表现在下面几方面：

(1) 双轴发动机与具有相同设计增压比的单轴发动机相比，可以使压气机在更宽广的转速相似参数范围内稳定地工作。因而采用双轴结构是防止压气机喘振的有效措施之一。

(2) 双轴发动机在低转速下具有较高的压气机效率和较低的涡轮前燃气温度。因此，双轴发动机在低转速工作时的耗油率比单轴发动机要低得多。

(3) 双轴发动机和单轴发动机相比，由于在低转速时具有较低的涡轮前燃气温度，而且压气机又不易产生喘振，因而在加速时可以喷入更多的富余燃油，使双轴发动机具有良好的加速性。

(4) 双轴发动机在起动时，起动机只需要带动一个转子，与同样参数的单轴发动机相比，可以采用功率较小的起动机。

目前有的双轴涡轮喷气发动机上同时采用可调导流叶片或放气机构，其压气机设计增压比可达 20 以上，也有的发动机采用了三轴结构形式，其工作原理与双轴发动机是相同的。

双轴发动机的缺点是结构复杂、质量较大。

8.2　双轴涡轮喷气发动机的参数选择

双轴涡轮喷气发动机和单轴涡轮喷气发动机一样，在一定的飞行条件下，π_{k}^* 和 T_3^* 是主要的工作过程参数。在设计状态，π_{k}^* 和 T_3^* 的选择也应根据飞机的机种和用途、部件设计水平及相互匹配等因素进行考虑，只是因为双轴涡轮喷气发动机解决了压气机喘振问题，因而压气机的总增压比可以更高些。对双轴涡轮喷气发动机来说，有两个没有机械联系的转子，因而除了 π_{k}^* 和 T_3^* 外，还应考虑两个转子间有效功的分配及转速比的选择。低压压气机和高压压气机之间有效功的分配主要从涡轮效率和强度、结构质量及发动机非设计状态下的性能等方面来考虑。在一定的总增压比下，转子间有效功的分配对发动机的质量影响很小。

对于非设计状态下发动机性能的影响，实践表明，低压压气机和高压压气机的有效功接近相等时较为有利，而且即使有些不同，也不会显著地影响发动机非设计状态的性能。因此，有效功的分配主要是从如何使涡轮有足够的强度储备和较高的效率来考虑。例如，发动机使用两级涡轮，高、低压压气机分别由一级涡轮带动，由于高压涡轮在较高的燃气温度下工作，高压涡轮功应该大于低压涡轮功。因此，高压压气机的有效功就应该大于低压压气机的有效功。

又如若所选的压气机增压比需要三级涡轮，低压压气机可以由一级涡轮或两级涡轮带动，如用两级涡轮带动低压压气机，那么低压压气机的有效功就比高压压气机要大。

至于高、低压转子转速的大小，分别由其本身的限制条件来确定，如压气机进口叶尖相对运动 Ma 数的大小、叶片强度及流程通道形状等，由于高压压气机进口空气温度大于低压压气机进口空气温度，而高压涡轮进口燃气温度则大于低压涡轮进口燃气温度，从获得发动机最大流通能力和最小结构尺寸考虑，高、低压压气机进口相对运动 Ma 数相等，那么高压转子的转速一般都大于低压转子的转速。计算表明，若仅从高、低压压气机进口 Ma 数的限制来考虑，高压转子的转速可以比低压转子的转速高 30%~50%，这对增加压气机每级的加功量、减少级数和质量是有利的。但是还需要考虑涡轮的强度。

8.3　双轴涡轮喷气发动机在稳定状态下各部件的共同工作

双轴涡轮喷气发动机有两个没有机械联系的转子。下面分别讨论高、低压转子的压气机和涡轮共同工作的特点及共同工作方程。

8.3.1　在高压压气机特性图上的共同工作线

把双轴发动机的高压转子看成是一台单轴发动机。前面低压压气机出口气流参数是这台发动机的进口参数，其参数的变化可看作是速度冲压的结果，后面低压涡轮的第一级导向器临界截面作为这台单轴发动机的喷管临界截面，那么，高压转子各部件的共同工作线就可看作和单轴发动机一样，必须遵守高压压气机和高压涡轮转子的转速相等、功率平衡，流量连续，高压压气机、燃烧室和高压涡轮压力平衡及高低压涡轮流量连续等条件；对于沿发动机流程几何不变、损失不变，高、低压涡轮第一级导向器临界截面处及喷管临界截面均处于临界或超临界工作状态的双轴涡喷发动机，也具有类似于同样条件下单轴涡喷发动机的共同工作方程：

$$\frac{q^2(\lambda_{11})}{\eta_{\mathrm{k,h}}^*}\frac{e_{\mathrm{k,h}}^*-1}{\pi_{\mathrm{k,h}}^{*2}}=\mathrm{const} \tag{8-12}$$

式中的常数也由设计点的相应参数确定。

在压气机增压比不超过 $8\sim20$ 的情况下，高压压气机的增压比一般不超过 $3.0\sim4.5$，属于低设计增压比的发动机。因此在高压压气机特性图上，随着转速相似参数 (或换算转速) 的下降，与低设计增压比的单轴发动机一样，发动机共同工作线远离喘振边界，如图 8-3 所示。

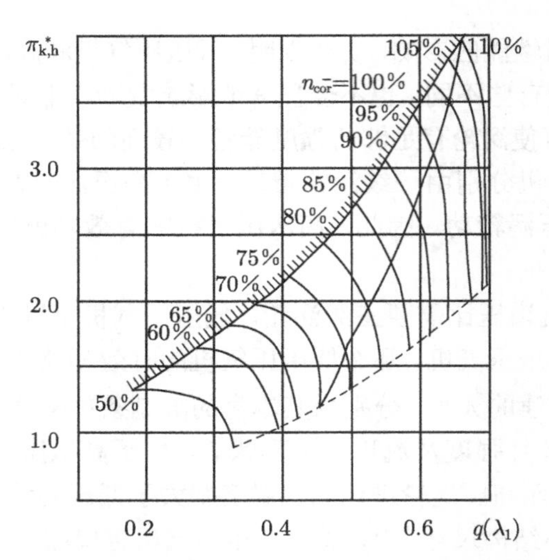

图 8-3 双轴涡轮喷气发动机的共同工作线在高压压气机特性图上的分布图

8.3.2 在低压压气机特性图上的共同工作线

我们同样可以把双轴发动机的低压转子看成是一台单轴发动机，其与一般单轴发动机不同的是：在低压压气机与低压涡轮之间存在一个高压转子，使低压压气机出口的气流在进入低压涡轮之前总压有了进一步提高，其升压比为 P_{34}^*/P_{11}^*(下角标 11 代表高压压气机进口截面，34 代表高压涡轮出口截面)。低压涡轮导向器临界截面积的设计考虑了设计状态时升压比 P_{34}^*/P_{11}^* 的数值。

假设，当双轴发动机关小油门使低压转速下降，低压压气机增压比下降而高压转子的转速保持不变，那么低压涡轮进口气流的总压与低压压气机出口气流的总压就按正比关系变化，在压气机通用特性图上的共同工作线就与一般单轴涡轮喷气发动机一样。但实际上，发动机关小油门时，不仅低压转子的转速下降，低压压气机的增压比下降，而且高压转子的转速也下降，高压压气机的增压比也下降，使气流经过高压转子时的增压比下降，致使低压涡轮导向器进口的燃气密度比同样设计压比的单轴发动机下降得更多。也即流过发动机空气流量的减小，不仅由于低压压气机增压比的减小，而且还由于高压压气机增压比的减小，于是转速下降时发动机空气流量比同样设计增压比的单轴发动机要减小得多一些。因此，尽管双轴发动机低压压气机的增压比一般也不超过 $3.0 \sim 4.5$，属于低压比发动机，但由于高压转子的影响，当低压转子的转速相似参数下降时，在低压压气机特性图上的共同工作线比同一压比的单轴发动机的共同工作线更靠近喘振边界，如图 8-4 所示。

高压转子对低压转子工作的影响从低压转子各部件的共同工作方程也可清楚看出。

由流过低压压气机和高压涡轮的流量连续

$$(1-v_{\mathrm{col}}+f)\,K_{\mathrm{m}}A_1P_1^*q\,(\lambda_1)/\sqrt{T_1^*}=K_{\mathrm{m}}'A_{\mathrm{t,h}}\sigma_{\mathrm{t,h}}P_3^*q\,(\lambda_{\mathrm{t,h}})/\sqrt{T_3^*}$$

将

$$P_3^*=P_2^*\sigma_{\mathrm{b}} \text{ 及 } P_2^*/P_1^*=\pi_{\mathrm{k,h}}^*\pi_{\mathrm{k,l}}^*$$

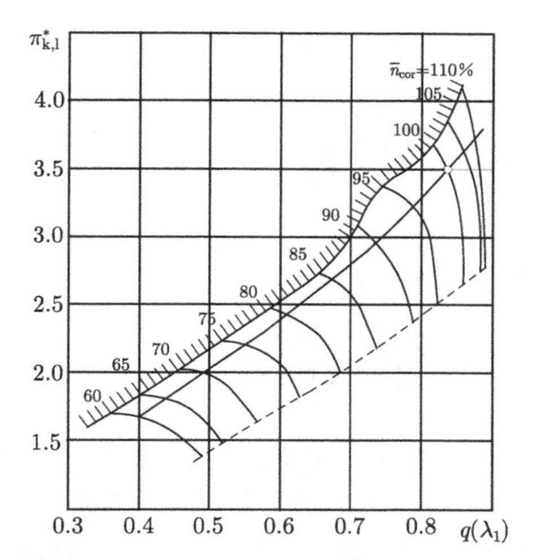

图 8-4　双轴涡轮喷气发动机的共同工作线在低压压气机特性图上的分布图

代入上式，整理得

$$\pi^*_{k,l} = Aq(\lambda_1)\frac{1}{\pi^*_{k,h}}\sqrt{\frac{T^*_3}{T^*_1}} \tag{8-13}$$

式中，系数

$$A = \frac{K_m A_1(1-v_{col}+f)}{K'_m A_{t,h}\sigma_b\sigma_{t,h}q(\lambda_{t,h})}$$

若假设 $1-v_{col}+f=1.0$，且沿流路几何不变、总压损失不变，高压涡轮导向器处在临界或超临界工作状态，则系数 $A=$const。

由流过低压涡轮和喷管的流量连续条件，与单轴发动机一样，可得

$$\pi^*_{t,l} = \left[\frac{A_9 q(\lambda_9)\sigma_e}{A_{t,l}q(\lambda_{t,l})\sigma_{t,l}}\right]^{\frac{2n'}{n'+1}} \tag{8-14}$$

若流过低压涡轮导向器和喷管临界截面处均处于临界或超临界工作状态，且沿流程几何不变，总压损失不变，则 $\pi^*_{t,l}=$const。

由低压压气机和低压涡轮功率平衡的条件，若忽略燃气流量和空气流量的差别，则有

$$C_p T^*_1\left(e^*_{k,l}-1\right)/\eta^*_{k,l} = C'_p T^*_{33}\left(1-\frac{1}{e^*_{t,l}}\right)\eta^*_{t,l}\eta^*_{m,l}$$

式中，T^*_{33} 为低压涡轮进口的燃气温度，其近似等于高压涡轮出口燃气温度 T^*_{34}，即 $T^*_{33}=T^*_{34}$。

由高压涡轮的能量方程可得

$$T^*_{34} = T^*_3\left[1-\left(1-\frac{1}{e^*_{t,h}}\right)\eta^*_{t,h}\right]$$

将此关系式代入前式，整理得

$$\frac{T^*_3}{T^*_1} = B\frac{e^*_{k,l}-1}{\eta^*_{k,l}} \tag{8-15}$$

式中，系数

$$B=\frac{C_{\mathrm{p}}}{C'_{\mathrm{p}}\left[1-\left(1-\frac{1}{e^*_{\mathrm{t,h}}}\right)\eta^*_{\mathrm{t,h}}\right]\left(1-\frac{1}{e^*_{\mathrm{t,l}}}\right)\eta^*_{\mathrm{t,l}}\eta^*_{\mathrm{m,l}}}$$

在上述假设条件下，$B=\mathrm{const}$。

将式 (8-15) 代入式 (8-13) 并消去 T^*_3/T^*_1，得

$$\frac{q^2(\lambda_1)}{\eta^*_{\mathrm{k,l}}}\frac{e^*_{\mathrm{k,l}}-1}{\pi^{*2}_{\mathrm{k,l}}\cdot\pi^{*2}_{\mathrm{k,h}}}=\mathrm{const} \tag{8-16}$$

此即为沿发动机流程几何不变、损失不变，且高低压涡轮导向器及喷管临界截面处均处于临界或超临界工作状态时的共同工作方程。与同样假设条件下单轴涡轮喷气发动机的共同工作方程 (4-13) 相比可以看出，低压转子的共同工作由于直接受到高压转子的影响 (分母上多了一项 $\pi^{*2}_{\mathrm{k,h}}$)，它已不同于单轴发动机了。

由上面分析可以看出，高压压气机特性图上的共同工作线的位置及形状仅取决于高压转子，而发动机工作状态变化时，高压压气机增压比 $\pi^*_{\mathrm{k,h}}$ 的变化对低压压气机特性图上共同工作线的位置及形状则有很大的影响。

8.3.3　喷管临界截面面积的大小对双轴涡轮喷气发动机共同工作的影响

由于双轴发动机高低压转子之间没有机械联系，因此燃油自动调节器只能保证低压转子转速 n_{l} 或高压转子转速 n_{h} 两者之一为常数。

下面我们分析双轴涡轮喷气发动机在一定的飞行条件下工作时，若燃油自动调节器保持低压转子的转速 n_{l} 为常数，减小发动机喷管临界截面积 A_9 对双轴发动机共同工作的影响。

减小 A_9，首先使低压涡轮膨胀比减小，为了维持低压转子的转速 n_{l} 不变，燃油自动调节器增加主燃烧室的供油量使高压涡轮前的燃气温度 T^*_3 增加，于是高压转子的转速上升了，低压涡轮进口的总压 P^*_{33} 和总温 T^*_{33} 亦随之增加。高压转子转速上升，使通过发动机的空气流量增加。对低压压气机来说，转速不变，而通过低压压气机的空气流量却增加了，这就使得在低压压气机特性图上的共同工作点的位置沿着等转速线远离喘振边界。反之，若喷管临界截面积 A_9 放大，在低压压气机特性图上的共同工作点将沿等转速线趋近喘振边界。这个变化规律与一般单轴涡轮喷气发动机恰恰相反。图 8-5 给出了不同喷管临界截面积时，在低压压气机特性图上共同工作线的位置。

必须指出，在不同的喷管临界截面积下，共同工作线在低压压气机特性图上的位置分布与发动机的调节方法无关，亦即与在 A_9 变化时是调 $n_{\mathrm{l}}=\mathrm{const}$ 还是采用 $n_{\mathrm{h}}=\mathrm{const}$ 的调节无关。但是不同的调节方法，在 A_9 改变时共同工作点移动的路径则有所不同。

至于喷管临界截面积 A_9 的大小对高压压气机特性图上共同工作线的影响，在低压涡轮导向器临界或超临界时，A_9 的改变影响不到高压涡轮膨胀比，因此在这种情况下对高压压气机特性图上发动机共同工作线的形状位置没有影响。但当低压涡轮导向器处于亚临界状态工作时，则会有影响，其变化规律与单轴涡轮喷气发动机中一样。

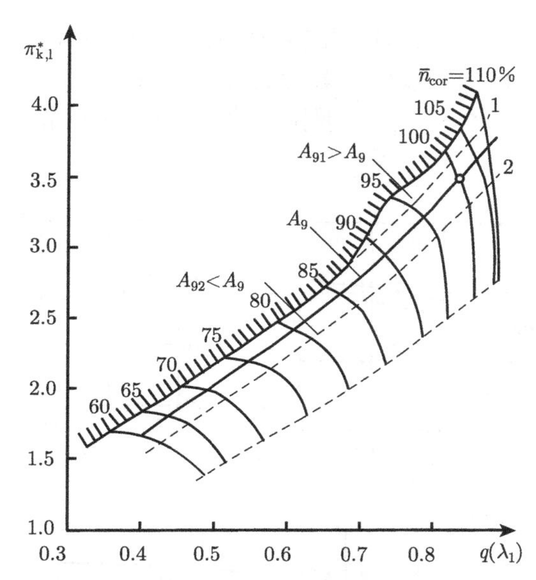

图 8-5　A_9 的改变对共同工作线在低压压气机特性图上分布位置的影响

8.4　双轴涡轮喷气发动机的调节规律

双轴涡轮喷气发动机，因为有两个没有机械联系的转子，因此涡轮压气机的被调参数有三个：n_l、n_h 及 T_3^*。为了独立地改变这三个被调参数，则必须有三个调节中介。但是在压气机和涡轮的转子均为不可调的情况下，调节中介只有两个：燃烧室供油量 q_{mf} 及喷管临界截面积 A_9。这样一来，只能独立地改变上述三个被调参数中的两个，例如改变 n_l 和 T_3^* 或者改变 n_h 和 T_3^*。然而在实际使用中，考虑到高压转子的工作状态取决于喷管临界截面积 A_9 的变化的程度很小以及尽可能简化构造的要求，喷管临界截面积 A_9 不可调的双轴涡轮喷气发动机得到广泛采用。在这样的发动机中，只可能独立地改变上述三个被调参数中的一个参数，至于另外两个被调参数，则是按照一定的规律变化。在流程不可调节 (A_9 =const) 的双轴涡轮喷气发动机中，采用的调节规律有

$$n_l = \text{const}, \quad A_9 = \text{const}$$

$$n_h = \text{const}, \quad A_9 = \text{const}$$

$$T_3^* = \text{const}, \quad A_9 = \text{const}$$

图 8-6 给出了不同调节规律下，双轴涡轮喷气发动机的 $\overline{n}_l$、$\overline{n}_h$ 及 $\overline{T_3^*}$ 随着能确定发动机工作状态的压气机进口温度 T_1^* 的变化曲线。

在下面的讨论中，假设高低压涡轮导向器及喷管临界截面处均处于超临界状态工作，而且沿流路损失不变。

我们以调节规律 n_l =const，A_9 =const 为例来分析图 8-6 曲线变化原因。当 T_1^* 增加时保持低压转子的转速 n_l 不变，则低压转子的换算转速 $n_{l,cor} = n_l\sqrt{288.16/T_1^*}$ 就减小，在低压压气机特性图上的共同工作点将沿着共同工作线向下移动，$q(\lambda_1)$ 减小，工作点趋近喘振

边界，低压压气机“加重”了。要保持低压转子的转速不变，在涡轮膨胀比 $\pi_{t,l}^*$ 不变时，T_3^* 必须增加，这就使高压转子的转速增大，转速比 n_h/n_l 加大，总的压缩功 W_k 加大，但是随着 T_1^* 的增大，总的增压比 $\pi_k^* = \pi_{k,l}^*\pi_{k,h}^*$ 是降低的。其他两种调节规律也不难用同样的方法来分析。

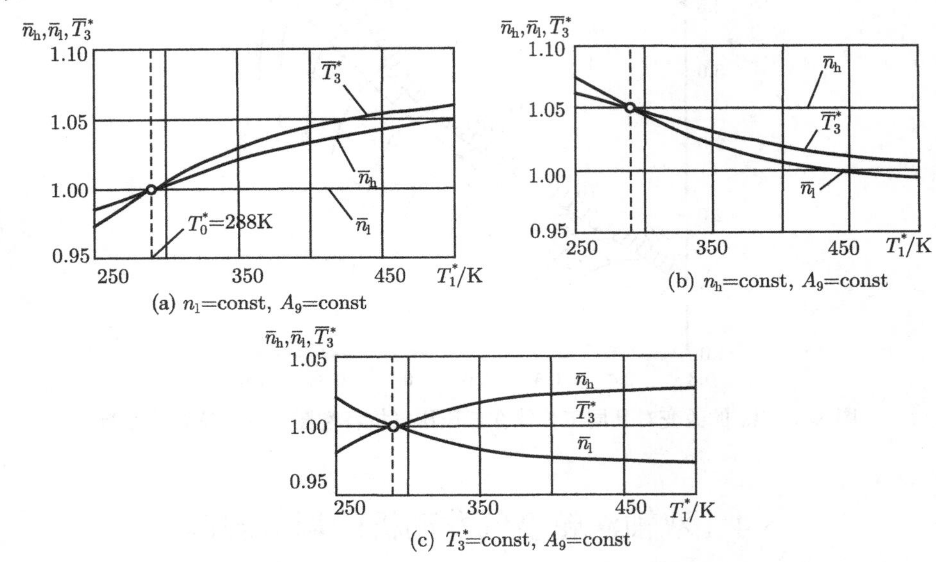

图 8-6　在不同调节规律下，双轴涡轮喷气发动机的 $\bar{n}_l$、$\bar{n}_h$ 及 $\overline{T}_3^*$ 随 T_1^* 的变化曲线

调节规律 n_l =const，A_9 =const 的优点是，低压转子的转速不变，高压转子的转速和涡轮前燃气温度的变化不太大。当飞行 Ma 数增加时，T_1^* 增大，T_3^* 和 n_h 都会增大，如果发动机零部件强度允许的话，则可以获得较大的推力。

若采用 n_h =const，A_9 =const 的调节规律，随着飞行高度的增加，T_1^* 下降，保持高压转子的转速不变，低压转子的转速 n_l 及涡轮前燃气温度 T_3^* 都将增大，这就缓和了随飞行高度增加时推力的下降。

几何不变的发动机，调 T_3^* =const 的调节规律是介于调 n_l =const 和调 n_h =const 的调节规律之间，随着飞行 Ma 数的增大，在 T_3^* =const 时，高、低压涡轮的功都是不变的。而 Ma_0 增大、T_1^* 增大，低压压气机需要的功加大，低压涡轮功就显得不够了。因此，低压转子的转速下降，高压压气机需要的功减小，高压涡轮功显得太大了，所以高压转子的转速要加大，转子的转速比增加了。这种规律的基本优点是发动机在允许的最大热负荷条件下工作，推力也较大。但要直接感受 T_3^*，目前还难以实现。

在实际使用中，往往采用组合式调节规律。如在某一飞行范围内采用 n_l =const，而在其他飞行范围内则采用 n_h =const 的调节规律。

8.5　双轴涡轮喷气发动机的特性

在不存在限制的范围内以及在设计参数相同的情况下，双轴涡轮喷气发动机的特性与单轴涡轮发动机的特性没有任何根本上的不同。但是，由于双轴涡轮喷气发动机有两个没有机械联系的转子，因而双轴涡轮喷气发动机的特性还具有自身的特点。

8.5.1　双轴涡轮喷气发动机的转速特性

双轴涡轮喷气发动机在同一确定的工作状态下，两个转子的转速是不相同的。然而，它们之间有着一定的关系，即与低压转子的任一转速对应时，都只有一个确定的高压转子的转速。

图 8-7 所示为某一台双轴涡轮喷气发动机的低压转子转速与高压转子转速的关系。例如，收小油门使低压转子的转速相对值达到 0.8 时，高压转子转速的相对值确定地减小到 0.9，如图上 0 点所示。

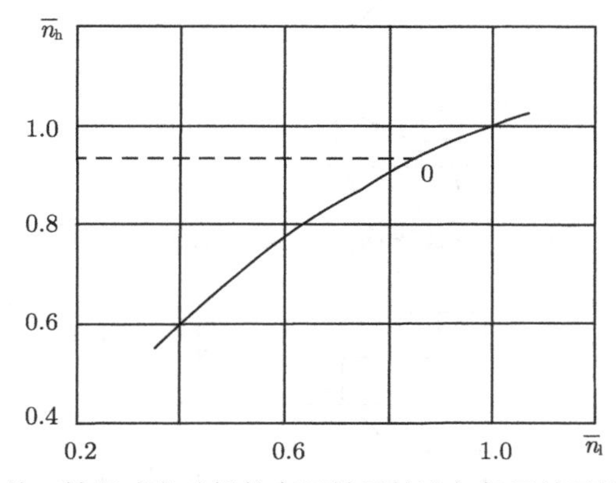

图 8-7　某双轴涡喷发动机的高压转子转速与低压转子转速的关系

由于高低压转子的转速之间有这样一个单值的关系，所以通过研究发动机推力和耗油率随任一个转子转速的变化情况，就可以得出双轴涡轮喷气发动机的转速特性。

图 8-8 是某双轴涡轮喷气发动机台架试车得到的转速特性。从图上可以看出，双轴涡轮喷气发动机的转速特性曲线的变化规律与一般单轴涡轮喷气发动机的基本相同。图上画出的涡轮前燃气温度 T_3^* 随低压转子转速 n_l 的变化曲线与单轴涡轮喷气发动机的 $T_3^* \sim n$ 的变化曲线也大致相同，随着转速下降，T_3^* 先下降，然后又有所回升。两者的不同之处在于使双轴涡轮喷气发动机 T_3^* 回升的转速比单轴涡轮喷气发动机 T_3^* 回升时的转速要小。这是由于在中等转速以下时双轴涡轮喷气发动机的压气机效率比单轴涡轮喷气发动机的要高。如图 8-9 所示。

由于双轴涡轮喷气发动机在中等转速以下时涡轮前燃气温度较低，而且压气机效率又较高，所以它与设计参数相同的单轴涡轮喷气发动机相比，其耗油率在较宽广的工作范围内比单轴涡轮喷气发动机的低 (图 8-9)。这是双轴涡轮喷气发动机转速特性的重要特点。

双轴涡轮喷气发动机转速特性的另一个特点是喷管临界截面积的调节对低压压气机稳定性裕度的影响与单轴涡轮喷气发动机有所不同。

在第 5 章中提到，当 n =const 时，减小单轴涡轮喷气发动机喷管临界截面积，共同工作线移向喘振边界，压气机的喘振裕度减小，T_3^* 增加。而对双轴涡轮喷气发动机，由前面讨论可知，当喷管临界截面积缩小时，在低压压气机特性图上的共同工作线将远离喘振边界而使喘振裕度增加。

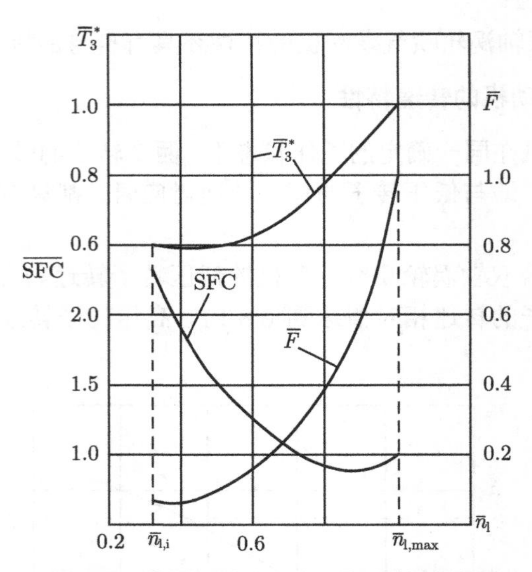

图 8-8　双轴涡轮喷气发动机的转速特性

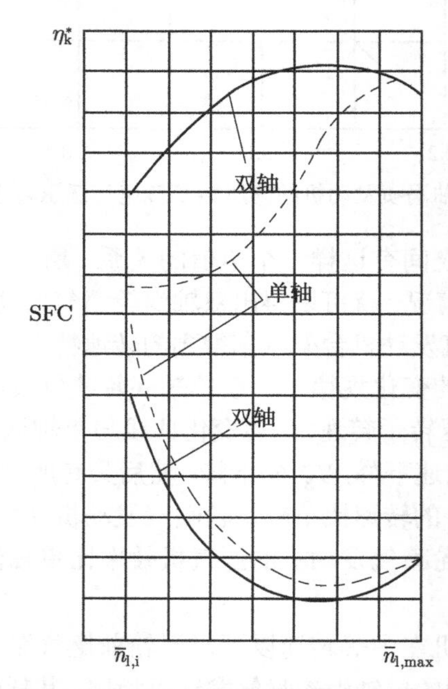

图 8-9　双轴涡轮喷气发动机与单轴涡轮喷气发动机 η_k^* 和 SFC 的比较

实线表示双轴涡轮喷气发动机；虚线表示单轴涡轮喷气发动机

8.5.2　双轴涡轮喷气发动机的速度特性

双轴涡轮喷气发动机的速度特性曲线与设计参数相同的单轴涡轮喷气发动机没有任何根本上的差别。但是调节规律的选择对特性曲线数值上的表现却是有影响的。图 8-10 给出了三种不同调节规律下的双轴涡轮喷气发动机速度特性曲线的比较。图 8-11 则给出了不同调节规律下 $\overline{T_3^*}$、$\overline{n}_h$ 及 $\overline{n}_l$ 等参数随飞行 Ma 数的变化曲线。

由图 8-10、图 8-11 可见，在 n_l =const 的调节规律下，当飞行 Ma 数增大时，速度冲压增加，压气机进口气流的总温 T_1^* 增加，高压转子转速 n_h 及涡轮前燃气温度 T_3^* 也都将增大，其结果是采用这种调节规律的发动机在高速下能获得较大的空气流量和较大的单位推力，因而也就能获得比其他两种调节规律较大的发动机推力，所以这种调节规律比较适于要求在高速下推力性能好的双轴涡轮喷气发动机。

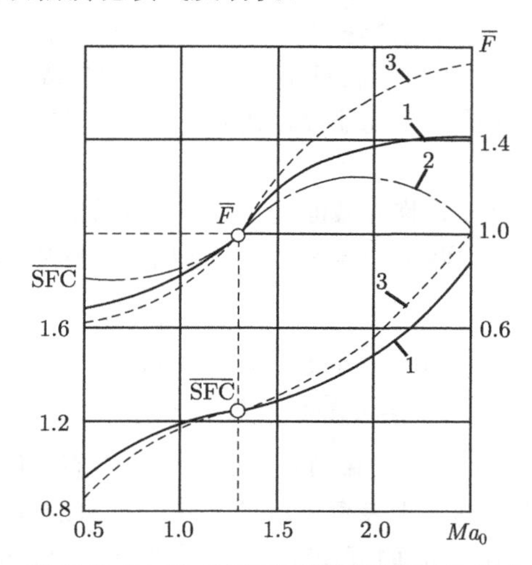

图 8-10　双轴涡轮喷气发动机采用不同调节规律的速度特性曲线

1. 采用 T_3^* =const，A_9 =const；2. 采用 n_h =const，A_9 =const；3. 采用 n_l =const，A_9 =const

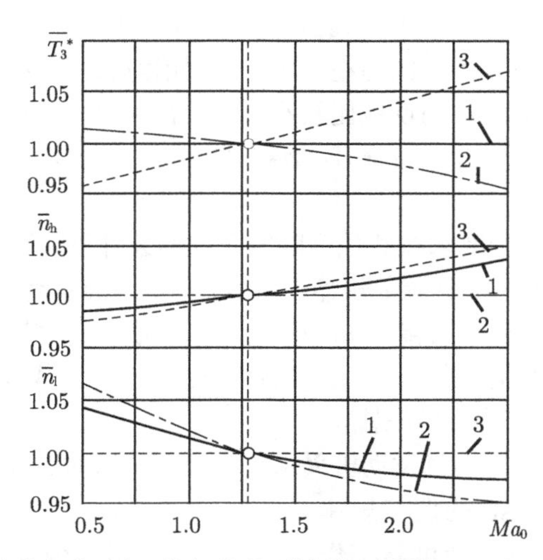

图 8-11　双轴涡轮喷气发动机采用不同调节规律时 $\overline{T_3^*}$、$\overline{n}_h$ 及 $\overline{n}_l$随Ma_0 的变化曲线

$\pi_{k\Sigma}^* = 9$，$H = 11$km；1. 采用 T_3^* =const，A_9 =const；2. 采用 n_h =const，A_9 =const；3. 采用 n_l =const，A_9 =const

在 n_h =const 的调节规律下，随着飞行 Ma 数的增大，n_l 和 T_3^* 都是减小的，致使采用这种调节规律的发动机在高速飞行时由于空气流量及单位推力都较小而使发动机推力较低。

在 T_3^* =const 的调节规律下，其高压转子转速随飞行速度增加的变化规律介于上述两种调节规律之间，高压转子的转速升高，而低压转子的转速下降，这就使得采用 T_3^* =const 调节规律时，空气流量、单位推力以至推力随飞行速度的变化均介于调 $n_{\rm l}$ =const 与调 $n_{\rm h}$ =const 的调节规律之间。

至于耗油率在不同调节规律下随飞行 Ma 数的变化规律，$n_{\rm h}$ =const 和 T_3^* =const 这两种调节规律的基本相同。这是因为在高速飞行时，$n_{\rm h}$ =const 的 T_3^* 较低，而 T_3^* =const 的增压比较高，两者对耗油率的影响可以互相抵消。在低飞行 Ma 数时，这两种调节规律的参数很接近。在 $n_{\rm l}$ =const 的调节规律下，由于 T_3^* 是增大的，所以在大的飞行 Ma 数下，耗油率是比较高的。

若双轴涡轮喷气发动机的喷管临界截面积 A_9 是可调节的，那么在所有的状态下就能保证双轴涡轮发动机中独立地提出两个被调参数。当采用在实际中通常使用的 T_4^* 温度调节器时，可能的调节规律是

$$n_{\rm l} = {\rm const},\quad T_4^* = {\rm const}$$
$$n_{\rm h} = {\rm const},\quad T_4^* = {\rm const}$$

采用 $n_{\rm h}$ =const，$n_{\rm l}$ =const 这样的调节规律是没有意义的，因为这时 $n_{\rm h}/n_{\rm l}$ 为常数，双轴涡轮喷气发动机这时就变成相当于装有不可调节式压气机的单轴涡轮喷气发动机。

当采用 $n_{\rm l}$ =const，T_4^* =const 的调节规律时，必须要增大 A_9，$\pi_{\rm t,l}^*$ 相应提高，以防止 Ma_0 增大时 T_3^* 随之升高。在这种调节规律下，$n_{\rm h}$ 随着 Ma_0 增大而上升，但上升的程度比采用 $n_{\rm l}$ =const，A_9=const 时要小些，推力 F 随 Ma_0 增大而增大的程度比调 $n_{\rm l}$ =const，A_9=const 时的要小些，但比采用 T_3^*=const，A_9=const 及 $n_{\rm h}$ =const，A_9=const 时都大。这种调节规律的优点是在飞行 Ma 数较大的范围内在推力 F 上能很好地利用发动机的性能。但是这种调节规律随着 Ma_0 增大，$n_{\rm h}/n_{\rm l}$ 的反应比较小，因而在大 Ma_0 下压气机喘振裕度 $\Delta K_{\rm y}$ 是减小的。调节规律 $n_{\rm h}$ =const，T_4^*=const 不如调节规律 $n_{\rm h}$ =const，A_9=const，而且实现起来也较为复杂。

双轴涡轮喷气发动机由于要求在其强度限制允许的条件下，在所有的飞行状态下都具有最大可能的推力，通常都采用复合调节规律。在 A_9=const 的发动机中，通常采用 $n_{\rm l}$ =const 作为主要的调节规律，高压转子的转速 $n_{\rm h}$ 及 T_3^*、$q_{\rm ma}$ 随 Ma_0 增大而引起的提高对提高发动机的推力有良好影响。但是，当 $n_{\rm h} = n_{\rm h,max}$(或 $T_3^* = T_{3\max}^*$) 以后，为了限制它们继续上升，这时就过渡到 $n_{\rm h}$ =const 的调节规律。

图 8-12 给出了某双轴涡轮喷气发动机采用复合调节规律时的速度特性。当 $Ma_0 < Ma_{0\rm d}$ 时采用 $\overline{n_{\rm l}}$ =const，A_9=const 的调节规律；当 $Ma_0 = Ma_{0\rm d}$ 时，$n_{\rm h}$ 及 T_3^* 达到允许的最大值。这时为保证发动机安全可靠工作，当 $\overline{n_{\rm h}}$ 达到最大值 (例如 104%) 后改为采用 $\overline{n}_{\rm h}$ =const，A_9=const 的调节规律。

当 $\overline{n}_{\rm h}$ =const 时，随着 Ma_0 增加，$\overline{T}_3^*$ 和 $\overline{n}_{\rm t}$ 都要下降。

为了能在选定的 $Ma_{0\rm d}$ 时使 $n_{\rm h}$ 及 T_3^* 达到允许的最大值，必须在地面台架试车时调整好高、低压转子的转速差和 T_3^*。如果地面转速差过大，即 $n_{\rm h}$ 比 $n_{\rm l}$ 高出太多，则随着 Ma_0 的增加，$n_{\rm h}$ 会过早地达到允许的最大值，即在较小的 Ma_0 下高压转子转速限制器就开始起作用，当 Ma_0 进一步增加时，T_3^* 和 $n_{\rm l}$ 下降，使高 Ma_0 时的性能不好，如图 8-13(a) 所示。如

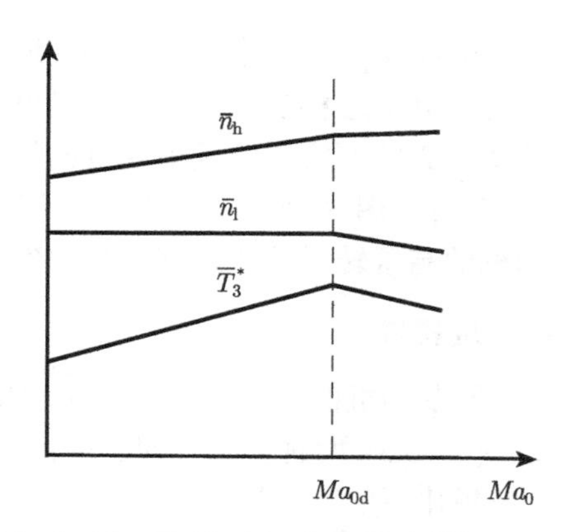

图 8-12　某双轴涡轮喷气发动机采用复合调节规律时 $\overline{T}_3^*$、$\overline{n}_h$ 及 $\overline{n}_l$ 随 Ma_0 的变化曲线

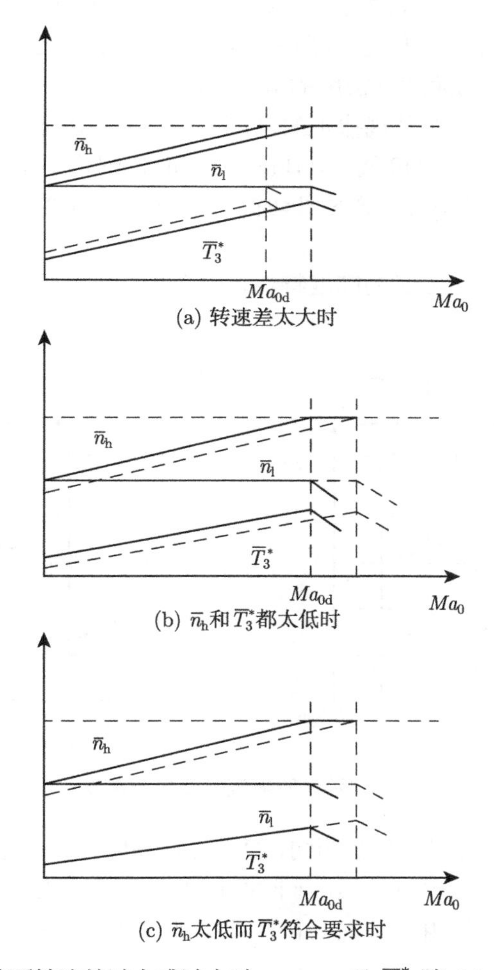

图 8-13　地面转速差过大或过小时，$\overline{n}_h$、$\overline{n}_l$ 及 $\overline{T}_3^*$ 随 Ma_0 的变化关系

果地面转速差太小，T_3^* 也太低，则在大部分飞行条件下 n_h 和 T_3^* 都太低，没有充分发挥发动机潜力，推力没有达到要求，如图 8-13(b) 所示，也可能出现图 8-13(c) 所示的另一种情

况，即在地面台架试车时，转差较低而 T_3^* 符合要求。当 Ma_0 增加时，由于高压转子转速限制器要在很高的 Ma_0 时才开始起作用，这样虽然推力性能较好，但 T_3^* 会超过允许值而损坏发动机。因此在地面台架试车时，必须严格按照试车规范调整 n_l、n_h 和 T_3^* 值，才能使发动机既充分发挥潜力又安全可靠工作。图 8-13 中，实线表示符合要求的，虚线则表示不符合要求的。$Ma_{0\mathrm{d}}$ 表示合格发动机的高压转子转速限制器开始作用的飞行 Ma 数。

8.5.3　双轴涡轮喷气发动机的高度特性

对几何不可调的双轴涡轮喷气发动机的高度特性，与速度特性一样，也与调节规律有关。下面，我们对 n_l =const 及 n_h =const 两种调节规律下的高度特性的特点进行分析。

图 8-14(a) 是 n_l =const 调节规律下的高度特性。

当飞行高度小于 11km 时，飞行高度升高，T_0 减小，$n_\mathrm{l}/\sqrt{T_1^*}$ 增大，这时 n_h 及 T_3^* 都随高度升高而减小。同时随着飞行高度升高，大气密度减小，使进入发动机的空气质量流量减小，所以发动机推力随飞行高度升高而减小。当飞行高度大于 11km 时，由于 T_0 不变，n_h 和 T_3^* 也保持不变，但推力仍随大气密度的减小而减小。

图 8-14(b) 是 n_h =const 调节规律下的高度特性。图中表示的是以 11km 为设计高度，这时 T_3^* 和 n_l 为最大值，飞行高度低于 11km，T_3^* 和 n_l 都将小于最大值，当飞行高度高于 11km 时，T_3^* 和 n_l 也将保持不变，这时发动机的推力也是因随飞行高度升高、大气密度下降而减小。

至于调节规律为 T_3^* =const 时的高度特性，与速度特性类似，也介于上述两种调节规律之间。

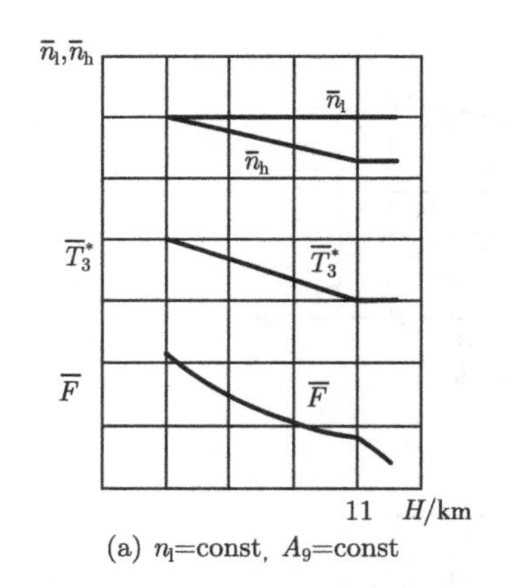

(a) n_l=const，A_9=const

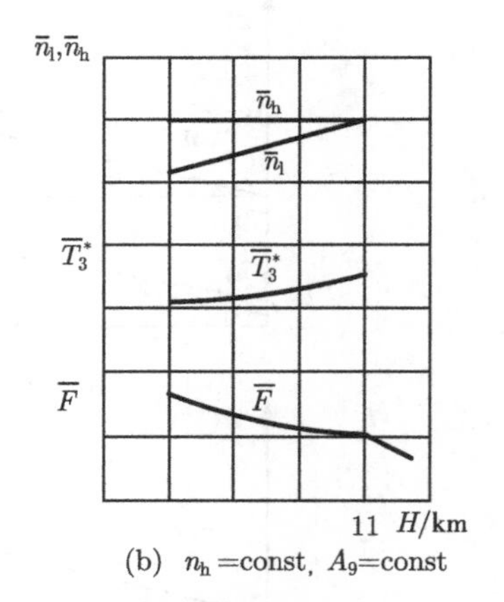

(b) n_h =const，A_9=const

图 8-14　双轴涡轮喷气发动机的高度特性

由上述分析可见，若设计点的参数相同，随着飞行高度升高，采用 n_h =const，A_9 =const 时的推力性能比采用 n_l =const，A_9 =const 时的优越，因而对要求高空推力性能好的几何不可调双轴涡轮喷气发动机，采用 n_h =const 的调节规律较为合适。

8.6　台架试车时，双轴涡轮喷气发动机转差、T_3^* 及推力 F 的调整

前面已经指出，为了充分发挥发动机的潜力而又能保证发动机安全可靠地工作，在地面

台架试车时必须对高低压转子的转速及涡轮前燃气温度 T_3^* 进行恰当的调整。下面以调节规律为 $n_{\rm l}$ =const，A_9 =const 的双轴涡轮喷气发动机为例来进行讨论。

在实际生产中，由于发动机各零部件的尺寸不能做得绝对准确，都有一定的误差 (在规定的公差范围内)，因而发动机性能验收标准也只能相应地给出一个范围。图 8-15 就是某双轴涡轮喷气发动机的转差和 T_3^* 的验收范围曲线。这个曲线规定，在标准大气温度及低压转子转速 $\bar{n}_{\rm l}=100\%$时，高压转子转速 $\bar{n}_{\rm h}$ 和 T_3^* 值在所示区域内，例如 A 点，则转差和 T_3^* 是合格的。超出这个范围，例如 B 点，虽然 T_3^* 的绝对值未超出，但 $\bar{n}_{\rm h}$ 太低，这就是图 8-13(c) 的情况，对于这样的工作点，在高 Ma_0 飞行时，T_3^* 会超过允许的最大值而损坏发动机。所以 B 点是不合格的点。

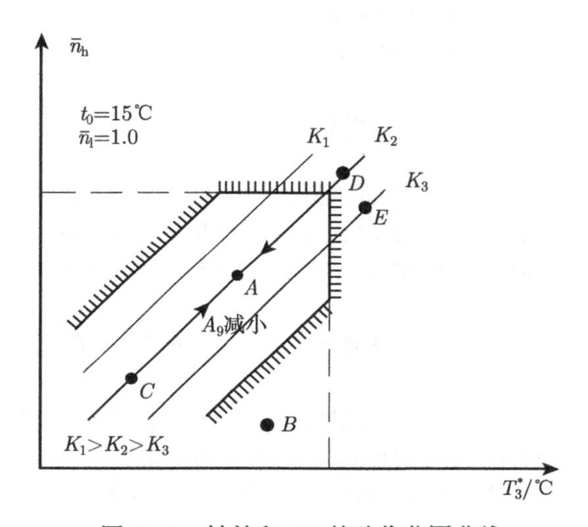

图 8-15　转差和 T_3^* 的验收范围曲线

应当指出，即使工作点落在所允许的范围内，转差和 T_3^* 都合格，但发动机其他性能不一定合格，例如 C 点，由于 $\bar{n}_{\rm h}$ 和 T_3^* 太低，因而推力 F 可能不合格。

当发动机的台架工作点落在所允许的范围外面时应怎样调整呢？双轴涡轮喷气发动机在不加力工作状态时，工作点的位置可以通过改变高低压涡轮导向器临界截面积 $A_{\rm t,h}$ 和 $A_{\rm t,l}$ 及喷管临界截面积 A_9 来进行调整。

由前面讨论可知，A_9 加大时，低压涡轮膨胀比 $\pi_{\rm t,l}^*$ 增大，维持 $n_{\rm l}$ 不变，所需的 T_3^* 降低，而高压涡轮膨胀比基本不变或变化不大，因而高压转子的转速 $n_{\rm h}$ 降低。就是说，加大喷管临界截面积 A_9 时，T_3^* 和 $n_{\rm h}$ 都要降低。例如，工作点可以由 D 点移动到 A 点。图 8-15 中所给出的斜线就是当涡轮导向器面积不调而只调 A_9 时工作点移动的线。每一条斜线都对应着某一个高低压涡轮导向器临界截面积之比 $K=A_{\rm t,l}/A_{\rm t,h}$ 的值。

若喷管临界截面积 A_9 保持不变，而改变高低压涡轮导向器临界截面积之比 K 时，例如加大低压涡轮导向器的临界截面积 $A_{\rm t,l}$ 会使高压涡轮膨胀比 $\pi_{\rm t,h}^*$ 加大而低压涡轮膨胀比 $\pi_{\rm t,l}^*$ 减小，若维持低压转子转速 $n_{\rm l}$ 不变，则要求 T_3^* 提高，而 $A_{\rm t,l}$ 加大后 $\pi_{\rm t,h}^*$ 也提高，这就使高压转子转速 $n_{\rm h}$ 有更多的提高，由此可见，加大低压涡轮和高压涡轮导向器临界截面积之比 K 时，工作点由下面的斜线移到上面的斜线，但不是垂直地向上移动，而是沿右斜上方移到另一条斜线，例如从 B 点移到 E 点。也就是说，不同斜线的 K 值之间的关系是 $K_1 > K_2 > K_3 \cdots$。

知道了导向器临界截面积 $A_{\rm t,h}$ 和 $A_{\rm t,l}$ 及喷管临界截面 A_9 对工作点位置的影响，把不合格的工作点调整到允许范围的问题就容易解决了。例如，为了把工作点 B 调到允许范围内，首先应加大面积比 K，但 $A_{\rm t,l}$ 加大后为维持 $n_{\rm l}$ 不变所需的 T_3^* 会增加，而 B 点的 T_3^* 已接近允许范围的上限，所以还应把 A_9 放大才能使 T_3^* 不提高而 $n_{\rm h}$ 提高，使工作点回到合格范围。

实际上，为了调面积比 $K = A_{\rm t,l}/A_{\rm t,h}$，往往不是调高压涡轮导向器而是调低压涡轮导向器，因为调低压涡轮导向器要方便得多。在装配时把高压涡轮导向器临界截面积 $A_{\rm t,h}$ 调到规定值的下限，把低压涡轮导向器临界截面积调到某个由统计得出的最有利的范围内，这样就可以把台架试车时出现转差不合格的可能性减小到最低程度。

复习思考题

1. 简要分析双轴涡轮喷气发动机的压气机和涡轮的工作特点及双轴发动机的防喘机理。

2. 高、低压压气机之间压缩功怎样分配？高、低压转子的转速如何选择？

3. 同一台压气机，若作为双轴发动机的低压压气机或单轴发动机的压气机，二者相比，其共同工作线的位置有什么不同？为什么？

4. 其他条件不变时，减小双轴涡轮喷气发动机的喷管临界截面积，在低压压气机特性图上的共同工作点位置如何变化？为什么？

5. 若保持低压转子转速不变，当飞行速度增加时，高压转子的转速和涡轮前燃气温度将如何变化？当飞行高度增加时，高压转子转速和涡轮前燃气温度又将如何变化？

6. 双轴涡轮喷气发动机的转速特性与单轴涡轮喷气发动机的转速特性相比有什么特点？

7. 一台双轴涡轮喷气发动机，调 $n_{\rm l}$ =const，A_9 =const。在试车时，$n_{\rm l}$ 已达到设计值而出现下列情况之一，应怎样调整？

(1) $n_{\rm h}$ 低于设计值，T_4^* 小了；

(2) $n_{\rm h}$ 高于设计值，T_4^* 大了；

(3) $n_{\rm h}$ 低于设计值，T_4^* 大了；

(4) $n_{\rm h}$ 高于设计值，T_4^* 小了。

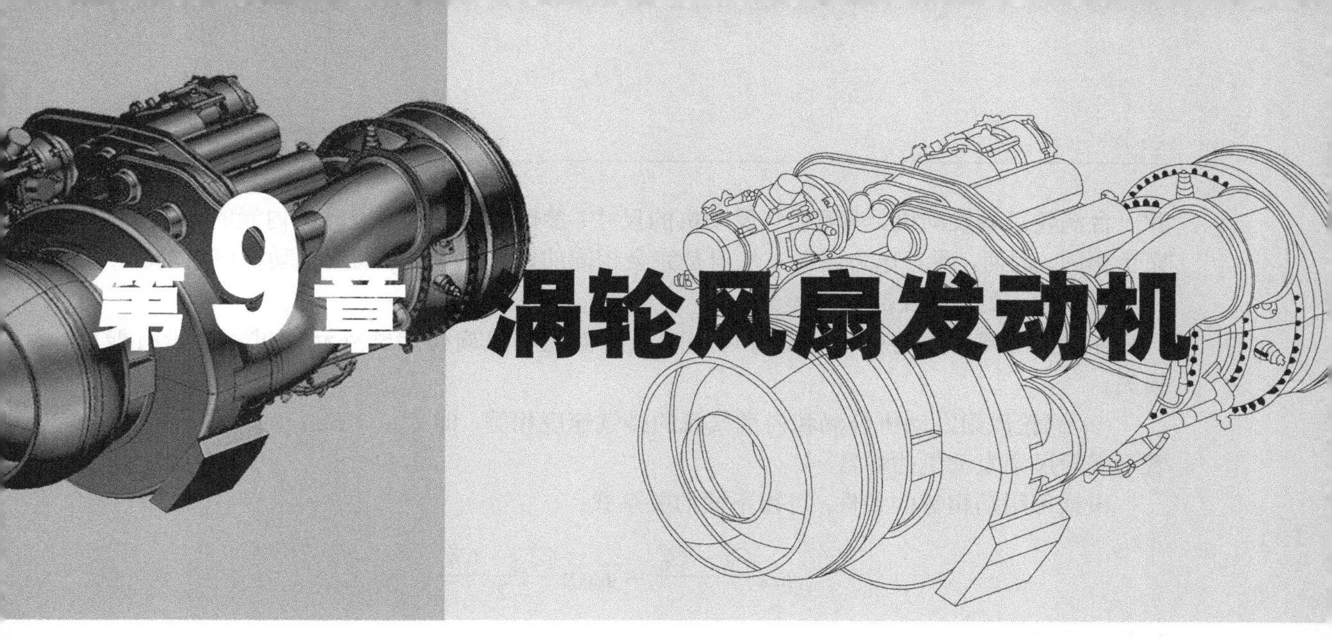

第9章 涡轮风扇发动机

在 20 世纪 50 年代初，国际航空界致力于涡轮螺旋桨发动机的研制、发展。这种发动机在低速飞行时有很高的经济性，但是随着飞行速度的提高，螺旋桨叶尖产生冲击波，螺旋桨工作情况迅速恶化，效率降低，因而涡轮螺旋桨发动机不适于高亚声速工作，而涡轮喷气发动机在高亚声速工作时又因推进效率较低而耗油率较高，为了改善高亚声速工作时的性能，20 世纪 50 年代中期开始发展涡轮风扇发动机。自 1960 年英国“康维”不加力涡轮风扇发动机投入航线使用以来，由于在高亚声速飞行范围具有比较好的性能 (具有高的推重比和低的耗油率)，很快在西方引起了一股风扇热，已经取得了迅速的发展，它几乎取代了涡轮喷气发动机而成为高亚声速民航机、运输机、轰炸机、强击机等飞机的动力，在垂直起落和短距起飞的飞机上也得到广泛采用。带加力的涡轮风扇发动机由于良好的高速性能，而在不加力时又有很好的巡航经济性，因而在超声速 ($Ma_0 > 2$) 战斗机、轰炸机、运输机上也获得了广泛应用。

9.1 涡轮风扇发动机的基本工作原理及性能参数

9.1.1 涡轮风扇发动机的由来

在涡轮喷气发动机中为了提高单位推力 F_s，往往想方设法提高涡轮前的燃气温度 T_3^* 以增大排气速度 C_9。但是在飞行速度较低时，气流离开发动机时带走的能量 $(C_9 - C_0)^2/2$(即余速损失) 相应增大，从而导致推进效率 η_p 的降低及经济性的恶化。为了达到既增加发动机的推力又使经济性得到改善的目的，萌发了在加热量不变的前提下，增加通过发动机的空气流量使单位质量空气的能量减小，从而使排气速度降低，余速损失减小，推进效率提高的想法，这种想法就导致了涡轮风扇发动机的出现。结构上最初是在涡轮喷气发动机的喷管外面加上一个套管，燃气从普通发动机的喷管流出，带动外面气流向后流动，并在后面的套管中得到均匀混合，最后从套管的出口排入大气。但这种简易结构难以完成较多的能量交换，经改进发展为现今流行的用风扇来抽动大量的外路气体。为什么同样数值的可用功分配给更多空气就可以既增加发动机的推力又提高推进效率呢？我们来比较一台涡轮喷气发动机和一台涡轮风扇发动机。涡轮喷气发动机的尺寸、参数与涡轮风扇发动机内涵的尺寸、参数完全相同。因而，两者作为燃气发生器是完全相同的，它们产生相同的发动机可用功。

为了便于比较，我们假设：

(1) 涡轮风扇发动机将一部分可用功通过涡轮和风扇传递给外涵的过程中没有能量损失。

(2) 涡轮风扇发动机外涵和内涵气流的排气速度相等，即 $C_{9\mathrm{I}}=C_{9\mathrm{II}}=C_{9\Sigma}$。角标“$\sum$”表示涡轮风扇发动机的参数。

根据可用功相等的条件，可得下面的关系式：

$$q_{\mathrm{ma}}\frac{C_9^2-C_0^2}{2}=q_{\mathrm{ma}\Sigma}\frac{C_{9\Sigma}^2-C_0^2}{2}$$

将其整理成

$$\frac{q_{\mathrm{ma}\Sigma}}{q_{\mathrm{ma}}}=\frac{C_9^2-C_0^2}{C_{9\Sigma}^2-C_0^2} \tag{9-1}$$

由上式可以明显看出，由于

$$q_{\mathrm{ma}\Sigma}>q_{\mathrm{ma}}$$

因此

$$C_{9\Sigma}<C_9$$

现在，比较两台发动机的推力。若假设气流在喷管中完全膨胀，且忽略燃气流量和空气流量的差别，则涡轮喷气发动机和涡轮风扇发动机的推力分别为

$$F=q_{\mathrm{ma}}\left(C_9-C_0\right)$$

$$F_\Sigma=q_{\mathrm{ma}}\sum\left(C_{9\Sigma}-C_0\right)$$

取其推力比，将式 (9-1) 代入，即可得

$$\frac{F_\Sigma}{F}=\frac{C_9+C_0}{C_{9\Sigma}+C_0} \tag{9-2}$$

由于

$$C_{9\Sigma}<C_9$$

所以

$$\frac{F_\Sigma}{F}>1$$

由上面的分析可以看出：

(1) 就作为热机的发动机来说，当发动机的可用功相等时，把可用功传给工质的量越大，则发动机的推力就越大。这个原理通常称为“附加质量原理”或“质量传递原理”。

(2) 将式 (9-2) 改写成

$$\frac{F_\Sigma}{F}=\frac{C_9+C_0}{2C_0}\cdot\frac{2C_0}{C_{9\Sigma}+C_0}=\frac{\eta_{\mathrm{p}\Sigma}}{\eta_{\mathrm{p}}}$$

由于

$$\frac{F_{\Sigma}}{F} > 1$$

所以

$$\frac{\eta_{\mathrm{p}\Sigma}}{\eta_{\mathrm{p}}} > 1$$

由此可见，当发动机可用功一定时，附加质量越多，推力越大，这是因为余速损失减小，推进效率提高的缘故。

(3) 由于涡轮喷气发动机与涡轮风扇发动机作为燃气发生器是完全相同的，两者的燃油流量相等。因此，附加质量增加时，耗油率将随着推力的增加而成反比地下降。

$$\frac{\mathrm{SFC}_{\Sigma}}{\mathrm{SFC}} = \frac{F}{F_{\Sigma}} < 1 \tag{9-3}$$

(4) 由式 (9-2) 可知，当飞行速度 C_0 增加时，由于 $(C_9 - C_0)$ 降低而使比值 $(C_9 + C_0)/(C_{9\Sigma} + C_0)$ 趋近于 1.0，即 (F_{Σ}/F) 趋近于 1.0。而当 $C_0 = 0$ 时，由式 (9-1) 有

$$\frac{q_{\mathrm{ma}\Sigma}}{q_{\mathrm{ma}}} = \frac{C_9^2}{C_{9\Sigma}^2}$$

故有

$$\frac{\mathrm{SFC}_{\Sigma}}{\mathrm{SFC}} = \frac{F}{F_{\Sigma}} = \frac{C_{9\Sigma}}{C_9} = \sqrt{\frac{q_{\mathrm{ma}}}{q_{\mathrm{ma}\Sigma}}} \tag{9-4}$$

由此可见，不加力的涡轮风扇发动机在台架工作时，附加质量的影响最大，而随着飞行速度的增加，附加质量的影响逐渐减弱。所以，不加力的涡轮风扇发动机仅适宜于高亚声速飞行，这时可获得较大的推力和较低的耗油率。

但要指出，上面这些结论只有在一定的条件下和一定的范围内才是正确的。因为实际上：

(1) 涡轮风扇发动机将一部分可用功传递到外涵的过程中，总伴随着能量损失。总的空气流量越大，传递过程中的能量损失也越大。

(2) 只有当涡轮风扇发动机喷管出口的气流速度 $C_{9\Sigma}$ 大于飞行速度 C_0 时，才能产生推力。总空气流量越大，$C_{9\Sigma}$ 值越小。因此，总的空气流量的增大受到 $C_{9\Sigma}$ 值不能小于飞行速度 C_0 的限制。

(3) 受发动机外廓尺寸的限制，总空气流量不能过大。

9.1.2　涡轮风扇发动机的类型

所有的燃气涡轮发动机，它们的工作都基于质量传递和能量交换。从这个意义上说，所有的燃气涡轮发动机都可以称为涵道风扇发动机，只不过是流过内外涵的空气流量比例不同而已。

定义通过外涵的空气流量 $q_{\mathrm{ma,II}}$ 与通过内涵核心机的空气流量 $q_{\mathrm{ma,I}}$ 之比称为风扇发动机的涵道比，记作 B。即

$$B = \frac{q_{\mathrm{ma,II}}}{q_{\mathrm{ma,I}}}$$

对涡轮喷气发动机，$B = 0$；涡轮螺旋桨发动机的涵道比 B 为 $50 \sim 100$；涡轮轴发动机的涵道比则更大，为 $100 \sim 500$；涡轮风扇发动机的涵道比一般为 $0.25 \sim 15$。

早期由涡轮喷气发动机改型的涡轮风扇发动机曾采用过后风扇结构，例如美国的 J-79 涡轮喷气发动机的民用型 CJ-805，在其后面加涡轮风扇成为 CJ-805-23 型后风扇涡轮风扇发动机。这种发动机的外涵压气机叶片连接在后面自由涡轮的叶片上，如图 9-1(a) 所示。外涵的风扇压气机叶片与内涵的涡轮叶片设计成一个零件，因而压气机叶片使用了与涡轮叶片相同的耐热合金材料，叶片形状复杂，加工困难。由于叶片较长，在工作时叶片的振动、强度及内外涵气流的封严等问题就比较多。为了避免叶片过长，外涵空气流量就不可能太大。

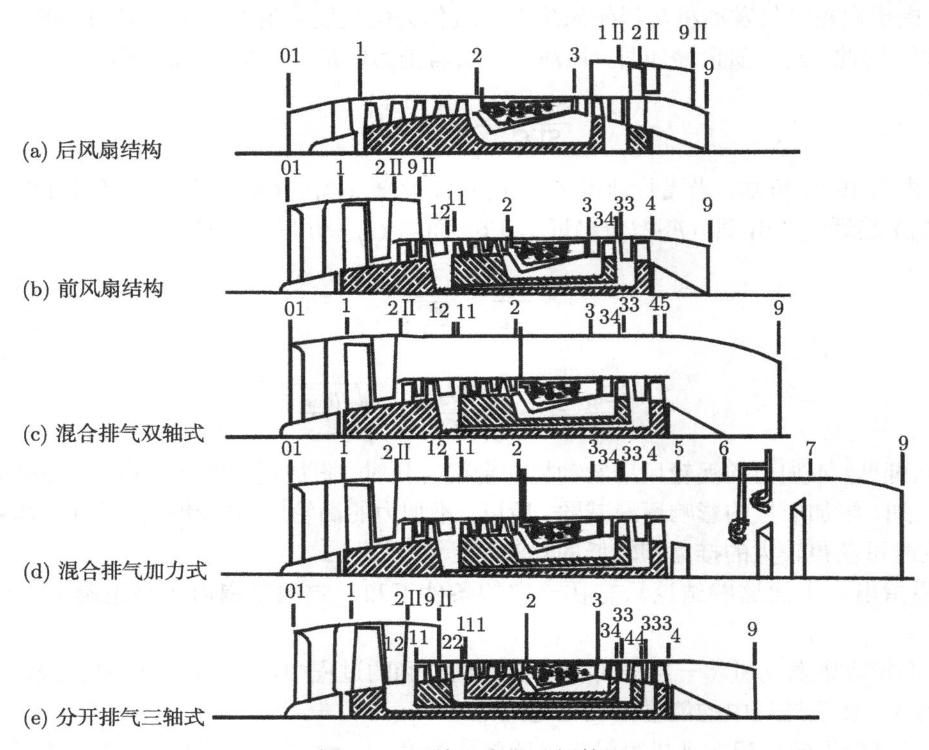

图 9-1　涡轮风扇发动机简图

目前使用的涡轮风扇发动机大多采用前风扇结构方案。这种结构的涡轮风扇发动机往往从双轴发动机发展而来，将低压压气机的第一级或前几级的叶片加长，加长部分的压气机叶片就是外涵道通道中的风扇压气机。例如美国的 JT-3D 前风扇涡轮风扇发动机就是从双轴涡轮喷气发动机 J-57 发展而来。这种发动机的简图如图 9-1(b) 所示。图 9-1(c) 为混合排气双轴涡轮风扇发动机的简图。这种发动机的外涵空气与内涵涡轮后的燃气相掺混，然后从喷管排出，这有利于增加推力和降低噪声，英国的“斯贝”发动机就属于这一类型。图 9-1(d) 为混合排气加力式涡轮风扇发动机的简图，英国的“斯贝”军用型发动机就属于这一类型。图 9-1(e) 为分开排气三轴式涡轮风扇发动机的简图，RB211 发动机就属于这一类型。

9.1.3　涡轮风扇发动机主要参数的表示方法

9.1.3.1　涵道比 (或称流量比)B

通过外涵风扇的空气流量 $q_{ma,\mathrm{II}}$ 与通过内涵核心机的空气流量 $q_{ma,\mathrm{I}}$ 之比，称为涡轮风

扇发动机的涵道比 (或称流量比)，以符号 B 表示。

$$B=\frac{q_{\mathrm{ma,II}}}{q_{\mathrm{ma,I}}} \tag{9-5}$$

9.1.3.2　功分配系数 x

核心发动机的可用功，一部分传给外涵风扇，余下的部分用来增加内涵燃气的动能。我们定义核心发动机每千克流体工质的可用功中传给外涵的部分 $W_{\text{I-II}}$ 与全部可用功 W_{I} 之比称为涡轮风扇发动机的功分配系数，记作 x。

$$x=\frac{W_{\text{I-II}}}{W_{\mathrm{I}}} \tag{9-6}$$

若用效率 $\eta_{\text{I-II}}$ 来表示可用功传递过程中的机械摩擦损失，用 W_{II} 表示外涵每千克空气从内涵得到的功，则由功率平衡

$$q_{\mathrm{ma,II}}W_{\mathrm{II}}=q_{\mathrm{ma,I}}W_{\mathrm{I-II}}\eta_{\mathrm{I-II}}$$

可得

$$W_{\mathrm{II}}=\frac{q_{\mathrm{ma,I}}}{q_{\mathrm{ma,II}}}W_{\mathrm{I-II}}\eta_{\mathrm{I-II}}$$

或

$$W_{\mathrm{II}}=\frac{x}{B}W_{\mathrm{I}}\eta_{\mathrm{I-II}} \tag{9-7}$$

9.1.3.3　空气流量 q_{ma}

涡轮风扇发动机总的空气流量等于通过内涵核心机的空气流量 $q_{\mathrm{ma,I}}$ 与通过外涵风扇的空气流量 $q_{\mathrm{ma,II}}$ 之和。

$$q_{\mathrm{ma}}=q_{\mathrm{ma,I}}+q_{\mathrm{ma,II}}$$

或写成

$$q_{\mathrm{ma}}=(1+B)\,q_{\mathrm{ma,I}} \tag{9-8}$$

9.1.3.4　推力 F

涡轮风扇发动机的总推力 F 等于内涵推力 F_{I} 与外涵推力 F_{II} 之和

$$F=F_{\mathrm{I}}+F_{\mathrm{II}} \tag{9-9}$$

若忽略流量沿流程通道的变化，则式中的

$$F_{\mathrm{I}}=q_{\mathrm{ma,I}}\,(C_{9\mathrm{I}}-C_0)+(P_{9\mathrm{I}}-P_0)\,A_{9\mathrm{I}}$$

$$F_{\mathrm{II}}=q_{\mathrm{ma,II}}\,(C_{9\mathrm{II}}-C_0)+(P_{9\mathrm{II}}-P_0)\,A_{9\mathrm{II}}$$

当喷管出口气流完全膨胀时，总推力 F 可表示为

$$F=q_{\mathrm{ma,I}}\left[(C_{9\mathrm{I}}-C_0)+B\,(P_{9\mathrm{II}}-P_0)\right] \tag{9-10}$$

9.1.3.5 单位推力

对分开排气的不加力涡轮风扇发动机，内涵和外涵的单位推力可分别表示为

$$F_{s,I} = F_I/q_{ma,I} \tag{9-11}$$

$$F_{s,II} = F_I/q_{ma,II} \tag{9-12}$$

涡轮风扇发动机的单位推力有两种表示方法：

一种是用发动机总推力与总流量之比表示的单位推力

$$F_s = \frac{F}{q_{ma}} = \frac{F_{s,I} + BF_{s,II}}{1+B} \tag{9-13}$$

另一种是用发动机总推力与内涵核心机的空气流量之比表示的单位推力

$$F_s = \frac{F}{q_{ma,I}} = F_{s,I} + BF_{s,II} \tag{9-14}$$

对于不加力涡轮风扇发动机采用式 (9-14) 比较合理。这样做，相当于把外涵通道看作内涵核心机的推进器，它说明了涡轮喷气发动机改成涡轮风扇发动机后单位推力能够增加多少。

对于加力式涡轮风扇发动机则常采用式 (9-15) 来表示单位推力，以便于和加力式涡轮喷气发动机或冲压式发动机的单位推力进行比较。

$$F_{s,af} = \frac{F_{af}}{q_{ma,I} + q_{ma,II}} \tag{9-15}$$

9.1.3.6 耗油率

涡轮风扇发动机的耗油率是每小时内外涵消耗的燃油流量 $q_{mf} = (q_{mf,I} + q_{mf,II})$ 与发动机的总推力之比。

$$\text{SFC} = \frac{3600 q_{mf}}{F} = \frac{3600\,(f_I + Bf_{II})}{(1+B)\,F_s} \tag{9-16}$$

对于混合加力式涡轮风扇发动机，耗油率为

$$\begin{aligned} \text{SFC}_{af} &= \frac{3600\,(q_{mf,I} + q_{mf,af})}{F_{af}} \\ &= \frac{3600\,[q_{ma,I} f_I + (q_{ma,I} + q_{ma,II})\,f_{af}]}{F_{af}} \\ &= \frac{3600\left(\dfrac{f_I}{1+B} + f_{af}\right)}{F_{s,af}} \end{aligned} \tag{9-17}$$

式中，f_{af} 为外涵空气和内涵燃气掺混以后，在加力燃烧室加入每千克空气的燃油量。

9.2 涡轮风扇发动机工作过程参数对单位性能参数的影响及其选择

在这一节中，我们以不加力涡轮风扇发动机作为研究对象。

9.2.1　涡轮风扇发动机的工作过程参数

不加力涡轮喷气发动机中，在给定飞行条件及给定流动损失时，影响单位性能参数的主要是 π_{k}^* 及 T_3^* 这两个工作过程参数。而在涡轮风扇发动机中，除了与涡轮喷气发动机相类似的内涵核心机的 π_{k}^*、T_3^* 外，由于外涵通道的存在还要增加与外涵通道有关的三个工作过程参数：外涵风扇增压比 $\pi_{\mathrm{k,II}}^*$、功分配系数 x 及涵道比 B。它们的变化范围是

$$0 < x < 1.0$$

$$0 < B < \infty \ (\text{实际} \approx 15)$$

$$0 < \pi_{\mathrm{k,II}}^* < \pi_{\mathrm{k,II},x=1.0}^*$$

式中，$\pi_{\mathrm{k,II},x=1.0}^*$ 为内涵核心机的可用功全部传给外涵风扇时风扇的增压比。

这三个与涵道有关的参数亦称为涵道参数。三者之间有一定的关系，其中两个为独立变量，第三个为应变量。

9.2.2　不加力涡轮风扇发动机的最佳分配系数及功分配系数的选择

涡轮风扇发动机外涵风扇增压比的大小取决于内涵核心机的可用功传给外涵的多少，在内外涵可用功分配最佳时，涡轮风扇发动机就能获得最大的推力。这一节中，我们在内涵核心机的增压比 $\pi_{\mathrm{k,I}}^*$、涡轮前燃气温度 T_3^* 及涵道比 B 等值为固定条件来研究在给定的飞行状况下，内外涵之间可用功的最佳分配。为简易起见，讨论中将忽略燃气流量与空气流量的差别，并认为气体在喷管中的膨胀为完全膨胀。

对分开排气的涡轮风扇发动机来说，内涵的工作过程在本质上与一般的涡轮喷气发动机的工作过程并没有差别。因而不加力涡轮风扇发动机内涵的可用功 W_{I} 可用类似于涡轮喷气发动机可用功的公式来表示：

$$W_{\mathrm{I}} = C_{\mathrm{p}} T_0 \frac{e_{\mathrm{I}} - 1}{\eta_{\mathrm{c,I}}} \left(\frac{a_{\mathrm{I}} \varDelta_{\mathrm{I}} \eta_{\mathrm{c,I}} \eta_{\mathrm{p,I}}}{e_{\mathrm{I}}} - 1 \right) \tag{9-18}$$

式中，e_{I}、$\varDelta_{\mathrm{I}}$、$\eta_{\mathrm{c,I}}$、$\eta_{\mathrm{p,I}}$ 及 a_{I} 等参数都是涡轮风扇发动机内涵核心机的参数。

内涵的可用功除了用来增大内涵气体的动能外，还有一部分传给外涵。

$$W_{\mathrm{I}} = W_{\mathrm{I-II}} + \frac{C_{9\mathrm{I}}^2 - C_0^2}{2} \tag{9-19}$$

式中，$W_{\mathrm{I-II}}$ 为从内涵提取的输给外涵的可用功。

当内涵参数一定时，W_{I} 为一定值。

由于没有向外涵输入热量，所以在外涵道风扇压气机中供应给空气的功 W_{II} (它等于 $\dfrac{x}{B} W_{\mathrm{I}} \eta_{\mathrm{I-II}}$) 直接地被消耗在增大空气的动能和克服流动损失上：

$$\frac{C_{9\mathrm{II}}^2 - C_0^2}{2} = W_{\mathrm{II}} \eta_{\mathrm{II}} \tag{9-20}$$

式中，系数 η_{II} 的大小反映外涵通道中流动损失的大小，在亚声速飞行时，η_{II} 为 0.79 ~ 0.86。

在涵道比 B 一定的条件下，功分配系数 x 越大，外涵从内涵获得的可用功就越多，这无疑将导致推进效率的提高，因而也就会导致发动机单位推力的提高。这种情况一直可以进行到继续增大 $C_{9\text{II}}$ 不会引起外涵推进效率有明显降低为止，外涵推进效率降低的结果就是整台发动机单位推力开始降低。适应于 W_{II} 值 (或 $\pi_{\text{k,II}}^*$ 值) 并能使涡轮风扇发动机的单位推力达到最大值的功分配系数称为最佳分配系数 x_{opt}。在飞行条件、内涵参数、涵道比及损失等不变的情况下的最佳功分配系数 x_{opt}，可通过取单位推力对功分配系数的导函数，并让其等于零来求得。

在上述假设条件下，式 (9-13) 可以写成下列形式:

$$F_{\text{s}} = \frac{C_{9\text{I}} - C_0 + B\left(C_{9\text{II}} - C_0\right)}{1+B} \tag{9-21}$$

式 (9-19) 也可写成

$$(1-x)\,W_{\text{I}} = \frac{C_{9\text{I}}^2 - C_0^2}{2}$$

由此式可得

$$C_{9\text{I}} = \sqrt{2\,(1-x)\,W_{\text{I}} + C_0^2} \tag{9-22}$$

而由式 (9-7) 和式 (9-20) 可得

$$C_{9\text{II}} = \sqrt{2\frac{x}{B}W_{\text{I}}\eta_{\text{I-II}}\eta_{\text{II}} + C_0^2\eta_{\text{II}}} \tag{9-23}$$

将式 (9-22) 及式 (9-23) 代入式 (9-21)，可得

$$\begin{aligned} F_{\text{s}} &= \left[C_{9\text{I}} + BC_{9\text{II}} - (1+B)\,C_0\right]/(1+B) \\ &= \frac{1}{1+B}\left[\sqrt{2\,(1-x)\,W_{\text{I}} + C_0^2} + B\sqrt{2\frac{x}{B}W_{\text{I}}\eta_{\text{I-II}}\eta_{\text{II}} + C_0^2}\right] - C_0 \end{aligned} \tag{9-24}$$

设 $y = W_{\text{I}}\Big/\dfrac{C_0^2}{2}$，则式 (9-24) 可改写为

$$F_{\text{s}} = C_0\left[\sqrt{(1-x)\,y+1} - 1 + B\left(\sqrt{\frac{x}{B}y\eta_{\text{I-II}}\eta_{\text{II}} + 1} - 1\right)\right]\Big/(1+B) \tag{9-25}$$

取上式 F_{s} 对功分配系数 x 的导函数并令其等于零，可得

$$x_{\text{opt}} = \frac{\eta_{\text{I-II}}\eta_{\text{II}} - \dfrac{1}{y\eta_{\text{I-II}}\eta_{\text{II}}}\left(1 - \eta_{\text{I-II}}^2 \cdot \eta_{\text{II}}^2\right)}{\eta_{\text{I-II}}\eta_{\text{II}} + \dfrac{1}{B}} \tag{9-26}$$

上式即为分开排气不加力涡轮风扇发动机在飞行条件、内涵参数、涵道比及损失等为定值时的最佳功分配系数 x_{opt} 的表达式。由式 (9-26) 可知，当涵道比 B 增加或 $\eta_{\text{I-II}}$、η_{II} 提高时，最佳功分配系数 x_{opt} 增加；而当飞行速度 C_0 增加时，最佳功分配系数 x_{opt} 则下降。亦即随着飞行速度的增加，为了得到尽可能大的推力，供给外涵的可用功要减小些。

当功分配系数为最佳值时，由式 (9-22) 及式 (9-23) 可得

$$\left(\frac{C_{9\mathrm{II}}}{C_{9\mathrm{I}}}\right)_{\mathrm{opt}} = \eta_{\mathrm{I-II}}\eta_{\mathrm{II}} \tag{9-27}$$

上式表示当功分配系数为最佳值时，内外涵喷管排气速度之间的关系。如果不存在机械损失和流动损失，即 $\eta_{\mathrm{I-II}}\eta_{\mathrm{II}} = 1.0$，那么内外涵喷管出口的气流速度应该相等。事实上总是存在机械损失和流动损失，因而功分配系数为最佳值时外涵喷管出口气流速度 $C_{9\mathrm{II}}$ 必然低于内涵喷管出口气流速度 $C_{9\mathrm{I}}$。机械损失和流动损失越大，则功分配系数为最佳值时的外涵排气速度 $C_{9\mathrm{II}}$ 越低。在一般情况下 $\eta_{\mathrm{I-II}}\eta_{\mathrm{II}} = 0.75 \sim 0.8$。

但是在进行发动机具体设计时，功分配系数 x 的选择要考虑多方面的因素，为了减小风扇和涡轮的级数，使发动机的尺寸、质量和制造成本都能减小，功分配系数的选择往往比最佳值小些，即 $C_{9\mathrm{II}} < C_{9\mathrm{I}}\eta_{\mathrm{I-II}}\eta_{\mathrm{II}}$。

实际上，对于分开排气的不加力涡轮风扇发动机，为了尽可能降低内外涵喷管出口气流的掺混损失，对 $B = 2 \sim 3$ 的涡轮风扇发动机，功分配系数 x 的选择往往是以使风扇出口总压与内涵核心机涡轮出口燃气的总压相接近为依据。例如 JT-3D 发动机风扇出口总压和内涵核心机涡轮后总压数据如表 9-1 所示。

表 9-1　风扇出口总压和内涵核心机涡轮后总压　(单位：10^5Pa)

总压	最大起飞	最大连续	最大巡航
风扇出口总压	1.763	1.722	1.664
涡轮出口总压	1.855	1.749	1.646

该发动机的最佳功分配系数 $x_{\mathrm{opt}} = 0.514$，而实际设计选 $x = 0.384$。

对混合排气涡轮风扇发动机，由于内涵核心机的可用功不仅通过涡轮和外涵风扇传到外涵，而且在涡轮后的混合器内以气动热力过程形式将能量传递给外涵气体。当内涵核心机的可用功及涵道比一定时，功分配系数 x 的变化不会影响内外涵气流掺混后的总温和总压。为了获得给定条件下的最大推力，功分配系数 x 的选择应该以保证两股气流在掺混过程中损失最小、掺混以后得到最大的总压为原则。实验表明，当涡轮出口截面上内外涵气流总压之比 $P_4^*/P_{2\mathrm{II}}^* \approx 1.0$ 时，掺混过程造成的总压损失最小。但实际上，当 $x = x_{\mathrm{opt}}$ 时，$P_{2\mathrm{II}}^* > P_4^*$。实验还证明，当 x 的选择使 $P_4^*/P_{2\mathrm{II}}^*$ 在 $0.8 \sim 1.2$ 范围内时，混合排气涡轮风扇发动机就可获得比分开排气涡轮风扇发动机更大的推力。若内外涵两股气流的总压相差悬殊，由于掺混过程中总压损失较大，以致推力下降甚至小于分开排气涡轮风扇发动机的推力。

采用混合排气涡轮风扇发动机，不仅可以增大发动机的推力，而且可以降低发动机的排气噪声且便于安装反推力装置，因此得到了广泛应用。但是对于某些大涵道比的不加力涡轮风扇发动机，若采用混合排气方案，不仅不能明显地增加发动机的推力，反而却增加了发动机的结构质量，因而仍然以采用分开排气的方案为多。

9.2.3　最佳涵道比 B_{opt} 的概念及涵道比 B 的选择

飞行条件和内涵工作过程参数 $\pi_{\mathrm{k,I}}^*$、T_3^* 一定时，内涵核心机的可用功就一定，若在研究涵道比变化的影响时，始终保持可用功的分配为最佳值，那么发动机就能获得最大的单位推力 $F_{\mathrm{s,max}}$。

在地面台架试车且功分配系数为最佳值时可得

$$F_{s,\max}=\sqrt{2W_{\mathrm{I}}}\frac{\sqrt{1+B\cdot\eta_{\mathrm{I-II}}\cdot\eta_{\mathrm{II}}}}{1+B} \tag{9-28}$$

当 $B=0$ 时，涡轮风扇发动机就成为一般的涡轮喷气发动机。在台架试车时，涡轮喷气发动机的单位推力可表示为

$$F_{s,\mathrm{wp}}=\sqrt{2W_{\mathrm{I}}} \tag{9-29}$$

将上式关系代入式 (9-28) 可得

$$F_{s,\max}=F_{s,\mathrm{wp}}\frac{\sqrt{1+B\cdot\eta_{\mathrm{I-II}}\cdot\eta_{\mathrm{II}}}}{1+B} \tag{9-30}$$

相应地，外涵不加热的涡轮风扇发动机在台架工作状态且功分配系数为最佳时的耗油率 SFC 可表示为

$$\begin{aligned}\mathrm{SFC}&=\frac{3600(f_{\mathrm{I}}+Bf_{\mathrm{II}})/(1+B)}{F_{s,\max}}\\&=\frac{3600f_1}{F_{s,\mathrm{wp}}\sqrt{1+B\eta_{\mathrm{I-II}}\eta_{\mathrm{II}}}}\end{aligned}$$

同样引入

$$\mathrm{SFC_{wp}}=\frac{3600f_1}{F_{s,\cdot\mathrm{wp}}} \tag{9-31}$$

将式 (9-31) 代入前式可得

$$\mathrm{SFC}=\frac{\mathrm{SFC_{wp}}}{\sqrt{1+B\eta_{\mathrm{I-II}}\eta_{\mathrm{II}}}} \tag{9-32}$$

由式 (9-30) 及式 (9-32) 可知，涡轮风扇发动机在地面台架状态工作，且功分配系数为最佳值时，随着涵道比 B 的增加，单位推力和耗油率都是单调下降的，因而不存在最佳涵道比。

在飞行时，若功分配系数仍为最佳值，可得

$$F_{s,\max}=\frac{C_0}{1+B}\left\{\sqrt{(1+B\cdot\eta_{\mathrm{I-II}}\cdot\eta_{\mathrm{II}})\left[1+y+B/(\eta_{\mathrm{I-II}}\cdot\eta_{\mathrm{II}})\right]}-(1+B)\right\} \tag{9-33}$$

$$\mathrm{SFC}=\frac{3600f_{\mathrm{I}}}{(1+B)\,F_{s,\max}} \tag{9-34}$$

由上两式可以看出，当 $C_0>0$，且 $x=x_{\mathrm{opt}}$ 时，随着 B 的增加，单位推力 F_s 仍然是单调下降的。所以，对推力而言，飞行时也不存在最佳涵道比。但是对耗油率的变化就不尽然，B 增加可能使 SFC 下降，但 B 增加使 F_s 下降又可能使耗油率增加。对应于耗油率最低值的涵道比称为最佳涵道比，记作 B_{opt}。

图 9-2 给出了涡轮前燃烧温度为 1600K 时，在不同飞行条件下 SFC 和涵道比的关系曲线。由图可见，在地面条件下，SFC 是随涵道比的增大而单调下降的；在高亚声速飞行时，$B_{\mathrm{opt}}\approx 8$；而当 $Ma\approx 2$ 时，$B_{\mathrm{opt}}\approx 1.5$。

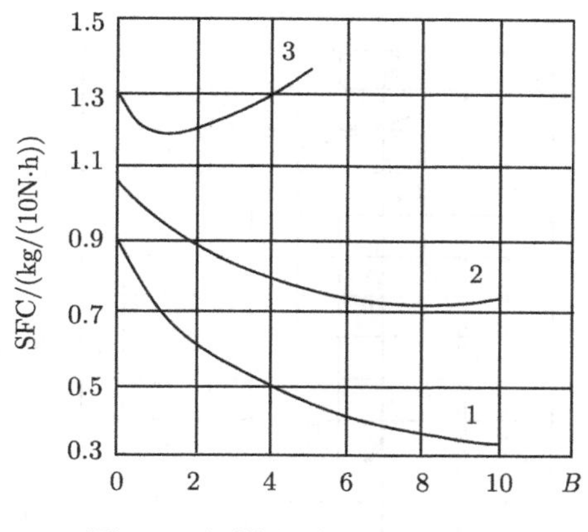

图 9-2　涵道比对 SFC 的影响

1. $H=0$，$Ma_0=0$，$\pi^*_{k,I}=20$，2. $H=11\text{km}$，$\pi^*_{k,I}=25$，$Ma_0=0.9$；3. $H=11\text{km}$，$Ma_0=2.0$，$\pi^*_{k,I}=12$

实际上，在选择涵道比时，不能只考虑它对耗油率的影响，还必须考虑它对动力装置外廓尺寸、外部阻力和质量的影响。如前所述，随着涵道比的增大，虽然 SFC 是减小的，但单位推力也是减小的。在给定推力的要求时，发动机的外廓尺寸和外部阻力都将增大，不一定带来好处。因此，涵道比的选择应根据飞机的使用要求，综合考虑多方面的因素来确定。国外研究资料表明，巡航速度 $C_0=950\sim1000\text{km/h}$ 的中程飞机的涵道比的最佳值为 $1\sim3$，而 $C_0=800\sim850\text{km/h}$ 的重型运输机，当采用高温涡轮时，将其涵道比增大到 $5\sim6$ 甚至更高则是有利的。

9.2.4　不加力涡轮风扇发动机的最佳风扇增压比及风扇增压比的选择

图 9-3 是飞行条件、内涵参数及涵道比均为一定值的情况下不加力涡轮风扇发动机的单位推力、耗油率、内外涵排气速度及涡轮出口截面上压力的比值 P^*_{2II}/P^*_4 等随外涵风扇增压比 $\pi^*_{k,II}$ 的变化曲线。

由图可见，当 $\pi^*_{k,II}=4$ (这时 $P^*_{2II}/P^*_4\approx1.4$) 时，$F_s$ 的最大值与 SFC 的最小值同时达到。使单位推力最大的这一风扇增压比称为最佳风扇增压比 $\pi^*_{k,II,opt}$。

在一般情况下，分开排气的涡轮风扇发动机的最佳风扇增压比 $\pi^*_{k,II,opt}$ (或最佳外涵可用功 W_{II}) 值是取决于很多因素的。为了简化，假设在可用功传递过程及气流流动过程中没有损失，即 $\eta_{I-II}=1.0$，$\eta_{II}=1.0$，利用式 (9-19)、式 (9-20) 及式 (9-27) 就能得到

$$W_{II,opt}\approx\frac{W_I}{1+B}\tag{9-35}$$

由此可以得出结论，内涵可用功 W_I 的任何增大 (例如由于 T^*_3 升高) 都会使 $W_{II,opt}$ 增大，因而相应地也就会导致 $\pi^*_{k,II,opt}$ 的提高。在亚声速范围内，飞行速度的提高对内涵核心机可用功 W_I 的影响不大，因而对 $W_{II,opt}$ 的影响也不大。因为随飞行高度的提高，内涵的可用功 W_I 是增大的。而且由于飞行高度增加，T^*_1 下降的进一步作用，$\pi^*_{k,II,opt}$ 更加明显地提高。由式 (9-35) 可知，当内涵参数一定时，增大涵道比会导致 $W_{II,opt}$ 的减小，因而相应地也就会导致 $\pi^*_{k,II,opt}$ 的下降。

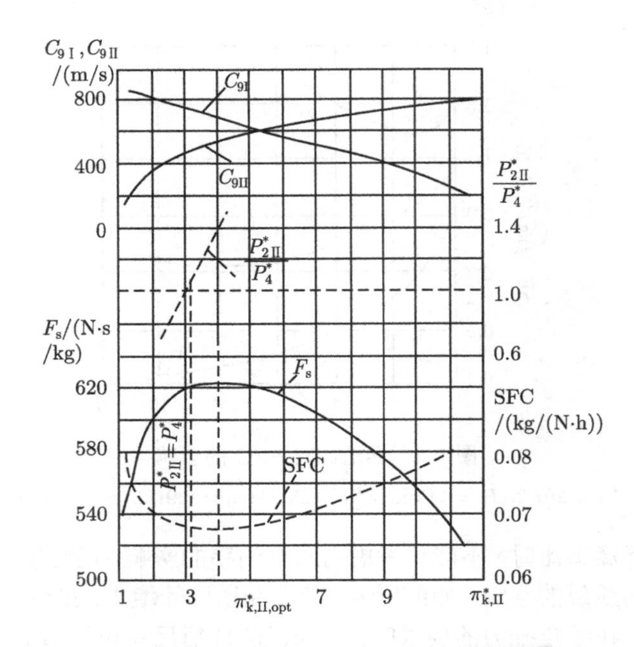

图 9-3　涡轮风扇发动机 $\pi^*_{k,\mathrm{II}}$ 对 F_s、SFC 的影响

$H = 0, Ma_0 = 0; B = 1.0; \pi^*_{k\Sigma} = 25; T^*_3 = 1600\mathrm{K}$

作为一个实例，图 9-4 给出了内涵参数固定不变时，在台架试车及在飞行高度 $H = 11\mathrm{km}$ 以高亚声速飞行时 $\pi^*_{k,\mathrm{II,opt}}$ 值与涵道比的关系曲线。上述关系也可以用图 9-5 所示的曲线来表示。图 9-5 是飞行条件和内涵参数一定，在不同的涵道比 B 值时，SFC 随风扇增压比 $\pi^*_{k,\mathrm{II}}$ 的变化曲线。曲线表明，当涵道比较小时，风扇增压比的最佳值较大，且曲线的变化较平缓；当涵道比较大时，风扇增压比的最佳值较小，而且曲线变化较陡。由此就不难理解为什么高涵道比的涡轮风扇发动机只要一级或两级风扇就够了。

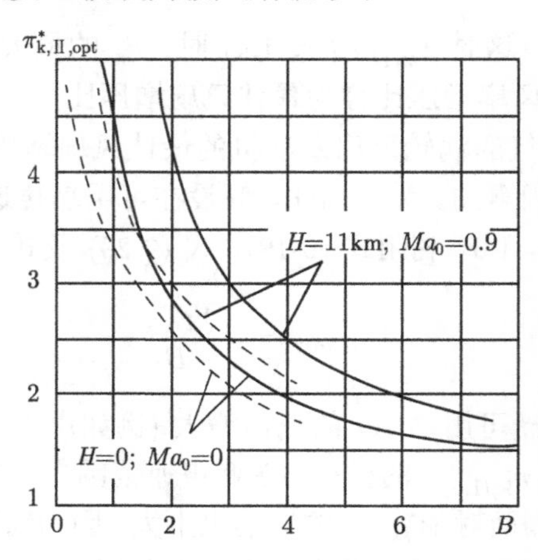

图 9-4　涵道比 B 对 $\pi^*_{k,\mathrm{II,opt}}$ 的影响

$\pi^*_{k\Sigma} = 25$；$T^*_3 = 1600\mathrm{K}$，实线为分开排气的涡轮风扇发动机；虚线为混合排气的涡轮风扇发动机

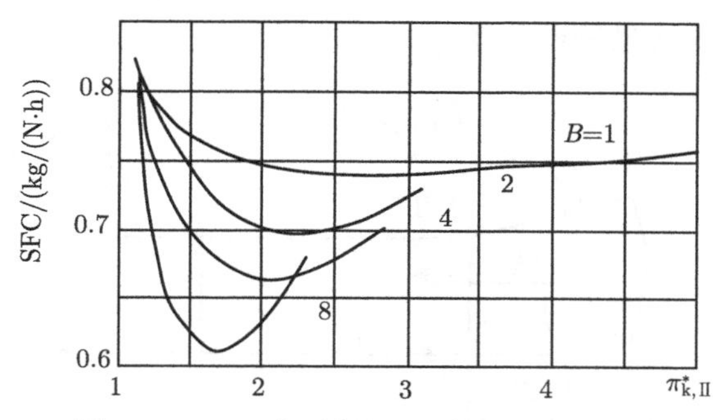

图 9-5 SFC 对涵道比、风扇增压比的关系

对混合排气涡轮风扇发动机，与一般的涡轮喷气发动机类似，气体从喷管的排出速度 C_9 与混合器出口的燃气温度是非线性关系。排气速度对温度的非线性关系会导致出现这样的现象，即当从内涵及外涵排出的气体之间发生热交换时，热燃气排气速度下降的程度比冷空气排气速度提高的程度小。内涵气流的温度与外涵气流的温度在混合室的均衡过程中 (即在内涵气流与外涵气流相互之间的热交换和质量交换的过程中) 也会产生类似的效果，因此混合排气的涡轮风扇发动机起飞时的 F 值在理论上比具有同样的涡轮后燃气参数及风扇后空气参数的分开排气的涡轮风扇发动机的 F 值要高出 1%～3%，如图 9-6 所示。当发动机是混合排气时就是采用这样的方法来改善发动机的经济性的。

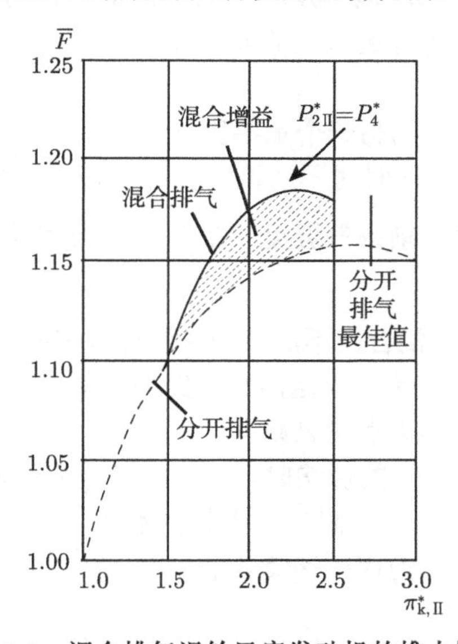

图 9-6 混合排气涡轮风扇发动机的推力增益

然而要实现这个增益，就必须在混合室中的损失很小的条件下，保证喷口前的温度场足够均匀 (即气流混合得足够完全)。为改善涡轮后的混合过程，可以安装专用的混合装置 (诸如波纹板或绕流管等)，使内外涵气流的分界面增大，从而强化混合。

为了减少混合室中的损失，混合室进口处的内、外涵气流的速度值应当是接近的，这样在静压相等的条件下，才能对应有总压的接近 ($P^*_{II} \approx P^*_{I}$)，见图 9-7。由于 P^*_{II} 与风扇后的压力相差不大，而 P^*_{I} 又与涡轮后的压力相差不大，由此可以得出结论，混合排气的涡轮风扇

发动机风扇的最佳增压比应当符合条件

$$P_{2\text{II},\text{opt}}^* \approx P_4^*$$

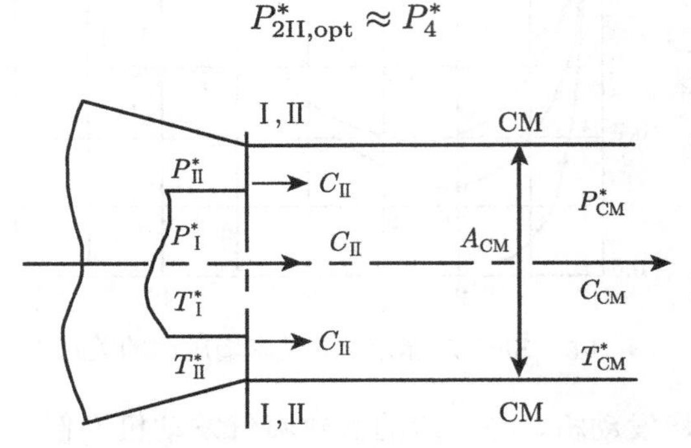

图 9-7 混合室简图

计算和试验证实了上述论点，混合排气的涡轮风扇发动机通常是在 $P_{2\text{II}}^* = (0.97 \sim 1.05)$ P_4^* 的条件下混合过程的总压损失最小，从而达到排气速度和单位推力的最大值。但是由图 9-3 可知，这个条件是在 $\pi_{\text{k,II}}$ 值明显低于分开排气的涡轮风扇发动机的 $\pi_{\text{k,II,opt}}^*$ 值的条件下才能达到。适应于混合排气的涡轮风扇发动机的 $\pi_{\text{k,II,opt}}^*$ 值表示在图 9-4 上。计算和试验研究还表明，$P_{2\text{II}}^*/P_4^* = 1.0$ 的条件下，混合排气的涡轮风扇发动机的单位推力实际上与功分配系数为最佳值时的分开排气的涡轮风扇发动机的单位推力相同 (或略高些)。混合排气的涡轮风扇发动机的优点之一是有可能选择低的风扇增压比 $\pi_{\text{k,II}}^*$ 的值，因而相应地也就减轻了发动机的质量。

混合排气的涡轮风扇发动机的另一个重要优点是，由于具有一个共用的喷管，涡轮风扇发动机反推力的问题得以简化，同时对军用机来说可更好地组织补燃加力。

9.2.5 内涵增压比 $\pi_{k,\text{I}}^*$ 和涡轮前燃气温度 T_3^* 对不加力涡轮风扇发动机单位性能参数的影响

由前面讨论，气流在涡轮后混合及不混合的这两种方案的涡轮风扇发动机，在其外涵风扇增压比 $\pi_{\text{k,II}}^*$ 值都是最佳值的条件下，这两种方案的发动机单位参数是相互接近的。因此，在这一节只讨论分开排气的不加力涡轮风扇发动机。

在讨论 $\pi_{\text{k,II}}^*$、T_3^* 对 F_{s}、SFC 的影响时，我们取飞行条件及 B 一定，而且可用功为最佳分配 (即 $\pi_{\text{k,II}}^*$ 为最佳值)，流道中的附加损失忽略不计 (即 $\eta_{\text{I}-\text{II}} = 1.0$，$\eta_{\text{II}} = 1.0$)。根据式 (9-19)、式 (9-20) 及式 (9-27)，可得内外涵喷管的排气速度

$$C_{9\text{I}} = C_{9\text{II}} = \sqrt{\frac{2W_{\text{I}}}{1+B} + C_0^2}$$

于是 $F_{\text{s,I}} = F_{\text{s,II}}$，并考虑到式 (9-13)，就可得到

$$F_{\text{s}} = \sqrt{\frac{2W_{\text{I}}}{1+B} + C_0^2} - C_0 \tag{9-36}$$

若 $q_{\text{I}} = \overline{C}_{\text{p}}\,(T_3^* - T_2^*)$ 是空气在内涵燃烧室中的加热量，则涡轮风扇发动机的耗油率为

$$\text{SFC} = \frac{3600 q_{\text{I}}}{(1+B)\,\eta_{\text{b}} H_{\text{u}} F_{\text{s}}} \tag{9-37}$$

式 (9-36) 及式 (9-37) 表明，在不考虑损失及功分配系数为最佳值的条件下，有:

(1) 给定飞行条件下，F_s 及 SFC 仅取决于内涵的工作过程参数及涵道比 B 值;

(2) 在涵道比固定不变的条件下，定性地来看，内涵的增压比 $\pi_{k,I}^*$ 及加热比 $\Delta_I = T_3^*/T_0$ (即 T_3^*) 对 F_s 及 SFC 的影响与单涵道的涡轮喷气发动机的情况相同。其中尤其要注意的是，在给定飞行条件下，F_s 的最大值与 W_I 的最大值同时达到。与 W_I 的最大值相对应的最佳增压比为

$$e_{I,opt} = \sqrt{\alpha_I \Delta_I \eta_{c,I} \eta_{p,I}} \tag{9-38}$$

并且在 α_I, Δ_I、$\eta_{c,I}$ 及 $\eta_{I,p}$ 等值相等的条件下，涡轮喷气发动机与涡轮风扇发动机的最佳增压比值相同。

在涡轮风扇发动机中，如同在涡轮喷气发动机中一样，SFC 的最小值是在 $\pi_{I,ec}$ 时达到的，而且 $\pi_{I,ec} > \pi_{I,opt}$。但是由于涡轮风扇发动机的推进效率比较高。所以计算表明，在其他条件相同的情况下，涡轮风扇发动机的 $\pi_{I,ec}$ 比涡轮喷气发动机的要小一些 (更接近 $\pi_{I,opt}$)。

当飞行条件一定时，内涵压气机增压比 $\pi_{k,I}^*$ 对 F_s 及 SFC 的影响与内涵总增压比 π_I 的影响完全类似。

图 9-8 给出了飞行条件及 T_3^* 一定时，不同 B 值下 $\pi_{k,I}^*$ 对 F_s 及 SFC 的影响的关系曲线。从图上可以看出，$\pi_{k,I}^*$ 增大时，F_s 的变化不大，而由于目前使用的内涵压气机的增压比总是小于 $\pi_{k,I,ec}^*$ 的，因此 $\pi_{k,I}^*$ 增大总是使 SFC 减小的，而且减小得比较多。另外，涡轮风扇发动机的压气机尺寸，相对来说比较小，增大 $\pi_{k,I}^*$ 对整个发动机质量的影响不像涡轮喷气发动机那样大。这些都说明增大涡轮风扇发动机的 $\pi_{k,I}^*$ 总是有利的。现代涡轮风扇发动机的 $\pi_{k,I}^*$，达 30 ~ 40，其发展趋势是进一步增高。

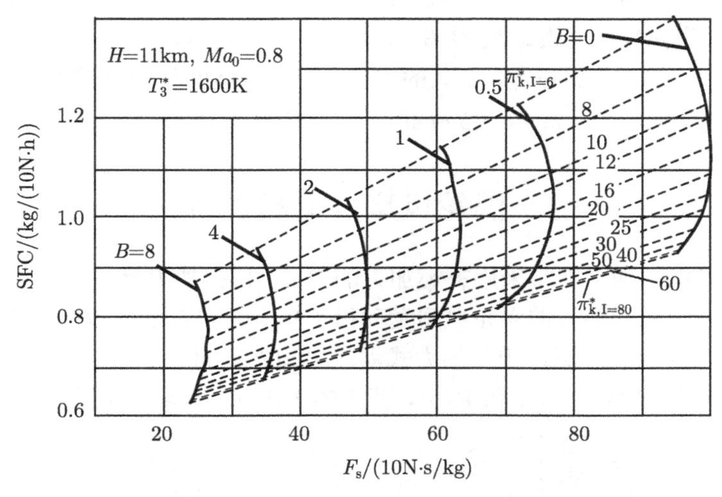

图 9-8　$\pi_{k,I}^*$ 对 F_s 及 SFC 的影响

T_3^* 对涡轮风扇发动机单位性能参数的影响与涡轮喷气发动机也基本相似，随着 T_3^* 的提高，F_s 是增大的。对于耗油率来说，也存在一个最经济的涡轮前燃气温度 T_{3ec}^*。但是涡轮风扇发动机的 T_{3ec}^* 比涡轮喷气发动机的要高，而且涵道比 B 越大，这个差别也越大，这是由涡轮风扇发动机的推进效率 η_p 较高所致。

图 9-9 给出了飞行条件及 $\pi_{k,I}^*$ 一定，且 $\pi_{k,II}^* = \pi_{k,II,opt}^*$ 时不同 B 值下 T_3^* 对 F_s 及 SFC 影响的关系曲线。由图可见，在高亚声速飞行状态下，涡轮风扇发动机最经济的涡轮前燃气温度 T_{3ec}^* 可达 $1200 \sim 1300$K 甚至更高。而且涵道比越大，对应的 T_{3ec}^* 也越高。这一结果告诉我们，对于涡轮风扇发动机来说，提高 T_3^* 不仅有利于单位推力的提高，而且还可能使 SFC 减小，或者虽有所增高但不显著。

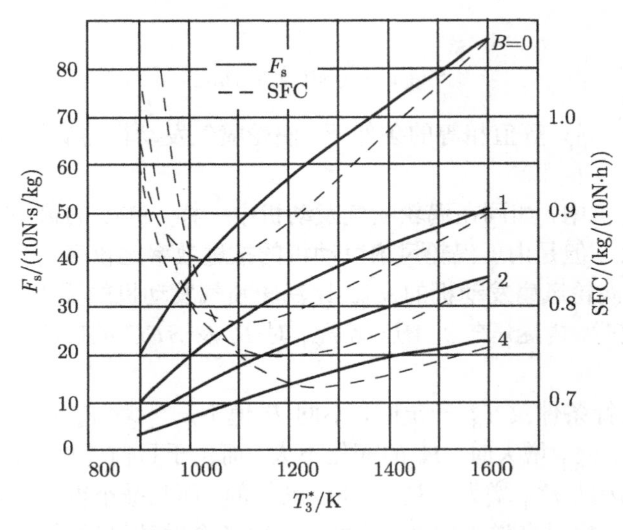

图 9-9 T_3^* 对 F_s 及 SFC 的影响

通过以上讨论，我们就不难理解为什么目前用于大型亚声速远程民航机的不加力涡轮风扇发动机，在设计中都力图选用“三高”参数：高涵道比、高发动机增压比及高涡轮前燃气温度。目前不加力涡轮风扇发动机的 B 为 $5 \sim 8$，总的增压比 $\pi_{k\Sigma}^* = 25 \sim 30$，涡轮前燃气温度 T_3^* 为 $1450 \sim 1650$K。据报道，不久的将来，为先进运输机研制的不加力涡轮风扇发动机，其参数可达：$B = 7 \sim 9$，$\pi_{k\Sigma}^* = 35 \sim 40$，$T_3^* = 1700 \sim 1800$K。

9.3 涡轮风扇发动机的加力

涡轮风扇发动机的加力通常采用补燃加力的方法。根据加力燃烧室的位置有：加力燃烧室处于外涵风扇后的外涵加力的涡轮风扇发动机 (图 9-10(a)) 及加力燃烧室位于内、外涵气体进行混合的混合器后面的混合排气加力式涡轮风扇发动机 (图 9-10(b))。目前后一种方案使用较多，如美国的 TF30、F100 和 F101，英国的 RB199 及英法合制的“阿杜尔”等。

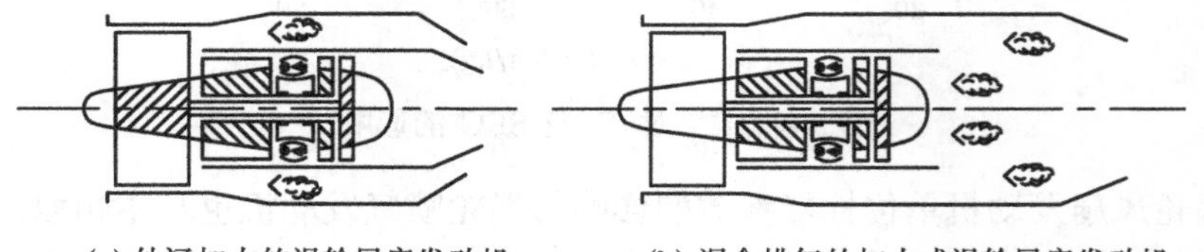

(a) 外涵加力的涡轮风扇发动机　　(b) 混合排气的加力式涡轮风扇发动机

图 9-10 加力式涡轮风扇发动机简图

9.3.1　加力式涡轮风扇发动机的最佳风扇增压比及风扇增压比的选择

显然，混合排气的加力式涡轮风扇发动机 (图 9-10(b)) 的最佳风扇增压比 $\pi^*_{\mathrm{II,opt}}$ 值应当大致与混合排气的涡轮风扇发动机的相同，即应当符合 $P^*_{2\mathrm{II}} \approx P^*_4$ 的条件。在这种条件下，当加力燃烧室中的燃气温度 T^*_{af} 固定不变时，在混合排气的加力式涡轮风扇发动机中，总的油气比为

$$f_{\mathrm{af}\Sigma} = \frac{q_{\mathrm{mf}\Sigma}}{q_{\mathrm{ma}\Sigma}} = \frac{C_{\mathrm{p}}\left(T^*_{\mathrm{af}} - T^*_1\right)}{\eta_{\mathrm{b}} H_{\mathrm{u}}} \tag{9-39}$$

可见 $f_{\mathrm{af}\Sigma}$ 与涵道比 B 及外涵风扇增压比 $\pi^*_{\mathrm{k,II}}$ 均无关系。而耗油率

$$\mathrm{SFC}_{\mathrm{af}} = \frac{3600 f_{\mathrm{af}\,\Sigma}}{F_{\mathrm{s,af}}}$$

所以，对混合排气的加力式涡轮风扇发动机来说，当风扇增压比为最佳值时，不仅可以获得最大的单位推力，而且在这种情况下发动机的经济性同时也是最佳的。

对外涵加力的涡轮风扇发动机 (图 9-10(a)) 情况则是另一个样。在这种发动机中，由于外涵加热，外涵气体动能的增量比转动外涵风扇压气机所消耗的功要大得多，从获得最大推力的观点来看，这就使得能量从内涵传递到外涵更为有利。

此外，当 $\pi^*_{\mathrm{k,II}}$ 提高时，$P^*_{2\mathrm{II}}$ 也是提高的，这将使外涵加力燃烧室中释放出来的热量能得到更好的利用。同时，当加力温度 T^*_{af} 固定不变时，$\pi^*_{\mathrm{k,II}}$ 提高使风扇出口气流温度 $T^*_{2\mathrm{II}}$ 提高，由于温差度 $(T^*_{\mathrm{af}} - T^*_{2\mathrm{II}})$ 减小而使耗油率降低。因此，外涵加力式涡轮风扇发动机不仅存在着比混合式加力涡轮风扇发动机大的最佳增压比 $\pi^*_{\mathrm{k,II,opt}}$，同时也存在着获得耗油率最小的经济增压比 $\pi^*_{\mathrm{k,II,ec}}$。而且在外涵加力的情况下，最经济增压比 $\pi^*_{\mathrm{k,II,ec}}$ 比最佳增压比 $\pi^*_{\mathrm{k,II,opt}}$ 要高一些。图 9-11 是 $H=0$，$Ma_0=0$，$\pi^*_{\mathrm{k,II}}=25$，$T^*_3=1600\mathrm{K}$，$B=1$ 及 $T^*_{\mathrm{af}}=2000\mathrm{K}$ 时的外涵加力的涡轮风扇发动机外涵风扇增压比 $\pi^*_{\mathrm{k,II}}$ 对单位推力 $F_{\mathrm{s,af}}$ 及耗油率 $\mathrm{SFC}_{\mathrm{af}}$ 影响的关系曲线。

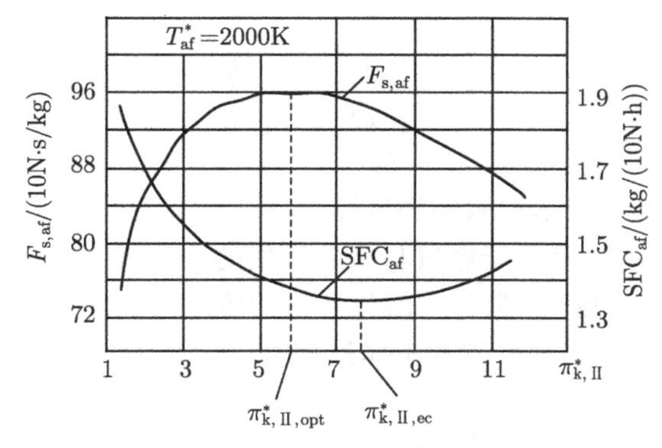

图 9-11　外涵加力的涡轮风扇发动机 $\pi^*_{\mathrm{k,II}}$ 对 $F_{\mathrm{s,af}}$、$\mathrm{SFC}_{\mathrm{af}}$ 的影响

由图 9-3 和图 9-11 可见，单位推力和耗油率与 $\pi^*_{\mathrm{k,II}}$ 的关系曲线是比较平缓的。在设计涡轮风扇发动机时，$\pi^*_{\mathrm{k,II}}$ 值通常选择小于其最佳值，因为这样做不仅 F_{s} 和 SFC 都能相当接近最佳值，而且能减少风扇所需的级数，使发动机的质量得到明显减小。此外，还需指出，随着飞行状态的变化，内外涵排气速度的比值 $C_{9\mathrm{II}}/C_{9\mathrm{I}}$ 如图 $P^*_{2\mathrm{II}}/P^*_4$ 一样也都有很大变化

(如飞行速度提高，$P_{2\mathrm{II}}^*/P_4^*$ 是增大的)，在选择 $\pi_{\mathrm{k,II}}^*$ 时应当考虑这些变化，这样在起飞状态下，通常才能使 $\pi_{\mathrm{k,II}}^*$ 值有可能 (并且是合理地) 低于其最佳值。

9.3.2 内涵工作过程参数对加力式涡轮风扇发动机性能的影响

分析内涵工作过程参数对加力式涡轮风扇发动机性能的影响与对涡轮风扇发动机一样是在外涵风扇增压比 $\pi_{\mathrm{k,II}}^*$ 为最佳值的条件下进行的。

一般来说，$\pi_{\mathrm{k,I}}^*$ 对混合加力式涡轮风扇发动机性能的影响与增压比对加力式涡轮喷气发动机的影响相类似。加力式涡轮风扇发动机的 $\pi_{\mathrm{k,I}}^*$ 的最佳值位于具有同样的 T_3^* 及 B 的混合排气的不加力涡轮风扇发动机的最佳增压比与最经济增压比之间，而且，由于在混合排气的加力式涡轮风扇发动机中对 1kg 空气的总油气比 f_{af}，由式 (9-39) 可知，是与 $\pi_{\mathrm{k,I}}^*$ 及 T_3^* 无关的，所以如同加力式涡轮喷气发动机中一样，最佳增压比值与最经济增压比值是相等的。

在外涵加力的涡轮风扇发动机中，可用功在内外涵之间为最有利分配的条件下，$\pi_{\mathrm{k,I}}^*$ 对 $F_{\mathrm{s,af}}$ 的最佳值实际上与可用功的最大值相对应，亦即最佳压比 $\pi_{\mathrm{k,I,opt}}^*$ 值与不加力涡轮风扇发动机中一样。在外涵加力的涡轮风扇发动机中，最经济的增压比 $\pi_{\mathrm{k,I,ec}}^*$ 值实际上与混合排气的加力式涡轮风扇发动机的相同。

提高涡轮前燃气温度 T_3^* 最终会导致加力燃烧室中压力的升高，因而也就会提高单位推力，并且还会改善任何方案的加力式涡轮风扇发动机在加力状态的经济性。

9.3.3 涵道比对加力式涡轮风扇发动机性能的影响

加力式涡轮风扇发动机在加力状态时，涵道比对加力度、单位推力及耗油率等都有很大的影响。

当加力式涡轮风扇发动机在加力状态工作时，排气速度及加力度的增大量可以近似地根据加力式涡轮喷气发动机的公式来进行计算。其中，在 $C_0=0$ 的条件下，混合排气的加力式涡轮风扇发动机的单位推力的相对增大量为

$$\overline{F_{\mathrm{s,af}}} \approx \frac{C_{9\mathrm{af}}}{C_9} = \sqrt{\frac{T_{\mathrm{af}}^*}{T_{\mathrm{cm}}^*}} \tag{9-40}$$

涡轮风扇发动机的混合器出口截面的气流温度 T_{cm}^* 值比涡轮喷气发动机涡轮后的燃气温度 T_4^* 要低得多，这一方面是由于燃气与来自风扇的冷空气混合的缘故，另一方面也是由于其本身的 T_4^* 值较低的缘故 (因为有一部分涡轮功传递给了外涵)。因此，混合排气的加力式涡轮风扇发动机的加力度比具有同样工作过程参数的加力式涡轮喷气发动机的要高得多 (图 9-12)。

同时，混合排气的涡轮风扇发动机的 $P_{2\mathrm{II}}^*$ 及 P_4^* 值比具有同样工作过程参数 $\pi_{\mathrm{k,I}}^*$ 及 T_3^* 的涡轮喷气发动机涡轮后的压力要低，因此在混合排气的涡轮风扇发动机加力燃烧室中的加热是在比加力式涡轮喷气发动机加力燃烧室中的压力低的条件下进行的，其结果是混合排气的加力式涡轮风扇发动机的排气速度较低，从而单位推力也较低，由此也导致经济性较差 (图 9-13)。

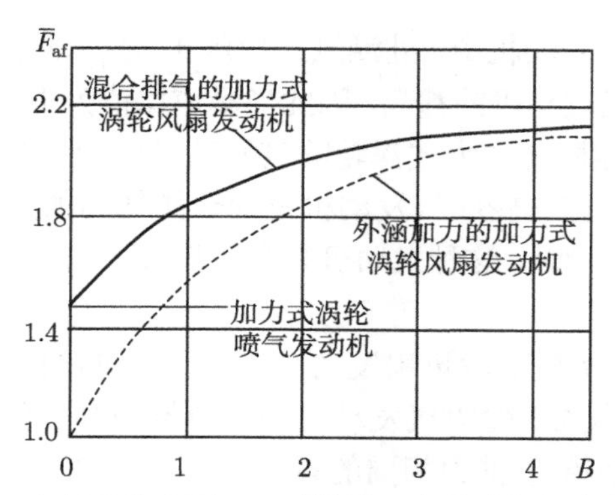

图 9-12　在起飞状态下，B 对涡轮风扇发动机加力度的影响

$\pi_{k\Sigma}^*=18$；$T_3^*=1400\text{K}$

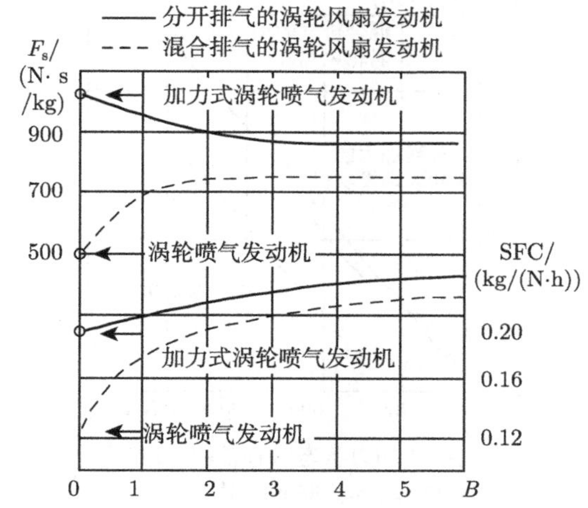

图 9-13　B 对涡轮风扇发动机单位性能参数的影响

$H=11\text{km}$；$Ma_0=2$；$\pi_{k\Sigma}^*=10$；$T_3^*=1400\text{K}$；$T_{af}^*=2000\text{K}$

对外涵加力的涡轮风扇发动机则有所不同。考虑到外涵加力时，其排气速度

$$C_{9,\text{II},\text{af}}\approx C_{9\text{II}}\sqrt{\frac{T_{\text{af},\text{II}}^*}{T_{\text{II}}^*}}$$

在 $C_0=0$ 的条件下，其加力度的表达式为

$$\overline{F}_{\text{af},\text{II}}=\frac{1+\overline{F}_{\text{II}}\sqrt{\dfrac{T_{\text{af},\text{II}}^*}{T_{\text{II}}^*}}}{1+\overline{F}_{\text{II}}}\tag{9-41}$$

式中，$\overline{F}_{\text{II}}=F_{\text{II}}/F_{\text{I}}$ 是不加力状态时外涵推力与内涵推力之比值。

由式 (9-41) 可知，加力度取决于 $\overline{F}_{\text{II}}$ 的程度很大。当 B 值小的时候 (这时 $\overline{F}_{\text{II}}$ 也小) 加力度是不大的，但是当 $B\geqslant 1$ 时，加力度在这种情况下大大地超过加力式涡轮喷气发动机可能达到的加力度 (图 9-12)。

在外涵加力的涡轮风扇发动机中，外涵风扇增压比 $\pi_{k,II}^*$ 的最佳值比通常的涡轮风扇发动机或混合排气的涡轮风扇发动机的都高，因此当涵道比值为中等大小时，外涵加力燃烧室中的压力甚至会超过参数相同的加力式涡轮喷气发动机涡轮后的压力。使其经济性比具有同样 T_2^* 值和 T_{af}^* 值的加力式涡轮喷气发动机及混合排气的加力式涡轮风扇发动机的经济性都好 (图 9-12)。在中速飞行时，这种发动机具有工作时不加力的内涵。这对经济性也是有利的。

但是必须指出，外涵加力的涡轮风扇发动机只有在其单位推力 $F_{s,af}$ 比混合排气的加力式涡轮风扇发动机以及加力式涡轮喷气发动机的单位推力都小的情况下，才能达到优良的经济性。由图 9-14 可见，在单位推力相同的条件下，外涵加力的涡轮风扇发动机在经济上比加力式涡轮喷气发动机要差一些，并且与混合排气的加力式涡轮风扇发动机相比也只有不多的优点。

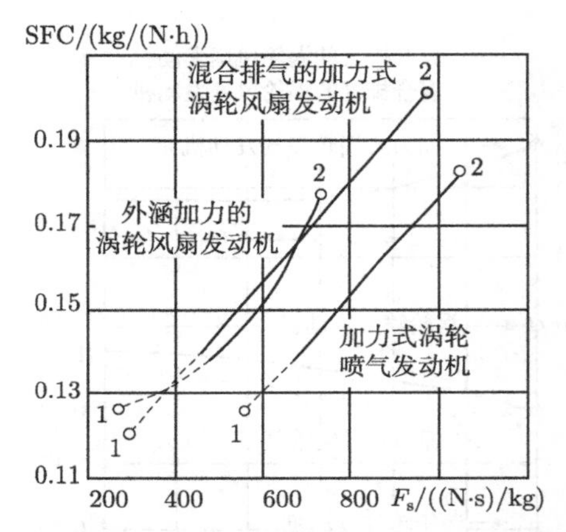

图 9-14　不同方案的发动机在加力状态时耗油率 SFC 与单位推力的关系曲线

$H = 11\text{km}$，$Ma_0 = 2$；$\pi_{k\Sigma}^* = 14$，$T_3^* = 1600\text{K}$；涡轮风扇发动机中的 $B = 1$，$\pi_{k,II}^* = 2.0$

1. 最大状态；2. $T_{af}^* = 2000\text{K}$ 时的全加力状态

对加力式涡轮风扇发动机选择一个合理的 B 值比涡轮风扇发动机要复杂得多，因为安装加力式涡轮风扇发动机的飞机的飞行范围是很宽的。但是由于在混合排气的涡轮风扇发动机中，增大 B 值会在加力状态同时造成单位推力的下降及经济性的恶化，所以在这种发动机中合理的涵道比值通常不超过 $1 \sim 2$。

9.4　涡轮风扇发动机的热力计算

9.4.1　热力计算的目的

涡轮风扇发动机热力计算的目的与一般单轴涡轮喷气发动机一样，即是在给定的飞行条件状态下，根据所选定的主要过程参数以及各部件效率和损失系数，计算发动机各截面的气流参数及发动机的单位性能参数，然后根据所要求达到的发动机推力确定通过发动机的空气流量，或者根据给定的空气流量计算发动机的推力。热力计算的结果将作为各部件设计的原始数据。

9.4.2　热力计算方法及计算步骤

涡轮风扇发动机热力计算与单轴涡轮喷气发动机类似，可以采用定比热计算方法或变比热计算方法，前者常用于方案设计阶段或增压比及 T_3^* 不太高时，而后者则用于 π_{k}^*、T_3^* 较高的情况。在进行具体的热力计算前，根据该发动机所装备飞机的机种、用途选择合适的设计点；考虑飞机对发动机的性能要求，发动机部件的设计水平，选择发动机的工作过程参数；并参考部件试验数据或类似机种的经验数据选择部件的效率和损失系数。下面，我们以混合排气双轴涡轮风扇发动机为例，列出定比热热力计算的具体计算步骤。

9.4.2.1　进气道出口截面气流参数的计算

根据给定的飞行高度 H，从国际标准大气表上查得该高度上的大气温度 T_0 和大气压力 P_0。

根据给定的飞行马赫数 Ma_0，按下式计算进气道出口的气流参数。

$$T_1^* = T_0^* = T_0^* \left(1 + \frac{k-1}{2} Ma_0^2\right)^{\frac{k}{k-1}} \tag{9-42}$$

或

$$T_1^* = \frac{T_0}{\tau(\lambda_0)}$$

$$P_1^* = \sigma_{\mathrm{i}} P_0^* = \sigma_{\mathrm{i}} P_0 \left(1 + \frac{k-1}{2} Ma_0^2\right)^{\frac{k}{k-1}} \tag{9-43}$$

或

$$P_1^* = \sigma_{\mathrm{i}} \frac{P_0}{\pi(\lambda_0)}$$

亚声速进气道的总压恢复系数 σ_{i} 一般在 $0.97 \sim 0.99$ 范围内；超声速进气道的总压恢复系数 σ_{i} 应根据所采用的进气道形式、飞行速度的大小，用试验方法或计算方法求得。

9.4.2.2　风扇压气机出口气流参数的计算

利用进气道出口气流参数及风扇压气机的增压比 $\pi_{\mathrm{k,II}}^*$ 和效率 $\eta_{\mathrm{k,II}}^*$，可计算风扇压气机出口气流的总压、总温和每千克气流的功。

$$P_{2\mathrm{II}}^* = P_1^* \cdot \pi_{\mathrm{k,II}}^* \tag{9-44}$$

$$T_{2\mathrm{II}}^* = T_1^* \left(1 + \frac{\pi_{\mathrm{k,II}}^{*\frac{k-1}{k}} - 1}{\eta_{\mathrm{k,II}}^*}\right) \tag{9-45}$$

$$W_{\mathrm{k,II}} = C_{\mathrm{p}} \left(T_{2\mathrm{II}}^* - T_1^*\right) \tag{9-46}$$

9.4.2.3　中压压气机出口气流参数的计算

若涡轮风扇发动机的低压压气机由涡扇压气机和中压压气机组成，则根据中压压气机的增压比 $\pi_{\mathrm{k,m}}^*$ 及效率 $\eta_{\mathrm{k,m}}^*$，并假设风扇出口气流参数沿径向均匀分布，可计算中压压气机出口气流的总压、总温和每千克空气的功。

$$P_{1\mathrm{I}}^* = P_{2\mathrm{II}}^* \pi_{\mathrm{k,m}}^* \tag{9-47}$$

$$T_{1\mathrm{I}}^{*}=T_{2\mathrm{II}}^{*}\left(1+\frac{\pi_{\mathrm{k,m}}^{*}{}^{\frac{k-1}{k}}-1}{\eta_{\mathrm{k,m}}^{*}}\right) \tag{9-48}$$

$$W_{\mathrm{k,m}}=C_{\mathrm{p}}\left(T_{1\mathrm{I}}^{*}-T_{2\mathrm{II}}^{*}\right) \tag{9-49}$$

9.4.2.4　高压压气机出口气流参数的计算

根据高压压气机的增压比 $\pi_{\mathrm{k,h}}^{*}$ 和效率 $\eta_{\mathrm{k,h}}^{*}$，可计算高压压气机出口气流的总压、总温和每千克空气的功。

$$P_{2}^{*}=P_{1\mathrm{I}}^{*}\pi_{\mathrm{k,h}}^{*} \tag{9-50}$$

$$T_{2}^{*}=T_{1\mathrm{I}}^{*}\left(1+\frac{\pi_{\mathrm{k,h}}^{*}{}^{\frac{k-1}{k}}-1}{\eta_{\mathrm{k,h}}^{*}}\right) \tag{9-51}$$

$$W_{\mathrm{k,h}}=C_{\mathrm{p}}\left(T_{2}^{*}-T_{1\mathrm{I}}^{*}\right) \tag{9-52}$$

9.4.2.5　燃烧室出口气流参数的计算

涡轮前燃气温度 T_3^* (即燃烧室出口气流的总温) 是选定的。

涡轮前燃气的总压 P_3^* 用下式计算:

$$P_{3}^{*}=\sigma_{\mathrm{b}}P_{2}^{*} \tag{9-53}$$

9.4.2.6　每千克空气的供油量 (油气比) 的计算

根据燃烧室进、出口气流的速度 T_2^* 及 T_3^* 和燃烧室的完全燃烧系数 ξ_{b}，由下式计算油气比:

$$f=\frac{h_{3\mathrm{a}}^{*}-h_{2\mathrm{a}}^{*}}{\xi_{\mathrm{b}}H_{\mathrm{u}}-H_{3}^{*}+h_{2\mathrm{a}}^{*}} \tag{9-54}$$

式中，$h_{2\mathrm{a}}^*$、$h_{3\mathrm{a}}^*$ 及 H_3^* 可由附录查得；燃烧室的完全燃烧系数 ξ_{b} 一般在 0.97 ~ 0.99 范围内；H_{u} 为燃油的低热值，通常航空煤油为 42 900kJ/kg。

式 (9-54) 中的油气比 f 是进入主燃烧室的燃油流量 $q_{\mathrm{mf,I}}$ 与进入主燃烧室的空气流量 $(q_{\mathrm{ma,I}}-q_{\mathrm{ma,col}})$ 之比，即

$$f=\frac{q_{\mathrm{mf,I}}}{q_{\mathrm{ma,I}}-q_{\mathrm{ma,col}}}$$

令

$$f_{\mathrm{I}}=\frac{q_{\mathrm{mf,I}}}{q_{\mathrm{ma,I}}}$$

则可得

$$f_{\mathrm{I}}=f\left(1-v_{\mathrm{col}}\right)$$

9.4.2.7　高压涡轮出口气流参数的计算

由高压转子的功率平衡关系

$$q_{\mathrm{ma,I}}W_{\mathrm{k,h}}=\left(q_{\mathrm{ma,I}}+q_{\mathrm{mf,I}}-q_{\mathrm{ma,col}}\right)W_{\mathrm{t,h}}\eta_{\mathrm{m,h}}$$

可得

$$W_{\mathrm{k,h}}=\left(1+f\right)\left(1-v_{\mathrm{col}}\right)W_{\mathrm{t,h}}\eta_{\mathrm{m,h}}$$

或

$$W_{\mathrm{t,h}} = \frac{W_{\mathrm{k,h}}}{(1+f)(1-\upsilon_{\mathrm{col}})\,\eta_{\mathrm{m,h}}} \tag{9-55}$$

求得高压涡轮膨胀功 $W_{\mathrm{t,h}}$ 后，由下式确定高压涡轮的膨胀比 $\pi^*_{\mathrm{t,h}}$：

$$\pi^*_{\mathrm{t,h}} = \left(1 - \frac{W_{\mathrm{t,h}}}{C'_{\mathrm{p}} T^*_3 \eta^*_{\mathrm{t,h}}}\right)^{\frac{-k'}{k'-1}} \tag{9-56}$$

高压涡轮出口总压为

$$P^*_{33} = \frac{P^*_3}{\pi^*_{\mathrm{t,h}}} \tag{9-57}$$

高压涡轮出口总温为

$$T^{*\prime}_{33} = T^*_3 - \frac{W_{\mathrm{t,h}}}{C'_{\mathrm{p}}} \tag{9-58}$$

若高压涡轮工作叶片进行冷却，则高压涡轮出口总温 $T^{*\prime}_{33}$ 降为 T^*_{33}，其值可用冷却前后气流的总焓不变来确定。

$$(1+f)(1-\upsilon_{\mathrm{col}})\,C'_{\mathrm{p}} T^{*\prime}_{33} = (1+f)(1-\upsilon_{\mathrm{col}})\,C'_{\mathrm{p}} T^*_{33} + \upsilon_{\mathrm{col}} C_{\mathrm{p}} \left(T^*_{33} - T^*_2\right)$$

整理得

$$T^*_{33} = \frac{T^{*\prime}_{33} + \dfrac{\upsilon_{\mathrm{col}}}{(1+f)(1-\upsilon_{\mathrm{col}})}\dfrac{C_{\mathrm{p}} T^*_2}{C'_{\mathrm{p}}}}{1 + \dfrac{\upsilon_{\mathrm{col}}}{(1+f)(1-\upsilon_{\mathrm{col}})}\dfrac{C_{\mathrm{p}}}{C'_{\mathrm{p}}}} \tag{9-59}$$

9.4.2.8　低压涡轮出口气流参数的计算

假设冷却空气在低压涡轮进口前全部流入主流，由低压转子的功率平衡关系

$$(q_{\mathrm{ma,I}} + q_{\mathrm{ma,II}})\,W_{\mathrm{k,II}} + q_{\mathrm{ma,I}} W_{\mathrm{k,m}} = (q_{\mathrm{ma,I}} + q_{\mathrm{mf,I}})\,W_{\mathrm{t,l}} \eta_{\mathrm{m,l}}$$

或

$$(1+B)\,W_{\mathrm{k,II}} + W_{\mathrm{k,m}} = (1+f_{\mathrm{I}})\,W_{\mathrm{t,l}} \eta_{\mathrm{m,l}}$$

则

$$W_{\mathrm{t,l}} = \frac{(1+B)\,W_{\mathrm{k,II}} + W_{\mathrm{k,m}}}{(1+f_{\mathrm{I}})\,\eta_{\mathrm{m,l}}} \tag{9-60}$$

根据求得的低压涡轮膨胀功 $W_{\mathrm{t,l}}$，利用下式即可确定低压涡轮的膨胀比：

$$\pi^*_{\mathrm{t,l}} = \left(1 + \frac{W_{\mathrm{t,l}}}{C'_{\mathrm{p}} T^*_{33} \eta^*_{\mathrm{t,l}}}\right)^{\frac{-k'}{k'-1}} \tag{9-61}$$

低压涡轮出口气流的总压为

$$P^*_4 = \frac{P^*_{33}}{\pi^*_{\mathrm{t,l}}} \tag{9-62}$$

低压涡轮出口气流的总温为

$$T^*_4 = T^*_{33} - \frac{W_{\mathrm{t,l}}}{C'_{\mathrm{p}}} \tag{9-63}$$

9.4.2.9　混合器出口气流参数的计算

当混合器进口内外涵两股气流的参数为已知值时，混合器出口的总压可以用动量守恒的原理去求得。在初步估算时，可用质量平均方法求得混合器进口处的平均总压，根据实验选取混合器的总压恢复系数 $\sigma_{\rm mix}$，在这种情况下就不必去考虑混合器进口处两股气流的通道截面和气流速度的大小。

混合器进口处内涵气流的总压为

$$P_{5\rm I}^{*}=\sigma_{4-5,\rm I}P_{4}^{*} \tag{9-64}$$

式中，$\sigma_{4-5,\rm I}$ 为低压涡轮出口至混合器进口截面之间的总压恢复系数。

混合器进口处内涵气流的总温为

$$T_{5\rm I}^{*}=T_{4}^{*} \tag{9-65}$$

混合器进口处外涵气流的总压为

$$P_{5\rm II}^{*}=\sigma_{2-5,\rm II}\cdot P_{2\rm II}^{*} \tag{9-66}$$

式中，$\sigma_{2-5,\rm II}$ 为外涵风扇出口至混合器进口截面之间的总压恢复系数。

混合器进口处外涵气流的总温为

$$T_{5\rm II}^{*}=T_{2\rm II}^{*} \tag{9-67}$$

混合器进口截面的平均总压为

$$P_{5}^{*}=\frac{(q_{\rm ma,I}+q_{\rm mf,I})+q_{\rm ma,II}P_{5\rm II}^{*}}{q_{\rm ma,I}+q_{\rm ma,II}+q_{\rm mf,I}} \tag{9-68}$$

或

$$P_{5}^{*}=\frac{(1+f_{\rm I})\,P_{5\rm II}^{*}+BP_{5\rm II}^{*}}{1+f_{\rm I}+B} \tag{9-69}$$

混合器出口截面气流总压为

$$P_{6}^{*}=P_{5}^{*}\sigma_{\rm mix} \tag{9-70}$$

混合器出口截面气流的总温 T_{6}^{*}，也可由气流在混合前后的总焓不变的条件来决定，即

$$(q_{\rm ma,I}+q_{\rm mf,I})\,C_{\rm p}'T_{5\rm I}^{*}+q_{\rm ma,II}C_{\rm p}T_{2\rm II}^{*}=(q_{\rm ma,I}+q_{\rm mf,I}+q_{\rm ma,II})\,C_{\rm p}'T_{6}^{*}$$

或

$$T_{6}^{*}=\frac{(1+f_{\rm I})\,C_{\rm p}'T_{5\rm I}^{*}+BC_{\rm p}'T_{5\rm II}^{*}}{(1+f_{\rm I}+B)\,C_{\rm p}''} \tag{9-71}$$

式中，混合器的比热 $C_{\rm p}''$ 用质量平均方法来求得，即

$$(q_{\rm ma,I}+q_{\rm mf,I}+q_{\rm ma,II})\,C_{\rm p}''=(q_{\rm ma,I}+q_{\rm mf,I})\,C_{\rm p}'+q_{\rm ma,II}C_{\rm p}$$

或

$$C_{\rm p}''=\frac{(1+f_{\rm I})\,C_{\rm p}'+BC_{\rm p}}{1+f_{\rm I}+B} \tag{9-72}$$

将 $C_{\rm p}''$ 代入前式，得到

$$T_{6}^{*}=\frac{(1+f_{\rm I})\,C_{\rm p}'T_{5\rm I}^{*}+BC_{\rm p}T_{5\rm II}^{*}}{(1+f_{\rm I})\,C_{\rm p}'+BC_{\rm p}}$$

9.4.2.10　加力燃烧室出口气流参数的计算

加力燃烧室出口气流的总温为

$$T_7^* = T_{\mathrm{af}}^* \tag{9-73}$$

当加力燃烧室不工作时，则为

$$T_7^* = T_6^* \tag{9-74}$$

加力燃烧室出口气流的总压为

$$P_7^* = \sigma_{\mathrm{b,af}} P_6^* \tag{9-75}$$

式中，$\sigma_{\mathrm{b,af}}$ 为加力燃烧室的总压恢复系数，可按下式计算：

$$\sigma_{\mathrm{b,af}} = \sigma_{\mathrm{f}} \cdot \sigma_{\mathrm{t}}$$

式中，σ_{f} 为考虑流动损失 (流阻) 的总压恢复系数，火焰稳定器和加力燃烧室扩压段的压力损失是影响 σ_{f} 的主要因素，其数值取 $0.92 \sim 0.95$；σ_{t} 为考虑加热 (热阻) 而引起的总压恢复系数。σ_{t} 取决于加力燃烧室进口的气流马赫数和加热比 T_7^*/T_6^*(可以从图线查出)。当加力燃烧室不工作时，$\sigma_{\mathrm{t}} = 1.0$。

加力燃烧室的油气比 f_{af} 可用下式计算：

$$f_{\mathrm{af}} = \frac{(h_{7\mathrm{a}}^* - h_{6\mathrm{a}}^*) + \dfrac{f_{\mathrm{I}}}{1+B}(H_7^* - H_6^*)}{\xi_{\mathrm{b,af}} \cdot H_{\mathrm{u}} - H_7^* + h_{2\mathrm{a}}^*} \tag{9-76}$$

式中，$h_{7\mathrm{a}}^*$、$h_{6\mathrm{a}}^*$ 为加力燃烧室出口和进口的每千克空气的热焓；$h_{2\mathrm{a}}^*$ 为压气机出口的每千克空气的热焓；H_7^*、H_6^* 为加力燃烧室出口和进口温度下的等温焓差；$\xi_{\mathrm{b,af}}$ 为加力燃烧室的完全燃烧系数，一般情况下 $\xi_{\mathrm{b,af}}$ 在 $0.85 \sim 0.95$ 范围内。

9.4.2.11　喷管出口气流参数的计算

加力燃烧室不工作时，喷管出口气流参数用下列公式计算：

$$T_9^* = T_7^* = T_6^* \tag{9-77}$$

$$P_9^* = P_7^* \sigma_{\mathrm{e}} \tag{9-78}$$

式中，σ_{e} 为加力燃烧室不工作时的喷管总压恢复系数。

当加力燃烧室工作时，喷管出口总压为

$$P_{9\mathrm{af}}^* = P_7^* \sigma_{\mathrm{e,af}} \tag{9-79}$$

式中，$\sigma_{\mathrm{e,af}}$ 为加力燃烧室工作时的喷管总压恢复系数。

喷管出口总温为

$$T_{9\mathrm{af}}^* = T_7^* \tag{9-80}$$

如果发动机采用收敛形喷管，可用 P_9^*/P_0 来判断气流在喷管中的工作状态。若 $P_9^*/P_0 < 1.85$，燃气在喷管中为亚临界状态，燃气在喷管中完全膨胀，这时喷管出口的排气速度为

$$C_{9\mathrm{af}}^* = \sqrt{2C_{\mathrm{p}}'T_{9\mathrm{af}}^*\left[1-\left(\frac{P_0}{P_{9\mathrm{af}}^*}\right)^{\frac{k'-1}{k'}}\right]} \tag{9-81}$$

如果燃气在喷管中为临界或超临界状态时

$$C_{9\mathrm{af}}^* = \sqrt{\frac{2k'}{k'+1}R'T_{9\mathrm{af}}^*} \tag{9-82}$$

喷管出口处气流温度 $T_{9\mathrm{af}}^*$ 由下式计算:

$$T_{9\mathrm{af}} = T_{9\mathrm{af}}^* - \frac{C_{9\mathrm{af}}^2}{2C_{\mathrm{p}}'} \tag{9-83}$$

喷管出口处气流压力 $P_{9\mathrm{af}}$，当燃气在喷管中完全膨胀时，

$$P_{9\mathrm{af}} = P_0 \tag{9-84}$$

而当燃气在喷管中为超临界状态下工作时，则收敛喷管出口处的气流压力为

$$P_{9\mathrm{af}} = P_{9\mathrm{af}}^* \Big/ \left(\frac{k'+1}{2}\right)^{\frac{k'}{k'-1}} \tag{9-85}$$

9.4.2.12　单位推力和推力的计算

加力燃烧室不工作时，单位推力可用下式计算:

$$F_{\mathrm{s}} = (1+f_{\mathrm{I}})\left[C_9 - \frac{C_0}{1+f_{\mathrm{I}}} + \frac{R'T_9}{(1+B)\,C_9P_9}(P_9-P_0)\right] \tag{9-86}$$

或

$$F_{\mathrm{s}} = (1+f_{\mathrm{I}})\left[C_9 - \frac{C_0}{1+f_{\mathrm{I}}} + \frac{R'T_9}{(1+B)\,C_9P_9}(P_9-P_0)\right](1+B) \tag{9-87}$$

发动机的不加力推力为

$$F = (q_{\mathrm{ma,I}} + q_{\mathrm{ma,II}})\,F_{\mathrm{s}} \tag{9-88}$$

或

$$F = q_{\mathrm{ma}}F_{\mathrm{s}} \tag{9-89}$$

加力燃烧室工作时，单位推力可用下式计算:

$$F_{\mathrm{s,af}} = (1+f_{\mathrm{I}}+f_{\mathrm{af}})\left[C_{9\mathrm{af}} - \frac{C_0}{1+f_{\mathrm{I}}+f_{\mathrm{af}}} + \frac{R'T_{9\mathrm{af}}}{(1+B)\,C_{9\mathrm{af}}P_{9\mathrm{af}}}(P_{9\mathrm{af}}-P_0)\right] \tag{9-90}$$

发动机的加力推力为

$$F_{\mathrm{af}} = (q_{\mathrm{ma,I}} + q_{\mathrm{ma,II}})\,F_{\mathrm{s,af}} \tag{9-91}$$

发动机的推力性能参数也可以用气动函数来计算。当喷管出口气流的总压和总温已知时，可根据燃气在喷管中的工作状态确定喷管出口截面上的速度系数 λ_9。如果是收敛形喷管，那么，λ_9 的数值最大不超过 1.0，即当 $P_9^*/P_0 \geqslant 1.85$ 时，$\lambda_9 = 1.0$。当 $P_9^*/P_0 < 1.85$ 时，λ_9 的数值可由气动函数表求出。

有了 P_9^*、T_9^* 及 λ_9 等参数，根据流量公式就可求得 1kg 空气流量所需要的喷管出口截面积 a_9。

加力燃烧室不工作时，A_9 用下式计算:

$$A_9 = \frac{\left(1 + \frac{f_{\mathrm{I}}}{1+B}\right)\sqrt{T_9^*}}{K_{\mathrm{m}}' q(\lambda_9) P_9^*} \tag{9-92}$$

加力燃烧室工作时，A_9 则用下式计算:

$$A_{9\mathrm{af}} = \frac{\left(1 + \frac{f_{\mathrm{I}}}{1+B} + f_{\mathrm{af}}\right)\sqrt{T_{9\mathrm{af}}^*}}{K_{\mathrm{m}}' q(\lambda_{9\mathrm{af}}) P_{9\mathrm{af}}^*} \tag{9-93}$$

加力燃烧室不工作时的单位推力及推力为

$$F_{\mathrm{s}} = \left\{A_9 P_0 \left[\frac{P_9^*}{P_0} f(\lambda_9) - 1\right] - C_0\right\}(1+B) \tag{9-94}$$

或

$$F_{\mathrm{s}} = A_9 P_0 \left[\frac{P_9^*}{P_0} f(\lambda_9) - 1\right] - C_0 \tag{9-95}$$

而

$$F = q_{\mathrm{ma}} F_{\mathrm{s}} \tag{9-96}$$

或

$$F = (q_{\mathrm{ma,I}} + q_{\mathrm{ma,II}}) F_{\mathrm{s}} \tag{9-97}$$

加力燃烧室工作时的单位推力及推力则为

$$F_{\mathrm{s,af}} = A_{9\mathrm{af}} \cdot P_0 \left[\frac{P_{9\mathrm{af}}^*}{P_0} f(\lambda_{9\mathrm{af}}) - 1\right] - C_0 \tag{9-98}$$

$$F_{\mathrm{af}} = (q_{\mathrm{ma,I}} + q_{\mathrm{ma,II}}) F_{\mathrm{s,af}} \tag{9-99}$$

9.4.2.13 耗油率的计算

加力燃烧室不工作时，耗油率由下式计算:

$$\mathrm{SFC} = \frac{3600 f_{\mathrm{I}}}{F_{\mathrm{s}}} \tag{9-100}$$

加力燃烧室工作时，耗油率为

$$\mathrm{SFC} = \frac{3600\left(\frac{f_{\mathrm{I}}}{1+B} + f_{\mathrm{af}}\right)}{F_{\mathrm{s,af}}} \tag{9-101}$$

对分开排气的涡轮风扇发动机，热力计算的思路和基本公式与混合排气的类似，所不同的只是要分别算出内、外涵喷管出口的气流参数及排气速度，然后按下列各式求出发动机的推力、单位推力及耗油率：

推力为

$$F = F_{\mathrm{I}} + F_{\mathrm{II}} \tag{9-102}$$

式中，

$$F_{\mathrm{I}} = q_{\mathrm{ma,I}}\left(C_{9\mathrm{I}} - C_0\right) + A_{9\mathrm{I}}\left(P_{9\mathrm{I}} - P_0\right)$$

$$F_{\mathrm{II}} = q_{\mathrm{ma,II}}\left(C_{9\mathrm{II}} - C_0\right) + A_{9\mathrm{II}}\left(P_{9\mathrm{II}} - P_0\right)$$

单位推力为

$$F_{\mathrm{s}} = \frac{F_{\mathrm{I}} + F_{\mathrm{II}}}{q_{\mathrm{ma,I}} + q_{\mathrm{ma,II}}} \tag{9-103}$$

如果我们称 $F_{\mathrm{s,I}} = F_{\mathrm{I}}/q_{\mathrm{ma,I}}$ 和 $F_{\mathrm{s,II}} = F_{\mathrm{II}}/q_{\mathrm{ma,II}}$ 分别为内涵和外涵的单位推力，则

$$F_{\mathrm{s}} = \frac{F_{\mathrm{s,I}} + BF_{\mathrm{s,II}}}{1 + B} \tag{9-104}$$

耗油率为

$$\mathrm{SFC} = \frac{3600 q_{\mathrm{ma,I}}}{F} = \frac{3600 f_{\mathrm{I}}}{F_{\mathrm{s}}\left(1 + B\right)} \tag{9-105}$$

9.5 涡轮风扇发动机各部件共同工作的特点

目前，涡轮风扇发动机大部分属于双轴结构。因而其各部件的共同工作具有类似于双轴涡轮喷气发动机的特点，高、低压两个转子各自的压气机 (或风扇) 和涡轮严格遵守转速相等、流量连续、功率平衡及压力平衡的共同工作条件。而且高、低压两个转子之间也必须满足流量连续条件，以保证给定条件下的转差要求。但是，由于涡轮风扇发动机比双轴涡轮喷气发动机多一个外涵通道，因而涡轮风扇发动机各部件的共同工作还具有自身的特点。

9.5.1 高压转子的共同工作特点

涡轮风扇发动机的高压转子 (不管是分开排气还是混合排气的涡轮风扇发动机) 的工作条件与双轴涡轮喷气发动机高压转子的工作条件完全相同，内涵风扇及中压压气机对高压压气机的影响可看作是进口条件的变化，而低压涡轮的影响可看作是喷管的变化。在发动机主要的使用状态下，燃气在高压涡轮中的膨胀比 $\pi_{\mathrm{t,h}}^{*}$(在涡轮导向器是不可调节的情况下) 始终保持不变，因此高压压气机特性图上的共同工作线的方程所具有的形式与 $\pi_{\mathrm{t}}^{*} = \mathrm{const}$ 的单轴涡轮喷气发动机所具有的形式相同，即

$$\frac{q^2\left(\lambda_{11}\right)}{\pi_{\mathrm{k,h}}^{*2}} \frac{e_{\mathrm{k,h}}^{*} - 1}{\eta_{\mathrm{k,h}}^{*}} = \mathrm{const} \tag{9-106}$$

但需要指出，此方程成立的前提是涡轮导向器及尾喷管临界截面均处于临界以上工作状态，而实际上，当涵道比较大或转速较低时，涡轮风扇发动机的内涵喷管一般均处于亚临界工作状态。如果低压涡轮导向器也处于亚临界工作状态，那么即使高压转子的转速相似参数保持不变，在高压压气机通用特性图上的共同工作点位置也将随飞行马赫数的变化而移动。

9.5.2　低压转子的共同工作特点

涡轮风扇发动机的低压转子的共同工作既有与双轴涡轮喷气发动机类似之处，又存在较大的差别。

在双轴涡轮风扇发动机中，同在双轴涡轮喷气发动机中一样，当换算转速降低时，会出现压气机前几级叶片攻角增大 “负荷加重” 的现象，这将会造成低压压气机 (或风扇) 转速的相对下降，而使转子的 “转速比” 增大。但是，当换算转速降低时，在涡轮风扇发动机中，风扇叶片攻角增大的程度通常比在双轴涡轮喷气发动机中低压压气机叶片攻角增大的程度小得多。这是因为从风扇出来的空气不仅进入高压压气机，而且还进入外涵的通道，通过这个通道空气自由地进入喷管或混合器。由此可见，外涵通道所起的作用类似不断地进行放气，这样就使得风扇在低换算转速时的喘振裕度得到很大的提高，从而使得整台涡轮风扇发动机的压气机工作稳定的问题得以简化。

涡轮风扇发动机各部件的共同工作及其特点取决于发动机的方案和涵道比 B 的设计值。

9.5.2.1　分开排气的双轴涡轮风扇发动机各部件的共同工作特点

为简化讨论，我们假设：

(1) 内涵道前缘位于风扇后足够远的地方，以至于涵道比 B 的变化对风扇特性没有影响；

(2) 风扇出口截面上气流的总温、总压沿径向变化不大，即该截面上内外涵气流总温、总压分别相等；

(3) 沿流程各部件损失不变；

(4) 内涵通道的空气流量与燃气流量的差别忽略不计；

(5) 采用喷口面积不变的调节规律。

写出通过外涵喷管的空气流量公式

$$q_{\mathrm{ma,II}} = K_{\mathrm{m}} P_{11\mathrm{II}}^{*} \sigma_{\mathrm{e,II}} A_{9\mathrm{II}} q\left(\lambda_{9\mathrm{II}}\right) / \sqrt{T_{11\mathrm{II}}^{*}}$$

及通过高压压气机的 (即通过内涵的) 空气流量公式

$$q_{\mathrm{ma,I}} = K_{\mathrm{m}} P_{11\mathrm{I}}^{*} \sigma_{\mathrm{e,II}} A_{11\mathrm{I}} q\left(\lambda_{11\mathrm{I}}\right) / \sqrt{T_{11\mathrm{I}}^{*}}$$

根据假设条件，可得

$$B = \frac{q_{\mathrm{ma,II}}}{q_{\mathrm{ma,I}}} = \mathrm{const} \cdot \frac{q(\lambda_{9\mathrm{II}})}{q(\lambda_{11\mathrm{I}})} \tag{9-107}$$

当外涵喷管的落压比大于或等于 1.6 时，$q\left(\lambda_{9\mathrm{II}}\right)$ 值与 1.0 之差不大于 2%，因此当转子的换算转速降低时，由上式可见，涵道比的增大与 $q\left(\lambda_{11\mathrm{I}}\right)$ 的减小成反比。在外涵喷管落压比较小的条件下，当 n_{cor} 下降时，B 的增大有些缓慢。

再进一步考虑到

$$q_{\mathrm{ma}} = q_{\mathrm{ma,I}}\left(1 + B\right)$$

并用风扇出口 (即低压压气机出口) 截面上的平均参数表示:

$$q_{\mathrm{ma}}=\frac{K_{\mathrm{m}}P_{11}^{*}A_{11}q\left(\lambda_{11}\right)}{\sqrt{T_{11}^{*}}}$$

于是在所采取的 $P_{11}^{*}=P_{11\mathrm{I}}^{*}$ 及 $T_{11}^{*}=T_{11\mathrm{I}}^{*}$ 的假设条件下，就得到

$$q\left(\lambda_{11}\right)=\mathrm{const}\cdot(1+B)\,q\left(\lambda_{11\mathrm{I}}\right) \tag{9-108}$$

借助于这个公式就能很容易地研究涵道比 B 对共同工作线在风扇特性图上的位置所产生的影响，只要根据风扇出口的流量系数 $q\left(\lambda_{11}\right)$ 绘制出此特性曲线图即可 (图 9-15(b))。于是，对双轴涡轮喷气发动机 ($B=0$) 而言，根据公式 (9-108) 可知，随着 n_{cor} 的下降，$q\left(\lambda_{11}\right)$ 的减小与 $q\left(\lambda_{11\mathrm{I}}\right)$ 的减小成正比。但是由于这个压气机是涡轮风扇发动机的风扇，当 $q\left(\lambda_{11\mathrm{I}}\right)$ 减小时，由于 B 的增大 (见式 (9-107))，$q\left(\lambda_{11}\right)$ 减小的程度比前一种情况要小，因而共同工作线向右下方移动。由式 (9-108) 可见，B 值越高，则涵道比所表现出来的影响就越大。

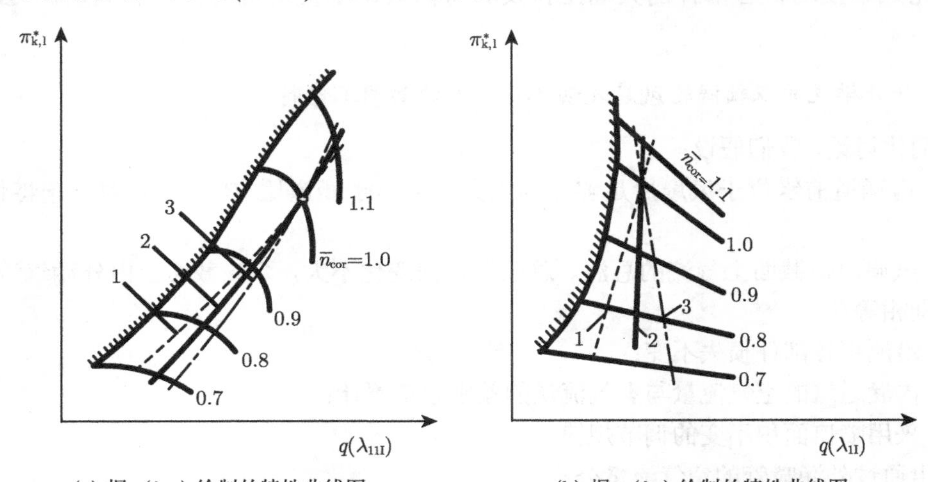

(a) 据 $q(\lambda_{11\mathrm{I}})$ 绘制的特性曲线图　　(b) 据 $q(\lambda_{11})$ 绘制的特性曲线图

图 9-15　风扇 (即低压压气机) 特性图上的共同工作线

1：双轴涡轮喷气发动机；2：分开排气的涡轮风扇发动机；3：混合排气的涡轮风扇发动机

此外，考虑到空气流量在内外涵道的分配，低压压气机 (即风扇) 与带动其转动的低压涡轮的功率平衡条件可以写成下列形式:

$$W_{\mathrm{t,l}}=(1+B)\,W_{\mathrm{k,l}}$$

为简单起见，忽略了燃油流量及冷却空气量。令 $W_{\mathrm{t,l}}/W_{\mathrm{k,h}}=\beta$，并考虑到在上述假设条件下 $W_{\mathrm{t,h}}=W_{\mathrm{k,h}}$，于是上式可变换为

$$(1+B)\,W_{\mathrm{k,l}}=\overline{\beta}\beta_{\mathrm{d}}W_{\mathrm{k,h}}$$

式中，$\overline{\beta}=\beta/\beta_{\mathrm{d}}$ 是涡轮膨胀比改变时参数 β 的相对变化量 (下角标 “d” 表示设计状态)。

在上式中将 $W_{\mathrm{k,l}}$ 及 $W_{\mathrm{k,h}}$ 用与其成正比的空气温升 $\Delta T_{\mathrm{k,l}}^{*}$ 及 $\Delta T_{\mathrm{k,h}}^{*}$ 来代替，考虑到

$$\Delta T_{\mathrm{k,h}}^{*}=\Delta T_{\mathrm{k,l}}^{*}\left(\tau_{\mathrm{k,h}}^{*}-1\right)$$

式中，$\tau_{\mathrm{k,h}}^{*}=1+\left(e_{\mathrm{k,h}}^{*}-1\right)/\eta_{\mathrm{k,h}}^{*}$。并用 $\Delta T_{\mathrm{k,l}}^{*}$ 来除上式的两边，则可得

$$\frac{\Delta T_{\mathrm{k,l}}^{*}}{T_{\mathrm{k,l}}^{*}}=\mathrm{const}\cdot\frac{\tau_{\mathrm{k,h}}^{*}-1}{1+B}\overline{\beta} \tag{9-109}$$

若将燃油流量及冷却空气量计算在内，实际上只对包括在式 (9-109) 中的常数值有影响。

当几何不可调的内外涵喷管中的压力降均为超临界压力降时，$q\left(\lambda_{9\mathrm{II}}\right)$ 及 π_{t}^{*} 都是不变的。由叶片机原理可知，在 π_{t}^{*} 为常数的条件下，涡轮各级之间的焓降 (即功) 的分配始终是保持不变。即式 (9-109) 中 $\overline{\beta}=1.0$。在这种情况下，式 (9-107)~ 式 (9-109) 对高压压气机特性图上的共同工作线的每一个点都能在低压压气机特性图上找到一个与其相对应的点，也就是说，式 (9-107)~ 式 (9-109) 是在风扇 (低压压气机) 的特性曲线图上描述共同工作线的方程组。

实际上，如果在设计状态能根据压气机转子的已知参数值及涵道比求出包含在这些方程中的常数值，则就能根据高压压气机共同工作线上某点的 $q\left(\lambda_{11\mathrm{I}}\right)$ 值及 $\tau_{\mathrm{k,h}}^{*}=1+\left(e_{\mathrm{k,h}}^{*}-1\right)/\eta_{\mathrm{k,h}}^{*}$ 值等逐次地求出 B、$q\left(\lambda_{11}\right)$ 及 $\Delta T_{\mathrm{k,l}}^{*}/T_{\mathrm{k,l}}^{*}$。最后求出的这两个量就能单值地确定工作点在风扇特性曲线图上的位置，如图 9-16 所示。风扇特性曲线图是按风扇出口的流量函数 $q\left(\lambda_{11}\right)$ 而绘制的。

当发动机处于低状态工作或发动机的涵道比很大时，气流在喷管内处于亚临界工作状态，这时必须考虑 π_{t}^{*}(即 $\overline{\beta}$) 的变化及 $q\left(\lambda_{9\mathrm{II}}\right)$ 的变化。与涡轮喷气发动机一样，在这种情况下，风扇的工作状态不仅取决于 n_{cor}，而且还取决于 P_{11}^{*}/P_{0}，即在低压压气机特性曲线图上的共同工作线会随着飞行马赫数 Ma_{0} 的增大而出现分叉。

9.5.2.2 混合排气的涡轮风扇发动机各部件共同工作的特点

这种发动机在所采取的假设条件下，压气机转子与涡轮转子共同工作的条件一般来说与上面所研究的内外涵分开排气的涡轮风扇发动机相同。但是在混合排气的涡轮风扇发动机中，混合室进口的截面 Z-II 所起的作用是外涵通道的喷口，因此对这种发动机而言，式 (9-107) 应用下式来代替：

$$B=\mathrm{const}\cdot\frac{q\left(\lambda_{Z,\mathrm{II}}\right)}{q\left(\lambda_{11\mathrm{I}}\right)} \tag{9-110}$$

此外，与分开排气的涡轮风扇发动机不同之处还在于，在这种情况下几何不可调的喷管中的压力降即使超过了临界压力降，仍不能使 π_{t}^{*} 保持恒定不变。在混合排气的涡轮风扇发动机中，外涵通道直接地将涡轮后的空间与外涵风扇后的空腔连接起来，而涡轮前的压力与高压压气机出口的压力 $P_{2\mathrm{I}}^{*}$ 成正比。因此 π_{t}^{*} 直接由 $P_{2\mathrm{I}}^{*}$ 与 $P_{2\mathrm{II}}^{*}$ 的比值所决定。即 π_{t}^{*} 直接由高压压气机的增压比 $\pi_{\mathrm{k,h}}^{*}$ 所决定 (对不带中压压气机的方案而言)。当高压压气机的 n_{cor} 下降时 (比如说，由于飞行速度的提高所致)，$\pi_{\mathrm{k,h}}^{*}$ 是下降的，与此同时 π_{t}^{*} 也是下降的。

但是在 $A_{9}=\mathrm{const}$ 的条件下，π_{t}^{*} 降低的程度毕竟还是比 $\pi_{\mathrm{k,h}}^{*}$ 减小的程度要小，因此风扇后的压力与涡轮后的压力之比值

$$\frac{P_{2\mathrm{II}}^{*}}{P_{4\mathrm{I}}^{*}}=\frac{\pi_{\mathrm{t}}^{*}}{\sigma_{\mathrm{b}}\cdot\pi_{\mathrm{k,h}}^{*}} \tag{9-111}$$

是增大的，这就会导致空气在外涵通道中的排气速度提高，从而也就相应地使包含在式 (9-110) 中的 $q(\lambda_{\mathrm{Z,II}})$ 增大。结果随着高压转子 n_{cor} 的下降，混合排气的涡轮风扇发动机涵道比的增长程度比内外涵分开排气的涡轮风扇发动机涵道比的增长程度还要大。由式 (9-108) 可知，这样就会使得风扇特性图上的共同工作线距离压气机喘振边界更远，见图 9-15 上的曲线 3。

π_{t}^* 的变化将导致式 (9-109) 中系数 $\overline{\beta}$ 的变化。$\pi_{\mathrm{t,h}}^*$ 值在所研究的这种情况下可以认为是常数，因此低压涡轮的膨胀比将与 π_{t}^* 成正比：

$$\pi_{\mathrm{t,l}}^* = \pi_{\mathrm{t,l,d}}^* \frac{\pi_{\mathrm{t}}^*}{\pi_{\mathrm{t,d}}^*} \tag{9-112}$$

因而

$$\overline{\beta} = \frac{1 - 1/e_{\mathrm{t,l}}^*}{\left(1 - 1/e_{\mathrm{t,l}}^*\right)_{\mathrm{d}}} \tag{9-113}$$

π_{t}^* 与 $\pi_{\mathrm{k,h}}^*$ 之间的数量关系可以通过联立解方程组的方法来求得，这个方程组包括描述混合室中工作过程的方程 (混合室出口气流的温度、压力等)，此外还包括式 (9-111) 以及联系着 π_{t}^* 与混合室中内涵出口的 λ 数的方程

$$q(\lambda_{\mathrm{Z,I}}) = \mathrm{const} \cdot \pi_{\mathrm{t}}^{*\frac{n'+1}{2n'}} \tag{9-114}$$

式中，n' 为燃气的多变指数。式 (9-114) 可通过第一级涡轮导向器与混合室内涵出口截面流量连续的条件求得。

在混合排气的涡轮风扇发动机中，当几何不可调尾喷管中的压力降接近临界或处于超临界压力降的典型情况下，喷管进口 (即混合室出口) 的 λ 数应当始终保持为常数。在这种情况下，分析上述的方程组表明，π_{t}^* 对 $\pi_{\mathrm{k,h}}^*$ 的变化特性接近于线性变化，其变化的程度取决于涵道比 B、混合室进口总压的比值 $\overline{P}_{\mathrm{Z}}^* = P_{\mathrm{Z,II}}^*/P_{\mathrm{Z,I}}^*$、总温的比值 $\overline{T}_{\mathrm{Z}}^* = T_{\mathrm{Z,II}}^*/T_{\mathrm{Z,I}}^*$ 以及气流沿着两涵道中的一个进入混合室的进口 λ 数 (例如 $\lambda_{\mathrm{Z,I}}$ 等)，这些参数的具体影响程度往往采用小偏差法来确定。分析表明，在混合排气的涡轮风扇发动机中，π_{t}^* 对 $\pi_{\mathrm{k,h}}^*$ 的变化程度随 B 的增大而增大，但又随着 $\lambda_{\mathrm{Z,I}}$ 及 $\overline{P}_{\mathrm{Z}}^*$ 的增大而减小，而且 π_{t}^* 的变化程度总是比 $\pi_{\mathrm{k \cdot h}}^*$ 的变化程度小。至于 $\overline{T}_{\mathrm{Z}}^*$ 的影响，分析表明，$\overline{T}_{\mathrm{Z}}^*$ 对 π_{t}^* 随 $\pi_{\mathrm{k,h}}^*$ 变化的影响还是比较小的。

式 (9-108)~ 式 (9-114) 以及混合室的方程组共同地描述了高压压气机、风扇、低压涡轮与混合室等在混合排气的涡轮风扇发动机中的共同工作条件。确定出相应于高压压气机的每一个工作点的风扇的工作状态，即在低压压气机的特性曲线图上绘制出共同工作线来，基本上可以采用在分开排气的涡轮风扇发动机中所用的方法，但具有下列一些特点：

(1) 由于 $\pi_{\mathrm{k,h}}^*$ 的变化而引起的 π_{t}^* 的变化量应当用联立解混合室的方程组与方程 (9-111) 及方程 (9-114) 的方法来确定，或采用近似方法来确定。

(2) 根据式 (9-112)~ 式 (9-114) 用新的 π_{t}^* 值求出系数 $\overline{\beta}$ 及 $q(\lambda_{\mathrm{Z,I}})$ 和相应的 $\pi(\lambda_{\mathrm{Z,I}})$。

(3) 通常情况下，涡轮风扇发动机混合室进口处的空气速度与燃气速度是亚声速的，因而混合室进口处的内涵静压与外涵静压可以取为相同值，由此 $\lambda_{\mathrm{Z,I}}$ 与 $\lambda_{\mathrm{Z,II}}$ 数的比值取决于进入混合室的气流总压之比，即

$$\pi(\lambda_{\mathrm{Z,II}}) = \pi(\lambda_{\mathrm{Z,I}}) P_{\mathrm{Z,I}}^*/P_{\mathrm{Z,II}}^*$$

在气流沿流路总压损失不变的条件下，则有

$$\pi\left(\lambda_{\mathrm{Z,II}}\right)=\pi\left(\lambda_{\mathrm{Z,II}}\right)_{\mathrm{d}}\frac{\pi\left(\lambda_{\mathrm{Z,I}}\right)\pi_{\mathrm{k,h}}^{*}}{\pi\left(\lambda_{\mathrm{Z,I}}\right)_{\mathrm{d}}\pi_{\mathrm{k,h,d}}^{*}}\frac{\pi_{\mathrm{t,d}}^{*}}{\pi_{\mathrm{t}}^{*}} \tag{9-115}$$

按此式所求出的 $q\left(\lambda_{\mathrm{Z,II}}\right)$ 值适应于所研究的高压压气机的工作状态。

利用表示在图 9-16 坐标中的风扇特性曲线图来确定风扇的工作状态，除了用式 (9-110) 代替式 (9-107)，并且考虑到式 (9-109) 中 $\overline{\beta}\neq 1$ 之外，其他方面与前面研究过的分开排气的涡轮风扇发动机没有什么不同。

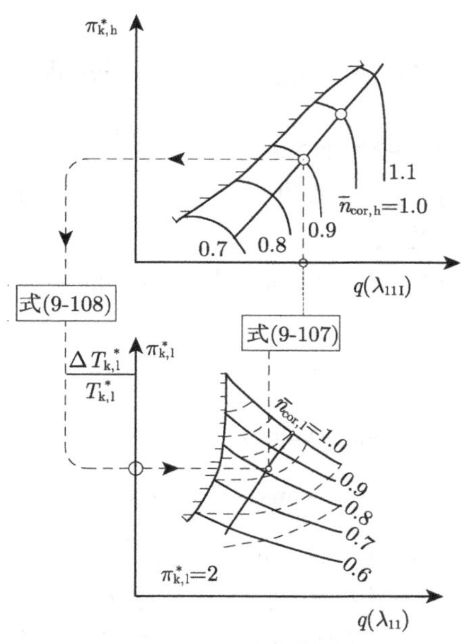

图 9-16　确定涡轮风扇发动机的风扇工作状态用图

上图为高压压气机的特性曲线图；下图为风扇 (即低压压气机) 的特性曲线图

需要指出，上面对分开排气或混合排气的双轴涡轮风扇发动机各部件共同工作的全部分析都是在假设风扇后气流的径向不均匀性不大，以及 B 对风扇的特性没有影响的条件下进行的。在许多情况下 (诸如带中压压气机，内涵通道前缘靠近风扇的工作轮时，风扇各级的功沿径向变化很大时等)，上述的这些假设是不适宜的，这时必须考虑由风扇进入高压压气机和进入外涵的气流参数之差别。通常，可以将风扇视为两个各自具有自己特性的压气机——只给内涵供气的低压压气机 (若带中压压气机则往往组成联合特性) 以及给外涵供气的风扇本身。这两个压气机在特性上的差别既应当反映在它们的 π_{k}^{*} 设计值上可能有差别，也应当反映在载荷系数上有差别，载荷系数考虑了轮毂附近的截面上与轮缘截面上圆周速度的巨大差别。

最后来研究一下在涡轮风扇发动机中，喷管临界截面积对各部件共同工作的影响。

同在双轴涡轮喷气发动机中一样，当低压涡轮导向器临界截面处处于临界或超临界工作状态时，喷管截面积的变化虽然会引起 π_{t}^{*} 的变化，但实际上对共同工作线在高压压气机特性曲线图上的位置没有影响。然而，共同工作线在风扇特性曲线图上的移动却是很大的。

对分开排气的涡轮风扇发动机而言，内涵喷管截面积的增大，同在涡轮喷气发动机中一样，会导致转速比的减小并使风扇的工作点向压气机喘振边界的方向移动。相反，外涵喷管截面积的增大却能增大风扇的空气流量，使风扇的工作点远离喘振边界。

在混合排气的涡轮风扇发动机中，喷管临界截面积的增大对风扇工作状态的影响并不是单值的。在 B 的值较小时，这种影响与 $B=0$ 时相同，即喷管临界面积的减小会导致风扇稳定裕度的减小。但是当 $B>0.4\sim0.5$ 时，喷管临界截面积放大，通过外涵通道进入混合室的空气流量的增大量超过由于转速比的减小而引起的通过高压压气机的空气流量的减小量，因此通过风扇的总空气流量是增大的。

9.6 涡轮风扇发动机的调节特点

涡轮风扇发动机在稳定状态时的调节规律的选择原则与涡轮喷气发动机一样，应当保证在最大状态时能达到最大的推力，巡航状态时经济性最好，并且能保证发动机各部件稳定工作及能防止发动机各零件的过载。

对几何不可调节的双轴涡轮风扇发动机，最大推力的调节规律与双轴涡轮喷气发动机类似，通常有

$$n_{\rm l}=\text{const},\ A_9=\text{const}$$

$$n_{\rm h}=\text{const},\ A_9=\text{const}$$

$$T_3^*=\text{const},\ A_9=\text{const}$$

一般情况下，不采用 $n_{\rm l}=\text{const}$，$A_9=\text{const}$ 的调节规律。因为当周围大气温度变化时，会使高压转子的转速 $n_{\rm h}$ 及涡轮前燃气温度 T_3^* 产生很大的变化。

若采用 $n_{\rm h}=\text{const}$，$A_9=\text{const}$ 的调节规律，当周围大气温度变化时，低压转子的转速及高压转子的转速相似参数 $n_{\rm h}/\sqrt{T_{11}^*}$ 将发生变化，涡轮前燃气温度 T_3^* 也将随着高压压气机功及高压涡轮膨胀比的变化而变化。当 T_3^* 低于最大允许值时，发动机潜力得不到充分发挥；而当 T_3^* 超过最大允许值时，则必须降低发动机转速。

与上述两种调节规律相比，采用 $T_3^*=\text{const}$，$A_9=\text{const}$ 的最大推力调节规律，既能保证发动机安全可靠地工作，又能充分发挥发动机潜力。当周围大气温度变化时，高低压转子的转速都将随着变化。在工作中要使燃油自动调节器直接感受涡轮前燃气温度 T_3^* 是困难的，通常采用感受燃烧室内压力 $P_{\rm b}^*$(或燃烧室进出口压力) 控制燃烧室供油量以保证 T_3^* 为常数的间接方法。但是这种间接方法毕竟不如直接控制转速方便。

实际上，双轴涡轮风扇发动机高压转子的共同工作与双轴涡轮喷气发动机的高压转子及单轴涡轮喷气发动机各部件的共同工作情况完全相同，因而随飞行状态变化，不同设计压比下其高压压气机功 $W_{\rm k,h}$、涡轮前燃气温度 T_3^* 的变化也与单轴涡轮喷气发动机相似。目前，涡轮风扇发动机的总增压比一般为 $25\sim30$，低压转子的增压比较低，高压转子增压比通常为 $6\sim10$，可看作是中等压比的发动机。由此可见，在涡轮风扇发动机中，要保持 $T_3^*=\text{const}$ 的最大推力状态，只要维持 $n_{\rm h}=\text{const}$ 就足够了，这将使发动机的调节大为简化。如“斯贝”发动机就是采用这种调节规律。

发动机在巡航状态下工作时，一般采用内外涵喷管几何不可调的方案，同时考虑随飞行状态变化，发动机性能变化应尽量缓和的需要，通常采用 $P_4^*/P_1^* = \text{const}$ 的方案。这种方案意味着发动机处于一定的相似状态工作，当飞行状态变化时，涡轮前燃气温度 T_3^* 值将随着压气机进口温度 T_1^* 的变化成正比地变化。

对加力式涡轮风扇发动机，为了能在全加力状态达到最大的推力，不仅需要保持最大的涡轮前燃气温度 T_3^*(或者保持一个转子的转速最大)，而且还同时需要在不同的飞行状况下保持最大的允许加力温度 T_{af}^*。如同在涡轮喷气发动机中一样。安装在加力燃烧室后面的尾喷管临界截面积的调节应保证接通加力时对压气机转子和涡轮转子的工作状态不会发生不良的影响。与加力式涡轮喷气发动机类似，在外涵加力的涡轮风扇发动机中，喷管的临界截面应当按下列的比例关系来增大：

$$\frac{A_{9\text{II},\text{af}}}{A_{9\text{II}}} = \sqrt{\frac{T_{\text{af},\text{II}}^*}{T_{6\text{II}}^*}} \tag{9-116}$$

至于在混合排气的加力式涡轮风扇发动机中，喷管的临界截面积则应按下式来增大：

$$\frac{A_{9\text{af}}}{A_9} = \sqrt{\frac{T_{\text{af}}^*}{T_6^*}} \tag{9-117}$$

式 (9-116) 及式 (9-117) 表明，与具有不可调节压气机的加力式涡轮喷气发动机不同，在加力式涡轮风扇发动机中，一般情况下当符合 $T_{\text{af}}^* \approx \text{const}$ 这一条件时，喷管临界截面积不是固定不变而是随着飞行状态的改变而改变。例如，当外涵道中安装有加力燃烧室时，外涵喷管的临界截面积 $A_{9\text{II},\text{af}}$ 值随着飞行速度的提高应当是减小的，因为这时的 $T_{2\text{II}}^*$ 是升高的。当安装有混合室时，混合器出口气流总温 T_6^* 取决于飞行状态的程度比较小，因为这时涡轮后的燃气温度几乎是恒定的。但是即使在这种情况下，当从起飞状态过渡到 $H = 11\text{km}$、$Ma_0 = 2.5$ 的飞行状态时，温度 T_6^* 还是会提高 10%～15%。

上述这些情况使加力式涡轮风扇发动机在加力状态时的调节问题复杂化。在加力式涡轮喷气发动机中，广泛采用的最大加力推力的调节规律是 $\pi_{\text{t}}^* = \text{const}$，若 $A_{9\text{af}} = \text{const}$，则可保证获得 $T_{\text{af}}^* = \text{const}$，但是在加力式涡轮风扇发动机中不能采用这种调节规律。在外涵加力的涡轮风扇发动机中，π_{t}^* 与 $q_{\text{mf},\text{af}}$ 完全无关。而在混合排气的加力式涡轮风扇发动机中，上面曾经指出，当 n_{cor} 降低时 π_{t}^* 值应当减小。因此，在加力式涡轮风扇发动机中，为了保持给定的 π_{t}^* 变化规律或保持由 π_{t}^* 所决定的另一个参数随任一个转子的 n_{cor} 而变化的给定规律，不得不采用比较复杂的控制加力燃烧室供油量及喷管临界截面积的规律。

同加力式涡轮喷气发动机一样，在部分加力状态时，为了获得较好的经济性，在减小喷管临界截面积的同时，保持加力式涡轮风扇发动机的涡轮压气机部分为最大工作状态 (即保持 n 及 T_3^* 均为最大值)，用降低加力温度的方法来达到减小加力式涡轮风扇发动机的推力的目的。

9.7　涡轮风扇发动机特性的特点

一般来说，涡轮风扇发动机和加力式涡轮风扇发动机的高度–速度特性及节流特性与涡轮喷气发动机和加力式涡轮喷气发动机的这些特性相类似，但由于外涵道的存在，又具有下列的一些不同于涡轮喷气发动机及加力式涡轮喷气发动机的特点。

(1) 涡轮风扇发动机的单位推力随着飞行速度的提高而减小的程度比涡轮喷气发动机要大。涡轮风扇发动机的这个特点可作如下的解释：在第 5 章中曾经指出过，涡轮喷气发动机的单位推力随着飞行速度的提高而减小，其是由于燃气从喷管中排出的速度提高得比飞行速度慢所致。在这种情况下，$C_0=0$ 时的排气速度越低，则单位推力随 C_0 的提高而减小的程度越大。我们都知道，涡轮风扇发动机的单位推力及排气速度与具有同样过程参数的涡轮喷气发动机相比要小得多，并且涵道比越大，则小得越多。这就是涡轮风扇发动机的单位推力 F_s 减小得比较快的原因，随着 C_0 的提高，涵道比的增大对加剧这种效应会起到某些补充的作用。

由于 F_s 减小比较显著，因此涡轮风扇发动机的推力对飞行速度的关系曲线在跨声速及超声速时上升得不像涡轮喷气发动机中那么急剧。而且在大涵道比条件下，推力总是随着飞行速度的提高而单调地减小。图 9-17 给出了不同涵道比的涡轮风扇发动机在 $H=0$ 时推力随飞行速度的变化曲线，图中取起飞状态下的推力为 100%。由此可见，在同一飞行速度下，涡轮风扇发动机的推力比同参数的涡轮喷气发动机的推力要小，而且函数比越大则推力越大。

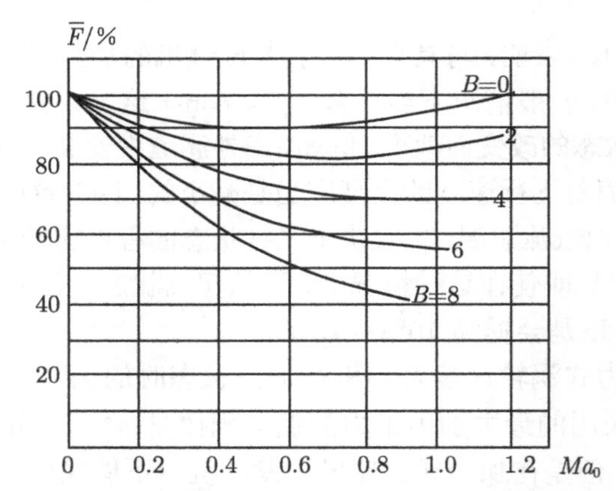

图 9-17　具有不同涵道比的涡轮风扇发动机的推力随飞行速度的变化曲线

$H=0$；$\pi^*_{\mathrm{k}\Sigma_0}=15$；$\pi^*_{\mathrm{k}\cdot\Pi\cdot 0}=2.1$；$T^*_3=1200\mathrm{K}$

当涵道比 B 值很大时，即使速度由零增大到 $50\sim70\mathrm{m/s}$，涡轮风扇发动机的推力也会减小很多，所以在计算安装有大涵道比涡轮风扇发动机的飞机起飞距离时必须要考虑这一点。

(2) 涡轮风扇发动机的耗油率随着飞行速度的提高而提高，其提高的程度比涡轮喷气发动机要大。

这个特点是涡轮风扇发动机的单位推力随飞行速度的增加而减小得比较快所造成的。由式 (9-16) 可知，当外涵道不加热时 (即 $f_{\mathrm{II}}=0$ 时)，忽略 B 的变化，可以得到

$$\frac{\mathrm{SFC}}{\mathrm{SFC}_0}=\frac{f}{f_0}\frac{F_{s0}}{F_s} \tag{9-118}$$

式中，下角标 “0” 表示的是 $C_0 = 0$ 这个条件。

在涡轮喷气发动机和涡轮风扇发动机的工作过程参数相等的条件下，f 随 C_0 的变化是相类似的。因此在涡轮风扇发动机中与 F_s 减小比较快相对应的是 SFC 上升得比较快。图 9-18 给出了涡轮喷气发动机及 $B = 1$ 的涡轮风扇发动机的耗油率随着飞行马赫数的变化曲线。可以证明，两条 $\text{SFC} = f(Ma_0)$ 曲线的相交是外涵道存在流动损失的结果。随着 B 的增大，这些损失的作用越来越显著，因而也就使两条 $\text{SFC} = f(Ma_0)$ 曲线的交点在较小的飞行马赫数下就会出现。

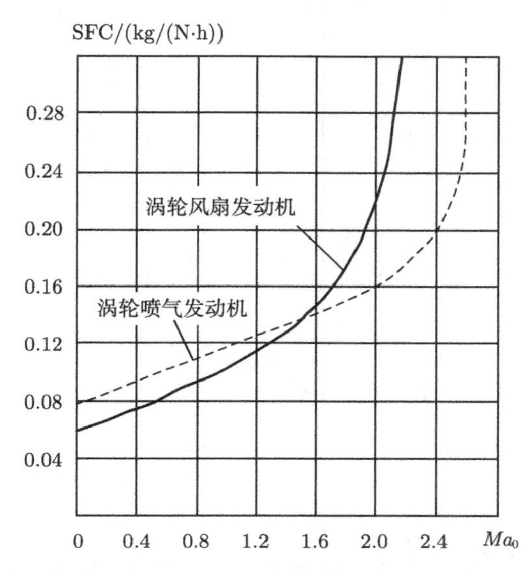

图 9-18 涡轮喷气发动机的 SFC 及涡轮风扇发动机的 SFC 随飞行速度变化的关系曲线

$H = 0$; $\pi^*_{\text{k}\Sigma_0} = 15$; $\pi^*_{\text{k,II,0}} = 2.1$; $T^*_3 = 1200\text{K}$

(3) 涡轮风扇发动机的高度特性与涡轮喷气发动机的高度特性并没有很大的不同 (见第 6 章)。单位推力随着 T_0 的降低增加得多，因为在 $H = 11\text{km}$ 以下的高度范围内，发动机的推力随着高度的增加而减小的程度比空气密度减小的程度要小。在 $H \leqslant 11\text{km}$ 时，由于 π_Σ 的提高，涡轮风扇发动机的经济性是得到改善的。而 n_{cor} 随着飞行高度增加而提高，因此涡轮风扇发动机的涵道比是减小的，这就必然会使 F_s 的增大比在涡轮喷气发动机中的增大更为显著。但是不同方案的涡轮风扇发动机各部件本身的调节规律及特性所具有的特点往往比涵道比对涡轮风扇发动机的高度特性的影响还严重。

(4) 涡轮风扇发动机的节流特性 (图 9-19) 一般来说与涡轮喷气发动机的节流特性相类似。涡轮风扇发动机在亚声速飞行而且工作状态又低于最大状态时，其经济性之所以得到改善，原因与涡轮喷气发动机一样，是由于在现代的涡轮风扇发动机中，最大状态时的涡轮前燃气温度远超过在经济上最佳的涡轮前温度。因此，当转速下降时，T^*_3 的下降起初会造成 SFC 的下降，但是涡轮风扇发动机的最经济的涡轮前燃气温度 T^*_3 要比涡轮喷气发动机的要高，并且涵道比越大则高得越多。因此，在 $T^*_{3\max}$ 值相等的条件下，涡轮风扇发动机节流时，其经济性的改善不如涡轮喷气发动机那么显著 (图 9-20)。

(5) 加力式涡轮风扇发动机全加力状态时的推力随着飞行速度的提高而增大的程度大于

加力式涡轮喷气发动机全加力状态时的推力随飞行速度的提高而增大的程度，这时加力式涡轮风扇发动机的耗油率随着飞行速度的提高而上升的程度却小于加力式涡轮喷气发动机 (图 9-21)。我们知道，压气机的设计增压比越低，则在由于飞行速度的提高而引起的 n_{cor} 值降低时，$q(\lambda_1)$ 值减小的程度就越小。因此在外涵压气机的增压比为低增压比的涡轮风扇发动机中，通过外涵道的换算空气流量 (以及对通过全台发动机的换算空气流量而言) 减小的程度是比较小的。然而实际的空气流量却增大得比具有高增压比的涡轮喷气发动机要迅速。

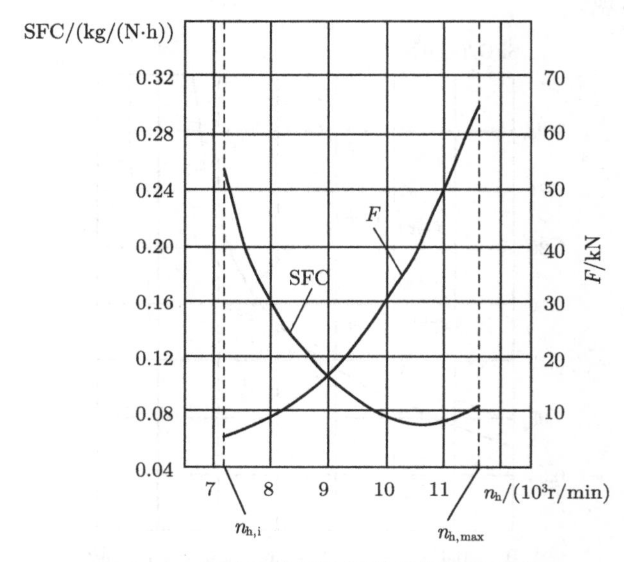

图 9-19 涡轮风扇发动机的节流特性曲线

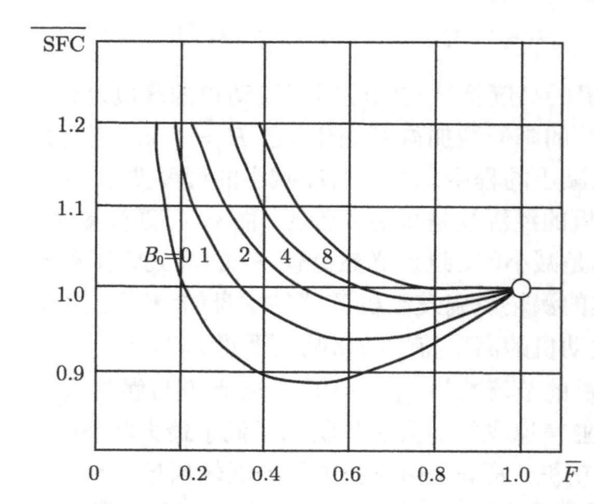

图 9-20 具有不同涵道比的涡轮风扇发动机的节流特性曲线图

$H=0$；$Ma_0=0.8$；$T^*_{3\max}=1400\mathrm{K}$

此外，在起飞状态下，加力式涡轮风扇发动机的单位推力小于加力式涡轮喷气发动机，而耗油率又大于加力式涡轮喷气发动机 (这是因为加力燃烧室中燃气的压力比较小)，随着飞行速度的增大，外涵增压比下降得比较少，从而使加力式涡轮风扇发动机与加力式涡轮喷气发动机的加力燃烧室中的压力的差别就不那么大了。

在加力式涡轮风扇发动机加力燃烧室中的压力上升得比较迅速时，空气流量就增大得比较显著，从而造成了图 9-21 上所看到的这两种类型发动机的特性曲线在分布上的差别。

由于加力式涡轮风扇发动机加力燃烧室中的压力随飞行速度的提高而增大，热量的利用效率大大提高，以致 $\mathrm{SFC_{af}}$ 随着 Ma_0 的增大几乎没有上升，甚至还有所降低。

比较图 9-17 与图 9-21 可以看出，在无加力且起飞时推力相等的条件下，在飞行中，涡轮风扇发动机的推力小于涡轮喷气发动机的推力，在加力时情况则相反，加力式涡轮风扇发动机的推力随着 C_0 增大的速率比加力式涡轮喷气发动机的要高。所以加力式涡轮风扇发动机的加力度不仅超过加力式涡轮喷气发动机可能达到的加力度，而且在很大的程度上随着飞行速度的提高而增加。

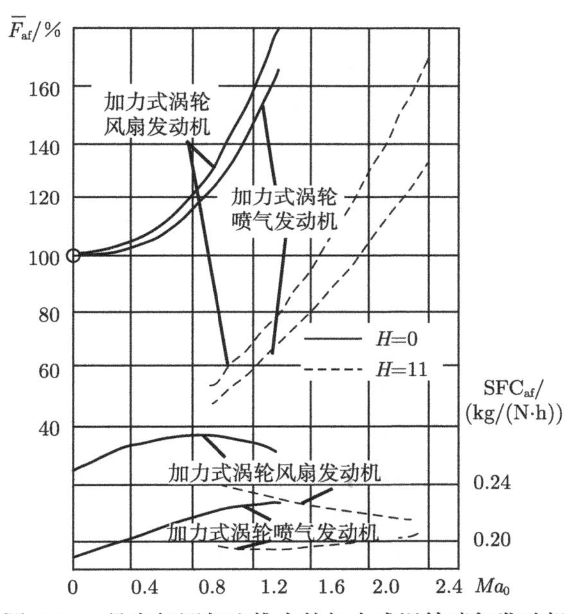

图 9-21　具有相同起飞推力的加力式涡轮喷气发动机

($\pi_k^*=10; T_3^*=1400\mathrm{K}; T_{af}^*=2000\mathrm{K}$) 及加力式涡轮风扇发动机 ($\pi_{k,\Sigma_0}^*=16; T_3^*=1400\mathrm{K}; T_{af}^*=2000\mathrm{K}$; $B_0=1.3$) 的 F_{af}、$\mathrm{SFC_{af}}$ 随 Ma_0 的变化曲线

复习思考题

1. 为什么要采用涡轮风扇发动机？它与涡轮喷气发动机有什么区别？
2. 怎样选择涡轮风扇发动机内涵核心发动机的工作过程参数？
3. 怎样选择涡轮风扇发动机的功分配系数 x 及涵道比 B 值？
4. 怎样选择涡轮风扇发动机的外涵风扇增压比？
5. 分开排气涡轮风扇发动机喷管临界截面积减小时，风扇压气机进口流场将发生怎样的变化？
6. 分开排气涡轮风扇发动机喷管临界截面积调整不当对发动机的工作及性能将会产生什么影响？
7. 为什么涡轮风扇发动机在非设计状态下工作时涵道比 B 值会发生变化？

8. 试分析内涵核心发动机的工作过程参数、风扇增压比及涵道比 B 对加力式涡轮风扇发动机性能的影响。

9. 在风扇压气机特性曲线图上，双轴涡轮喷气发动机、分开排气涡轮风扇发动机及混合排气涡轮风扇发动机的共同工作线的位置有什么不同？为什么？

10. 涡轮风扇发动机一般采用哪些最大工作状态调节规律？各有什么优缺点？

11. 不加力涡轮风扇发动机的速度特性与同参数的涡轮喷气发动机的速度特性相比有什么特点？

12. 为什么要采用补燃加力式涡轮风扇发动机？它与补燃加力式涡轮喷气发动机相比有什么特点？

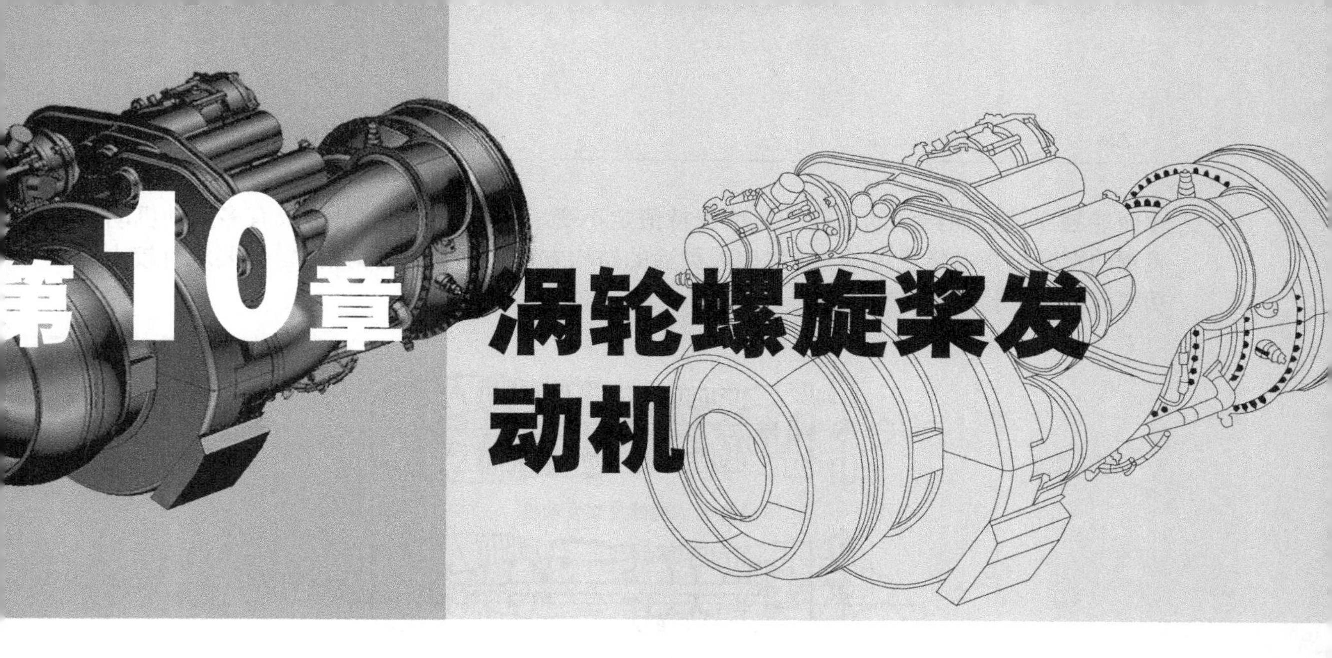

第10章 涡轮螺旋桨发动机

涡轮螺旋桨发动机的特点是在这种发动机中燃气所具有的可用功的主要部分被利用来获得轴功率，而通过发动机的气流所产生的反作用推力却很小。

在涡轮螺旋桨发动机中，轴功率用来带动飞机的空气螺旋桨。作为飞机动力装置的涡轮螺旋桨发动机早在 20 世纪 50 年代初期就得到了发展。在低亚声速的飞行速度下 ($C_0 = 600 \sim 700\text{km/h}$)，与涡轮喷气发动机相比，具有较好的经济性。在起飞及低速飞行时能产生较大的拉力，而且它的尺寸、质重小于活塞式发动机，因而在亚声速客机及运输机上被广泛地采用。但是由于空气螺旋桨的设计性能限制了它在高亚声速范围的使用，20 世纪 60 年代以来逐渐被大涵道比的涡轮风扇发动机所取代。20 世纪 80 年代又研制出了一种新型的空气螺旋桨，它是由两个选装方向相反的螺旋桨一起工作，螺旋桨的桨叶较多，每片桨叶形状较宽、弯曲而后掠呈马刀形，这种新型的发动机称为螺旋桨风扇发动机，它在高亚声速飞行时具有良好的经济性。

涡轮轴发动机与涡轮螺旋桨发动机的工作过程本质上是相同的。因此，热力循环过程相同的部分就合并在一起描述，涉及涡轮轴发动机整机性能将在下一章介绍。

10.1 涡轮螺旋桨发动机的结构方案与基本参数

10.1.1 结构方案

涡轮螺旋桨发动机和涡轮轴发动机有多种多样的结构方案，最简单的是单轴式结构 (图 10-1(a)、(d))。这种发动机中，多级涡轮所发出的功率大于带动压气机所需要的功率，剩余的功率由发动机轴经减速器传给空气螺旋桨或直升机的旋翼。这种结构的最大优点是具有良好的加速性，但是也给压气机、涡轮、螺旋桨或旋翼之间的协调工作带来一定的困难。另一种广泛采用的结构方案是具有自由涡轮的方案 (图 10-1(b)、(e))，这种发动机由作为燃气发生器使用的压气机、燃烧室、涡轮及安装在燃气发生器涡轮后面的、单独轴上的自由涡轮所组成，产生的可用功率由自由涡轮轴经减速器传动螺旋桨、旋翼或其他负荷。自由涡轮轴在机械上与涡轮压气机的轴没有联系，这样就可以使自由涡轮不取决于燃气发生器的转速而能独立地按照给定的规律变化或保持恒定不变。这个特点特别是对具有多发动机动力装置的直升机是非常重要的。这种比较灵活的结构方案和单轴式结构相比，只要求有较小的功率起动装置，但加速性较差。

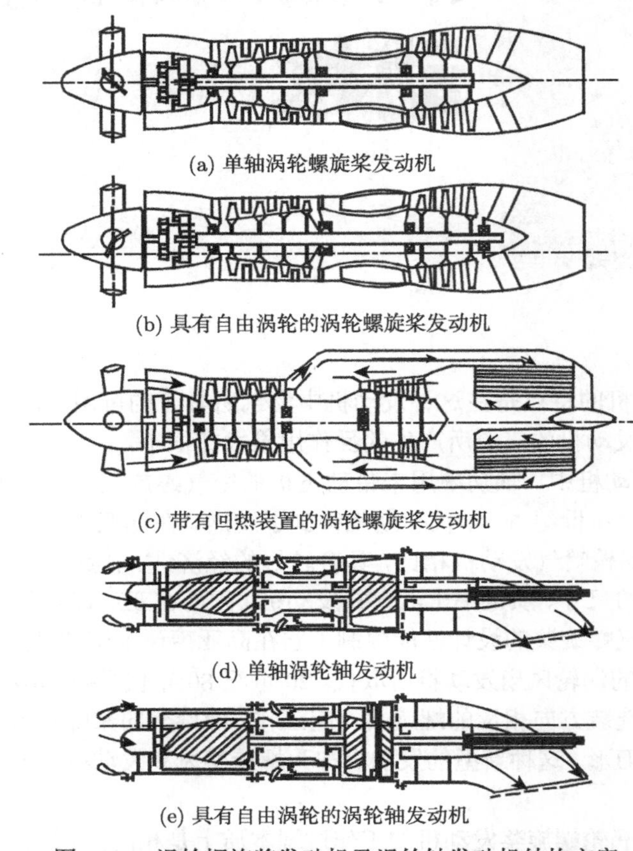

(a) 单轴涡轮螺旋桨发动机

(b) 具有自由涡轮的涡轮螺旋桨发动机

(c) 带有回热装置的涡轮螺旋桨发动机

(d) 单轴涡轮轴发动机

(e) 具有自由涡轮的涡轮轴发动机

图 10-1　涡轮螺旋桨发动机及涡轮轴发动机结构方案

当压气机的增压比非常高时，采用双轴结构。这种方案在螺旋桨发动机中已经得到采用，如英国的“苔茵”。这时，高压涡轮带动高压压气机，而低压涡轮则用来转动低压压气机及空气螺旋桨。由于分开来带动压气机和输出轴会使调节的灵敏度提高，所以双轴方案能保证发动机各部件更好地协调工作，因而也就能改善发动机在主要使用状态的经济性，并且还能使发动机容易起动。

为了协调涡轮和螺旋桨或旋翼的转速，涡轮螺旋桨发动机和涡轮轴发动机上都采用减速器，减速器的传动比很高 (一般达 $10 \sim 16$)，而且是在很大的应力状态下工作，这是因为它所传递的功率大且必须具有小的外形尺寸与小的质量的缘故。

图 10-1(c) 是具有回热装置的涡轮螺旋桨发动机的结构方案。在这种发动机中，经过压气机压缩后的空气，先进入涡轮后的换热器，从流过换热器的燃气中吸收部分热量，然后再进入燃烧室中进一步加热。采用回热装置可以减小耗油率，但是气流在流过回热装置时有压力损失和热损失，使发动机的单位功率减小，而且回热装置的设置给发动机的尺寸、质量造

成不利的影响。只有当回热装置足够轻巧和紧凑时，才可能在航空中采用。

在大功率的涡轮螺旋桨发动机中，所采用的轴流式压气机与涡轮喷气发动机的压气机相比并没有很大的特殊性，当压气机的增压比很高时，压气机的前几级通常具有可调节的整流器及放气装置 (或者只有放气装置)。混合式压气机在小功率的发动机中得到广泛的应用，这种混合式压气机在高 π_k^* 值及小空气流量下与回流式燃烧室配合使用，能保证发动机具有短小的外廓长度与良好的使用特性 (可靠、防喘性好、雷诺数的影响小等)。简单且工作可靠的离心式压气机广泛地被应用在用作辅助动力装置的燃气涡轮发动机中，尤其是用在涡轮起动机及在发电站中带动发电机的燃气涡轮发动机中。

涡轮螺旋桨发动机的涡轮级数比涡轮喷气发动机的涡轮级数要多，这是由于这种类型发动机的涡轮膨胀比较高的缘故。一般情况下，单轴涡轮螺旋桨发动机的涡轮级数有 3 ~ 5 级之多。

10.1.2　基本参数

涡轮螺旋桨发动机工作过程与涡轮喷气发动机的工作过程完全相同。如果像涡轮喷气发动机那样，引入膨胀过程的效率和压缩过程的效率这样的概念，则用过程参数表示的确定可用功的表达式依然同涡轮喷气发动机一样，即

$$W = C_\mathrm{p} T_0 \frac{e-1}{\eta_\mathrm{c}} \left(\frac{a\Delta\eta_\mathrm{c}\eta_\mathrm{p}}{e} - 1 \right)$$

式中，η_c 在这种情况下实际上与 η_k^* 相同，而 η_p 则与 η_t^* 相同。

不同之处在于可用功的利用特点不同。在涡轮喷气发动机中，全部的可用功被用在增大通过发动机气流的动能上，而在涡轮螺旋桨发动机中主要的任务是保证产生最大的轴功率。当然尾喷管出口也具有一定的速度 C_9，因而也产生反作用推力。所以在一般情况下，可用功可以被用来得到机械功 W_m 和增大气体的动能，即

$$W = W_\mathrm{m} + \frac{C_9^2 - C_0^2}{2}$$

式中，W 对单轴发动机而言，有 $W = W_\mathrm{t} - W_\mathrm{k}$；对于具有自由涡轮的发动机而言，则有 $W = W_\mathrm{t,c}$，$W_\mathrm{t,c}$ 为自由涡轮输出的单位功。

在涡轮轴发动机中，动能增量不大，因而可以将其忽略。在涡轮螺旋桨发动机中，排气动能增量的最佳值与 W_m 相比也是很小，因此在分析过程参数对性能参数的影响时也可取 $W \approx W_\mathrm{m}$。

W_m 在这里指的是发动机从 1kg 空气中所获得的可用功，当此功传递给空气螺旋桨或直升机旋翼时应当考虑机械损失。因此螺旋桨的轴上功为

$$W_\mathrm{pr} = W_\mathrm{m}\eta_\mathrm{m} \tag{10-1}$$

式中，η_m 是考虑机械损失的系数，它取决于所采用的传动装置的类型。

在减速器与发动机组成一体的涡轮轴发动机中，系数 η_m 通常是考虑了各轴承中的以及减速器中的损失。在没有减速器而进行试验的涡轮轴发动机中，旋翼减速器中的损失是单独考虑的，因此这时发动机的 $\eta_\mathrm{m} = 1.0$。发动机的轴功率由下式来确定：

$$P = q_\mathrm{ma} W_\mathrm{m}$$

而螺旋桨的轴功率则为

$$P_{\mathrm{pr}}=q_{\mathrm{ma}}W_{\mathrm{pr}} \tag{10-2}$$

在涡轮螺旋桨发动机中，采用推进功与推进功率这两个概念。

推进功指的是螺旋桨及喷射气流对 1kg 空气所产生的总推进功

$$W_{\mathrm{p}}=W_{\mathrm{p,pr}}+W_{\mathrm{p,j}}=W_{\mathrm{pr}}\eta_{\mathrm{pr}}+\left(C_9-C_0\right)C_0=W_{\mathrm{m}}\eta_{\mathrm{m}}\eta_{\mathrm{pr}}+\left(C_9-C_0\right)C_0 \tag{10-3}$$

推进功率则相应地按下式计算：

$$\begin{aligned}P_{\mathrm{p}}&=q_{\mathrm{ma}}W_{\mathrm{p}}=P_{\mathrm{p,pr}}+P_{\mathrm{p,j}}\\&=P_{\mathrm{pr}}\eta_{\mathrm{pr}}+F_{\mathrm{j}}C_0\end{aligned} \tag{10-4}$$

式中，η_{pr} 为螺旋桨的效率，$F_{\mathrm{j}}=q_{\mathrm{ma}}\left(C_9-C_0\right)$ 是喷射气流的反作用推力。

按螺旋桨轴功率 P_{pr} 计算的涡轮螺旋桨发动机的耗油率为

$$\mathrm{SFC_{pr}}=\frac{3600q_{\mathrm{mf}}}{P_{\mathrm{pr}}} \tag{10-5}$$

涡轮螺旋桨发动机的反作用功率通常是很小的，为了不单独计算这个功率，在研究中引入所谓当量功率的概念。当量功率 P_{e} 是设想的一种螺旋桨的轴功率 (此功率大于 P_{pr})，即在给定的飞行状态下，功率 P_{e} 与螺旋桨及喷射气流二者共同产生的推进功率相当。换句话说，假设涡轮螺旋桨发动机的全部推进功率都由螺旋桨产生，那么产生相当于全部推进功率的螺旋桨功率就称为当量功率。根据这个定义，有

$$P_{\mathrm{e}}=P_{\mathrm{pr}}+\frac{F_{\mathrm{j}}C_0}{\eta_{\mathrm{pr}}} \tag{10-6}$$

以及

$$W_{\mathrm{e}}=W_{\mathrm{pr}}+\frac{C_9-C_0}{\eta_{\mathrm{pr}}}C_0 \tag{10-7}$$

显而易见，P_{e} 乘以螺旋桨的效率 η_{pr} 就可以得到式 (10-4) 所表示的发动机的实际推进功率。

由于在试车台条件下，$C_0=0$ 及 $\eta_{\mathrm{pr}}=0$，根据式 (10-6) 来计算 P_{e} 得到的是不定式，因此为了确定发动机在地面台架状态工作时的当量功率，采用实验系数 β_{e}。这个系数是涡轮螺旋桨发动机在地面台架工作时螺旋桨的轴功率与喷射气流的反作用推力之比。现代飞机用的涡轮螺旋桨发动机在起飞状态时 10N 的喷射气流的反作用推力相当于 0.682kW 的螺旋桨的轴功率。由此可得发动机在地面台架状态工作时的当量功率为

$$P_{\mathrm{e0}}=P_{\mathrm{pr0}}+\beta_{\mathrm{e}}F_{\mathrm{j0}}=P_{\mathrm{pr0}}+68.2F_{\mathrm{j0}} \tag{10-8}$$

式中，P_{pr0} (kW) 及 F_{j0}(kN) 是发动机在地面台架工作时所测得的螺旋桨的功率值及喷射气流所产生的反作用推力值。

显然，涡轮螺旋桨发动机所产生的总拉力可由下列关系式来确定：

在飞行中

$$F=\frac{P_{\mathrm{pr}}\eta_{\mathrm{pr}}}{C_0}+F_{\mathrm{j}} \tag{10-9}$$

在地面台架状态工作时

$$F=\frac{P_{\mathrm{pr0}}}{\beta_{\mathrm{e}}}+F_{\mathrm{j0}} \tag{10-10}$$

按当量功率计算的耗油率为

$$\mathrm{SFC_e}=\frac{3600q_{\mathrm{mf}}}{P_{\mathrm{e}}} \tag{10-11}$$

应当指出，涡轮螺旋桨发动机的耗油率 $\mathrm{SFC_e}$ 只是在一定的条件下，即只是在给定螺旋桨效率的条件下，才能确定发动机的经济性。实际上，确定涡轮螺旋桨发动机经济性的总效率为

$$\eta_0=W_{\mathrm{p}}/q_0$$

或

$$\eta_0=P_{\mathrm{p}}/\left(q_{\mathrm{ma}}q_0\right)$$

在涡轮螺旋桨发动机中，对空气的加热量为

$$q_{\mathrm{ma}}q_0=H_{\mathrm{u}}q_{\mathrm{mf}}=\mathrm{SFC_e}\cdot H_{\mathrm{u}}\cdot P_{\mathrm{e}}/3600$$

而 $P_{\mathrm{p}}=P_{\mathrm{e}}\eta_{\mathrm{pr}}$，因此有

$$\eta_0=\frac{3600\eta_{\mathrm{pr}}}{H_{\mathrm{u}}\cdot\mathrm{SFC_e}} \tag{10-12}$$

由上式可见，当量功率的耗油率越小以及螺旋桨的效率越高，则涡轮螺旋桨发动机的总效率就越高。另一方面，涡轮螺旋桨发动机的总效率还可以表示成热效率与螺旋桨效率的乘积，即在 $C_9=C_0$ 的条件下，有

$$\eta_0=\frac{W_{\mathrm{p}}W}{Wq_0}=\frac{W_{\mathrm{p}}W_{\mathrm{pr}}W}{W_{\mathrm{pr}}W_{\mathrm{m}}q_0}=\eta_{\mathrm{pr}}\eta_{\mathrm{m}}\eta_{\mathrm{e}} \tag{10-13}$$

单位当量功率由下列比值来表示：

$$P_{\mathrm{es}}=P_{\mathrm{e}}/q_{\mathrm{ma}} \tag{10-14}$$

现代涡轮螺旋桨发动机在地面台架试车一般能达到如下性能指标：

$$P_{\mathrm{es}}=330\sim440\mathrm{kW\cdot s/kg}$$

$$\mathrm{SFC_e}=0.22\sim0.35\mathrm{kg/(kW\cdot h)}$$

10.2　工作过程参数对单位性能参数的影响及其选择

涡轮螺旋桨发动机的工作过程参数 π_{k}^*、T_3^* 对单位性能参数 P_{es} 以及 $\mathrm{SFC_e}$ 的影响可以根据近似关系式比较直观地进行定性分析。如果取 $C_9=C_0$，则可以得到

$$P_{\mathrm{es}}\approx W;\quad \mathrm{SFC_e}=\frac{3600q_0}{H_{\mathrm{u}}\cdot W}$$

由上式可知，涡轮螺旋桨发动机的单位功率和 π_k^*、T_3^* 的变化关系与可用功对这些参数的变化关系相同。又由于涡轮螺旋桨发动机的工作过程与涡轮喷气发动机是相同的，因此 W 与这两种发动机的工作过程参数的关系也是相同的。由此可得，涡轮喷气发动机中有关可用功、单位推力与 π_k^*、T_3^* 的关系对于涡轮螺旋桨发动机的可用功、单位功率也都是适用的，而且与发动机是涡轮螺旋桨发动机还是涡轮轴发动机无关。

这就是说，对涡轮螺旋桨发动机而言，存在着一个由式 (3-13) 所确定的 $\pi_{k,opt}^*$，当 T_3^* 升高或 T_0 降低时，$\pi_{k,opt}^*$ 是提高的。在 $T_3^* = \text{const}$ 的条件下，当 $\pi_k^* < \pi_{k,opt}^*$ 时，P_{es} 随 π_k^* 的升高而增大，但是当 π_k^* 比较高时，P_{es} 就开始减小。

图 10-2 所示的是 P_{es} 与 π_k^* 及 T_3^* 的关系曲线。由图可见，在提高 π_k^* 的同时提高 T_3^* 是增大涡轮螺旋桨发动机的可用功及单位功率的一种有效方法。而且虽然涡轮螺旋桨发动机可用功增大的程度与涡轮喷气发动机中的一样，但是单位功率的增大却比涡轮喷气发动机中单位推力的增大要多。这是由于在涡轮螺旋桨发动机中 $P_{es} \approx W$，而涡轮喷气发动机中却是 $F_sC_0 = W\eta_p$。在涡轮喷气发动机中，在飞行速度一定时，F_s 的增大必定是排气速度 C_9 提高而引起的，因此这时推进效率 η_p 是下降的。即在涡轮喷气发动机中，当 T_3^* 提高时，F_s 增大的程度比 W 增大的程度小。

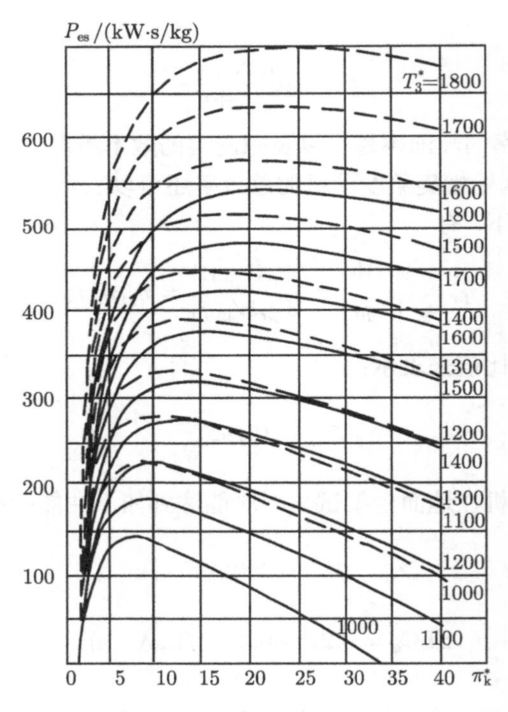

图 10-2　单位当量功率与工作过程参数的关系曲线

实线：$H = 0$，$Ma_0 = 0$；虚线：$H = 11\text{km}$，$Ma_0 = 0.75$

在目前所能达到的涡轮前燃气温度 (1300 ~ 1400K) 的水平下，在 $H \geqslant 11\text{km}$ 的飞行状态下，$\pi_{k,opt}^* \approx 12 \sim 15$。而 $P_{es,max}$ 值则可达 370 ~ 430kW·s/kg。

图 10-3 给出了涡轮螺旋桨发动机的耗油率 SFC_e 与 π_k^*、T_3^* 的关系曲线。由图可见，π_k^*

对 SFC_e 的影响定性来看同在涡轮喷气发动机和涡轮风扇发动机中的情形相同。在给定的 T_3^* 下，当 π_k^* 在 $\pi_{k,ec}^*$ 前升高时，耗油率是下降的；当 π_k^* 达到 $\pi_{k,ec}^*$ 时，耗油率达到最小值；当继续提高 π_k^* 时，耗油率则开始上升。这种变化的原因与涡轮喷气发动机的原因相同，涡轮螺旋桨发动机的最经济增压比 $\pi_{k,ec}^*$ 值随着 T_3^* 的提高而上升。在上面曾指出的 T_3^* 所能达到的水平下，$\pi_{k,ec}^*$ 值可达 $40\sim60$，甚至更高。

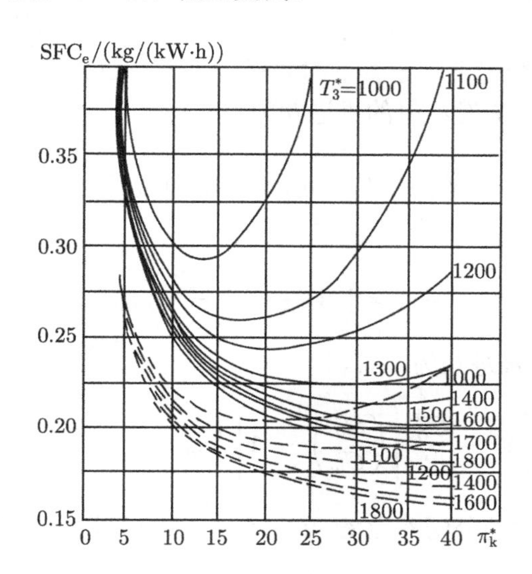

图 10-3　涡轮螺旋桨发动机耗油率与工作过程参数的关系曲线

实线：$H=0$，$Ma_0=0$；虚线：$Ha=11\text{km}$，$Ma_0=0.75$

涡轮螺旋桨发动机的 SFC_e 与 T_3^* 的关系在 $\pi_k^*=\text{const}$ 的条件下，随着 T_3^* 的升高 SFC_e 总是下降的，而在涡轮喷气发动机中，每一个 π_k^* 值都对应有一个能得到 SFC_e 最小值的确定的最经济涡轮前燃气温度 T_{3ec}^* 值。这是因为在涡轮喷气发动机中，随着 T_3^* 升高，可用功的增加使热效率 η_e 提高，但余速损失的增加又使推进效率 η_p 有较大下降，当 T_3^* 较高 $(T_3^*>T_{3ec}^*)$ 时就会导致总效率 $\eta_0=\eta_e\eta_p$ 下降，发动机的经济性就会恶化。在涡轮螺旋桨发动机中，推进功主要是由螺旋桨产生的，而螺旋桨的效率 η_{pr} 与 T_3^* 无关，因此涡轮螺旋桨发动机的总效率 $\eta_0=\eta_e\eta_{pr}\eta_m$，当温度 T_3^* 提高时，η_0 提高的程度与这时热效率 η_e 提高的程度相同。由于存在这样一个特点，涡轮螺旋桨发动机中，可以用提高 T_3^* 的方法来改善发动机的经济性。由图 10-3 可见，在发动机设计时，同时提高 T_3^* 和 π_k^* 就能保证大幅度地改善涡轮螺旋桨发动机的经济性。供货机和客机用的涡轮螺旋桨发动机在 $T_3^*=1300\sim1500\text{K}$ 时的增压比是 $\pi_k^*=13\sim25$。温度 T_3^* 的选择不仅取决于发动机的经济性及尺寸、质量的要求，而且还受发动机寿命的影响。涡轮螺旋桨发动机的寿命已达 $5000\sim6000\text{h}$。

10.3　涡轮螺旋桨发动机可用功分配

涡轮螺旋桨发动机的可用功被消耗在带动螺旋桨及增大流过发动机的气流的动能上。在发动机设计及对发动机进行相应的调节时，可用功在螺旋桨与喷射气流之间的分配可以是各种各样的。

可用功的合理分配应当是能使涡轮螺旋桨发动机得到最大的推进功，能达到这一要求的可用功分配称为可用功的最佳分配。

现在来确定涡轮螺旋桨发动机可用功的最佳分配条件。1kg/s 气流经发动机所获得的可用功在螺旋桨与喷射气流之间的分配可以用参数 W_{pr} 及 $\left(C_9^2-C_0^2\right)/2$ 来给定，或者在给定的飞行速度下，由参数 C_9/C_0 来给定。在下面的讨论中，可用功的分配用参数 C_9/C_0 来表示，同时还认为螺旋桨在给定飞行速度下的效率 $\eta_{\mathrm{pr}}=\mathrm{const}$。

由式 (10-3)，涡轮螺旋桨发动机的推进功为

$$W_{\mathrm{p}}=W_{\mathrm{pr}}\cdot\eta_{\mathrm{pr}}+\left(C_9-C_0\right)C_0$$

而传递给螺旋桨的功为

$$W_{\mathrm{pr}}=\left(W-\frac{C_9^2-C_0^2}{2}\right)\eta_{\mathrm{m}}$$

因此涡轮螺旋桨发动机的推进功为

$$W_{\mathrm{p}}=\left\{W-\frac{C_0^2}{2}\left[\left(\frac{C_9^2}{C_0^2}\right)^2-1\right]\right\}\eta_{\mathrm{m}}\eta_{\mathrm{pr}}+C_0^2\left(\frac{C_9}{C_0}-1\right) \tag{10-15}$$

将式 (10-15) 对可用功的分配参数 C_9/C_0 求导，并取一阶导数为零，于是可得可用功的最佳分配条件

$$\left(\frac{C_9}{C_0}\right)_{\mathrm{opt}}=\frac{1}{\eta_{\mathrm{m}}\eta_{\mathrm{pr}}} \tag{10-16}$$

由条件式 (10-16) 可知，C_0 越高及 η_{pr} 越低，则合理地传给喷管加速气流的那部分可用功就越大，即这时涡轮 π_{t}^* 是下降的，而喷管 π_{e} 则是上升的。相反，C_0 越低及 η_{pr} 越高，则应当传给螺旋桨的那部分可用功就越大，因此剩下来用以增大喷管气流动能的那部分可用功就越小。出现这种情况是由下述原因所决定，即当 C_0 提高时，气流的动能转变为推进功的效率 (即作为喷气发动机的涡轮螺旋桨发动机的推进效率) 提高了，然而由于 η_{pr} 的下降，W_{pr} 转变为推进功时的损失就增大了。当 C_0 降低时，情况则相反。

在试车台状态下，因 $\eta_{\mathrm{pr}}=0$，不能用式 (10-16) 来计算涡轮螺旋桨发动机的最佳排气速度。这时可根据得到涡轮螺旋桨发动机最大拉力这个条件来确定台架状态下的最佳排气速度 $C_{9\mathrm{opt}}$。

在台架状态下，涡轮螺旋桨发动机的拉力为

$$\begin{aligned}F&=F_{\mathrm{p}}+F_{\mathrm{j}}\\&=q_{\mathrm{ma}}\left[\left(W-\frac{C_9^2}{2}\right)\eta_{\mathrm{m}}/\beta_{\mathrm{e}}+C_9\right]\\&=P_{\mathrm{pr}}/\beta_{\mathrm{e}}+q_{\mathrm{ma}}\left(C_9-C_0\right)\end{aligned}$$

将上式对 C_9 求导，并取一阶导数等于零，则可得台架状态下的最佳排气速度为

$$C_{9\mathrm{opt}}=\frac{\beta_{\mathrm{e}}}{\eta_{\mathrm{m}}} \tag{10-17}$$

若忽略机械传动等损失，则

$$C_{9\text{opt}} \approx \beta_{\text{e}} \approx 70$$

这时仅有 1%～2%的可用功用于增加气流的动能，而 98%～ 99%的可用功传给螺旋桨。由此可见，在试车台状态下，要保证能得到 $C_{9\text{opt}}$，则燃气在涡轮中需要有很大的过渡膨胀 (因为一般情况下涡轮出口的气流速度不低于 200m/s)。涡轮后必须装一个扩张比很大的扩压器，扩压器出口的截面积比涡轮出口面积要大 3 倍左右。这样发动机的轮廓尺寸增大，而且飞行中可能导致拉力的显著下降及经济性的显著恶化。

在实际发动机中，通常选 $C_9 > C_{9\text{opt}}$。计算表明，这种情况下 P_{e} 或 F 变化不大，而涡轮中的焓降减小使发动机的尺寸、质量的矛盾得以缓和。因此，实际的涡轮螺旋桨发动机可用功的分配中，适当提高给增加气流动能增量部分的可用功比例。通常为 85%～ 90%传给螺旋桨，而 15%～10%用来增大流经发动机气流的动能。

10.4　涡轮螺旋桨发动机调节的特点和各部件共同工作的特点

涡轮螺旋桨发动机及涡轮轴发动机，在其稳定工作状态时的调节任务基本上与涡轮喷气发动机和涡轮风扇发动机一样。采用的调节规律在发动机最大工作状态时能保证具有最大的功率，而在巡航状态时则能保证有最好的经济性，此外还需防止发动机各部件工作的过载及不稳定，以保护发动机。

10.4.1　带自由涡轮的发动机调节及共同工作特点

带自由涡轮的发动机所具有的调节规律及其燃气发生器各部件的共同工作条件与调 $n = \text{const}$、$A_9 = \text{const}$ 的单轴涡轮喷气发动机或者双轴涡轮喷气发动机的高压转子等所具有的并没有什么不同。关键是自由涡轮各级导向器中的压降接近临界压降。这样，实际上在发动机所有的工作状态下都能保证燃气发生器涡轮的膨胀比 $\pi^*_{\text{t}\cdot\text{k}}$ 保持恒定不变。因此，在几何不可调的情况下，燃气发生器唯一的调节中介就是 q_{mf}。这时作为被调参数，可以选燃气发生器转子的转速 $n_{\text{t,k}}$，也可以选温度 T^*_3(或 T^*_4)。所有绘制共同工作线的规则仍然与 $A_9 = \text{const}$ 的条件下绘制涡轮喷气发动机的共同工作线一样。

在燃气发生器涡轮特性曲线图上的工作点 (在涡轮通道不可调节的条件下) 的位置实际上是不变的，这是因为 $\pi^*_{\text{t,k}} = \text{const}$，而 $T^*_3 \approx \text{const}\ n^2$，因此 $n_{\text{t,k}}/\sqrt{T^*_3} \approx \text{const}$，从而也就保证了燃气发生器的工作状态相似。但是自由涡轮却能在很广泛的范围内改变工作状态，这一点在分析所研究的发动机特性时应当加以考虑。

自由涡轮的特性通常是和尾喷管一起组成联合特性，而且绘制成为燃气在自由涡轮和尾喷管中的总膨胀比 $\pi^*_{\text{t,c}}$ 与自由涡轮的换算转速 $n_{\text{t,c,cor}}$ 的关系曲线，如图 10-4 所示。图中 $\eta_{\text{t,c}}$ 是自由涡轮的效率，这些曲线是考虑了尾喷管中的损失而计算出来的。图中的箭头表示的是当发动机的工作状态及外界大气条件改变时工作点的移动方向。点 A 所对应的是发动机设计状态，若直升机旋翼的转速保持恒定不变，这时所对应的条件是 $n_{\text{t,c}} = \text{const}$，于是当燃气发生器节流时，由于 $n_{\text{t,k}}$ 的下降，使 T^*_3 及 T^*_4 都下降。在这种情况下，$n_{\text{t,c,cor}}$ 与 $1/\sqrt{T^*_4}$ 成正比地提高。从另一方面看，由于 π^*_{k} 的下降 (在 $\pi^*_{\text{t,k}} = \text{const}$ 的条件下)，$\pi^*_{\text{t,c}}$ 也是降低的。这样，自由涡轮特性曲线图上的工作点将沿着 AE 线移动。这时，由于偏离了设计工作状态，$\eta_{\mathrm{t,c}}$ 是降低的，如图 10-4 所示，这将会使发动机在巡航状态的经济性恶化。在 $n_{\mathrm{t,c}}=\mathrm{const}$ 的条件下，当 $n_{\mathrm{t,c}}$ 改变时，工作点沿着 AC 线及 AC' 线移动。这时燃气发生器的工作状态与自由涡轮进口的参数并不改变，因此 $\pi_{\mathrm{t,c}}^*=\mathrm{const}$，但 $n_{\mathrm{t,c,cor}}$ 却与 $n_{\mathrm{t,c}}$ 成正比地改变。

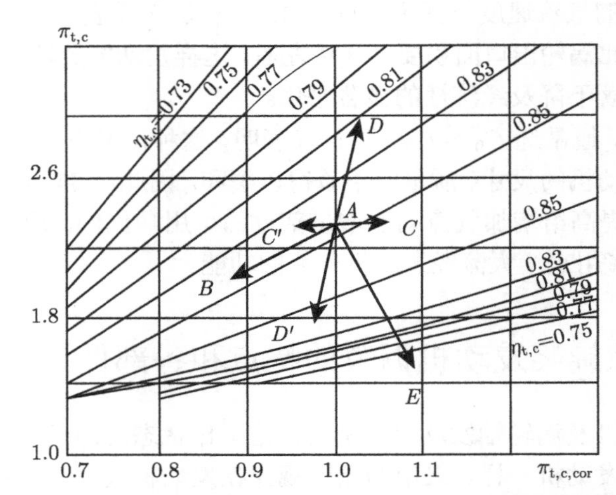

图 10-4　当发动机工作状态及外界大气条件改变时，共同工作点在自由涡轮特性曲线中的移动

AD 线及 AD' 线所对应的是 T_0 改变时自由涡轮的工作状态。例如，当 T_0 降低时，在 $n_{\mathrm{t,k}}$ 及 $n_{\mathrm{t,c}}$ 保持不变的条件下，会改变工作点在压气机特性曲线图上的位置。由于这时 $n_{\mathrm{t,k,cor}}$ 是提高的，所以工作点是向 π_{k}^* 提高的方向移动。由于上述的原因，加之 $\pi_{\mathrm{t,k}}^*=$ 常数，所以 $\pi_{\mathrm{t,c}}^*$ 是提高的，这时温度 T_3^* 及与之对应的温度 T_4^* 变化得很少。在高 π_k^* 值的情况下，当 T_0(或 T_1^*) 降低时，温度 T_3^* 通常是降低的，这就会引起 T_4^* 的降低，致使 $\bar{n}_{\mathrm{t,c,cor}}$ 有些增大，如图 10-4 所示。

为了保证具有自由涡轮的燃气涡轮发动机的功率最大，首先要保证发动机的燃气发生器处于最大的工作状态并保持不变。为此，同 $\pi_{\mathrm{t}}^*=\mathrm{const}$ (即 $n=\mathrm{const}$、$A_9=\mathrm{const}$) 的一般单轴涡轮喷气发动机一样，采用下列调节规律

$$n_{\mathrm{t,k}}=\mathrm{const}\quad(\pi_{\mathrm{t,k}}=\mathrm{const})\tag{10-18}$$

或

$$T_3^*=\mathrm{const}\quad(\pi_{\mathrm{t,k}}=\mathrm{const})\tag{10-19}$$

采用调节规律式 (10-18) 时 T_3^* 的变化程度，或采用调节规律式 (10-19) 时 $n_{\mathrm{t,k}}$ 的变化程度，都取决于压气机的设计参数及其调节的特点。例如，在 $n_{\mathrm{t,k}}=\mathrm{const}$，压气机几何不可调的条件下，$T_3^*$ 的变化可由图 4-16 的曲线来确定。第 4 章中关于压气机的喘振裕度随 T_1^* 变化的全部内容也仍然合适。

举例来说，根据给定的燃气发生器的转速值就可确定最有利的自由涡轮轴的转速 (以角标 “ec” 表示最有利的)，从而也就确定出耗油率最低的最有利的旋翼转速。在这种情况下，调节中介是旋翼桨叶的安装角。例如，当安装角 φ 增大时，旋翼的负荷就会加大，因而其转

速就会降低。所以，具有自由涡轮的燃气涡轮发动机在最大状态时的调节规律可表示为

$$n_{\mathrm{t,k,max}} = \mathrm{const};\quad n_{\mathrm{t,c}} = n_{\mathrm{t,c,ec}} \tag{10-20}$$

或

$$T_{3\,\mathrm{max}}^{*} = \mathrm{const};\quad n_{\mathrm{t,c}} = n_{\mathrm{t,c,ec}} \tag{10-21}$$

在双轴式发动机中，高压转子所服从的全部规律与 $\pi_{\mathrm{t}}^{*} = \mathrm{const}$ 时的单轴涡轮喷气发动机所采用的规律相同，或者与任何方案的双轴涡轮喷气发动机的高压转子所采用的规律相同。至于低压转子的情况，这时补充调节中介 φ 能保证高、低压转子的转速比会很有利地进行变化，从而能提高低压压气机的喘振裕度 ΔK_y，并能使发动机的经济性得到一些改善。

10.4.2　单轴涡轮螺旋桨发动机和几何不可调涡轮轴发动机的调节及共同工作特点

单轴涡轮螺旋桨发动机和几何不可调的涡轮轴发动机的特点是在这两种发动机中存在着两个独立的调节中介 q_{mf} 及 φ。这两个独立的调节中介能使发动机的两个被调参数保持常数或者按一定规律进行变化。所以，在这种发动机中，最大工作状态的调节规律是 (在 $A_9 = \mathrm{const}$ 的条件下)

$$n_{\max} = \mathrm{const};\quad T_{3\,\mathrm{max}}^{*} = \mathrm{const} \tag{10-22}$$

或

$$n_{\max} = \mathrm{const};\quad T_{4\,\mathrm{max}}^{*} = \mathrm{const} \tag{10-23}$$

在压气机特性曲线图上绘制调节规律为式 (10-22) 的共同工作线的方法与单轴涡轮喷气发动机中的一样。在这些发动机中，从最大功率状态 (图 10-5 中的 A 点) 过渡到降低的工作状态可以在下述的几种调节规律下实现：在 $n = \mathrm{const}$ 的调节规律下 (曲线 AA')；在 $T_3^{*} = \mathrm{const}$ 的调节规律下 (曲线 AB)，或者在诸如燃气温度的变化规律与在具有自由涡轮的发动机中的燃气温度变化规律 $T_3^{*} \approx \mathrm{const}\ n^2$ 相同的中介规律下 (曲线 AC)；也可以在 T_3^{*} 下降得比较急剧的调节规律下 (曲线 AD) 以及其他的调节规律下等。上述每一种调节规律所对应的共同工作线是不同的。

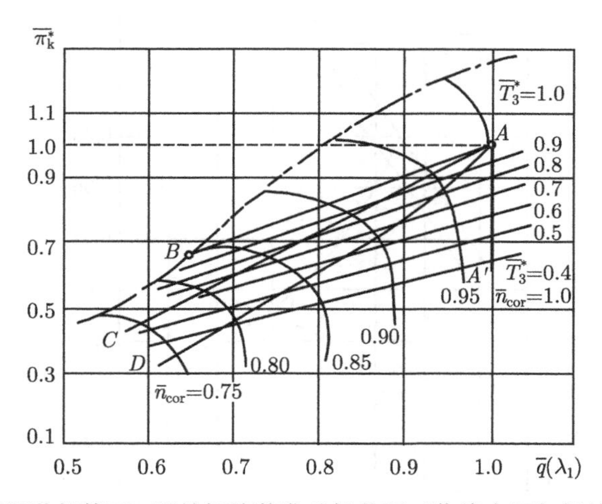

图 10-5　在不同调节规律下，涡轮螺旋桨发动机共同工作线在压气机特性曲线上的位置

10.5　涡轮螺旋桨发动机的节流特性

节流特性是在一定的飞行条件下，涡轮轴发动机和涡轮螺旋桨发动机的功率和耗油率随发动机工作状态 (节流程度) 的变化关系。

在上一节中曾指出，发动机的节流特性与调节规律有关。对几何不可调的涡轮喷气发动机，其调节中介仅供油量 q_{mf} 一个，改变 q_{mf} 的大小，使发动机转速改变，发动机的工作状态也就随之而定。几何不可调的涡轮螺旋桨发动机和涡轮轴发动机，除了供油量 q_{mf} 以外，还有一个调节中介螺旋桨的桨叶角 (或旋翼的安装角) φ，因此涡轮螺旋桨发动机通常有两个调节器，一个是转速调节器，通过改变桨叶角 (桨距) 来保持转速一定或改变转速；一个是燃油量调节器，通过改变燃油量 q_{mf} 使 T_3^* 一定或按一定的规律变化。下面我们来研究飞行中的单轴涡轮螺旋桨发动机的节流特性。

在多数情况下，单轴涡轮螺旋桨发动机的节流是在 $n=\mathrm{const}$ 的条件下进行的，并且节流特性的表现形式是 P_{e} (或 P_{pr}) 及 $\mathrm{SFC_e}$ 与供油量的关系 (图 10-6)。飞行条件一定，$n=\mathrm{const}$，也就是 $n_{\mathrm{cor}}=\mathrm{const}$，在 n_{cor} 恒定的条件下，减小供油量 q_{mf}，使 T_3^* 下降，导致压气机特性曲线图上的共同工作点将沿着 $n_{\mathrm{cor}}=\mathrm{const}$ 线向 π_{k}^* 下降的方向移动，如图 10-5 中所示 AA' 线。在这种情况下，π_{t}^* 及 π_{e} 都是下降的，而空气流量 q_{ma} 的变化由压气机特性形状决定，或者基本上不变，或者是增大。

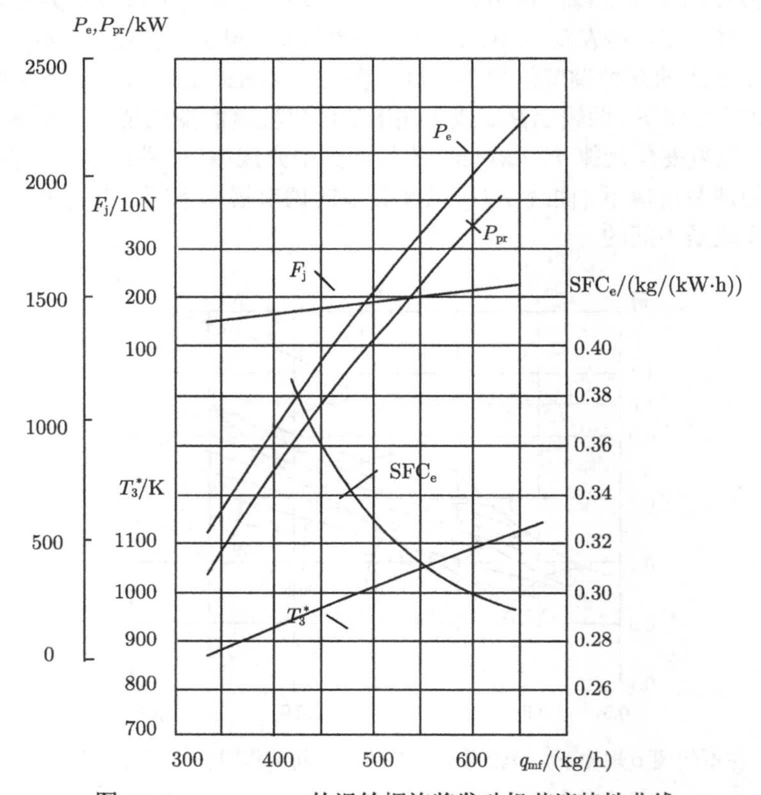

图 10-6　$n=\mathrm{const}$ 的涡轮螺旋桨发动机节流特性曲线

显然，降低 π_{k}^* 及 T_3^* 会导致发动机可用功及单位功率的减小，因而将使 P_{e}、P_{pr} 及 F_{j} 减小。而 π_{k}^*、T_3^* 的降低使发动机的热效率下降，工作点偏离设计状态又使各部件效率下降，这些都促使了耗油率 $\mathrm{SFC_e}$ 的增加。

在 $n=\mathrm{const}$ 的条件下节流涡轮螺旋桨发动机的一个很大优点是在加速状态时有可能保证发动机有良好的加速性。因为发动机功率的增加是在转子不超转的情况下实现的，加速的时间只是由螺旋桨桨叶调转的速度及燃油装置动作的迅速程度所决定。这种节流方法的另一个优点是压气机的喘振裕度 ΔK_y 增大。但它也存在着部件效率下降较多的缺点。

节流涡轮螺旋桨发动机另一种可能的极端方法是，在 $T_3^*=\mathrm{const}$ 的条件下，降低转子的转速 (沿着图 10-5 上的 AB 线)。在这种情况下，由图 10-5 可见，沿着 $\overline{T}_3^*=1.0$ 射线移动的工作点能迅速地达到压气机的喘振边界。发动机这种节流方法的另一个缺点是：由于需要大的剩余功率以带动带螺旋桨的转子及加速过程中提高 T_3^* 的可能性不大，所以发动机的加速性不好。此外，发动机在低状态工作时还有很大的热负荷。由于上述原因，同涡轮喷气发动机一样，这种调节规律在涡轮螺旋桨发动机中实际上并没有被采用。

在上面这两种极端的调节之间，可以实施许多中介的调节规律，这些调节规律的特点是当 n 下降时，T_3^* 随之下降的速度不同，如图 10-5 中的 AC、AD 线。从 T_3^* 下降速度不同的诸多调节规律中就可以得到给定发动机功率节流下能保证得到 SFC 最小值的最佳的节流调节规律。节流的最佳调节规律取决于很多因素——发动机的设计参数、飞行状态、各特性的特点及压气机的调节规律等。但是分析表明，脱离最佳的节流并不会使涡轮螺旋桨发动机的经济性有很大的恶化，而实施最佳的节流却需要有复杂的控制 n 和 T_3^* 等的系统。正是由于这个原因，在 $n=\mathrm{const}$ 的调节规律下节流发动机，在单轴涡轮螺旋桨发动机中得到广泛采用。

在 $n=\mathrm{const}$ 的调节规律下，只用降低 T_3^* 的方法来进行涡轮螺旋桨发动机的节流，需要有很大的桨叶角 φ 的变化范围，无疑这将有一定困难。此外，采用这种调节规律，即使是在慢车状态，发动机也必须在 $n=n_{\max}$ 下工作。由于上述原因，许多涡轮螺旋桨发动机中采用复合的调节规律：起始，当螺旋桨定位在最小桨距限动器之前时，发动机在 $n=\mathrm{const}$ 的调节规律下，用降低 T_3^* 的方法进行节流，而当功率下降到一定值以后则在 $\varphi=\varphi_{\max}=\mathrm{const}$ 的调节规律下，用降低 n 及 T_3^* 的方法来进行节流。这样做既能利用调节规律 $n=\mathrm{const}$ 的优点 (良好的经济性及加速性、喘振裕度大及热力负荷小等)，也能利用 $\varphi_{\min}=\mathrm{const}$ 调节规律便于实施的优点。在这复合调节规律下，作用在发动机零件上的热力负荷及机械负荷都是下降的。

图 10-7 所示为采用复合调节规律的单轴涡轮螺旋桨发动机的节流特性曲线。发动机在 $\overline{P}_{\mathrm{e}}\approx 0.2$ 额定状态之前，只用降低 T_3^* 的方法进行节流，而往后则在 $\varphi_{\min}=\mathrm{const}$ 的调节规律下，用降低 T_3^* 和 n 的方法来进行节流。

在大节流的状态下，涡轮的总膨胀比下降，各级涡轮之间重新进行功的分配，最后几级涡轮在严重负荷不足的情况下工作，致使最后几级的效率，甚至整个涡轮的效率都是下降的，这时涡轮出口气流的转折加大，排气装置中的损失系数随之增大，这必然会导致单轴涡轮螺旋桨发动机经济性的恶化。双轴涡轮螺旋桨发动机的方案在某种程度上能消除上述这些缺点。

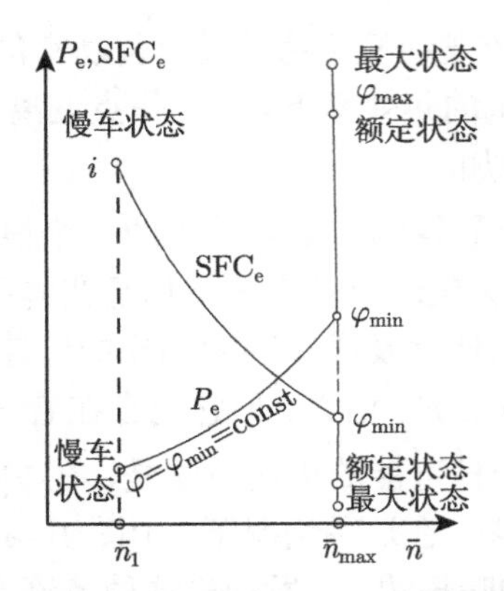

图 10-7　涡轮螺旋桨发动机采用复合调节规律时的节流特性曲线

10.6　涡轮螺旋桨发动机的速度、高度特性

涡轮轴发动机和涡轮螺旋桨发动机的速度、高度特性可以用相同的计算方法求得。在计算时必须注意下列两点：

(1) 涡轮螺旋桨发动机和涡轮轴发动机尾喷管中的压力降低于临界值，气流在尾喷管出口的速度为亚声速，涡轮膨胀比的变化范围相当大，在特性计算中必须考虑涡轮特性，否则会引起相当大的误差。

(2) 螺旋桨是涡轮螺旋桨发动机的重要组成部分之一。计算中要考虑螺旋桨的效率随飞行条件和发动机工作状态的变化，即要考虑螺旋桨特性 (或负荷的特性)。图 10-8 所示为某一转速下的螺旋桨特性。纵坐标 β 是螺旋桨的功率系数：

$$\beta=\frac{P_{pr}}{\rho_0 n_{pr}^3 D_{pr}^5} \tag{10-24}$$

式中，n_{pr}、D_{pr} 分别为螺旋桨的转速和直径；ρ_0 为大气密度。图中横坐标为飞行速度；参变量 φ 为螺旋桨的桨叶角 (或安装角)；η_{pr} 为螺旋桨的效率。

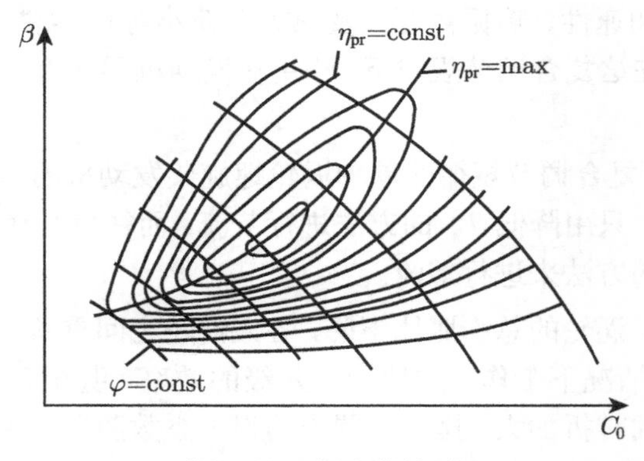

图 10-8　螺旋桨特性

涡轮螺旋桨发动机和涡轮轴发动机的速度、高度特性，也和调节规律有关。我们已经讲过，通常涡轮螺旋桨发动机有转速调节器和燃油量调节器两个调节器。因此在飞行中可以使两个参数按一定规律变化。例如，$n = n_{\max} = \text{const}$，$T_3^* = T_{3\max}^* = \text{const}$。和涡轮喷气发动机不同，这时并不需要调节发动机其他部件的几何面积。如果我们还要使涡轮后的可用功分配为最佳，就需要改变尾喷管的面积。但这将使发动机的质量增加和结构复杂，而且喷射气流的反作用推力所占的分量很小，因此实际上并不采用。

下面，我们以单轴涡轮螺旋桨发动机为例来讨论它的速度、高度特性。

10.6.1　涡轮螺旋桨发动机的速度特性

在飞行高度不变和在选定的调节规律下，发动机在给定工作状态时的 P_e(或 P_{pr} 及 F_j)、SFC_e 与飞行速度的关系称为涡轮螺旋桨发动机的速度特性。图 10-9 给出了涡轮螺旋桨发动机在最大工作状态下，采用 $n = n_{\max} = \text{const}$，$T_3^* = T_{3\max}^* = \text{const}$ 调节规律时，绘制在相对坐标中的速度特性曲线 (高度为 6km 与 11km)。由图可见，在 $H = \text{const}$ 时，P_e 随着 C_0 的提高而增大，而 SFC_e 则随着 C_0 的提高而降低。

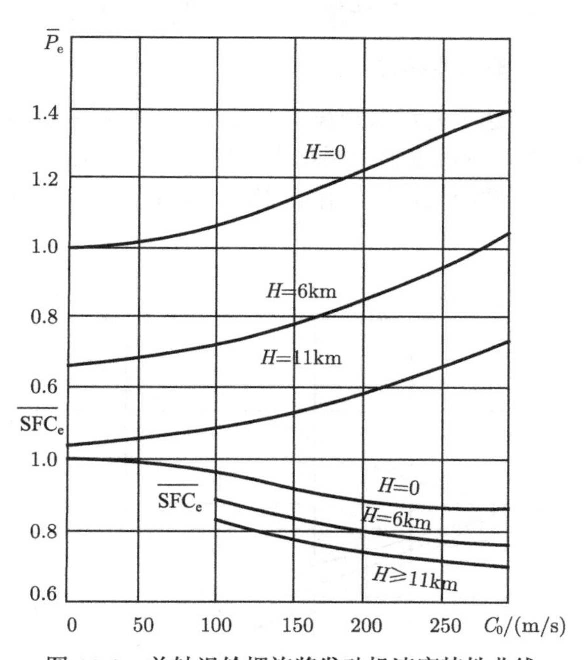

图 10-9　单轴涡轮螺旋桨发动机速度特性曲线

同在涡轮喷气发动机中一样，在 $H = \text{const}$ 的条件下，C_0 的提高会导致总增压比 π_Σ 及涡轮前压力 P_3^* 的提高，因而也就会导致与 P_3^* 成正比的空气流量 q_{ma} 的增大。与涡轮喷气发动机不同，涡轮螺旋桨发动机在起飞及低速飞行的情况下，喷管中的压降是亚临界的，因此当 π_Σ 提高时，π_t^* 及 π_e 都同时提高。这种情况一直持续到喷管中的压降达到临界值为止，喷管中的压降为临界值时所对应的是 $Ma_0 \approx 1.0$。由此可见，在所有的飞行速度范围内，当飞行速度 C_0 提高时，涡轮功 W_t、螺旋桨功 W_{pr} 以及喷管出口速度 C_9 等都是增大的。P_{pr} 随着飞行速度的提高显著增大，主要是通过发动机的空气流量的增加而引起的。

随着飞行速度的提高，和涡轮喷气发动机一样，虽然喷管出口处气流速度 C_9 也增大，但比飞行速度 C_0 增大得要慢，因而 $C_9 - C_0$ 是减小的。对于涡轮螺旋桨发动机来说，它的排气速度本来就比较小，所以 $C_9 - C_0$ 下降更快，甚至空气流量的增加也不能抵偿。因此，随着飞行速度的提高喷射气流的反作用推力 F_{j} 是减小的。显然，P_{e} 随飞行速度提高将增加得比 P_{pr} 慢。

随着飞行速度的提高，涡轮螺旋桨发动机的耗油率 $\mathrm{SFC_e}$ 是下降的。其原因是空气增压比的提高，改善了发动机热力循环中热量的利用。但是这并不意味着飞行速度越大，采用涡轮螺旋桨发动机越有利。因为螺旋桨的功率和螺旋桨的拉力之间的关系为

$$P_{\mathrm{pr}}\eta_{\mathrm{pr}} = F_{\mathrm{pr}}C_0$$

即使 $\eta_{\mathrm{pr}} = 1.0$，螺旋桨产生的拉力 F_{pr} 也是随着飞行速度的提高而下降的，何况飞行速度提高时，η_{pr} 是下降的，特别是接近声速时，η_{pr} 急剧下降，致使涡轮螺旋桨发动机的拉力将急剧减小，经济性也就会恶化。这就是为什么涡轮螺旋桨发动机在低速飞行时经济性比其他类型的燃气涡轮发动机都要好，但它又只能用于亚声速飞行的原因。

10.6.2　涡轮螺旋桨发动机的高度特性

在飞行速度不减以及在选定的调节规律等条件下，发动机在给定工作状态时的 P_{e} (或者 P_{pr} 与 F_{j}) 以及 $\mathrm{SFC_e}$ 与飞行高度的关系称为涡轮螺旋桨发动机的高度特性。

图 10-10 为涡轮螺旋桨发动机最大工作状态时，采用 $n = n_{\max} = \mathrm{const}$，$T_3^* = T_{3\max}^* = \mathrm{const}$ 时的高度特性曲线。

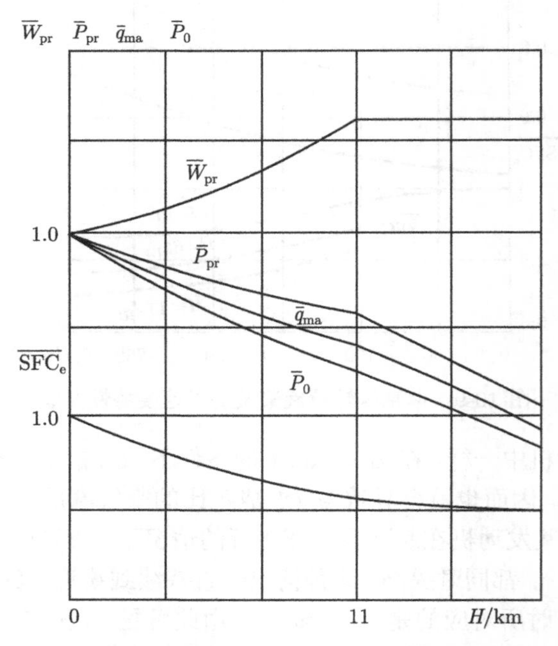

图 10-10　涡轮螺旋桨发动机高度特性曲线

由图 10-10 可见，在 11km 以下的高度范围内，随着飞行高度的提高 P_e 是下降的，SFC_e 也是下降的。随着飞行高度的提高，P_e 下降的主要原因是由于涡轮前燃气压力 P_3^* 的下降，从而使空气流量 q_{ma} 有显著减小的缘故。在 11km 以下的高度范围内，由图可见发动机功率与推力等的减小比较缓慢。其原因一方面是由于随着飞行高度的增大，外界温度下降，发动机的增压比 π_k^* 提高，从而使螺旋桨功 W_{pr} 及单位流量的反作用推力都增大。另一方面是外界大气温度下降，在 T_3^* 一定时，空气的加热比 Δ 提高的缘故。当 $H > 11$km 时，π_k^* 及 Δ 始终保持不变，螺旋桨功及单位反作用推力就不再增加，P_e (还有 P_{pr} 及 q_{ma}) 减小的速度就会加剧。在 11km 以下，随着飞行高度增大，SFC_e 下降的原因是由于 π_k^* 提高，使循环中热量的利用得到改善的缘故。在飞行高度大于 11km 时，如果空气密度的降低对 η_{pr} 没有影响，并且雷诺数 Re 的减小对发动机的工作过程也没有影响的话，则理论上讲 SFC 是没有变化的。

10.6.3　高空涡轮螺旋桨发动机

由涡轮螺旋桨发动机的速度、高度特性可以看出，飞行速度越大及飞行高度越低，则传递到空气螺旋桨轴上的功率就越大。减速器的设计状态就是由所需传递的最大功率来确定的。不难想象，如果按地面起飞状态来设计发动机及减速器，不仅减速器的轮廓尺寸和质量显著增大，而且在空中工作时，发动机的强度有富余，减速器也因要传递的功率小于设计值而没有发挥应有的性能。为了解决这个问题，在涡轮螺旋桨发动机中，减速器的设计不是根据最大功率 $P_{pr,max}$ 来进行，而是根据某个比较小的 (设计的) 功率 $P_{pr,d}$ 值来进行，$P_{pr,d}$ 值是根据飞机在给定状态下飞行的要求而确定的，或者经常是根据能保证飞机有满意的起飞性能这个条件而确定的。

能对所产生的最大功率进行限制的涡轮螺旋桨发动机称为高空涡轮螺旋桨发动机。大部分使用的涡轮螺旋桨发动机都是高空涡轮螺旋桨发动机。这种发动机在给定的飞行速度下，在某一高度以下，螺旋桨轴上的最大功率为一常数，不随飞行高度的降低而增大，这一高度称为功率限制的设计高度，发动机的减速器按这一高度的最大功率来设计。在这一高度以下，用降低转速或降低涡轮前燃气温度的方法进行节流发动机，使螺旋桨轴上的功率不超过最大允许值。当飞行高度大于功率限制的设计高度时，发动机在最大状态仍是以最大的工作过程参数进行工作。显然，高空涡轮螺旋桨发动机比按地面最大功率设计而在设计高度有相同功率的涡轮螺旋桨发动机的质量轻，尺寸小。

图 10-11 是某高空涡轮螺旋桨发动机的高度特性曲线。这一发动机的功率限制的设计高度是 3.8km，当飞行高度由零增大至 3.8km 时，T_3^* 增大，使得 P_{pr}、P_e 近似地保持为常数 (地面的 T_3^* 不应是涡轮强度所允许的最高 T_3^*)。这时单位功率也是增大的，且因 T_3^* 的增大而增加得比较快，如图 10-12 所示。

当飞行高度由 3.8km 增大到 11km 时，保持 $T_3^* = \text{const}$，这和前面讲的高度特性没有什么差别，功率随高度增加而下降，单位功率随高度增加而增大。

当飞行高度大于 11km 时，单位功率不变。但是实际上，由于 Re 数的减小使涡轮、压气机的效率降低，所以单位功率随高度升高而降低，如图 10-12 中曲线 2 所示。功率随高度的增加下降得更快，如图 10-11 所示。

雷诺数 Re 对涡轮螺旋桨发动机的影响比对涡轮喷气发动机的影响要大。这是因为涡轮螺旋桨发动机中涡轮的焓降大。特别是小尺寸的涡轮螺旋桨发动机，在飞行高度低于 11km 时，单位功率就开始降低了。

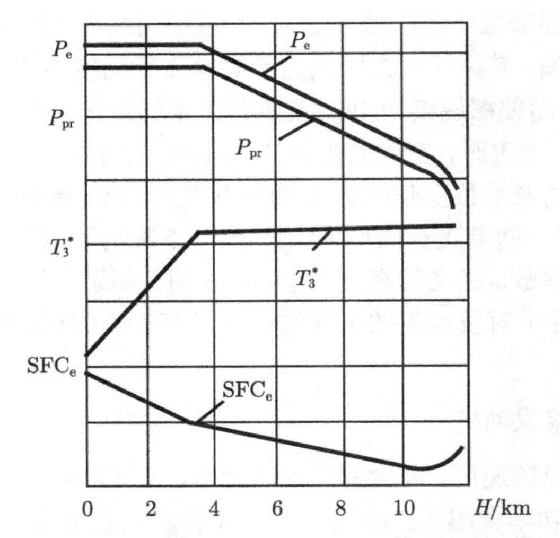

图 10-11　高空涡轮螺旋桨发动机高度特性曲线

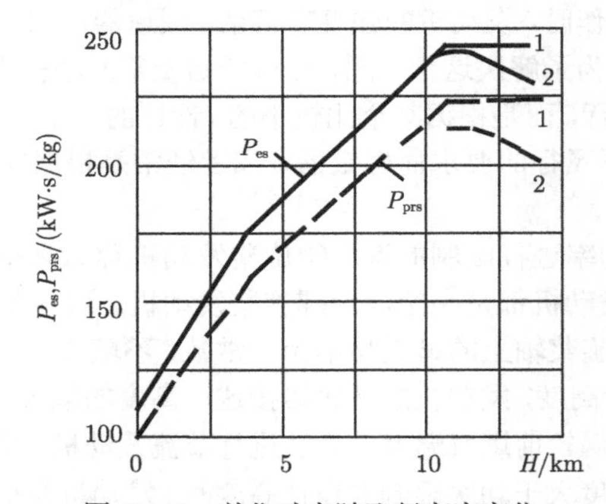

图 10-12　单位功率随飞行高度变化

耗油率 SFC_e 随飞行高度的增加是降低的。在 $H = 0 \sim 3.8$km 时，由于 T_3^* 是增加的，故 SFC_e 下降较快。在 $H > 3.8$km 后，SFC_e 下降较慢。在高空，由于雷诺数的减小和燃烧室的燃烧系数的减小，SFC_e 将有所增加。

最后应指出的是我们在上面所讨论的涡轮螺旋桨发动机的特性，都是以调节规律为 $n =$ const、$T_3^* =$ const 的单轴涡轮螺旋桨发动机为例进行讨论的。实际上即使是单轴涡轮螺旋桨发动机，正如前面节流特性中所指出的，也还可以有其他的调节规律。例如，采用中介调节规律，同时改变转速和供油量，使发动机的经济性最好。图 10-13 是涡轮螺旋桨发动机的 SFC_e 和换算转速、换算涡轮前燃气温度的关系。如果按图中虚线所示的规律调节发动机，可以使 SFC_e 最低，它可以由同时改变 n 和 T_3^* 来实现，但在实现这一调节规律时，还必须保证发动机不超过允许的使用极限：最大转速、最大 T_3^*、最大 P_{pr}、压气机不喘振、燃烧室不熄火，并有良好的使用性能。要满足这些要求，正如前面所指出的，无疑会增加调节系统的复杂性。

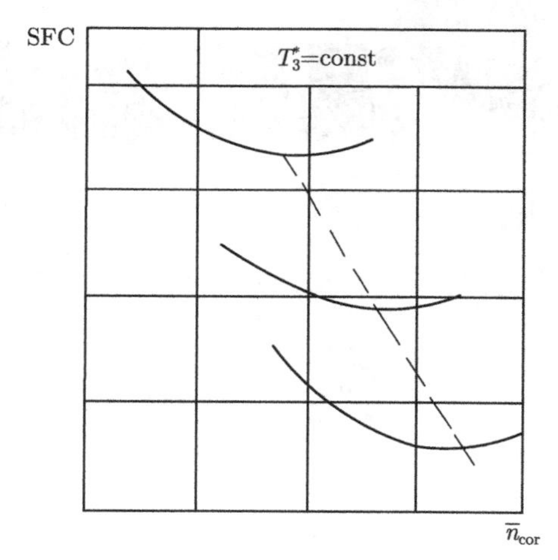

图 10-13　涡轮螺旋桨发动机的最经济调节规律

复习思考题

1. 试比较涡轮螺旋桨发动机、涡轮轴发动机与涡轮喷气发动机、涡轮风扇发动机各自的优缺点。
2. 涡轮螺旋桨发动机和涡轮轴发动机的涡轮级数为什么比同参数的涡轮喷气发动机要多？
3. 涡轮螺旋桨发动机的工作过程参数对单位性能参数的影响与涡轮喷气发动机的情况有何异同？
4. 什么叫涡轮螺旋桨发动机的当量功率？在地面静止条件下如何计算当量功率？
5. 怎样才能获得涡轮螺旋桨发动机可用功在螺旋桨和喷管出口燃气动能之间的最佳分配？
6. 带自由涡轮发动机的调节及各部件的共同工作有什么特点？
7. 单轴涡轮螺旋桨发动机和几何不可调涡轮轴发动机的调节及各部件的共同工作有什么特点？
8. 涡轮螺旋桨发动机和涡轮轴发动机的节流特性与涡轮喷气发动机相比较，有什么异同？
9. 涡轮螺旋桨发动机的高度、速度特性与涡轮喷气发动机的高度、速度特性相比较，有什么异同？
10. 什么叫高空涡轮螺旋桨发动机？它有什么特点？

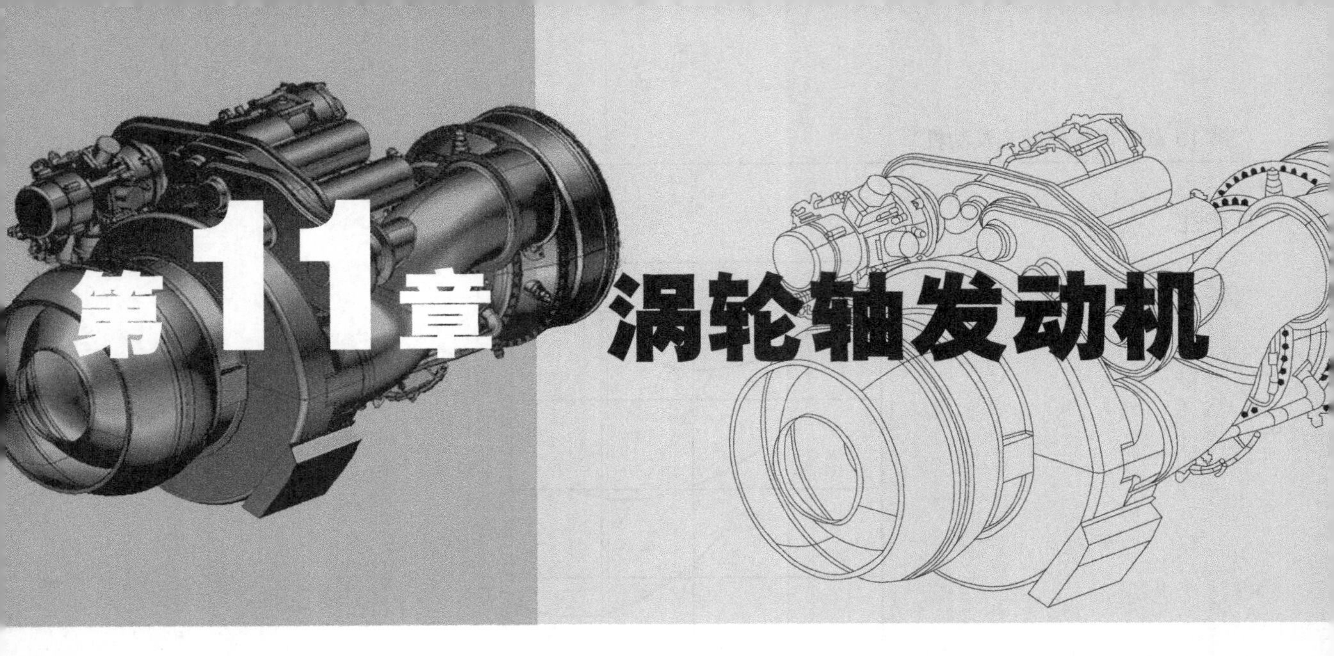

第 11 章 涡轮轴发动机

涡轮轴发动机在 20 世纪 60 年代以后得到了广泛的应用，用在直升机上带动旋翼的燃气涡轮发动机是最具有代表性的涡轮轴发动机。随着直升机应用范围的扩大，这种发动机越来越大量地被采用。涡轮轴发动机同时也属于辅助的航空燃气涡轮发动机。这时这种发动机不是用来产生推力，而是作为功率发生器或者压缩空气发生器来使用。涡轮轴发动机还被广泛用作地面运输和水上运输的动力装置或固定的动力装置等。

上一章介绍了涡轮螺旋桨发动机和涡轮轴发动机工作原理。尽管两者之间有很多相似之处，但应用对象不一样，后者完全有自己的特殊性。本章结合典型涡轮轴发动机，从部件集成角度，论述循环参数选择、Gem 涡轴发动机总体性能、CT7 系列民用涡轴发动机，以及涡轴发动机总体设计。

11.1 循环参数选择

今天 Brayton 简单循环仍是发动机最普遍采用的循环方式。变循环要基于任务选择工作模式，高功率状态和低功率状态所占任务时间不同，对发动机性能的要求也不同。但是未来简单循环 SFC 的进步会一步步削弱变循环的优势。有超长距离飞行任务的涡轮轴发动机可以优先选择回热循环。排气管出口焓值、红外信号特征及 SFC 的下降在一定程度上能补偿发动机质量和成本的增加。然而，研制一台发动机周期长、费用高，未来大部分飞行任务仍将采用简单循环。原因很简单，发动机发展的成本和资格认证的费用可以分摊到发动机系列家族中，适合于长期发展。由于 Brayton 循环的通用性，核心机技术能有效地应用于其他发动机如涡桨。今天简单循环已经被广泛运用到燃气涡轮发动机中，是任何一个国家先进发动机技术发展的首选任务。

图 11-1 是温–熵图上的 Brayton 简单循环过程。早期的技术水平用细密线条表示，未来先进的技术水平用疏线表示。从图上 $1-2$ 点与 $1-2'$ 比较可以看出，两循环最主要的差别是未来发动机工作在更高的压比上。从 3 到 $3'$ 可以看出高压比会导致涡轮进口温度大幅提高，燃烧室温升从 $2-3$ 增长到 $2'-3'$，更大的温升意味着单位质量流量的空气需要更多的

燃油。

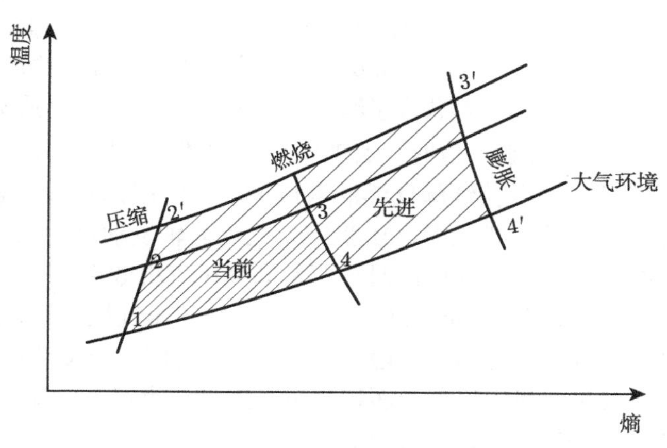

图 11-1　涡轮轴发动机热力循环图

比较由 $1-2-3-4$ 循环与 $1-2'-3'-4'$ 循环所围面积大小可以看出随着采用高循环参数，发动机可用能量在增加，其中细密线所围面积是早期发动机可用能量，而疏线表示的是先进发动机可用能量。循环净得的可用能量与涡轮轴发动机输出功率成正比。从图中可以看出，可用能量增加速度要比燃烧室加入的总能量更快。早期压气机消耗的能量占发动机总能量的 2/3，未来先进压气机仅消耗总能量的一半。所以，先进涡轮轴发动机的可用能量和输出功率会更高。由热力学可知，高涡轮进口温度可以有更高的发动机热效率。随着涡轮进口温度和压气机压比不断地提高，SFC 在不断地下降。对于涡轴发动机，热效率与 SFC 成反比，热效率越高，SFC 越低。

图 11-2 给出了不同涡轮进口温度下 SFC 随压比变化关系图，涡轮进口温度增加方向在图中给出。

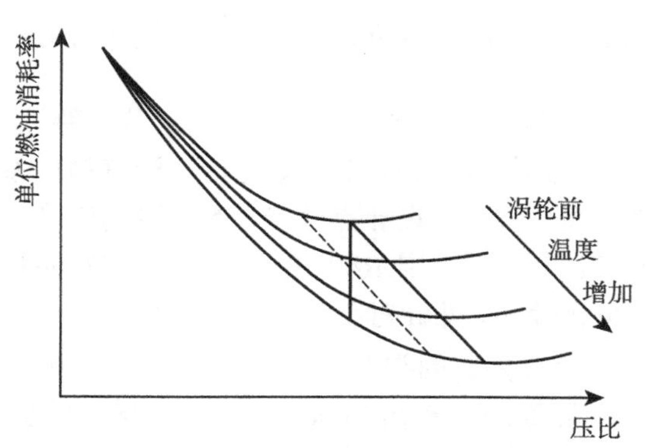

图 11-2　压比、涡轮前温度与耗油率关系

SFC 的最低点处在等温线斜率为零处，对应的压比为发动机经济压比。从左上到右下用实线把最低 SFC 点连接起来可得一斜线。垂直的实线表示在提高涡轮进口温度时，维持增压比不变的条件下 SFC 的减少量，将其与增大压比 SFC 减少量相比较，可清楚地看出更高的热效率要求更高的涡轮进口温度和更高的压比。由于涡轮进口温度等温线在 SFC 最小

值处斜率变化较小，因此选择一个小于经济增压比的压气机会带来更高的发动机性价比。例如，对于典型直升机任务下的涡轴发动机，商业研究表明保持涡轮进口温度不变，将经济压比从 25 减小到 22，SFC 增加不到 1%，而发动机购置成本却因此减少超过 10%，而且发动机可获得更多的输出功率。图上的虚线代表了涡轮轴发动机最小寿命周期成本所对应的压比。

当把压气机压比提高超过某一值时，涡轴发动机的基本结构就需要改变。选择压比大小同核心机流通能力有关。为了持续降低燃油消耗率，人们不断地提高涡轮前温度。随着涡轮进口温度提高，增压比也会跟着上升。21 世纪初先进涡轴发动机的水平是实现 SFC 减少 1/5，要求压气机压比从 20 上升到 30，同时还要考虑到压气机效率水平、二次漏流及冷气量的大小等诸多影响因素。当增压比高于 $25\sim30$ 时，单转子压气机设计将遇到很大的技术挑战。即使轴流压气机采用可调静子叶片，增压比 $25\sim30$ 的单转子发动机也很难保证可靠的起动。道理很简单，压气机末级出口流通面积比第一级进口小很多，因此高出口压力造成出口体积流量要比进口低得多。

发动机起动转速通常是设计转速的 20%～30%。低转速时，压气机最后级输送的体积流量比第一级小得多。可变几何或许能帮助解决这个问题，但问题是在压比高于 $25\sim30$ 时，起动流通面积不匹配问题会变得很严重。所以，当未来增压比超过 25 或更高范围时，涡轮轴发动机将采用双转子结构。低压压气机将由低压涡轮驱动，高压压气机由高压涡轮驱动。高低压转子转速机械上没有联系，完全由气动决定，通常高压有更高的转速。双转子起动时转差小而到达设计工况时可以有更大的转差，这样起动问题就解决了。

为了能定量描述双转子起动的好处，对比双转子压比最低组合方式即取总压比的平方根值与相对易起动的单转子压气机最大压比作个比较，如前面提到的压比 $25\sim30$ 双转子压气机，每个转子平均压比约是 5。显然，增压比为 5 的发动机要比压比为 25 的单转子发动机起动问题会小得多，因而更容易起动。

11.2 Gem 涡轴发动机总体性能

涡轮轴发动机需要的性能同使用对象有关，主要有：节流特性、高度特性、温度特性。根据涡轮轴发动机特性需要，总体要做很多设计，包括设计点循环参数选择、流道几何尺寸确定、发动机和主要部件质量估算、非设计点性能、参数限制值确定、发动机气动稳定性设计、发动机调节规律设计等。本节以英国 Rolls-Royce Gem 宝石涡轮轴发动机为例，研究部件匹配关系，分析发动机总体性能，并针对小型发动机给出涡轮前温度一些常用计算方法。

小尺寸燃气涡轮发动机有许多相同类似的问题：① 引气影响及泄漏流问题严重；② 涡轮导叶喉道临界面积测量精度低；③ 旋转轴承机械损失及转子叶尖间隙泄漏气动损失所占比重增大；④ 尺寸效应显现，部件气动性能难以提高。特别是对于 Rolls-Royce Gem 宝石发动机这样的三轴系结构发动机而言，包含了更多的轴承及封严装置，轴承机械损失更大。但宝石涡轴发动机采用三轴布局的主要原因在于压气机能达到更高的压比而且不需要可调静子叶片。发动机性能柔和且响应快，这些都是直升机最需要的东西。

由于皮托管及热电偶等测量设备对小发动机流道会造成一定的堵塞，且测量探头的存在将产生较大的损失。因此小尺寸发动机性能测量难以使用较多的测量装置。针对这些问题，同时考虑到不同于常用的双轴系核心机结构三个部件匹配问题，宝石涡轮轴发动机三轴系核心机五大部件匹配问题的性能分析需要寻找针对三轴系结构的特殊分析方法。本节以宝石涡轮轴发动机为例介绍验证机后期阶段的一些主要性能及指标问题、主要部件的性能发展情况以及总体性能分析、部件匹配问题。

11.2.1　Gem 结构布局

宝石就像它的名字一样，在涡轮轴发动机家族里是一款设计精致的发动机。作为直升机用燃气涡轮发动机，宝石发动机同样有一个自由涡轮输出功率。但与其他直升机用燃气涡轮发动机最大的不同在于其燃气发生器为双轴结构。整个宝石发动机实际为三轴结构：自由涡轮轴、低压轴和高压轴，总体结构布局见图 11-3 所示。

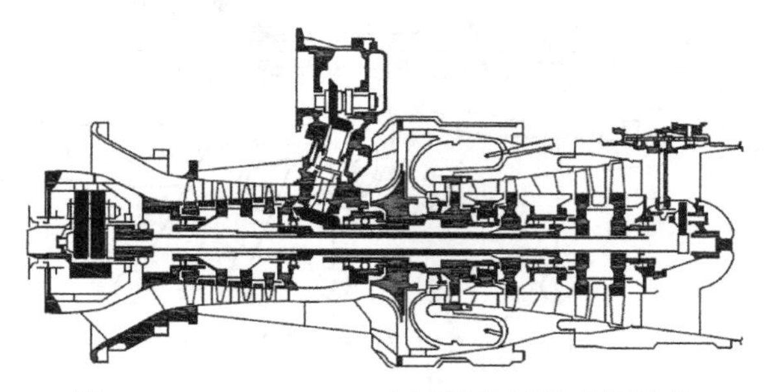

图 11-3　Rolls-Royce 宝石涡轮轴发动机结构

低压系统包含一个四级轴流压气机，压比 3.2，由单级低压涡轮驱动；高压系统包含一级离心压气机，压比为 3.75，由单级高压涡轮驱动。两级自由涡轮驱动位于发动机进口前端的减速器，动力输出轴转速为 6000r/min。全功率状态及相应的耗油率如表 11-1 所示。

表 11-1　Rolls-Royce 宝石涡轮发动机性能参数

发动机工况	功率/kW	单位燃油消耗率/(kg/(kW · h))	输出转速/(r/min)
最大应急状态 (1/2min)	671	0.315	6000
中间应急状态 (1h) 最大功率状态 (5min)	619	0.321	6000
最大连续状态	559	0.327	6000
巡航状态	310	0.400	6000

双轴燃气发生器的优点在于：不采用可调静子叶片或放气装置就能实现发动机快速、无喘振的加速性能。而在设计压比为 12.0 时，单轴布局需要多级可调静叶才能实现发动机的快速加速性能。多级可调静叶的引入，增加了控制系统的复杂性，但多轴设计较单轴设计增加了轴承及封严复杂性，图 11-4 为空气系统布局。

从发动机总体性能分析角度而言，LPT 及 HPT 需要与相应的 LPC 及 HPC 精确匹配，空气系统冷气提取要合理以满足发动机总性能分析，部件性能中要计入偏差及机械损失估计量。总而言之，双轴燃气发生器总体性能分析较单轴燃气发生器性能分析需要考虑更多的因素。这些问题与大发涡扇发动机有点类似。除此之外，由于小尺寸部件保持高一致性偏差很难，小发动机设计中不可避免地存在更多的难点，以高压涡轮转子叶片为例，其大小与一校普通邮票的大小相当。在小发动机流道中，容差及间隙对性能影响很大，很多地方存在着控制容差及间隙量的问题。这类问题中，Rolls-Royce 公司采用发展的 X 射线成像技术来解决。发动机运行过程中，不同部件的运转偏移及间隙量可以用 X 射线来精确控制，从而减少对皮托管及其他测量设备的需求。

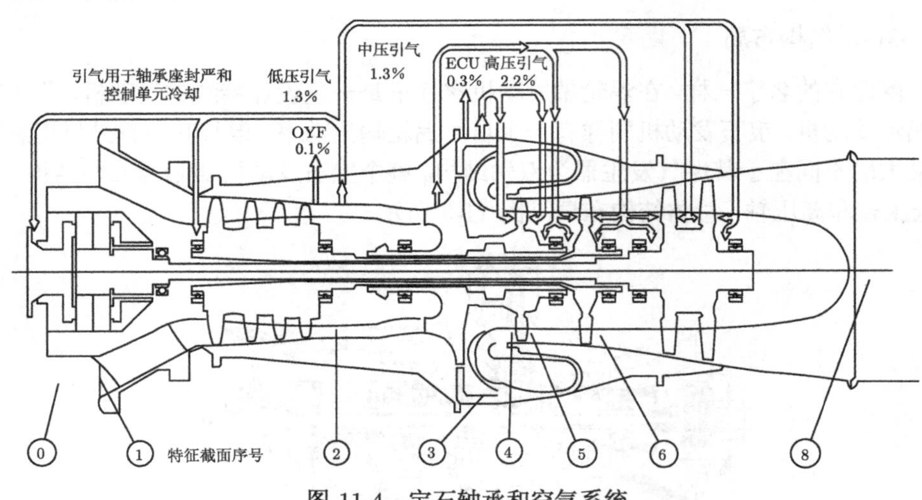

图 11-4 宝石轴承和空气系统

11.2.2 部件性能

11.2.2.1 部件

1) 压气机

从性能上而言，四级轴流低压压气机发展历程较为典型。从气动角度上看，由于压气机低展弦比及双轴布局特征，使得压气机工作过程中叶片不会产生振动问题。

低压压气机气动性能设计具有典型的跨声转子及轴流静子设计特点。LPC 特性线较单轴压气机更加平坦。初始设计时，LPC 遇到了低转速失速问题，在后期设计中通过小幅调整转子安装角，增加静子叶片数得到解决。这种调节除了改变低转速失速问题外，还增加了流通能力，改善了高转速时的效率。图 11-5 可以看出定常特性线上效率及流量发生明显的改善。

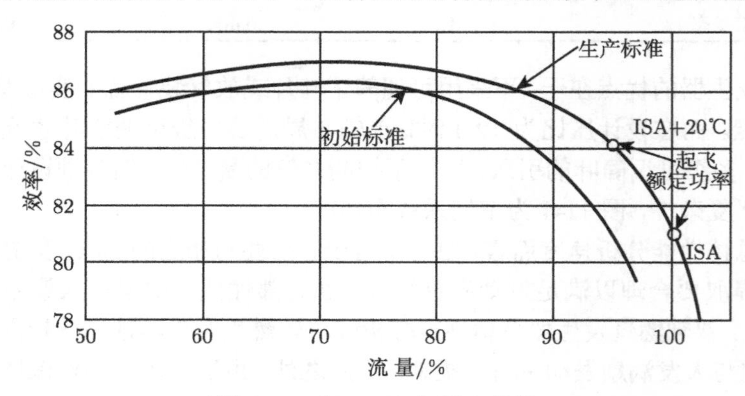

图 11-5 低压压气机效率特性

由于轴承直径及涡轮机械强度的限制，高压压气机比转速较最佳效率对应的比转速低。尽管如此，压气机设计仍然达到了理想性能。高压压气机发展过程中，特别关注了两个问题:

(1) 初始设计时，叶轮机匣涂了镍基涂层材料，减少旋转叶片摩擦损失，但此时叶片表面光滑度很差。当采用光滑的铝涂层材料时，叶轮机匣光滑度增加，气动性能显著提升，特性线比较见图 11-6。

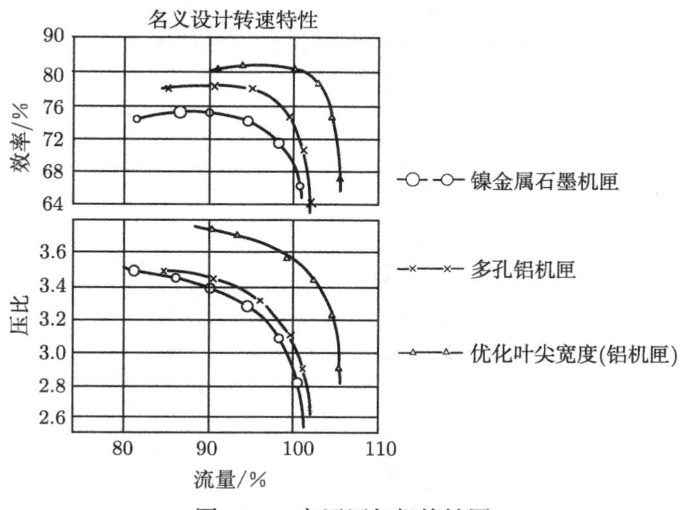

图 11-6　高压压气机特性图

(2) 其次，通过优化高压即离心压气机叶轮出口轴向宽度，进一步提升压气机性能，如图 11-6 所示。初始设计时，扩压器进口锥角选择比较粗糙，存在倒台阶问题，通过增加叶轮出口宽度重新调整了扩压器进口锥角如图 11-7 所示，结果发现修改后的 HPC 性能得到了惊人的提高。

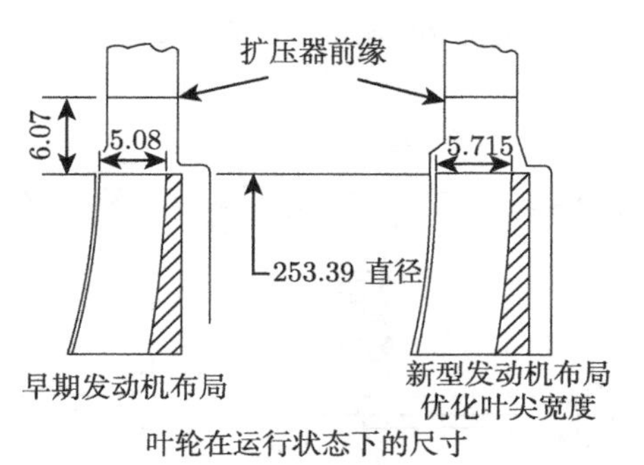

图 11-7　高压压气机转子叶尖结构

2) 燃烧室

从性能角度看，环形回流燃烧室的问题最少，火焰筒中的总压损失在整个工作范围内都能达到设计要求。出口温度总体分布因子 OTDF 为 30 %，径向分布因子 RTDF 为 6%，都在可以接受的范围内。早期设计时出现了点火问题，特别是对于航空煤油，后来使用四个火炬点火装置解决了这个问题。但火焰筒设计出现了大面积高温区，需要对燃烧室壁面冷却和优化设计，使得火焰工作温度最大且能满足壁面结构完整性需求。

3) 涡轮

高压涡轮在冷态试验台上进行了轻合金模型试验，通过一系列转子及静子喉道试验调节确定最佳效率的叶片安装角位置，试验时保持了转子与静子喉道面积比不变。转子与静子喉道面积比近似正比于反力度，由于可以通过物理测量获得该参数，故使用起来很方便。由于发动机性能测量表明效率比预估的偏低，因此在相同的测试设备上又进行了发动机部件试验，通过性能分析与模型试验对比找到差别的原因，据此改进了发动机性能。图 11-8 和图 11-9 给出了两者差异以及改进后的结果。

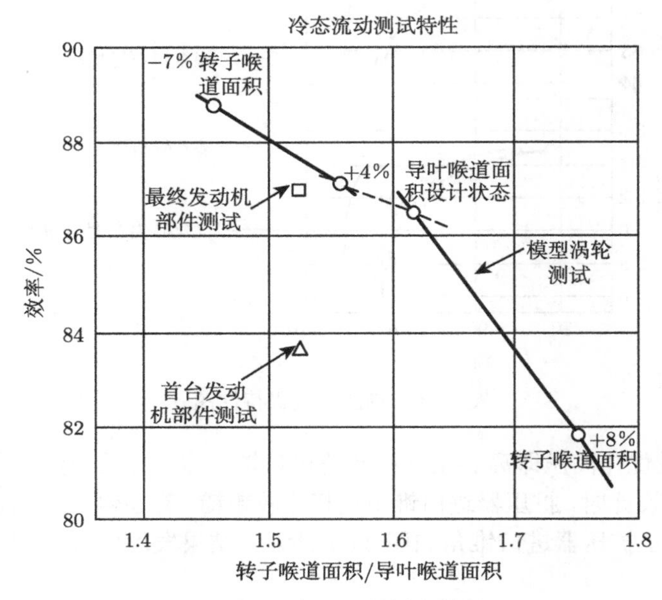

图 11-8　高压涡轮效率特性

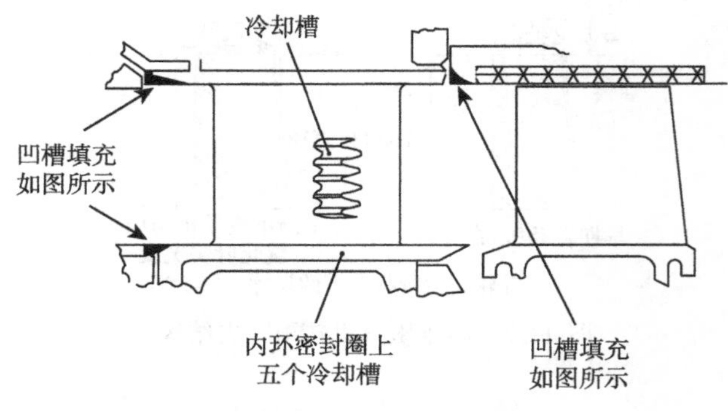

图 11-9　高压涡轮气冷结构

低压涡轮也进行了模型试验。由于涡轮中等载荷，设计点性能目标很容易达到。进行了变导叶流通面积测试，为以后再匹配提供数据储备。与 HPT 涡轮不同，LPT 涡轮转子带冠，动力涡轮级同样也带冠。动力涡轮没有进行冷态试验，其必要的性能数据可以通过发动机试验推导得到。尽管设计点性能很容易达到，但仍需要再匹配、修正以满足发动机部分载荷的耗油率需求。

11.2.2.2　总体性能匹配

直升机发展过程中，对涡轮轴发动机的性能提出了很多需求。其中包括：快速响应和部分载荷工作状态燃油经济性。后者对于双发动机或多发动机配置的直升机更加重要，因为发动机平均工作功率仅为最大功率的一半。适航要求如果其中一台发动机发生故障，直升机处于紧急状态时，另一台发动机输出功率需要在应急状态下工作。因此，燃油经济性要求变得十分重要。

部分载荷经济性的要求需要提高压气机工作压比。通常只有使用可调静子叶片才能提高部分载荷性能。压气机级间引气恶化了低功率状态的经济性，可调进口导叶及静子增加了控制系统复杂性并增加了防冰问题。需要知道的是在涡轮轴发动机研制中，控制系统的费用占整个发动机研制成本相当大的一部分。宝石发动机采用的解决方案是选用双轴燃气发生器。初始设计压比达到 12，而且双轴燃气发生器的未来发展潜力很大。高压比小流量工作状态下，高压部分采用离心压气机最为合适。如采用轴流形式将使得叶片高度过短，会带来更多的尺寸效应问题。

图 11-10 和图 11-11 分别为 LPC 与 HPC 典型发动机工作线。从性能来看，低压压气机最大的问题在于低功率时裕度不足。高压压气机在低功率输出时裕度足够大，只有在大气环境温度低、高功率输出时工作线会向喘振边界移动。由于直升机的正常工作范围不会高于 3000m，因此高压部分工作状态时不会出现裕度不够问题。

针对宝石发动机低压裕度不够问题，LPC 工作线与失速线间的喘振裕度通过以下三个方法来改善：① 改善 LPC 喘振边界线；② 增加 LPT 流通能力；③ 降低动力涡轮输出功率。增加 LPT 流通能力将推高共同工作线远离失速，同时降低了 LPC 转速。这种方式将增加 HPC 转速，对发动机寿命不利。同时，降低动力涡轮输出功率将使得 LPC 工作线下移，LPC 转速降低。

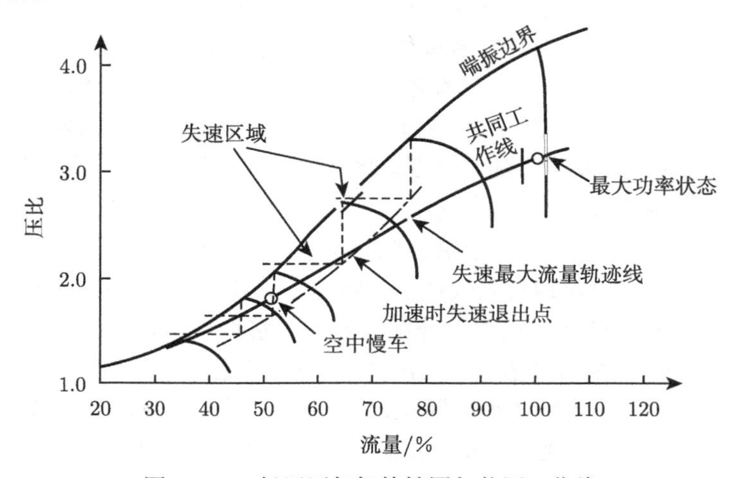

图 11-10　低压压气机特性图与共同工作线

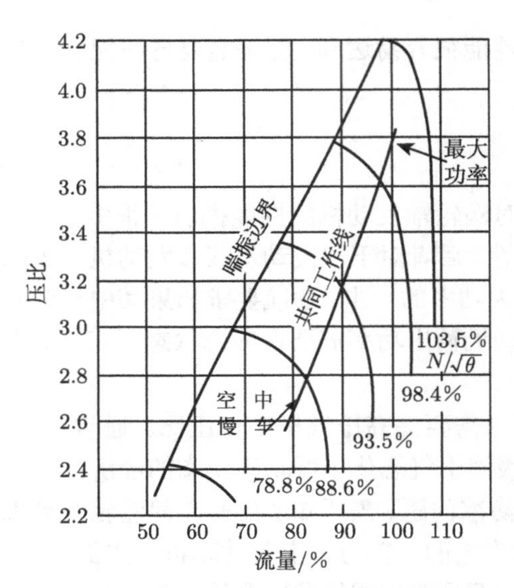

图 11-11　高压压气机特性图与共同工作线

在上述两种情况下，LPC 转速降低，质量流量下降，这对地面高温环境下额定功率的大小产生很大的影响。图 11-5 是 LPC 效率与流量工作特性线，图中圆圈分别代表 ISA 及高温额定工作状态点。如果发动机在过低的流量下与 ISA 匹配性能好，则高温条件压气机效率收益不大以至于不能抵消功率上的损失；如果在较高的质量流量下与 ISA 匹配好，虽然 ISA 状态下效率偏低，但高温条件下压气机效率收益较大。如果发动机在高温条件下功率匹配满足要求，在一定高度上将会出现功率偏小问题。对于直升机而言，发动机热天高温性能好要比高度特性或冷天性能更加重要。最终采取的折中方案是修改 LPC 特性曲线，提高 LPC 低转速失速裕度及最大工作点效率；同时，调整 LPT 与动力涡轮的流通能力，增加 LPC 工作裕度。通过上述部件的发展，宝石发动机能够满足直升机的规定需求，直升机从零功率状态加速至传动装置极限状态时间小于 2.7s，从 50% 功率加速至最大应急状态为 1.5s。

Rolls-Royce 公司在宝石 LPC 发展过程中，出现过一个很有意思的现象。LPC 特性线上出现了二次失速问题。如果发动机匹配不好，裕度会不够用，在发动机起动及运行过程中将出现失速现象，而且这个现象一直维持到 0.9 高压转速运行工况。当发动机退出失速状态时，性能提升且运行稳定，噪声也随之降低。将发动机从高转速降低至慢转速过程中，没有出现失速现象。当发动机运行在失速状态时，发动机功率减小，噪声增加，对于给定高压转速下，发动机工作温度高于正常值，但喘振似乎没有出现。增加低压压气机裕度显然可以改善失速特征以避免压气机过早地进入失速工作状态，增强了发动机的可操作性能。

针对给定自由涡轮转速下发动机部分载荷燃油经济性问题，图 11-12 为给出不同燃油流量 (固定燃气发生器条件) 下典型输出功率与输出转速之间的关系。如果自由涡轮转速在最大功率条件下与燃气发生器转子速度匹配，则部分载荷经济性较差。有两种办法解决这个问题：第一种方法是在较低转速下匹配自由涡轮转速与燃气发生器转子速度，但是这会引起最大功率下降；另一种方法是重新设计动力涡轮，通过改变巡航状态下相对级载荷、攻角、出口预旋来提高部分载荷效率。在自由涡轮重新设计时，一个重要的因素是降低涡轮出口预旋，从而降低排气管损失。如果这种方法不会显著增加最大功率下的预旋，那么在最大功率损失不大的情况下能够显著改善部分载荷经济性。宝石发动机的动力涡轮主要基于上述因素进行优化。

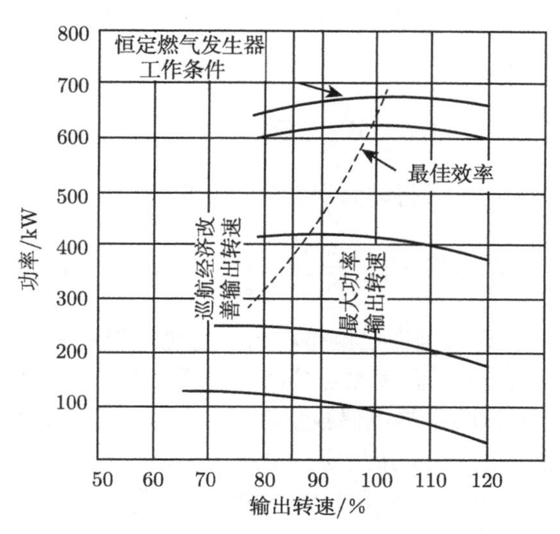

图 11-12　动力涡轮输出功率特性

11.2.2.3　涡轮进口温度计算方法

涡轴发动机流道尺寸小，涡轮前温度测量精度难保证。本节给出 Rolls-Royce 三种不同方法，通过给定的试验测量参数，计算涡轮前温度 T_4^*。各下角标位置示意图见图 11-4，单位采用国际单位制 (SI)。

1) 方法 1　油气比方法

通常在发动机工作范围内假定从压气机引气其流量是进口 W_1 某一固定百分比。如果总引气量和压气机泄漏流量 $W_{(\mathrm{Bleed3})}$ 能估算得到，且供油量 W_{Fuel} 参数可由发动机试验测量得到，则涡轮前进口流量 W_4 可得

$$W_4 = W_1 - W_{\mathrm{Bleed3}} + W_{\mathrm{Fuel}} \tag{11-1}$$

FHV 为燃油低热值，由热量平衡可得燃烧室燃气温升 ΔT_{3-4}^*：

$$\Delta T_{3-4}^* = \frac{W_{\mathrm{Fuel}} \times \mathrm{FHV} \times \eta_{3-4}}{C_{\mathrm{p}3-4} \times W_4} \tag{11-2}$$

这样，涡轮前温度 T_4^*

$$T_4^* = T_3^* + \Delta T_{3-4}^* \tag{11-3}$$

一般燃烧效率 η_{3-4} 为 99%。燃料低热值 FHV(即 Hu) 与燃料类型、来源有关，一般在 $42\,300 \sim 44\,000\mathrm{kJ/kg}$ 变化。若无法获得特定燃料的准确数据，通常取 $\mathrm{FHV} = 42\,900\mathrm{kJ/kg}$。如果简单计算则采用定比热法 $C_{\mathrm{p}3-4}$，而详细分析则采用变比热来计算。

2) 方法 2　功率法

(1) 如果发动机输出功率可以测量 kW，可由功率计算涡轮前温度。发动机输出功率由下式给出:

$$kW = W_6 \times C_{\text{p6}-8} \times \Delta T_{6-8}^* \times \eta_{M6} \tag{11-4}$$

其中，动力涡轮进口流量 W_6 为

$$W_6 = W_1 + W_F - W_{\text{Bleed6}} \tag{11-5}$$

假定动力涡轮机械效率为 η_{M6}，可得动力涡轮进口温度 T_6^*:

$$T_6^* = T_8^* + \frac{kW}{W_6 \times C_{\text{p}\,6-8}} \times \Delta T_{6-8}^* \times \eta_{M6} \tag{11-6}$$

自由涡轮式涡轴发动机通常是在已测得动力涡轮进气温度 T_6^* 条件下进行测试。因此，计算 T_6^* 是多余的。实际上，由于温度测点分布不好而且热电偶往往太少缘故，导致 T_6^* 计算值与实测值经常不同。受试验中热电偶数量控制和测点分布不好影响，通常情况下，计算得到的 T_6^* 可能比试验测得的 T_6^* 更接近实际情况。

(2) 对于低压涡轮，由低压压气机和低压涡轮功率平衡可得

$$T_4^* W_1 \times C_{\text{p}1-2} \times T_{1-2}^* = W_5 \times C_{\text{p}5-6} \times \Delta T_{5-6}^* \times \eta_{M5} \tag{11-7}$$

因此可得低压涡轮进口温度 T_5^*

$$T_5^* = T_6^* + \frac{W_1}{W_6} \times \frac{C_{\text{p}1-2}}{C_{\text{p}5-6}} \times \frac{\Delta T_{1-2}^*}{\eta_{M5}} \tag{11-8}$$

其中，低压涡轮进口流量为 W_5

$$W_5 = W_1 + W_{\text{Fuel}} - W_{\text{Bleed5}} \tag{11-9}$$

(3) 相应地，对于高压压气机和高压涡轮，由功率平衡可得

$$W_2 \times C_{\text{p}2-5} \times \Delta T_{2-3}^* = W_4 \times C_{\text{p}4-5} \times \Delta T_{4-5}^* \times \eta_{M4} \tag{11-10}$$

因此，涡轮前温度 T_4^*

$$T_4^* = T_5^* + \left(\frac{W_2}{W_4} \times \frac{C_{\text{p}2-3}}{C_{\text{p}4-5}} \times \frac{T_{2-3}^*}{\eta_{M4}}\right) \tag{11-11}$$

其中，高压涡轮进口流量 W_4

$$W_4 = W_1 + W_{\text{Fuel}} - W_{\text{Bleed3}} \tag{11-12}$$

3) 方法 3　Q4 法

该方法用于确定总引气量、泄漏流量以及涡轮进口温度。燃烧室温升由下式给出:

$$\Delta T_{3-4}^* = \frac{W_{\text{Fuel}} \times \text{FHV} \times \eta_{3-4}}{C_{\text{p}3-4} \times W_4} \tag{11-13}$$

令

$$K_1 = W_4 \times \Delta T^*_{3-4} = \frac{W_{\text{Fuel}} \times \text{FHV} \times \eta_{3-4}}{C_{\text{p}3-4}} \tag{11-14}$$

$$T^*_4 = T^*_3 + \frac{K_1}{W_4} = T^*_3 + \Delta T^*_{3-4} \tag{11-15}$$

假设高压涡轮入口流量系数 Q_4 为常数，由水流或气流试验预先确定，即

$$Q_4 = \frac{W_4\sqrt{T^*_4}}{P^*_4} = \text{const} \tag{11-16}$$

由上式可得涡轮前温度 T^*_4

$$T^*_4 = \left(\frac{Q_4 P^*_4}{W_4}\right)^2 \tag{11-17}$$

联立式 (11-16) 和式 (11-17) 求解高压涡轮进口流量 W_4，可得

$$W_4 = \frac{-\dfrac{K_1}{T^*_3} + \sqrt{\left(\dfrac{K_1}{T^*_3}\right) + 4\dfrac{(Q_4 P^*_4)^2}{T^*_3}}}{2} \tag{11-18}$$

如果 K_1 是不变的常数，则涡轮前温度 T^*_4

$$T^*_4 = T^*_3 + \frac{K_1}{W_4} \tag{11-19}$$

$$W_4 = W_1 + W_{\text{Fuel}} - W_{\text{Bleed3}} \tag{11-20}$$

因此，压气机引气流量可得

$$W_{\text{Bleed3}} = W_1 + W_{\text{Fuel}} - W_4 \tag{11-21}$$

由台架试验可得压气机出口压力 P^*_3，通过燃烧室压力损失计算可得涡轮进口压力 P^*_4。

11.3　CT7 系列民用涡轴发动机

20 世纪 80 年代，美国 T700 系列涡轴/涡桨发动机军转民型发动机 CT7-6 获得了 FAA 认证。CT7-6 是 T700/CT7 发动机系列化发展的最后一个型号。它的设计和认证程序是基于原有发动机改型的结果，不仅满足了用户更大功率的需求，而且在全世界广泛用户需求当中，GE 航空发动机从军用型号 T 到民用型号 CT，成功地走出了一条商业发展道路。如今，T700/CT7 系列发动机为 14 款不同型号飞行器提供动力，在近 6000 台发动机上累计运行了超过 450 万小时。

本节通过研究 CT7-6 发展历程，分析军转民用涡轴发动机中的通用性及差异性，讨论技术进步如何使该发动机成为 T700/CT7 家族中动力最强的航空发动机，研究 CT7-6 设计和试验过程中改型工作 (derivative approach) 与集成技术 (intergrated development) 的同步性，保证了多台 T700/CT7 发动机同时通过适航验收，最后介绍 CT7-6 在欧洲研制的多用途直升机 EH101 上的测试经验。

11.3.1　CT7-6 涡轴发动机

在今天涡轴发动机市场上，设计与发展一款新型发动机价格要超过数亿美元。如此大量的投资对发动机设计来说绝对需要有一个明确的发展路线。长期发展需要有一个很好的规划，包括明确的总体目标、广阔的应用前景、巨大的增长潜力以及同其他发动机厂商联合生产的可能性。这四个准则是航空发动机发展必备条件，缺一不可。实践证明军转民是涡轮轴发动机一条成功的发展之路。

T700 涡轮轴发动机是系列化发展最典型、最成功的发动机。CT7-6 是 T700 家族军转民典型代表，是军民融合的典范。作为一个改进型发动机，CT7-6 融入了一些经过验证的增强技术以满足欧洲 EH101 直升机功率需求，同时保留了早期 T700/CT7 发动机相当一部分通用部件，大幅度减小了风险，保持了 T700 高可靠性和高维护性的优良传统。

作为 T700 发动机家族的一部分，CT7-6 发动机可以追溯到早期标准性能配置发动机，即基本型：T700-GE-700。该款发动机初始设计用来满足 20 世纪 60~70 年代美军直升机特种作战任务需求。随着美军黑鹰直升机的发展，T700 在 1978 年开始生产。从此，T700 发动机开始了史上最大规模的试验验证过程，总共经历了 10 万小时发动机试车，超过 170 台验证机以及 25 个飞行器试飞验证。T700 发动机是至今第一个也是唯一还在生产并达到当前美军质量标准的涡轮轴发动机。最早型号功率为 1550 轴马力。在功率增长 10%后，发动机水平上了第一个台阶，改进型为 T700-GE-401、T700-GE-701。

GE 采用低风险发展模式，发动机改进工作开始于基本型 (baseline engine)。所谓基本型是指在使用中性能和可靠性都经过实际验证的发动机。然后将先进技术小心翼翼地、平衡渐进地融入基本型中。采用这种方法，改进型不仅能提供增加的动力，同时也能改善可靠性与维护性，并且保持安装特性与基本型一致不变。GE 先进技术来自长期发展的项目。这些项目通常被认为是军机与民机两方面共同的一些关键技术。持续不断的技术进步带来发动机性能改进以及更现代的发动机，而风险被控制到最小。

相比基本型，改进型发动机有更高的功重比和更高的单位功率。此外，由于低风险，发动机制造商在生产改进型时，继承或享受了基本型生产过程中得到的知识与技术储备，任何当下出现的问题可以放到下一个型号来解决。T700/CT7 家族共产生了 450 万小时发动机工作时间，通过集成技术不断地改进早期发动机型号。改进型发展另外的好处是能利用现有技术，集中精力于改进之处，仅仅是相关部件需要重新设计和建造，而技术验证流程是相同的。实际上，改进型发动机验证时间最多两年就可以完成，远比造一台新发动机时间短得多。CT7 涡轮轴系列发动机功率增长历程如图 11-13 所示。

美海军、陆军对黑鹰和海鹰 (Seahawk) 持续不断增大功率的需求是涡轮轴发动机 T700-701C/-401C 发展的动力来源。对于 1890 轴马力，T700-701C 提供了比基本型 T700-700 高出 20%的功率。该发动机在 1988 年开始生产，不久就被美陆军选作为黑鹰和阿帕奇直升机动力装置。T700-401C 也在 1988 年开始生产，被选作为海军海鹰 (Seahawk) 及其发展型动力装置。CT7-9 涡桨发动机具有 1870 轴马力，同 CT7-6 有相同的压气机、热端部件及动力涡轮，加装了适应于涡桨发动机的进气道与喷管装置。对它的发展来自于 Saab-340B 以及 CASA/IPTN CN235-100 飞机发动机功率需要提高的要求，为此 CT7-9 涡桨发动机投入生产。

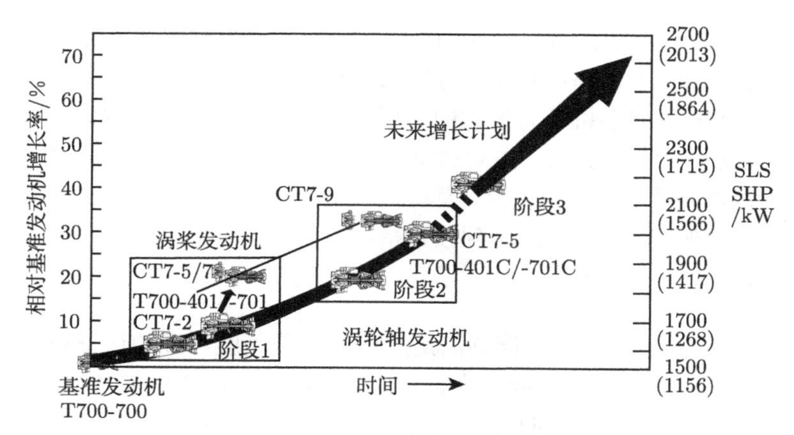

图 11-13　CT7 功率增长历程

CT7-6 涡轴发动机有 2000 轴马力，主要用于新一代欧洲多用途直升机 EH101 功率需求，该直升机带三台涡轴发动机。CT7-6 发动机主要增加了流量，改进了涡轮材料、热端部件冷却，以及细化了气动设计以增加部件效率和温度增升能力。CT7-6A 同 CT7-6 结构基本相同，为满足海军要求，CT7-6A 在旋转件、CDP 封严、第一级涡轮导叶尾缘、第一级转子叶顶部分增加了一些抗腐蚀保护措施。CT7-6、CT7-9、T700-401C、T700-701C 四台不同的发动机在离心压气机上都加入了新技术，有更高的效率和更高的涡轮前温度。民用涡轴、涡桨发动机使用相同流量的军用轴流压气机以及高效率的动力涡轮，不同发动机技术演变途径如图 11-14 所示。GE 仅花了三年时间就造出来这四台发动机，要比开发一台新涡轴或涡桨发动机缩短了两年时间。

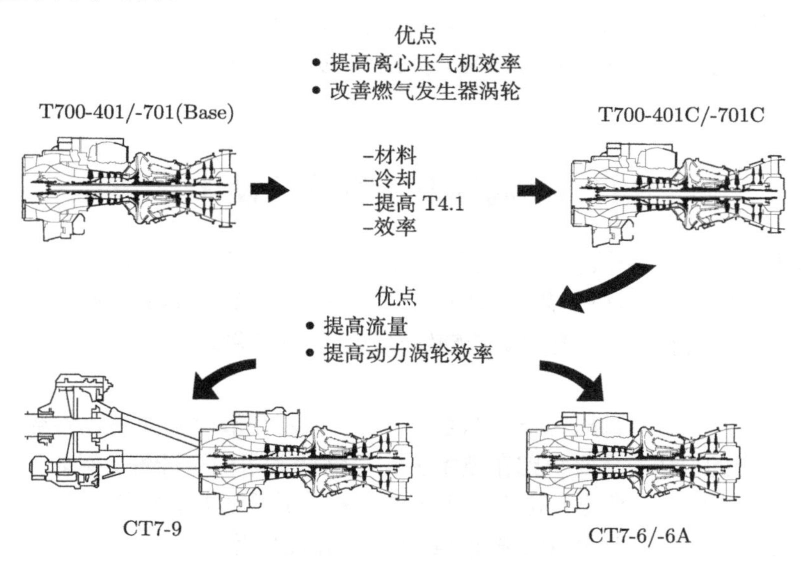

图 11-14　T700/CT7 涡轴发动机技术演变

11.3.2　CT7-6 集成技术

和基本型-700 发动机相比，CT7-6 发动机增大了 8%的空气流量，提高了压气机和涡轮的工作效率，并且将涡轮前温度升高至 1370℃，从而使发动机整体功率提高了 29%。与此同时，该款发动机还运用了 GE 公司其他型号发动机在气动设计、材料及冷却等方面较为成熟的先进技术。由于军转民发动机具有很大的通用性，因此 CT7-6 可以保证拥有与 T700/CT7 相同的高性能、可靠性和可维护性。在 CT7-6 运用的新技术，都是在其他 GE 发动机上已经得到过验证和运用的技术。适航取证前，发动机整机累计完成了 4900h 试车，包括环境、疲劳、耐久性测试，以确保发动机性能达到预定指标。

11.3.3　适航认证

适航测试计划旨在确保 CT7-6 能够满足欧洲和美国民航当局的认证要求，以及欧洲军方客户的特定要求。它包括耐久试验、地面和高空性能试验，以及应力、超速、超温、低周疲劳、腐蚀等项目试验。考虑到这四种发动机型号 (CT7-6、CT7-9、T700-401C、T700-701C) 每个都走一个完整的测试流程，那是一个非常艰苦、昂贵和耗时的适航认证过程。GE 选其中一台条件最苛刻的发动机来验证，然后利用测试结果对其他三种型号进行评定，从而可以简化认证流程，缩短验收时间。此外，发动机中有相同部件如轴流压气机或离心压气机，则选择其中一个去做最严格的测试，然后利用该部件结果对其他轴流压气机或离心压气机进行评估。GE 在 19 天内完成了 CT7-6 耐久试验，其结果完全满足认证要求。发动机表现出优异的功率裕度和性能保持特性，无功率损耗，耗油率有点损失但小于 1%。样机在完成耐久试验后，又成功在 GE 高空试车台上完成了高海拔试验。于 1988 年 6 月，CT7-6/-6A 通过了美国联邦航空局的适航认证，同时也获得了 RAI 和 BCAA 的适航认证。

截至 1989 年年底，T700/CT7 发动机在 EH101 上运转时长达 3400h，飞行时间达 350h，至今尚未发生过发动机故障。已经证明，如果 EH101 需要提高功率，CT7-6/-6A 可在不增加最高涡轮前温度的情况下，仅对压气机和涡轮进行微小的改进，可达到 2100 轴马力的额定功率。CT7-6/-6A 的改型技术和集成研发，为欧洲 EH101 和其他潜在机型提供低风险、高可靠性和卓越性能的动力。

11.4　涡轴发动机总体设计

涡轴发动机总体设计中需要考虑很多输入条件，包括直升机对动力装置的需求、使用寿命与性能退化约束、材料与工艺技术约束、功率增长约束、标准化要求等。本节以法国 ONERA 提供的文献资料，结合典型涡轮轴发动机，从直升机对动力需求角度探讨一体化研究方法。

涡轮前温度 T_4^* 与压气机压比 π_k^* 是涡轮轴发动机两个最重要的设计参数。T_4^* 及 π_k^* 的选择既要考虑用户的要求，又要考虑在技术上满足这些要求的可能性。例如，在设计小功率发动机时，采用很高的 π_k^* 值是不利的，因为这样做会使压气机最后几级叶片高度及涡轮前几级叶片高度过分地短小，以致由于径向间隙相对增大及雷诺数 Re 的减小而使损失加大，同时也会造成制造这种过分短小而又具有精度要求的叶片非常困难。所以，在小功率发动机中，采用能够提供比较低的 π_k^* 值离心压气机是比较有利的。对短时间工作的辅助动力装置而言，发动机质量及轮廓尺寸的大小应放在首要位置进行考虑。

低油耗与直升机设计、涡轮轴发动机性能都有关系，所以可通过直升机/涡轮轴发动机

一体化设计来实现。下面通过理论推导来论证该参数可作为一体化设计指标的意义。对于涡轮轴发动机，耗油率 SFC 有

$$\mathrm{SFC}=\frac{3600q_{\mathrm{mf}}}{N_{功率}}$$

式中，油耗 q_{mf} 可以写出

$$\begin{aligned}
&q_{\mathrm{mf}}\\
=&\frac{1}{3600}\cdot\mathrm{SFC}\cdot N_{单台功率}\\
=&\frac{1}{3600}\cdot W_{直升机起飞总量}\cdot\mathrm{SFC}\cdot\frac{N_{单台功率}}{W_{直升机起飞总量}}\\
=&\frac{1}{3600}\cdot\left(W_{直升机起飞质量}+W_{有效载荷}+W_{燃料质量}+n_{台数}\cdot W_{发动机质量}\right)\cdot\mathrm{SFC}\cdot\frac{N_{单台功率}}{W_{直升机起飞总量}}\\
=&\frac{1}{3600}\cdot\left(W_{直升机起飞质量}+W_{有效载荷}+W_{燃料质量}+n_{台数}\cdot W_{发动机质量}\right)\cdot\mathrm{SFC}\cdot k_N
\end{aligned}$$

从统计来看，直升机起飞质量 $W_{直升机起飞总量}$ 与所需的发动机功率 $N_{功率}$ 几乎成正比变化关系，即系数 k_N 可当成一个常数处理。因此，数学上如果不考虑直升机空重和有效载荷影响，发动机油耗 q_{mf} 同 $W_{发动机质量}+W_{燃料质量}$ 两者之和与耗油率 SFC 的乘积相关。一般来说，民用直升机分两类：一是长航时远距离使用的直升机，二是应急状态使用的直升机。前者发动机设计需要对耗油率提出指标，后者需要对发动机质量提出要求。发动机质量与耗油率之间通常是一对矛盾的参数。当设计师追求发动机低耗油率时，质量会增加；当设计师需要控制发动机质量时，耗油率会上升。所谓涡轴发动机/直升机一体化优化设计是通过优化发动机循环参数，控制发动机 + 燃料总质量，使油耗达到最小，而不是简单地追求发动机耗油率或质量单一指标。为此，法国航空宇航局通过一体化概念构建了一个直升机评估系统 (concepts of rotorcraft enhanced assessment through optimization network，CREATION)，并在最近几年得到了一定发展。该系统目标是量化引进的新技术，评估对直升机总体性能和环境带来的影响，优化创新带来的效益。为此，新技术必须纳入一个适应性非常好的直升机设计框架内来评估。该系统融入了各学科设计软件并相互连接构成一体。其中每个软件都是直升机一个特定部分，如机身、旋翼、发动机或直升机其他部分。

评估直升机引入新技术所带来的效益要求系统对所有组成部分进行建模并能估算其性能，包括质量以及对环境噪声和空气污染的影响。目前法国 CREATION 系统包含很多模块：飞行性能模块、环境影响 (声学、空气污染等) 模块、发动机模块等。其中，发动机模块是一个重要模块。因为它不仅提供了直升机飞行所需要的升力和推进动力，同时也是空气污染和噪声的主要来源。通常，在涡轮风扇发动机总体初步设计中可以找到许多文献用来评估引进的新技术，如估算涡扇发动机瞬态过程，或一些发动机质量和性能的通用计算方法。像 GasTurb 等这类商业软件都是非常有效和可靠的。但把它们引入优化设计过程非常困难，而且性能计算需要做一些校准工作。

总体设计是发动机设计中的初步阶段。本阶段分三个不同层次进行设计：

(1) 统计层次，从现有数据库中选择一个基准发动机作为目标；

(2) 循环参数，确定布雷顿循环和完成所选目标发动机设计参数；

(3) 优化层次，在满足直升机任务前提下，使发动机质量和燃料消耗最小化的优化过程。

考虑到通用性一般选择布雷顿循环。从统计数据分析开始，经过三个不同层次的优化选择，最终完成发动机初步设计。优化结果表明，对于给定的直升机任务，高压比压气机设计并非总是减少燃油消耗的唯一途径。

11.4.1 第一层次：数据统计分析

发动机初步设计第一阶段是统计分析，其目的是按照发动机轴功率在数据库中选择一台目标发动机。因此，建立可靠的数据库是首要工作。法宇航 ONERA 采用了 130 台涡轮轴发动机信息，分别来自于不同渠道如 Jane's、美国联邦航空局 FAA 认证文件，还有一些其他可靠的文献资料。

图 11-15 显示了发动机燃料消耗率 SFC 与轴功率之间的函数关系，这里功率是指发动机最大连续功率 (MCP)。图 11-16 表示了发动机质量 (包括附件和主齿轮箱) 与轴功率之间的函数关系。实际上，有多种方法来拟合数据库中的数据。从图中可以看到在给定轴功率下，耗油率 SFC 数据有很大的分散度。例如，选功率为 1000kW 时，耗油率 SFC 变化范围为 $0.26 \sim 0.4$kg/(kW·h)，差别主要来自技术上不断的进步。为了评估新技术带来的优势，需要适当调整拟合曲线位置以适应未来发动机带来的燃油消耗水平。对于质量，数据统计同样有一定的分散度，尤其是在较低轴功率下 (<2000kW) 分散度更大，而且大部分现役发动机都在此功率范围内，因此拟合曲线同样再次调整至最低质量附近以适应未来发动机的需求。

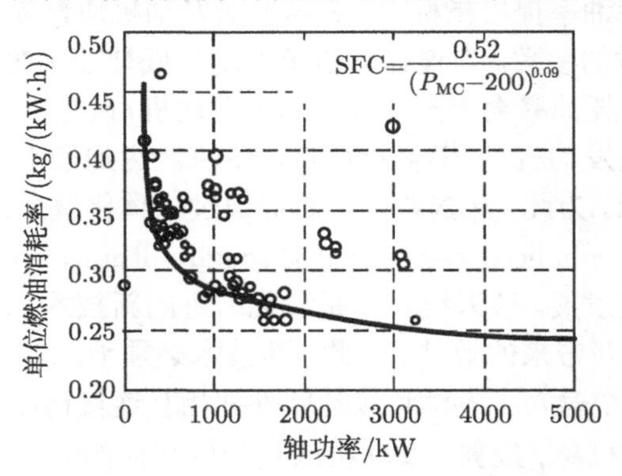

图 11-15 功率与耗油率统计特性

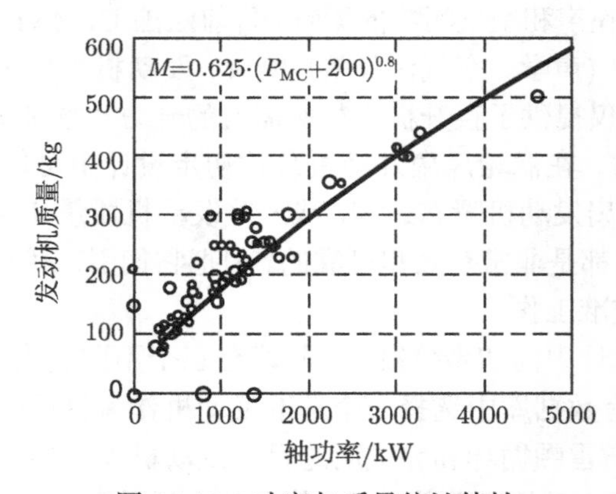

图 11-16 功率与质量统计特性

确定了目标发动机燃油消耗率和质量之后，可进行直升机第一次飞行模拟。系统模块通过计算给出数据，输入“飞行性能”模块估算出所需要的发动机功率，例如空中悬停状态所需要的最大地效起飞质量。然后，“发动机模块”会估算出提供的功率和质量。这个新估算的发动机质量被重新纳入旋翼机总质量中，并再次估算发动机提供的功率是否够用，如此迭代直至发动机质量收敛为止。当这个迭代过程结束时，数据库中便可找到最接近现役发动机的性能参数。

11.4.2　第二层次：性能预测

发动机初步设计第二阶段是确定发动机循环参数。在第一阶段统计分析中选择了一台目标发动机后，第二步便是在给定任务背景下计算发动机性能。该阶段要建立发动机热力循环模型，并在整个飞行任务包线内计算发动机性能参数，即在环境如高度 - 温度变化下确定发动机功率、耗油率变化范围。

温度变化通常考虑相对于 ISA 两种情况，如 ISA+15℃和 ISA−15℃。经典的涡轮轴发动机布雷顿循环带有一个自由涡轮模型，循环参数计算需要部件气动损失和机械损失模型。热力计算还需考虑到以下几个情况：① 高压涡轮带动高压压气机，② 自由涡轮产生功率，③ 喷管以低马赫数排出气流，滞止压力接近外部静压。以法国 Turbomeca Arriel-1C 为例，设计点总体性能计算结果如表 11-2 所示。

表 11-2　Arrile-1C 设计状态特征截面参数

Z(ft)	4000
Z(m)	1219.2
ISA	0
Mach	0
P_{S0}	87 506
T_{S0}	280.1
P_{i0}	87 506
T_{i0}	280.1

			冷气部分	燃气部分
空气物性	γ		1.4	1.31
	C_p	J/kg/K	1003	1200

空气流量	m	kg/s	1.903
	m_{ref}	kg/s	2.240
	$m_{corrected}$	kg/s	1.903

燃油物性	C_{paff}	J/kg/K	41 000 000

	变量	单位	2	离心压气机	3	燃烧室	4	燃气涡轮	45	动力涡轮	5
热力参数	总压 P_i	Pa	84 881		742 367		705 249		228 262		87 427
	总温 T_i	K	280.1		591.8		1340.0		1085.2		893.8
	压比 π			8.746				0.332		0.383	
	温比 τ			2.113				0.810		0.824	
	温差 ΔT	K		311.7				254.8		191.4	
	功率 P_w	W		594 977				594 977		447 084	
	等熵效率 η_{is}			0.771				0.820		0.860	

总体性能参数	燃油流量	m_a	kg/s	0.0434
	燃油流量百分数	%fuel	%	2.28
	功率	KW	kW	438.1
		SHP	hp	588.1
	耗油率	SFC	kg/h/kw	0.356
		SFC	lb/h/shp	0.584

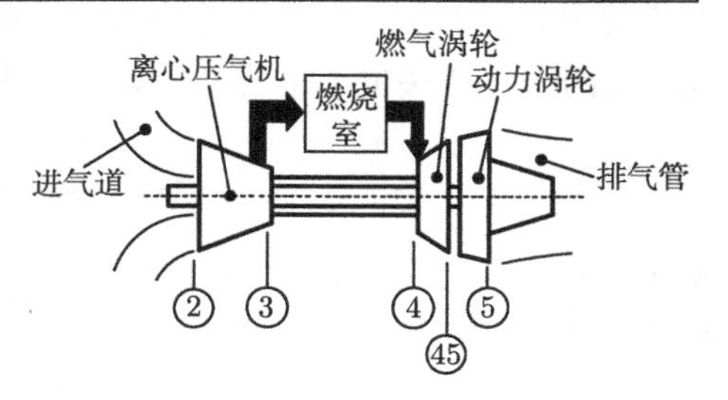

非设计点性能计算时，假设压气机转子转速保持不变，压气机有足够高的压比以保证高

压涡轮处于堵塞状态。计算得到的 Arriel-1C 高度和温度特性如图 11-17 所示。

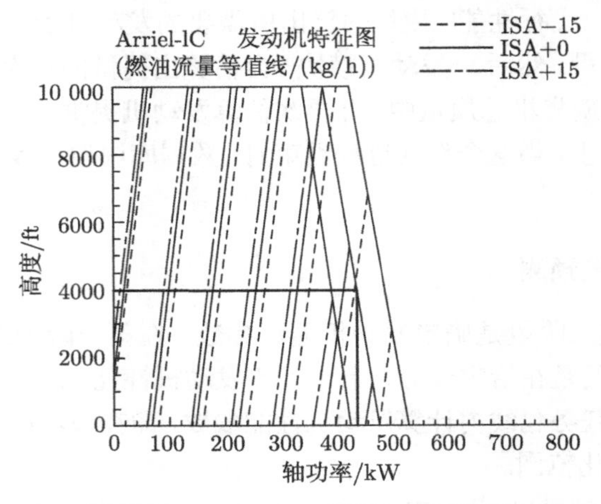

图 11-17　Arriel-1C 高度、温度特性

11.4.3　第三层次：发动机初步设计和优化

发动机初步设计第三个层次是提供一个可实现的发动机并确定其性能和几何参数。前面两个层次都是在现有数据库中寻找发动机，而第三层次是在任务背景下寻找最合适的发动机，包括考虑质量、功率、耗油率、尺寸等参数。通过这种反复迭代方式，可以在给定任务下使发动机与燃料质量之和最小，任务效率最高。图 11-18 为该层次发动机优化流程。输入参数是发动机所需功率和任务持续时间。

优化第一步是估算发动机部件效率和确定涡轮进口温度。本书采用部件效率与功率相关的经验关系如图 11-19 所示。

优化第二步需要对部件损失进行深度分析，特别是压气机和涡轮效率对发动机尺寸及雷诺数的影响分析。部件效率是一个关键参数，必须与数据库中现役发动机性能相匹配，通常小功率发动机耗油率高而大功率耗油率低，因此效率曲线应能够反映小型和大型涡轮轴发动机尺寸效应带来的差别。

优化过程包括两个循环：一个是整体循环，保证最大限度地减少燃料 + 发动机总质量。整体循环内包含一个局部子循环，用来调整发动机参数如流量以满足发动机功率需求。涡轮轴发动机参数设计过程要参考一些气体动力学准则，需要选择压气机叶尖速度、轴向马赫数、压气机轮毂比等参数作为设计参数。初步设计阶段还需要采用一些传统的经验方法，通常选择流量系数 $\varphi = U_{\mathrm{m}}/U_{\mathrm{tip}}$ 和负荷系数 $\psi = \Delta \mathrm{H_i}/U_{\mathrm{tip}}^2$ 来确定压气机或涡轮设计点工作状态。这两个参数决定了平均半径处转子进出口速度三角形。通过流量方程

$$q_{\mathrm{m}} = k_{\mathrm{m}} \cdot P_2^* \cdot q\left(\lambda_2\right) A_2/\left(T_2^*\right)^{1/2}$$

可求出第一级压气机进口面积 $A_2 = \pi \cdot \left(r_{\mathrm{c}}^2 - r_{\mathrm{h}}^2\right)$，机匣半径 r_{c} 可由选择的轮毂比 $\upsilon = r_{\mathrm{h}}/r_{\mathrm{c}}$ 导出。离心压气机直径与第一级压气机机匣直径按一般经验给出：

$$r_{\mathrm{c\_centrifygai}} = 1.5 r_{\mathrm{c\_HPC}}$$

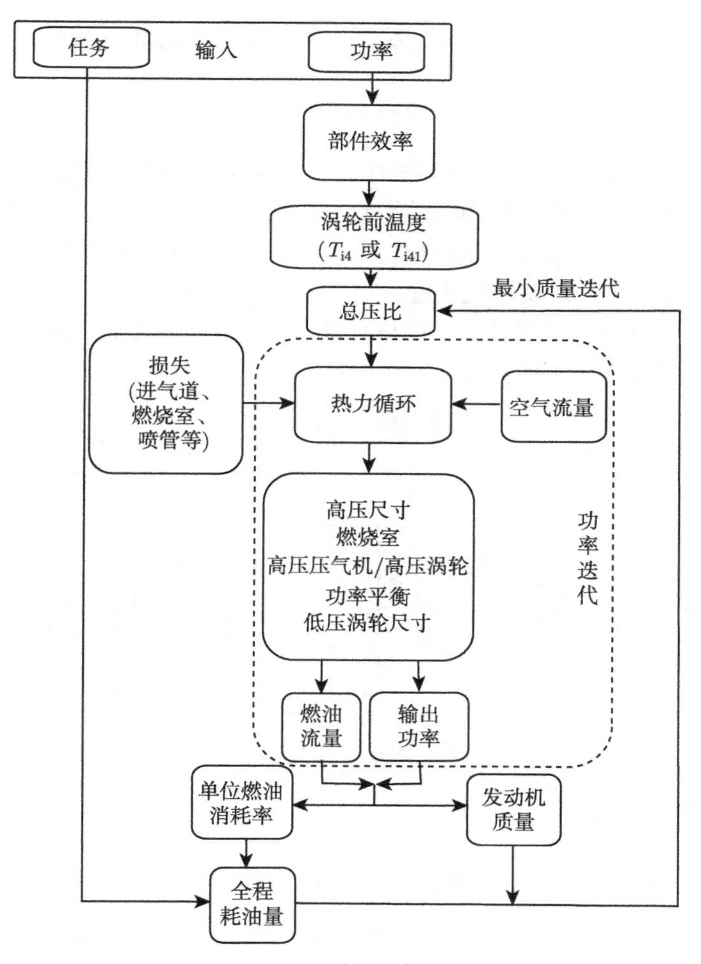

图 11-18　涡轮轴发动机优化流程

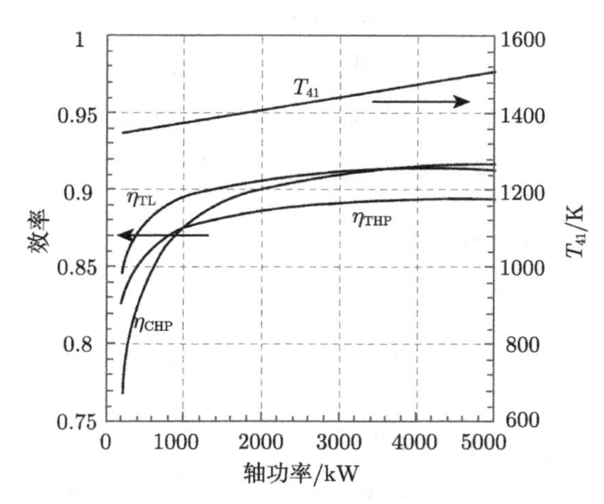

图 11-19　涡轮轴发动机部件效率模型

同样，假定涡轮机匣半径为常数并与第一级压气机机匣半径有如下关系:

$$r_{\text{c\_HPC}} = r_{\text{c\_LPT}} = 1.27 r_{\text{c\_HPC}}$$

叶尖速度 U_{tip} 和负荷系数 ψ 两个参数组合关系可用来调整气流通过压气机和涡轮焓变化。通过迭代确定轴向压气机级数和涡轮级数，以满足给定的总压比和轴功率。对于典型涡轮轴发动机，轴流压气机末端通常需要加一个离心压气机。发动机基本结构确定后，其总质量等于不同部件质量之和，即发动机质量 = 压气机 + 燃烧室 + 涡轮 + 附件。法国 ONERA 提出了一种涡轴发动机质量估算方法，仅与机匣直径相关，形式比较简单，其中一些系数做了修改。涡轴发动机结构示意图如图 11-20 所示。

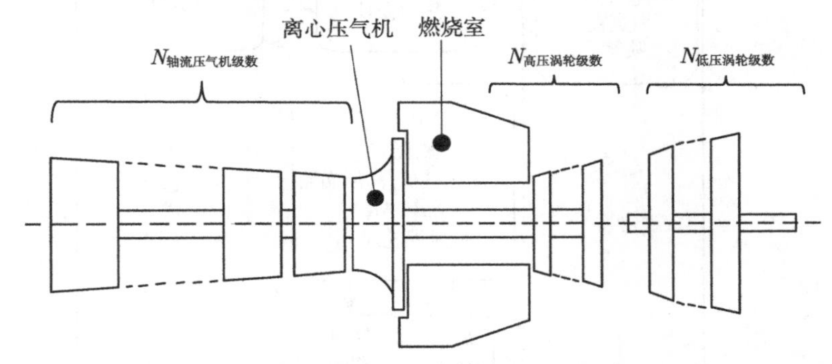

图 11-20　涡轴发动机结构示意图

涡轴发动机整机质量估算方法如下:

$$W_{\text{toale}} = W_{\text{compressor}} + W_{\text{combustion\_chamber}} + W_{\text{turbines}} + W_{\text{accessories}}$$

$$W_{\text{compressor}} = W_{\text{HPC\_axial}} + W_{\text{HPC\_centrifugal}} \cdot N_{\text{HPC\_centrifugal}}$$

$$W_{\text{turbines}} = W_{\text{HPT}} \cdot N_{\text{HPT}} + W_{\text{LPT}} \cdot N_{\text{LPT}}$$

$$W_{\text{combustion\_chamber}} = W_{\text{HPC\_centrifugal}}$$

$$W_{\text{components}} = W_{\text{compressor}} + W_{\text{combustion\_chamber}} + W_{\text{turbines}}$$

如果，$W_{\text{components}} > 125$，$W_{\text{accessories}} = 0.4 \cdot W_{\text{components}}$

如果，$W_{\text{components}} < 125$，$W_{\text{accessories}} = 50$

式中，N 为部件级数，部件级质量估算方法如下:

$$W_{\text{HPC\_axial}} = 560 \cdot r_{\text{cHPC\_axial}}^{1.8}, \quad W_{\text{HPC\_centrifugal}} = 560 \cdot r_{\text{cHPC\_axial}}^{1.8}$$

$$W_{\text{HPT}} = 560 \cdot \frac{\rho_{\text{inconel}}}{\rho_{\text{titanium}}} \cdot r_{\text{cHPT}}^{1.8}, \quad W_{\text{LPT}} = 560 \cdot \frac{\rho_{\text{inconel}}}{\rho_{\text{titanium}}} \cdot r_{\text{cHPT}}^{1.8}$$

下面举例计算一些典型涡轮轴发动机质量。

给定一些输入参数如：流量 W_{a}(kg/s)、轴流压气机进口轮毂比 $R_{\text{hub-tip}}$、进口马赫数 Ma，在标准大气进口条件下，可计算出轴流压气机进口机匣半径 r_{casing}。给定轴流压气机级数 $N_{\text{c\_ax}}$、离心压气机级数 $N_{\text{c\_cen}}$、高压涡轮级数 N_{Hpt}、低压涡轮级数 N_{Lpt}，以及取涡轮、

压气机材料密度比 $\rho_{\text{inconel}}/\rho_{\text{titanium}} = 8.2/4.5$，按上述 ONERA 方法可估算发动机质量。典型涡轴发动机质量计算结果如表 11-3 所示。

表 11-3　涡轴发动机质量估算

	型号	T700	RTM322	T800	MTR390	TM333	Arriel1C	Arrius2F	Makila1A
输入参数	流量 W_a/(kg/s)	4.53	4.85	3.7	3.2	3.0	2.5	2.55	5.44
	轮毂比 R_{ht}	0.53	0.58	0.45	0.43	0.53	0.5	0.37	0.44
	压气机进口马赫数 Ma	0.5	0.5	0.5	0.5	0.5	0.5	0.5	0.5
	轴流压气机级数 $N_{\text{c\_ax}}$	5	3	0	0	2	1	0	3
	离心压气机级数 $N_{\text{c\_cen}}$	1	1	2	2	1	1	1	1
	高压涡轮级数 N_{Hpt}	2	2	2	1	1	2	1	2
	低压涡轮级数 N_{Lpt}	2	2	2	2	1	1	1	2
	型号	T700	RTM322	T800	MTR390	TM333	Arriel1C	Arrius2F	Makila1A
输出参数	轴流压气机质量/kg	44.03	30.20	0.0	0.0	12.15	4.97	0.0	28.10
	离心压气机质量/kg	18.27	20.88	27.75	2.387	12.61	10.30	9.24	19.43
	压气机质量/kg	62.30	51.08	27.75	23.87	24.76	15.26	0.24	47.53
	燃烧室质量/kg	8.81	10.07	6.69	5.75	6.08	4.96	4.46	9.37
	涡轮质量/kg	98.69	112.81	74.94	48.36	34.05	41.74	24.96	104.97
	附件质量/kg	67.92	69.58	50	50	50	50	50	64.74
	总质量/实际质量	237.7/208	243.5/249	159.4/149.7	128.0/154.2	115.0/156	112.0/118	88.7/103	226.6/243

法国 ONERA 涡轮轴发动机质量预估方法相对简单，仅是压气机进口机匣半径 r_{casing} 的单值函数。可以看出来计算与实际存在一定误差，主要缺少转子、轴承，以及进排气装置包括粒子分离器质量估算部分。旋转部件质量由单级质量和级数决定。发动机材料需要做些假设以方便评估冷、热端部件质量比。

图 11-21 为目标发动机最终优化结果。对于给定发动机轴功率，耗油率是总压比的单值函数。粗线表示最终优化后的发动机设计参数。从图上可以看出，最终的总压比远低于最小耗油率对应的总压比。对于给定两个小时的飞行任务，最佳总压比对应于轴流压气机级数少、发动机质量轻的位置，说明低轴功率需求下的发动机质量是影响飞行任务效率的主要参数。最后，将初步设计阶段下的发动机模型与数据库中的数据进行比较，两者在所有功率范围内都吻合得很好，如图 11-22 所示。耗油率曲线不仅位置而且趋势同数据库保持一致，发动机质量与数据库吻合相当好。这些结果意味着法宇航 CREATION 平台有很高的可信程度，优化后的目标发动机有很强的可实现性。

在轴功率 2000kW 附近，最佳压比有一个阶跃上升过程，对应于轴流压气机由 2 级增加到 3 级变化。图中线随功率变化趋势表明，发动机质量增加需要设计更高的压比以实现更低的耗油率和更少的燃料消耗量。因此，优化设计是在降低发动机质量 (导致耗油率增加) 和燃料质量之间寻求折中的结果。

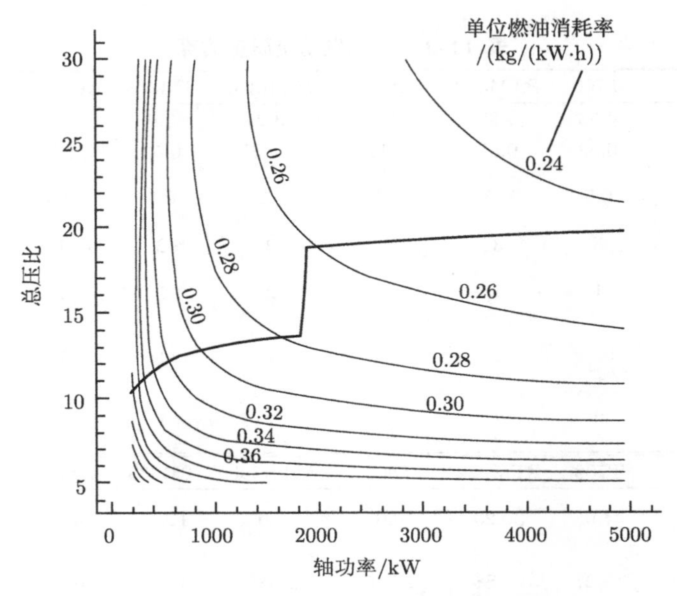

图 11-21　目标发动机循环参数优化结果

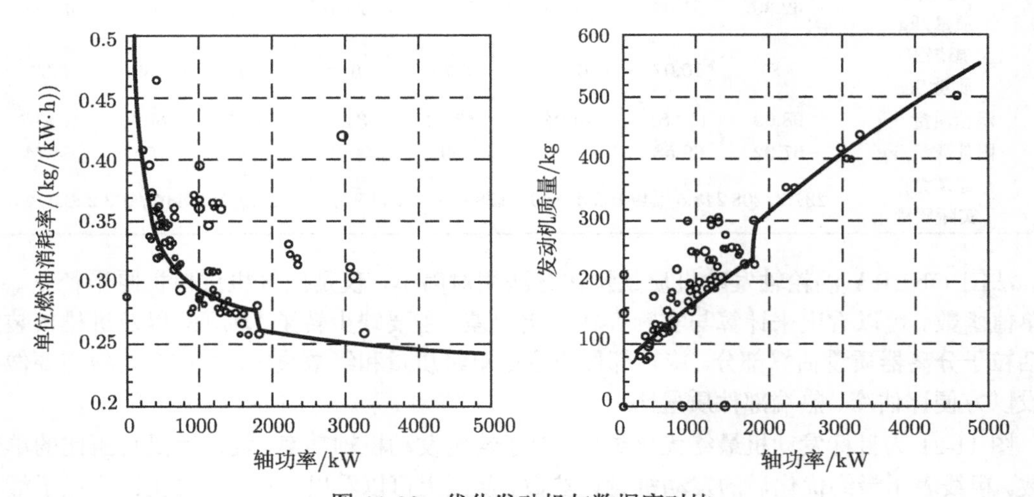

图 11-22　优化发动机与数据库对比

涡轮轴发动机性能评估是一项复杂的工作，法宇航分三个层次来做这项工作。包括对现役发动机性能数据进行统计分析处理，要求数据库建立在可靠文献资料基础之上，以保证目标发动机选择有较高的可信程度；通过模拟发动机热力循环过程，计算目标发动机的性能参数。

计算中需要做一些假设来建立发动机性能图，即给出发动机燃油消耗量随轴功率和高度变化的范围；在给定飞行时间任务背景下，通过优化发动机参数，实现发动机 + 燃料总质量最轻的目标，完成发动机初步设计。最终优化结果表明降低耗油率可以通过增加总压比来实现，但是发动机质量增加也无疑会失去一些好处。因此，在减少燃油消耗的同时，减轻发动机质量同样重要。

发动机下一步设计将考虑排放和发动机临界工作状态情况。事实上，对于需要多台发动机的直升机，单台发动机失效判定有一定适航规定。如在直升机起飞过程中一台发动机失效 (OEI)，剩余可用功率会限制最大起飞质量。因此，按照直升机 A 类适航条例，发动机设计不仅要求在正常工作状态下有最佳的功率/油耗之比，同时在发动机临界工作状态下也能提供足够高的功率。

航空发动机排放产物中，CO_2 的排放越来越受到人们重视。对军用直升机来说，CO_2 作为航空发动机排放的最主要的红外辐射性气体，减排对于直升机的红外隐身性能是有利的。而对民用直升机来讲，在当今碳排放要求越来越高的大背景下，低 CO_2 排放有助于环保。对碳化合物航空燃料来说，燃油燃烧的总量和 CO_2 的生成存在一比一的关系，所以要减少尾喷流中的 CO_2 流量，归根结底是要减少涡轮轴发动机的总耗油量。涡轮轴发动机需要在降低耗油率的同时提高功重比，才能实现超低排放。

总之，油耗可作为直升机/涡轮轴发动机一体化设计指标。通过优化发动机参数，实现发动机 + 燃料总质量最轻的目标，使直升机任务执行过程中的总燃油消耗量达到最少，任务效率最高，是目前可实现的方法。

复习思考题

1. 带自由涡轮的涡轮轴发动机用于远航程直升机动力装置，给定工作参数如下：

压气机压比	15.0
涡轮前温度	1600K
相对于压气机出口总压，燃烧室损失	5%
等熵效率：	
压气机	0.81
高压涡轮	0.87
低压涡轮	0.89
机械效率，两轴	0.99
减速器效率	0.985
燃烧效率	0.99
流量	11.0kg/s

假定有 3%冷却气体用于高压涡轮转子，试计算：

(1) 在大气压力 1.013×10^5Pa、温度 303K 条件下，输出功率是多少？

(2) 耗油率 SFC 是多少？

如果需要构造一台涡桨发动机，试问需要做些什么改变？

对于远航程运输直升机，回热循环涡轴发动机具有一定竞争能力吗，为什么？

2. 下面的数据是应用于 Boeing 777 飞机的辅助动力装置 APU (单轴驱动负载压气机和燃气发生器)：

负载压气机:	
流量	3.5kg/s
压比	3.65
等熵效率	0.88
燃气发生器:	
压比	12.0
压气机等熵效率	0.84
涡轮进口温度	1390K
涡轮等熵效率	0.87
相对于压气机出口总压，燃烧室损失	5%
涡轮出口压力	1.04×10^5Pa

当在大气温度 35℃、压力 1.0×10^5Pa 地面起飞状态下，该辅助动力装置必须提供 200kW 的电力负荷。试计算燃气发生器所需要的流量和燃油消耗率 SFC。

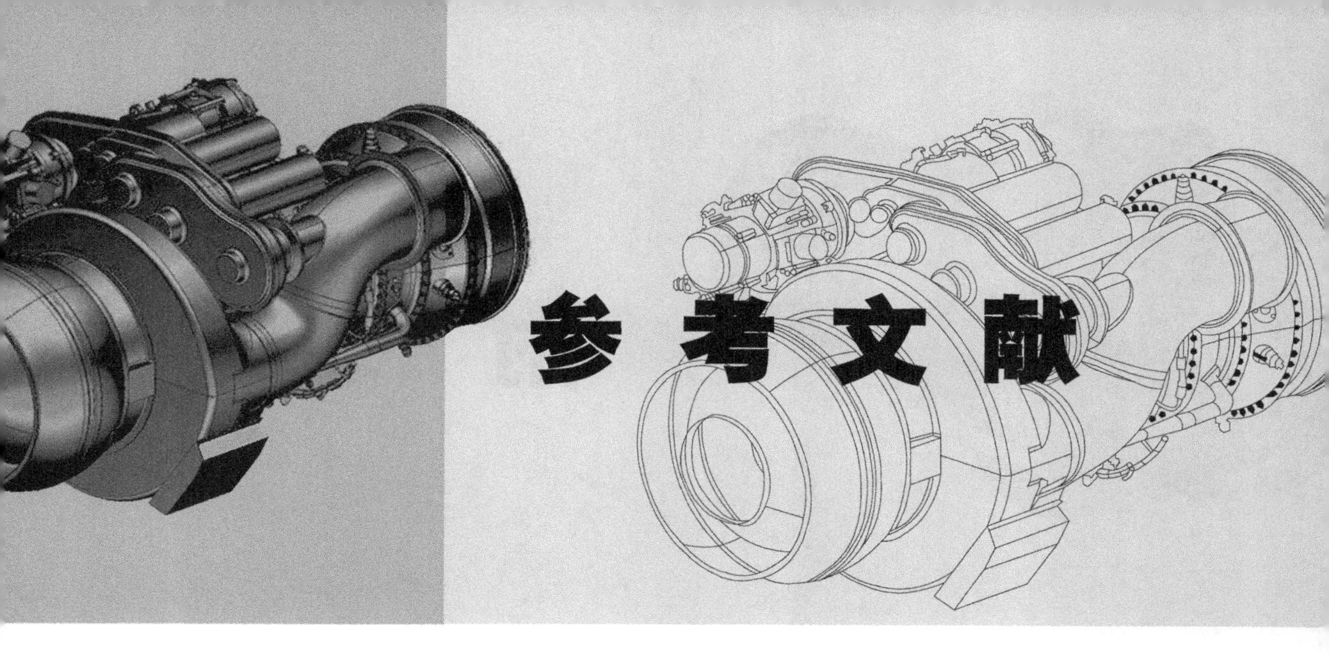

参考文献

王琴芳. 1996. 航空燃气涡轮发动机原理. 南京: 南京航空航天大学出版社.

吴国钏. 1997. 航空发动机的发展. 航空科学技术, (5): 10-13.

Burguburu S, Basset P M. 2013. Turboshaft engine predesign and performance assessment//48th AIAA/ASME/SAE/ASEE Joint Propulsion Conference & Exhibit: 3813.

Flack R D. 2005. Fundamentals of Jet Propulsion with Applications. Cambridge: Cambridge University Press.

Johnson E T, Lindsay H. 1991. Advanced technology programs for small turboshaft engines: Past, present, future. Journal of Engineering for Gas Turbines and Power, 113(1): 33-39.

Johnson E T, Pedersen M L. 1972. Small Turbine Advanced Gas Generator for Future Propulsion Requirements. SAE Technical Paper, National Aerospace Engineering and Manufacturing Meeting, San Diego, California.

Mattingly J D, Heiser W H, Pratt D T. 2002. Aircraft Engine Design. New York: American Institute of Aeronautics and Astronautics Education Series.

McKenzie A B, Bayne B T. 1976. Performance development of the gem turboshaft engine. Journal of Engineering for Power, 98(1): 114-122.

Mercer C, Haller W, Tong M. 2006. Adaptive engine technologies for aviation CO_2 emissions reduction // 42nd AIAA/ASME/SAE/ASEE Joint Propulsion Conference & Exhibit: 5105.

Norris G. 2014. Road Map: Rolls-Royce's future turbofan strategy. Aviation Week & Space Technology.

Norris G. 2015. Future power: a daptive engine tests. Aviation Week & Space Technology.

Saravanamuttoo H I H, Rogers G F C, Cohen H, et al. 2009. Gas Turbine Theory. 6th ed. New Jersey: Pearson Prentice Hall.

Vogt R L. 1992. Future trends in turboshaft engines up to the 5000 horsepower class. Journal of Engineering for Gas Turbines and Power, 114(4): 797-801.

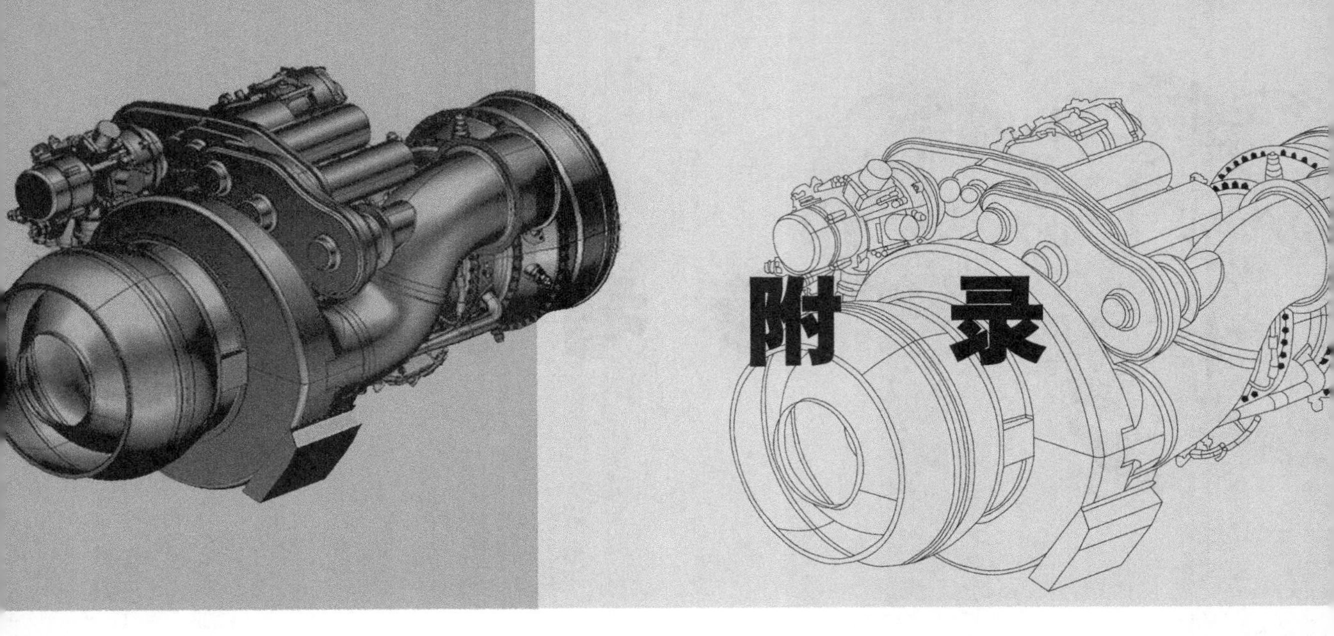

附 录

焓值表

T/K	h_a/(kJ/kg)	H/(kJ/kg)	$a=\frac{H}{h_a}$	T/K	h_a/(kJ/kg)	H/(kJ/kg)	$a=\frac{H}{h_a}$
273.16	273.2	413.6	1.515	530	534.1	981.4	38
280	280.1	426.8	24	540	544.5	1006.3	48
288.16	288.8	442.6	33	550	554.9	1031.2	58
290	290.2	446.3	38	560	565.3	1056.3	69
298.16	298.4	462.2	49	570	575.7	1081.6	79
300	300.2	465.6	51	580	586.2	1107.0	89
310	310.3	485.5	65	590	596.6	1132.5	98
320	320.3	505.6	78	600	607.1	1158.4	1.908
330	330.4	525.9	92	610	617.6	1184.2	17
340	340.5	546.4	1.605	620	628.2	1210.3	1.927
350	350.5	567.2	18	630	638.8	1236.6	36
360	360.6	588.2	31	640	649.3	1263.2	45
370	370.7	609.7	1.645	650	660.0	1289.9	54
380	380.8	631.1	57	660	670.6	1316.6	63
390	390.9	653.1	71	670	681.3	1343.6	72
400	401.4	675.0	83	680	692.0	1370.8	81
410	411.1	697.6	97	690	702.7	1398.2	90
420	421.3	720.3	1.710	700	713.4	1425.8	98
430	431.5	743.0	22	710	724.2	1453.2	2.007
440	441.7	766.2	35	720	735.0	1480.8	15
450	451.9	789.3	47	730	745.9	1508.7	23
460	462.1	812.9	59	740	756.7	1536.7	31
470	472.3	836.5	71	750	767.6	1565.0	2.039
480	482.6	860.2	82	760	778.5	1592.9	46
490	492.9	884.0	1.794	770	789.4	1621.0	54
500	503.2	908.2	1.805	780	800.3	1649.3	61
510	513.5	932.4	16	790	811.6	1677.9	58
520	523.8	956.7	27	800	822.2	1706.5	76

续表

T/K	h_a/(kJ/kg)	H/(kJ/kg)	$a=\frac{H}{h_a}$	T/K	h_a/(kJ/kg)	H/(kJ/kg)	$a=\frac{H}{h_a}$
810	833.2	1735.2	83	1260	1348.4	3172.0	52
820	844.2	1764.0	90	1270	1360.2	3206.8	2.357
830	855.2	1793.1	97	1280	1372.1	3241.6	62
840	866.2	1822.3	2.104	1290	1383.9	3276.8	68
850	877.3	1851.7	11	1300	1395.8	3311.8	73
860	888.4	1881.2	17	1310	1407.7	3346.9	78
870	899.5	1910.9	24	1320	1419.6	3382.1	82
880	910.6	1940.8	2.131	1330	1431.6	3417.5	87
890	921.8	1970.8	38	1340	1443.5	3453.0	92
900	933.0	2001.1	45	1350	1455.5	3488.7	97
910	944.2	2031.4	52	1360	1467.4	3524.2	2.402
920	955.4	2062.0	58	1370	1479.4	3560.0	6
930	966.6	2092.6	65	1380	1491.3	3595.9	11
940	977.9	2123.5	72	1390	1503.3	3632.0	16
950	989.1	2154.5	79	1400	1515.3	3668.1	2.421
960	1000.4	2185.5	85	1410	1527.3	3704.2	25
970	1011.7	2216.7	91	1420	1539.2	3740.5	30
980	1023.1	2248.0	97	1430	1551.3	3777.0	35
990	1034.5	2279.5	2.204	1440	1563.2	3813.5	40
1000	1045.9	2311.2	10	1450	1575.3	3850.2	44
1010	1057.3	2342.7	2.216	1460	1587.2	3886.8	49
1020	1068.7	2374.3	22	1470	1599.1	3923.5	53
1030	1080.2	2406.2	28	1480	1611.0	3960.8	58
1040	1091.7	2438.1	33	1490	1623.0	3997.4	63
1050	1103.2	2470.3	39	1500	1635.0	4034.5	68
1060	1114.7	2502.4	45	1510	1647.3	4071.3	72
1070	1126.2	2534.6	50	1520	1659.5	4108.2	76
1080	1137.8	2567.0	56	1530	1671.8	4145.2	2.479
1090	1149.4	2599.6	62	1540	1684.1	4182.4	83
1100	1161.0	2632.3	67	1550	1696.5	4219.7	87
1110	1172.7	2664.9	72	1560	1708.7	4256.9	91
1120	1184.3	2697.6	78	1570	1720.8	4294.3	96
1130	1196.0	2730.5	83	1580	1733.0	4331.8	2.500
1140	1207.7	2763.5	2.288	1590	1745.2	4369.4	4
1150	1219.4	2796.7	93	1600	1757.5	4407.2	8
1160	1231.1	2830.2	99	1610	1769.7	4444.9	12
1170	1242.8	2863.8	2.304	1620	1781.9	4482.8	16
1180	1254.6	2897.5	10	1630	1794.1	4520.7	20
1190	1266.3	2931.4	15	1640	1806.4	4558.8	24
1200	1278.1	2965.5	20	1650	1818.7	4597.1	28
1210	1289.8	2999.6	26	1660	1830.9	4635.3	2.532
1220	1301.5	3033.8	31	1670	1843.2	4673.7	36
1230	1313.2	3068.2	36	1680	1855.4	4712.2	40
1240	1325.0	3102.8	42	1690	1867.7	4750.8	44
1250	1336.6	3137.5	47	1700	1880.0	4789.5	48

续表

T/K	h_a/(kJ/kg)	H/(kJ/kg)	$a=\frac{H}{h_a}$	T/K	h_a/(kJ/kg)	H/(kJ/kg)	$a=\frac{H}{h_a}$
1710	1892.3	4827.8	51	2160	2452.3	6612.4	96
1720	1904.6	4866.7	55	2170	2464.9	6652.9	99
1730	1916.9	4904.9	59	2180	2477.4	6693.6	2.702
1740	1929.3	4943.6	62	2190	2490.9	6734.3	5
1750	1941.6	4982.4	66	2200	2502.6	6775.1	7
1760	1953.9	5020.9	70	2210	2515.3	6816.6	10
1770	1966.3	5059.6	73	2220	2527.9	6858.2	13
1780	1978.6	5098.4	77	2230	2540.6	6899.9	16
1790	1991.0	5137.2	2.580	2240	2553.2	6941.7	19
1800	2003.3	5176.2	84	2250	2565.9	6983.6	22
1810	2015.7	5215.1	87	2260	2578.6	7023.6	24
1820	2028.1	5254.1	91	2270	2591.3	7063.7	26
1830	2040.5	5293.2	94	2280	2604.1	7103.8	28
1840	2052.9	5332.4	97	2290	2616.8	7144.1	30
1850	2065.3	5371.7	2.601	2300	2629.6	7184.4	32
1860	2077.7	5410.8	4	2310	2642.3	7225.5	2.734
1870	2090.1	5450.0	7	2320	2655.1	7266.6	37
1880	2102.8	5489.4	10	2330	2667.8	7307.9	39
1890	2116.0	5528.8	14	2340	2680.6	7349.2	42
1900	2127.5	5568.3	17	2350	2693.4	7390.6	44
1910	2139.9	5608.0	21	2360	2706.1	7431.9	46
1920	2152.3	5647.8	2.624	2370	2718.9	7473.1	48
1930	2164.7	5687.8	27	2380	2731.6	7514.5	51
1940	2177.2	5727.8	31	2390	2744.4	7556.0	53
1950	2189.7	5768.0	34	2400	2757.2	7597.5	56
1960	2202.1	5807.8	37	2410	2769.8	7638.8	58
1970	2214.6	5847.7	41	2420	2782.4	7680.2	60
1980	2227.1	5887.7	44	2430	2795.0	7721.6	63
1990	2239.6	5927.8	47	2440	2807.6	7763.1	2.765
2000	2252.1	5968.1	50	2450	2820.2	7804.7	67
2010	2264.6	6008.1	53	2460	2832.9	7846.0	70
2020	2277.0	6048.2	56	2470	2845.6	7887.4	72
2030	2289.6	6088.4	59	2480	2858.2	7928.8	74
2040	2302.1	6128.7	62	2490	2871.0	7970.4	76
2050	2314.5	6169.2	2.665	2500	2883.7	8012.0	78
2060	2327.1	6209.2	68	2510	2896.4	8053.7	80
2070	2339.6	6249.3	71	2520	2909.2	8095.5	83
2080	2352.1	6289.5	74	2530	2922.0	8137.3	85
2090	2364.7	6329.8	77	2540	2934.7	8179.3	87
2100	2377.3	6370.2	80	2550	2947.5	8221.3	89
2110	2389.7	6410.4	82	2560	2960.3	8262.9	91
2120	2402.2	6450.6	85	2570	2973.0	8304.5	2.793
2130	2414.7	6490.9	88	2580	2985.8	8346.2	95
2140	2427.2	6531.4	91	2590	2998.5	8388.0	97
2150	2439.7	6571.9	94	2600	3011.3	8429.8	99

续表

T/K	h_a/(kJ/kg)	H/(kJ/kg)	$a=\frac{H}{h_a}$	T/K	h_a/(kJ/kg)	H/(kJ/kg)	$a=\frac{H}{h_a}$
2610	3024.1	8471.1	2.801	2790	3254.8	9219.4	33
2620	3037.0	8512.4	3	2800	3267.9	9262.0	34
2630	3049.8	8553.8	5	2810	3280.8	9303.5	36
2640	3062.7	8595.3	6	2820	3293.7	9345.6	37
2650	3075.5	8636.8	8	2830	3306.6	9387.7	2.839
2660	3088.3	8678.1	10	2840	3319.5	9429.9	41
2670	3101.1	8719.5	12	2850	3332.5	9472.2	42
2680	3113.9	8761.0	13	2860	3345.3	9514.3	44
2690	3126.7	8803.0	15	2870	3358.2	9556.5	46
2700	3139.6	8844.0	2.817	2880	3371.1	9598.8	47
2710	3152.1	8885.9	19	2890	3384.0	9641.2	49
2720	3164.7	8925.9	21	2900	3396.9	9683.5	51
2730	3176.8	8968.9	23	2910	3409.8	9725.5	52
2740	3189.8	9010.0	25	2920	3422.8	9767.6	54
2750	3202.4	9051.7	26	2930	3435.7	9809.7	55
2760	3215.5	9094.0	28	2940	3448.7	9851.9	57
2770	3228.6	9135.4	30	2950	3461.6	9894.1	58
2780	3241.7	9177.3	32				